U0219803

中国饮食文化史

The History of Chinese Dietetic Culture

『十二五』国家重点出版物出版规划项目

国家出版基金项目

中国饮食文化史

中国饮食文化史主编 赵荣光

黄河中游地区卷

姚伟钧 刘朴兵 著

The History of Chinese Dietetic Culture

Volume of the Middle Reaches of the Yellow River

中国轻工业出版社

图书在版编目（CIP）数据

中国饮食文化史. 黄河中游地区卷 / 赵荣光主编；姚伟钧，刘朴兵著. —北京：中国轻工业出版社，2013.12

国家出版基金项目 “十二五”国家重点出版物出版规划项目

ISBN 978-7-5019-9423-6

Ⅰ. ①中… Ⅱ. ①赵… ②姚… ③刘… Ⅲ. ①黄河流域—饮食—文化史 Ⅳ. ①TS971

中国版本图书馆 CIP 数据核字（2013）第194720号

策划编辑：马　静

责任编辑：马　静　方　程　　责任终审：郝嘉杰　　整体设计：伍毓泉

编　　辑：赵蓁茏　　版式制作：锋尚设计　　责任校对：李　靖

责任监印：胡　兵　张　可

出版发行：中国轻工业出版社（北京东长安街6号，邮编：100740）

印　　刷：北京顺诚彩色印刷有限公司

经　　销：各地新华书店

版　　次：2013年12月第1版第1次印刷

开　　本：787×1092　1/16　印张：29

字　　数：420千字　　插页：2

书　　号：ISBN 978-7-5019-9423-6　定价：98.00元

邮购电话：010-65241695　传真：65128352

发行电话：010-85119835　85119793　传真：85113293

网　　址：http://www.chlip.com.cn

Email：club@chlip.com.cn

如发现图书残缺请直接与我社邮购联系调换

050863K1X101ZBW

感谢

北京稻香村食品有限责任公司对本书出版的支持

感谢中国农业科学院农业信息研究所对本书出版的支持

感谢浙江工商大学暨旅游学院对本书出版的支持

感谢黑龙江大学历史文化旅游学院对本书出版的支持

落其实者思其树

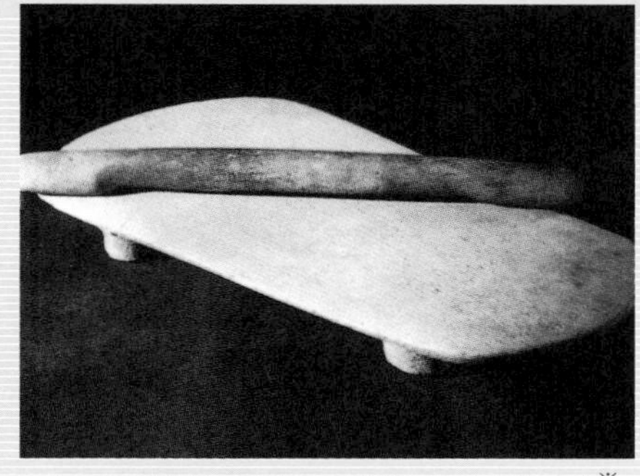

1. 新石器时代的石磨盘、石磨棒，河南新郑出土※

2. 新石器时代的人面鱼纹彩陶盆，仰韶文化遗址出土

3. 商代青铜三联甗，河南安阳商代妇好墓出土

4. 东汉时期的《夫妇宴饮图》，河南洛阳东汉墓壁画

※ 编者注：书中图片来源除有标注者外，其余均由作者提供。对于作者从网站或其他出版物等途径获得的图片也做了标注。

1. 魏晋时期的《牛耕图》(《古冢丹青——河西走廊魏晋墓葬画》，甘肃教育出版社)

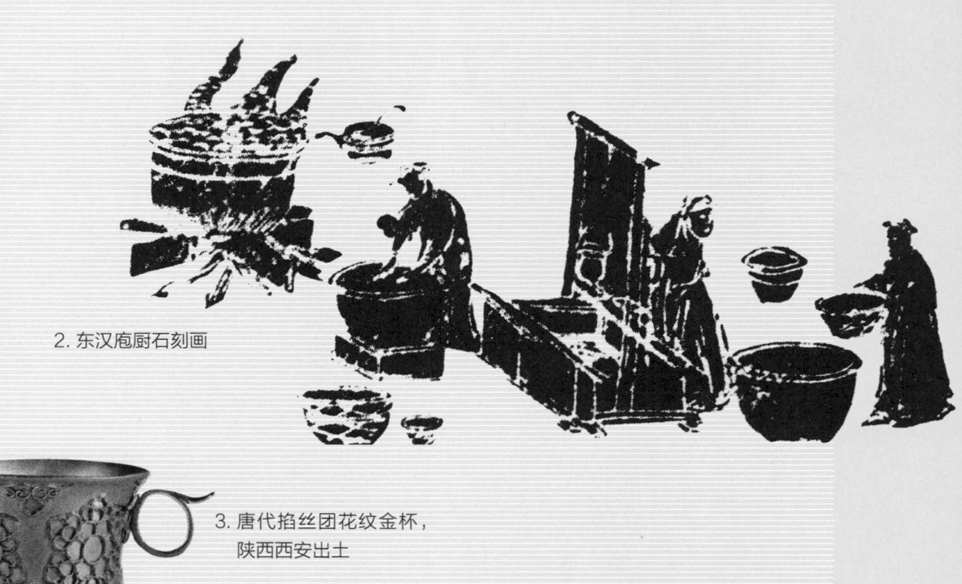

2. 东汉庖厨石刻画

3. 唐代掐丝团花纹金杯，陕西西安出土

4. 唐代舞马衔杯鎏金银壶，陕西西安南郊出土

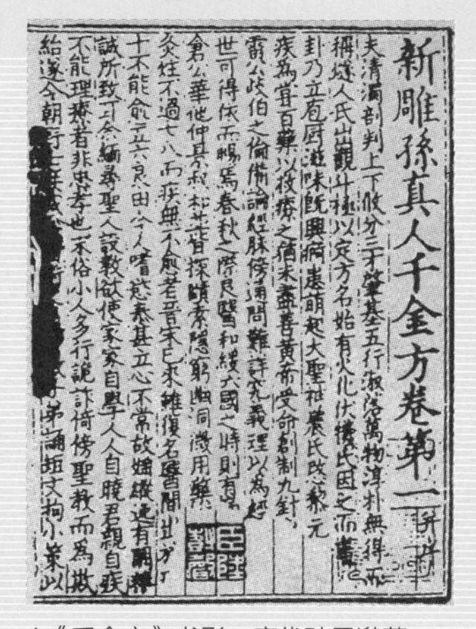

新雕孫真人千金方卷第一 序

夫清濁剖判上下攸分三才肇基五行俶落萬物淳朴無得而
稱燧人氏出觀斗極以定方名始有火化伏羲氏因之而畫八
卦乃立庖廚滋味既興痾瘵萌起大聖神農氏愍黎元之
疾為嘗百藥以救療之猶未盡善黃帝受命創制九針
雷公岐伯之倫備論經脉傍通問難詳究義理以為經
世可得依而暢焉春秋之際良醫和緩六國之時則有扁
倉公華佗仲景叔和並皆探賾索隱窮幽洞微用藥不
灸炷不過七八而疾無不愈者晉宋已來雖復名醫間出
十不能愈五六良由今人嗜慾泰甚立心不常婬縱逸有闕攝
誠所致耳余緬尋聖人設教欲使家家自學人人自曉君親自疾
不能理療者非忠孝也末俗小人多行詭詐倚傍聖教而為欺
紿遂令朝野士庶咸恥醫術之名多教子弟誦短文構小策以

1.《千金方》书影，唐代孙思邈著

2. 宋代《夫妇宴饮图》，河南白沙宋墓壁画

3.《韩熙载夜宴图》局部，五代南唐顾闳中作品

4. 宋代厨娘画像砖拓图，传河南偃师出土

1.《清明上河图》局部，北宋张择端作

2.《漉酒图》局部，明代丁云鹏作

3. 现代“杏花村”古井文化园

4. 清代《制酒图》

编委会

编委会

各分卷名录及作者：

◎ 中国饮食文化史·黄河中游地区卷
姚伟钧　刘朴兵　著

◎ 中国饮食文化史·黄河下游地区卷
姚伟钧　李汉昌　吴　昊　著

◎ 中国饮食文化史·长江中游地区卷
谢定源　著

◎ 中国饮食文化史·长江下游地区卷
季鸿崑　李维冰　马健鹰　著

◎ 中国饮食文化史·东南地区卷
冼剑民　周智武　著

◎ 中国饮食文化史·西南地区卷
方　铁　冯　敏　著

◎ 中国饮食文化史·东北地区卷
主　编：吕丽辉
副主编：王建中　姜艳芳

◎ 中国饮食文化史·西北地区卷
徐日辉　著

◎ 中国饮食文化史·中北地区卷
张景明　著

◎ 中国饮食文化史·京津地区卷
万建中　李明晨　著

序言

鸿篇巨制　继往开来

——《中国饮食文化史》(十卷本)序

卢良恕

中国饮食文化是中国传统文化的重要组成部分，其内涵博大精深、历史源远流长，是中华民族灿烂文明史的生动写照。她以独特的生命力佑护着华夏民族的繁衍生息，并以强大的辐射力影响着周边国家乃至世界的饮食风尚，享有极高的世界声誉。

中国饮食文化是一种广视野、深层次、多角度、高品位的地域文化，她以农耕文化为基础，辅之以渔猎及畜牧文化，传承了中国五千年的饮食文明，为中华民族铸就了一部辉煌的文化史。

但长期以来，中国饮食文化的研究相对滞后，在国际的学术研究领域没有占领制高点。一是研究队伍不够强大，二是学术成果不够丰硕，尤其缺少全面而系统的大型原创专著，实乃学界的一大憾事。正是在这样困顿的情势下，国内学者励精图治、奋起直追，发愤用自己的笔撰写出一部中华民族的饮食文化史。中国轻工业出版社与撰写本书的专家学者携手二十余载，潜心劳作，殚精竭虑，终至完成了这一套数百万字的大型学术专著——《中国饮食文化史》(十卷本)，是一件了不起的事情!

《中国饮食文化史》(十卷本)一书，时空跨度广远，全书自史前始，一直叙述至现当代，横跨时空百万年。全书着重叙述了原始农业和畜牧业出现至今的一万年左右华夏民族饮食文化的演变，充分展示了中国饮食文化是地域文化这一理论学说。

该书将中国饮食文化划分为黄河中游、黄河下游、长江中游、长江下游、东南、西南、东北、西北、中北、京津等十个子文化区域进行相对独立的研究。各区域单独成卷，每卷各章节又按断代划分，分代叙述，形成了纵横分明的脉络。

全书内容广泛，资料翔实。每个分卷涵盖的主要内容包括：地缘、生态、物产、气候、土地、水源；民族与人口；食政食法、食礼食俗、饮食结构及形成的原因；食物原料种类、分布、加工利用；烹饪技术、器具、文献典籍、文化艺术等。可以说每一卷都是一部区域饮食文化通史，彰显出中国饮食文化典型的区域特色。

中国饮食文化学是一门新兴的综合学科，它涉及历史学、民族学、民俗学、人类学、文化学、烹饪学、考古学、文献学、食品科技史、中国农业史、中国文化交流史、边疆史地、地理经济学、经济与商业史等学科。多学科的综合支撑及合理分布，使本书具有颇高的学术含量，也为学科理论建设提供了基础蓝本。

中国饮食文化的产生，源于中国厚重的农耕文化，兼及畜牧与渔猎文化。古语有云："民以食为天，食以农为本"，清晰地说明了中华饮食文化与中华农耕文化之间不可分割的紧密联系，并由此生发出一系列的人文思想，这些人文思想一以贯之地体现在人们的社会活动中。包括：

"五谷为养，五菜为助，五畜为益，五果为充"的饮食结构。这种良好饮食结构的提出，是自两千多年前的《黄帝内经》始，至今看来还是非常科学的。中国地域广袤，食物原料多样，江南地区的"饭稻羹鱼"、草原民族的"食肉饮酪"，从而形成中华民族丰富、健康的饮食结构。

"医食同源"的养生思想。中华民族自古以来并非代代丰衣足食，历代不乏灾荒饥馑，先民历经了"神农尝百草"以扩大食物来源的艰苦探索过程，千百年来总结出"医食同源"的宝贵思想。在西方现代医学进入中国大地之前的数千年，"医食同源"的养生思想一直护佑着炎黄子孙的健康繁衍生息。

"天人合一"的生态观。农耕文化以及渔猎、畜牧文化，都是人与自然间最和谐的文化，在广袤大地上繁衍生息的中华民族，笃信人与自然是合为一体的，人类的所衣所食，皆来自于大自然的馈赠，因此先民世世代代敬畏自然，爱护生态，尊重生命，重天时，守农时，创造了农家独有的二十四节气及节令食俗，"循天道行人事"。这种宝贵的生态观当引起当代人的反思。

"尚和"的人文情怀。农耕文明本质上是一种善的文明。主张和谐和睦、勤劳耕作、勤和为人，崇尚以和为贵、包容宽仁、质朴淳和的人际关系。中国饮食讲究的"五味调和"也正是这种"尚和"的人文情怀在烹饪技术层面的体现。纵观中国饮食文化的社会功能，更是对“尚和”精神的极致表达。

“尊老”的人伦传统。在传统的农耕文明中，老人是农耕经验的积累者，是向子孙后代传承农耕技术与经验的传递者，因此一直受到家庭和社会的尊重。中华民族尊老的传统是农耕文化的结晶，也是农耕文化得以久远传承的社会行为保障。

《中国饮食文化史》（十卷本）的研究方法科学、缜密。作者以大历史观、大文化观统领全局，较好地利用了历史文献资料、考古发掘研究成果、民俗民族资料，同时也有效地利用了人类学、文化学及模拟试验等多种有效的研究方法与手段。对区域文明肇始、族群结构、民族迁徙、人口繁衍、资源开发、生态制约与变异、水源利用、生态保护、食物原料贮存与食品保鲜防腐等一系列相关问题都予以了充分表述，并提出一系列独到的学术观点。

如该书提出中国在汉代就已掌握了面食的发酵技术，从而把这一科技界的定论向前推进了一千年（科技界传统说法是在宋代）；又如，对黄河流域土地承载力递减而导致社会政治文化中心逐流而下的分析；对草地民族因食料制约而频频南下的原因分析；对生态结构发生变化的深层原因讨论；对《齐民要术》《农政全书》《饮膳正要》《天工开物》等经典文献的识读解析；以及对筷子的出现及历史演变的论述等。该书还清晰而准确地叙述了既往研究者已经关注的许多方面的问题，比如农产品加工技术与食品形态问题、关于农作物及畜类的驯化与分布传播等问题，这些一向是农业史、交流史等学科比较关注而又疑难点较多的领域，该书对此亦有相当的关注与精到的论述。体现出整个作者群体较强的科研能力及科研水平，从而铸就了这部填补学术空白、出版空白的学术著作，可谓是近年来不可多得的精品力作。

本书是填补空白的原创之作，这也正是它的难度之所在。作者的写作并无前人成熟的资料可资借鉴，可以想见，作者须进行大量的文献爬梳整理、甄选淘漉，阅读量浩繁，其写作难度绝非一般。在拼凑摘抄、扒网拼盘已成为当今学界一大痼疾的今天，这部原创之作益发显得可贵。

一套优秀书籍的出版，最少不了的是出版社编辑们默默无闻但又艰辛异常的付出。中国轻工业出版社以文化坚守的高度责任心，苦苦坚守了二十年，为出版这套不能靠市场获得收益、然而又是填补空白的大型学术著作呕心沥血。进入编辑阶段以后，编辑部严苛细致，务求严谨，精心提炼学术观点，一遍遍打磨稿件。对稿件进行字斟句酌的精心加工，并启动了高规格的审稿程序，如，他们聘请国内顶级的古籍专家对书中所有的古籍以善本为据进行了逐字逐句的核对，并延请史学专家、民族宗教专家、民俗专家等进行多轮审稿，全面把关，还对全书内容做了20余项的专项检查，剪除掉书稿中的许多瑕疵。他们不因卷帙浩繁而存丝毫懈怠之念，日以继夜，忘我躬耕，使得全书体现出了高质量、高水准的精品风范。在当前浮躁的社会风气下，能坚守这种职业情操实属不易！

本书还在高端学术著作科普化方面做出了有益的尝试，如对书中的生僻字进行注音，对专有名词进行注释，对古籍文献进行串讲，对正文配发了许多图片等。凡此种种，旨在使学术著作更具通俗性、趣味性和可读性，使一些优秀的学术思想能以通俗化的形式得到展现，从而扩大阅读的人群，传播优秀文化，这种努力值得称道。

这套学术专著是一部具有划时代意义的鸿篇巨制，它的出版，填补了中国饮食文化无大型史著的空白，开启了中国饮食文化研究的新篇章，功在当代，惠及后人。它的出版，是中国学者做的一件与大国地位相称的大事，是中国对世界文明的一种国际担当，彰显了中国文化的软实力。它的出版，是中华民族五千年饮食文化与改革开放三十多年来最新科研成果的一次大梳理、大总结，是树得起、站得住的历史性文化工程，对传播、振兴民族文化，对中国饮食文化学者在国际学术领域重新建立领先地位，将起到重要的推动作用。

作为一名长期从事农业科技文化研究的工作者，对于这部大型学术专著的出版，我感到由衷的欣喜。愿《中国饮食文化史》（十卷本）能够继往开来，为中国饮食文化的发扬光大，为中国饮食文化学这一学科的崛起做出重大贡献。

二〇一三年七月

一部填补空白的大书
——《中国饮食文化史》(十卷本)序

李学勤

中国轻工业出版社通过我在中国社会科学院历史研究所的老同事，送来即将出版的《中国饮食文化史》(十卷本)样稿，厚厚的一大叠。我仔细披阅之下，心中深深感到惊奇。因为在我的记忆范围里，已经有好多年没有见过系统论述中国饮食文化的学术著作了，况且是由全国众多专家学者合力完成的一部十卷本长达数百万字的大书。

正如不久前上映的著名电视片《舌尖上的中国》所体现的，中国的饮食文化是悠久而辉煌的中国传统文化的一个重要组成部分。中国的饮食文化非常发达，在世界上享有崇高的声誉，然而，或许是受长时期流行的一些偏见的影响，学术界对饮食文化的研究却十分稀少，值得提到的是国外出版的一些作品。记得20世纪70年代末，我在美国哈佛大学见到张光直先生，他给了我一本刚出版的《中国文化中的食品》(英文)，是他主编的美国学者写的论文集。在日本，则有中山时子教授主编的《中国食文化事典》，其内的“文化篇”曾于1992年中译出版，题目就叫《中国饮食文化》。至于国内学者的专著，我记得的只有上海人民出版社《中国文化史丛书》里面有林乃燊教授的一本，题目也是《中国饮食文化》，也印行于1992年，其书可谓有筚路蓝缕之功，只是比较简略，许多问题未能展开。

由赵荣光教授主编、由中国轻工业出版社出版的这部十卷本《中国饮食文化史》规模宏大，内容充实，在许多方面都具有创新意义，从这一点来说，确实是前所未有的。讲到这部巨著的特色，我个人意见是不是可以举出下列几点：

首先，当然是像书中所标举的，是充分运用了区域研究的方法。我们中国从来是一个多民族、多地区的国家，五千年的文明历史是各地区、各民族共同缔造的。这种多元一体的文化观，自“改革开放”以来，已经在历史学、考古学等领域起了很大的促进作用。《中国饮食文化史》（十卷本）的编写，贯彻“饮食文化是区域文化”的观点，把全国划分为十个文化区域，即黄河中游、黄河下游、长江中游、长江下游、东南、西南、东北、西北、中北和京津，各立一卷。每一卷都可视为区域性的通史，各卷间又互相配合关联，形成立体结构，便于全面展示中国饮食文化的多彩面貌。

其次，是尽可能地发挥了多学科结合的优势。中国饮食文化的研究，本来与历史学、考古学及科技史、美术史、民族史、中外关系史等学科都有相当密切的联系。《中国饮食文化史》（十卷本）一书的编写，努力吸取诸多有关学科的资料和成果，这就扩大了研究的视野，提高了工作的质量。例如在参考文物考古的新发现这一方面，书中就表现得比较突出。

第三，是将各历史时期饮食文化的演变过程与当时社会总的发展联系起来去考察。大家知道，把研究对象放到整个历史的大背景中去分析估量，本来是历史研究的基本要求，对于饮食文化研究自然也不例外。

第四，也许是最值得注意的一点，就是这部书把饮食文化的探索提升到理论思想的高度。《中国饮食文化史》（十卷本）一开始就强调“全书贯穿一条鲜明的人文思想主线”，实际上至少包括了这样一系列观点，都是从远古到现代饮食文化的发展趋向中归结出来的：

一、五谷为主兼及其他的饮食结构；

二、“医食同源”的保健养生思想；

三、尚“和”的人文观念；

四、“天人合一”的生态观；

五、“尊老”的传统。

这样，这部《中国饮食文化史》（十卷本）便不同于技术层面的“中国饮食史”，而是富于思想内涵的“中国饮食文化史”了。

据了解，这部《中国饮食文化史》（十卷本）的出版，经历了不少坎坷曲折，前后过程竟长达二十余年。其间做了多次反复的修改。为了保证质量，中国轻工业出版社邀请过不少领域的专家阅看审查。现在这部大书即将印行，相信会得到有关学术界和社会读者的好评。我对所有参加此书工作的各位专家学者以及中国轻工业出版社同仁能够如此锲而不舍深表敬意，希望在饮食文化研究方面能再取得更新更大的成绩。

二〇一三年九月

于北京清华大学寓所

前言

“饮食文化圈”理论认知中华饮食史的尝试
——中国饮食文化区域性特征

趙榮光

很长时间以来，本人一直希望海内同道联袂在食学文献梳理和“饮食文化区域史”“饮食文化专题史”两大专项选题研究方面的协作，冀其为原始农业、畜牧业以来的中华民族食生产、食生活的文明做一初步的瞰窥勾测，从而为更理性、更深化的研究，为中华食学的坚实确立准备必要的基础。为此，本人做了一系列先期努力。1991年北京召开了“首届中国饮食文化国际学术研讨会”，自此，也开始了迄今为止历时二十年之久的该套丛书出版的艰苦历程。其间，本人备尝了时下中国学术坚持的艰难与苦涩，所幸的是，《中国饮食文化史》（十卷本）终于要出版了，作为主编此时真是悲喜莫名。

将人类的食生产、食生活活动置于特定的自然生态与历史文化系统中审视认知并予以概括表述，是30多年前本人投诸饮食史、饮食文化领域研习思考伊始所依循的基本方法。这让我逐渐明确了“饮食文化圈”的理论思维。中国学人对民众食事文化的关注渊源可谓久远。在漫长的民族饮食生活史上，这种关注长期依附于本草学、农学而存在，因而形成了中华饮食文化的传统特色与历史特征。初刊于1792年的《随园食单》可以视为这种依附传统文化转折的历史性标志。著者中国古代食圣袁枚“平生品味似评诗”，潜心戮力半世纪，以开创、标立食学深自期许，然限于历史时代局限，终未遂其所愿——抱定“皓首穷经”“经国济世”之理念建立食学，使其成为传统士子麇集的学林。

食学是研究不同时期、各种文化背景下的人群食事事象、行为、性质及其规律的一门综合性学问。中国大陆食学研究热潮的兴起，文化运气系接海外学界之后，20世纪中叶以来，日、韩、美、欧以及港、台地区学者批量成果的发表，蔚成了中华食文化研究热之初潮。社会饮食文化的一个最易为人感知之处，就是都会餐饮业，而其衰旺与否的最终决定因素则是大众的消费能力与方式。正是餐饮业的持续繁荣和大众饮食生活水准的整体提高，给了中国大陆食学研究以不懈的助动力。在中国饮食文化热持续至今的30多年中，经历了“热学”“显学”两个阶段，而今则处于“食学”渐趋成熟阶段。以国人为主体的诸多富有创见性的文著累积，是其渐趋成熟的重要标志。

人类文化是生态环境的产物，自然环境则是人类生存发展依凭的文化史剧的舞台。文化区域性是一个历史范畴，一种文化传统在一定地域内沉淀、累积和承续，便会出现不同的发展形态和高低不同的发展水平，因地而宜，异地不同。饮食文化的存在与发展，主要取决于自然生态环境与文化生态环境两大系统的因素。就物质层面说，如俗语所说：“一方水土养一方人”，其结果自然是“一方水土一方人”，饮食与饮食文化对自然因素的依赖是不言而喻的。早在距今10000—6000年，中国便形成了以粟、菽、麦等“五谷”为主要食物原料的黄河流域饮食文化区、以稻为主要食物原料的长江流域饮食文化区、以肉酪为主要食物原料的中北草原地带的畜牧与狩猎饮食文化区这不同风格的三大饮食文化区域类型。其后公元前2世纪，司马迁曾按西汉帝国版图内的物产与人民生活习性作了地域性的表述。山西、山东、江南（彭城以东，与越、楚两部）、龙门碣石北、关中、巴蜀等地区因自然生态地理的差异而决定了时人公认的食生产、食生活、食文化的区位性差异，与史前形成的中国饮食文化的区位格局相较，已经有了很大的发展变化。而后再历20多个世纪至19世纪末，在今天的中国版图内，存在着东北、中北、京津、黄河下游、黄河中游、西北、长江下游、长江中游、西南、青藏高原、东南11个结构性子属饮食文化区。再以后至今的一个多世纪，尽管食文化基本区位格局依在，但区位饮食文化的诸多结构因素却处于大变化之中，变化的速度、广度和深度，都是既往历史上不可同日而语的。生产力的结构性变化和空前发展；食生产工具与方式的进步；信息传递与交通的便利；经济与商业的发展；人口大规模的持续性流动与城市化进程的快速发展；思想与观念的更新进化等，这一切都大大超越了食文化物质交换补益的层面，而具有更深刻、更重大的意义。

各饮食文化区位文化形态的发生、发展都是一个动态的历史过程，“不变中有变、变中有不变”是饮食文化演变规律的基本特征。而在封闭的自然经济状态下，“靠山吃山靠水吃水”的饮食文化存在方式，是明显“滞进”和具有“惰性”的。所谓“滞进”和“惰性”是指：在决定传统餐桌的一切要素几乎都是在年复一年简单重复的历史情态下，饮食文化的演进速度是十分缓慢的，人们的食生活是因循保守的，“周而复始”一词正是对这种形态的概括。人类的饮食生活对于生息地产原料并因之决定的加工、进食的地域环境有着很强的依赖性，我们称之为“自然生态与文化生态环境约定性”。生态环境一般呈现为相当长历史时间内的相对稳定性，食生产方式的改变，一般也要经过很长的历史时间才能完成。而在“鸡犬之声相闻，民至老死不相往来”的相当封闭隔绝的中世纪，各封闭区域内的人们是高度安适于既有的一切的。一般来说，一个民族或某一聚合人群的饮食文化，都有着较为稳固的空间属性或区位地域的植根性、依附性，因此各区位地域之间便存在着各自空间环境下和不同时间序列上的差异性与相对独立性。而从饮食生活的动态与饮食文化流动的属性观察，则可以说世界上绝大多数民族（或聚合人群）的饮食文化都是处于内部或外部多元、多渠道、多层面的、持续不断的传播、渗透、吸收、整合、流变之中。中华民族共同体今天的饮食文化形态，就是这样形成的。

随着各民族人口不停地移动或迁徙，一些民族在生存空间上的交叉存在、相互影响（这种状态和影响自古至今一般呈不断加速的趋势），饮食文化的一些早期民族特征逐渐地表现为区位地域的共同特征。迄今为止，由于自然生态和经济地理等诸多因素的决定作用，中国人主副食主要原料的分布，基本上还是在漫长历史过程中逐渐形成的基本格局。宋应星在谈到中国历史上的“北麦南稻”之说时还认为：“四海之内，燕、秦、晋、豫、齐、鲁诸蒸民粒食，小麦居半，而黍、稷、稻、粱仅居半。西极川、云，东至闽、浙、吴楚腹焉……种小麦者二十分而一……种余麦者五十分而一，闾阎作苦以充朝膳，而贵介不与焉。”这至少反映了宋明时期麦属作物分布的大势。直到今天，东北、华北、西北地区仍是小麦的主要产区，青藏高原是大麦（青稞）及小麦的产区，黑麦、燕麦、荞麦、莜麦等杂麦也主要分布于这些地区。这些地区除麦属作物之外，主食原料还有粟、秫、玉米、稷等“杂粮”。而长江流域及以南的平原、盆地和坝区广大地区，则自古至今都是以稻作物为主，其山区则主要种植玉米、粟、荞麦、红薯、小麦、大麦、旱稻等。应当看到，粮食作物今天的品种分布状态，本身就是不断演变的历史性结果，而这种演变无论表现出怎样的相对稳定性，它都不可能是最终格局，还将持续地演变下去。

历史上各民族间饮食文化的交流，除了零星渐进、潜移默化的和平方式之外，在灾变、动乱、战争等特殊情况下，出现短期内大批移民的方式也具有特别的意义。其间，由物种传播而引起的食生产格局与食生活方式的改变，尤具重要意义。物种传播有时并不依循近邻滋蔓的一般原则，伴随人们远距离跋涉的活动，这种传播往往以跨越地理间隔的童话般方式实现。原产美洲的许多物种集中在明代中叶联袂登陆中国就是典型的例证。玉米、红薯自明代中叶以后相继引入中国，因其高产且对土壤适应性强，于是长江以南广大山区，鲁、晋、豫、陕等大片久耕密植的贫瘠之地便很快迭相效应，迅速推广开来。山区的瘠地需要玉米、红薯这样的耐瘠抗旱作物，传统农业的平原地区因其地力贫乏和人口稠密，更需要这种耐瘠抗旱而又高产的作物，这就是各民族民众率相接受玉米、红薯的根本原因。这一“根本原因”甚至一直深深影响到20世纪80年代以前。中国大陆长期以来一直以提高粮食亩产、单产为压倒一切的农业生产政策，南方水稻、北方玉米，几乎成了各级政府限定的大田品种种植的基本模式。

严格说来，很少有哪些饮食文化区域是完全不受任何外来因素影响的纯粹本土的单质文化。也就是说，每一个饮食文化区域都是或多或少、或显或隐地包融有异质文化的历史存在。中华民族饮食文化圈内部，自古以来都是域内各子属文化区位之间互相通融补益的。而中华民族饮食文化圈的历史和当今形态，也是不断吸纳外域饮食文化更新进步的结果。1982年笔者在新疆历时半个多月的一次深度考察活动结束之后，曾有一首诗：“海内神厨济如云，东西甘脆皆与闻。野驼浑烹标青史，肥羊串炙喜今人。乳酒清洌爽筋骨，奶茶浓郁尤益神。朴劳纳仁称异馔，金特克缺愧寡闻。胡饼西肺欣再睹，葡萄密瓜连筵陈。四千文明源泉水，云里白毛无销痕。晨钟传于二三瞽，青眼另看大宛人。”诗中所叙的是维吾尔、哈萨克、柯尔克孜、乌孜别克、塔吉克、塔塔尔等少数民族的部分风味食品，反映了西北地区多民族的独特饮食风情。中国有十个少数民族信仰伊斯兰教，他们主要或部分居住在西北地区。因此，伊斯兰食俗是西北地区最具代表性的饮食文化特征。而西北地区，众所周知，自汉代以来直至公元7世纪一直是佛教文化的世界。正是来自阿拉伯地区的影响，使佛教文化在这里几乎消失殆尽了。当然，西北地区还有汉、蒙古、锡伯、达斡尔、满、俄罗斯等民族成分。西北多民族共聚的事实，就是历史文化大融汇的结果，这一点，同样是西北地区饮食文化独特性的又一鲜明之处。作为通往中亚的必由之路，举世闻名的丝绸之路的几条路线都经过这里。东西交汇，丝绸之路饮食文化是该地区的又一独特之处。中华饮食文化通过丝绸之路吸纳域外文化因素，确切的文字记载始自汉代。张骞（？—前114年）于汉武帝建元三年（公元前138年）、元狩四年（公元前119年）的两次出使西域，使内地与今天的新疆及中亚的文化、经济交流进入到了一个全新的历史阶段。葡萄、苜蓿、胡麻、胡瓜、蚕豆、核桃、石榴、胡萝卜、葱、蒜等菜蔬瓜果随之来到了中国，同时进入的还有植瓜、种树、屠宰、截马等技术。其后，西汉军队为能在西域伊吾长久驻扎，便将中原的挖井技术，尤其是河西走廊等地的坎儿井技术引进了西域，促进了灌溉农业的发展。

至少自有确切的文字记载以来，中华版图内外的食事交流就一直没有间断过，并且呈与时俱进、逐渐频繁深入的趋势。汉代时就已经成为黄河流域中原地区的一些主食品种，例如馄饨、包子（笼上牢丸）、饺子（汤中牢丸）、面条（汤饼）、馒首（有馅与无馅）、饼等，到了唐代时已经成了地无南北东西之分，民族成分无分的、随处可见的、到处皆食的大众食品了。今天，在中国大陆的任何一个中等以上的城市，几乎都能见到以各地区风味或少数民族风情为特色的餐馆。而随着人们消费能力的提高和消费观念的改变，到异地旅行，感受包括食物与饮食风情在内的异地文化已逐渐成了一种新潮，这正是各地域间食文化交流的新时代特征。这其中，科技的力量和由科技决定的经济力量，比单纯的文化力量要大得多。事实上，科技往往是文化流变的支配因素。比如，以筷子为食具的箸文化，其起源已有不下六千年的历史，汉以后逐渐成为汉民族食文化的主要标志之一；明清时期已普及到绝大多数少数民族地区。而现代化的科技烹调手段则能以很快的速度为各族人民所接受。如电饭煲、微波炉、电烤箱、电冰箱、电热炊具或气体燃料新式炊具、排烟具等几乎在一切可能的地方都能见到。真空包装食品、方便食品等现代化食品、食料更是无所不至。

黑格尔说过一句至理名言："方法是决定一切的"。笔者以为，饮食文化区位性认识的具体方法尽管可能很多，尽管研究方法会因人而异，但方法论的原则却不能不有所规范和遵循。

首先，应当是历史事实的真实再现，即通过文献研究、田野与民俗考察、数学与统计学、模拟重复等方法，去尽可能摹绘出曾经存在过的饮食历史文化构件、结构、形态、运动。区位性研究，本身就是要在某一具体历史空间的平台上，重现其曾经存在过的构建，如同考古学在遗址上的工作一样，它是具体的，有限定的。这就要求我们对于资料的筛选必须把握客观、真实、典型的原则，绝不允许研究者的个人好恶影响原始资料的取舍剪裁，客观、公正是绝对的原则。

其次，是把饮食文化区位中的具体文化事象视为该文化系统中的有机构成来认识，而不是将其孤立于整体系统之外释读。割裂、孤立、片面和绝对地认识某一历史文化，只能远离事物的本来面目，结论也是不足取的。文化承载者是有思想的、有感情的活生生的社会群体，我们能够凭借的任何饮食文化遗存，都曾经是生存着的社会群体的食生产、食生活活动事象的反映，因此要把资料置于相关的结构关系中去解读，而非孤立地认断。在历史领域里，有时相近甚至相同的文字符号，却往往反映不同的文化意义，即不同时代、不同条件下的不同信息也可能由同一文字符号来表述；同样的道理，表面不同的文字符号也可能反映同一或相近的文化内涵。也就是说，我们在使用不同历史时期各类著述者留下来的文献时，不能只简单地停留在文字符号的表面，而应当准确透析识读，既要尽可能地多参考前人和他人的研究成果，还要考虑到流传文集记载的版本等因素。

再次，饮食文化的民族性问题。如果说饮食文化的区域性主要取决于区域的自然生态环境因素的话，那么民族性则多是由文化生态环境因素决定的。而文化生态环境中的最主要因素，应当是生产力。一定的生产力水平与科技程度，是文化生态环境时代特征中具有决定意义的因素。《诗经》时代黄河流域的渍菹，本来是出于保藏的目的，而后成为特别加工的风味食品。今日东北地区的酸菜、四川的泡菜，甚至朝鲜半岛的柯伊姆奇（泡菜）应当都是其余韵。今日西南许多少数民族的粑粑、饵块以及东北朝鲜族的打糕等蒸舂的稻谷粉食，是古时杵臼捣制餈饵的流风。蒙古族等草原文化带上的一些少数民族的手扒肉，无疑是草原放牧生产与生活条件下最简捷便易的方法，而今竟成草原情调的民族独特食品。同样，西南、华中、东南地区许多少数民族习尚的熏腊食品、酸酵食品等，也主要是由于贮存、保藏的需要而形成的风味食品。这也与东北地区人们冬天用雪埋、冰覆，或泼水挂腊（在肉等食料外泼水结成一层冰衣保护）的道理一样。以至北方冬天吃的冻豆腐，也竟成为一种风味独特的食料。因为历史上人们没有更好的保藏食品的方法。因此可以说，饮食文化的民族性，既是地域自然生态环境因素决定的，也是文化生态因素决定的，因此也是一定生产力水平所决定的。

又次，端正研究心态，在当前中华饮食文化中具有特别重要的意义。冷静公正、实事求是，是任何学科学术研究的绝对原则。学术与科学研究不同于男女谈恋爱和市场交易，它否定研究者个人好恶的感情倾向和局部利益原则，要热情更要冷静和理智；反对偏私，坚持公正；“实事求是”是唯一可行的方法论原则。

多年前北京钓鱼台国宾馆的一次全国性饮食文化会议上，笔者曾强调食学研究应当基于“十三亿人口，五千年文明”的“大众餐桌”基本理念与原则。我们将《中国饮食文化史》（十卷本）的付梓理解为“饮食文化圈”理论的认知与尝试，不是初步总结，也不是什么了不起的成就。

尽管饮食文化研究的“圈论”早已经为海内外食学界熟知并逐渐认同，十年前《中国国家地理杂志》以我提出的“舌尖上的秧歌”为封面标题出了“圈论”专号，次年CCTV-10频道同样以我建议的“味蕾的故乡”为题拍摄了十集区域饮食文化节目，不久前一位欧洲的博士学位论文还在引用和研究。这一切也还都是尝试。

《中国饮食文化史》（十卷本）工程迄今，出版过程历经周折，与事同道几易其人，作古者凡几，思之唏嘘。期间出于出版费用的考虑，作为主编决定撤下丛书核心卷的本人《中国饮食文化》一册，尽管这是当时本人所在的杭州商学院与旅游学院出资支持出版的前提。虽然，现在“杭州商学院”与“旅游学院”这两个名称都已经不复存在了，但《中国饮食文化史》（十卷本）毕竟得以付梓。是为记。

夏历癸巳年初春，公元二〇一三年三月

杭州西湖诚公斋书寓

目录

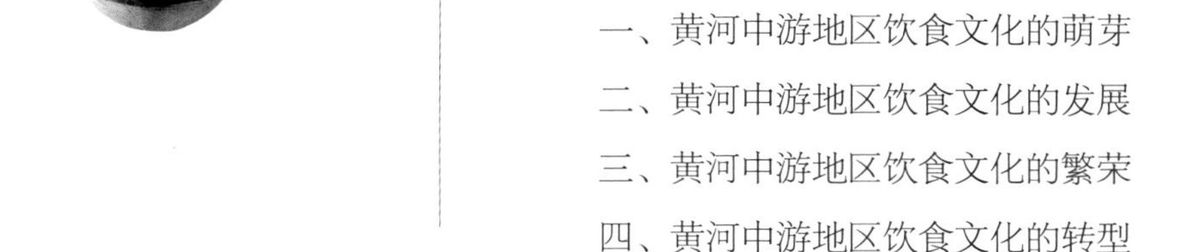

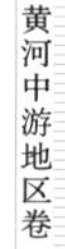

第一章 概述

黄河是中华民族的母亲河，她发源于青藏高原的巴颜喀拉山，流经青海、四川、甘肃、宁夏、内蒙古、山西、陕西、河南、山东等九省、自治区，注入渤海。从内蒙古的河套到河南的孟津为黄河的中游，山西、陕西两省和河南西部为黄河中游地区。黄河中游地区的饮食文化历史悠久、源远流长，是中国饮食文化的重要组成部分。黄河中游地区的饮食文化史可分为四个明显不同的阶段：原始社会的萌芽期，夏商周三代的发展期，秦至北宋的繁荣期，元代至今的转型期。

一、黄河中游地区饮食文化的萌芽

黄河中游地区是华夏文明的发祥地，也是中国饮食文化的摇篮。黄河中游地区很早就成为原始人类的生活地，有着深厚的原始文化遗存。据考古发现，旧石器早期的文化遗址有陕西蓝田的蓝田文化、山西芮城西侯渡文化和风陵渡的匼（kē）河文化等；旧石器中期的文化遗址有山西襄汾的丁村文化、山西阳高的峙峪文化等；旧石器晚期的文化遗址有分布在山西垣曲、沁水、阳城的大川文化等；新石器早期的文化遗址有河南新郑的裴李岗文化等；新石器中期的文化遗址有以河南渑池仰韶村遗址为代表的仰韶文化等。

在旧石器时代，黄河中游地区的先民使用石块、木料、兽骨制作的粗糙工具，依靠群体的力量，相互协作，以采集野果、根茎和狩猎动物作为食物，过着原始、野蛮、粗陋的生活。《礼记·礼运》对早期黄河中游地区的先民这样描述道："昔者，先王未有宫室，冬则居营窟，夏则居橧巢。未有火化，食草木之实、鸟兽之肉，饮其血，茹其毛。"※火的使用，使生食变为熟食，是人类发展史上最重要的一次飞跃。考古资料表明，早在180万年前后的山西西侯渡文化遗址和距今约80万年的陕西蓝田文化遗址中，都曾发现过用火的痕迹。人类最早使用的火是天然火，用火熟食是火的基本用途之一。在漫长的生活实践中，黄河中游地区的先民们逐渐学会了有意识地长期控制火种，他们把猎捕到的动物肉体置于火堆之中或于火焰之上烧烤，由此迈开了黄河中游地区饮食文化中用火熟食的第一步。

在旧石器时代晚期，黄河中游地区的先民开始学会人工取火。古代许多历史典籍中都记载着发明人工取火的圣人是生活在今河南商丘的燧人氏。汉代应劭《风俗通义·三皇》载："燧人始钻木取火，炮生为熟，令人无复腹疾，有异于禽兽。"《韩非子·五蠹》也记载："有圣人作，钻燧取火以化腥臊。"钻木或钻燧都是人工获取火种的方法，于是新的熟食方式——"炮"也随之发明。宋代高承《事物纪原》卷九《农业陶渔部·炮》载："《古史考》曰：'燧人，钻火人。始裹肉而燔之，曰炮也。'"《古史考》记载的这种熟食方式比用火直接烧烤要进步得多。

新石器时代，在黄河中游地区，人们的食源不断扩大，新的烹饪方法日益增多，逐渐奠定了黄河中游地区乃至整个中国饮食文化的基础，黄河中游地区的饮食文化开始萌芽了。

食源的不断扩大与这一时期农业、畜牧业的出现密切相关。"黄土地带和黄土冲积地带，在距今1万至8千年的新石器时代早期，已经有了一些原始的农耕部落，创造了粟作农业文明。"[1]粟是首先由黄河中游地区的先民用狗尾草驯化而来的。在黄河中游地区新石器时代早期遗址中，大都发现了早期的粟粒、粟壳及炭

※ 编者注：为方便读者阅读，本书将连续占有三行及以上的引文改变了字体。对于在同一个自然段（或同一个内容小板块）里的引文，虽不足三行但断续密集引用的也改变了字体。

① 王仁湘：《饮食与中国文化》，人民出版社，1993年。

化粟粒。古人把粟作农业的发明归功于传说中的神农氏（炎帝）。《史记·五帝本纪》开篇即介绍了神农氏统治衰落黄帝取而代之的情况。说明中国古代即认为神农氏确有其人。现代，也有学者将其看作是中国原始农业的化身。神农氏生活于陕西渭河流域。他首创农业，教民食谷。《易·系辞》云：“**神农氏作，斫木为耜，揉木为耒，耒耨之利，以教天下。**”粟类谷物，不宜像肉类那样用烤炮熟食，先民就发明了石烹法。《太平御览·饮食部》：“**《古史考》曰：‘及神农时，民食谷，释米加烧石之上而食。’**”这便是石烹谷物。几乎与农业出现的同时，黄河中游地区也出现了原始畜牧业。人们驯化和饲养了猪、狗、牛、羊、马、鸡等六畜，扩大了肉食来源。这时的肉类加工，人们除了用传统的炙炮之外，还用石烹法。《礼记·礼运》所记的“捭豚”，就是把猪肉放在烧石上使之成熟。

这种烧石加热使食物成熟的石烹法一直为后人沿用，如唐朝时有“石鏊饼”，明清谓之“天然饼”。这种古老的烹饪法，至今在黄河中游地区民间仍有遗存，如陕西关中区域的石子馍。制作石子馍的方法，是把洗净的小鹅卵石子放入平底锅里加热，把饼坯放在热石子上，上面再铺一层热石子，上下加热，使之成熟。

在新石器时代中期，黄河中游地区的先民发明了陶器。关于陶器的发明和制作，史籍多有记载。《太平御览·资产部·陶》：“《周书》曰：‘神农耕而作陶’。”《吕氏春秋·审分》记载：“昆吾作陶”。无论神农、昆吾，还是黄帝，都系黄河中游地区的远古圣人。有了陶器，也就开始有了真正的烹饪器具。因为陶制炊具可以加水加谷或加菜加肉于其中，以水作为传热介质，使食物成熟。这样，煮、熬、炖、烩等烹饪方法开始出现，奠定了宋代以前盛行中国数千年之久的羹类菜肴烹饪方法的基础。

在新石器时代的陶器中，除了人们熟悉的罐、盆、瓶、壶、碗、碟、杯、盘之外，还有陶甑（zèng）。陶甑是一个带隔层的炊具，可以加肉、米等于隔层之上，利用水蒸气加热，使之成熟，蒸的烹饪方法由此诞生。陶甑的发明，对于黄河中游地区饮食文化意义重大，它奠定了中国汉代以前黄河中游地区居民主食烹饪的基础。汉代以前，黄河中游地区的居民主食以粟为主。粟基本上是粒食（没有被细加工过的粮食，例如小麦没有被磨成面粉，而是呈颗粒状来煮饭食用）。

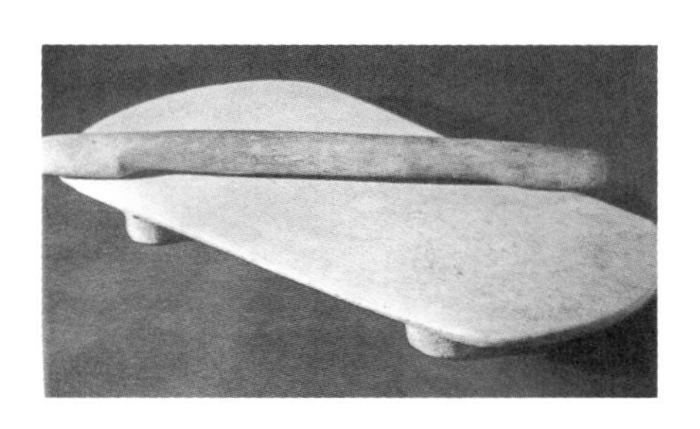

图1-1 新石器时代石磨盘、石磨棒，河南新郑出土

图1-2 人面鱼纹彩陶盆，仰韶文化遗址出土

有了陶甑，黄河中游地区的先民就可蒸饭而食了。古人也意识到甑发明的意义，《农政全书·农器》:“煮器也。《古史考》:‘黄帝始造釜（fǔ）甑，火食之道成矣’。”

另外，考古工作者在河南舞阳贾湖新石器时代遗址发掘出的陶器皿中，发现了距今已有9000年的酒发酵饮料的残渣。表明中国是世界上最早掌握酿酒技术的国家。发酵饮料在人类文化技术发展中扮演了关键角色，为农业、园艺、食品加工技术的进步做出了贡献。

二、黄河中游地区饮食文化的发展

夏商周三代是黄河中游地区饮食文化的发展时期。夏朝的统治中心区在今天的豫西和晋南。商朝虽然起源于黄河下游，但它对夏的统治中心极为重视，商汤把都城定在亳（今河南偃师）；商朝中期，从中丁到盘庚，都城五迁，其中有三个位于河南（郑州、内黄和安阳）。周人起源于渭河流域，西周定都镐京（今陕西西安），统治中心正是从关中平原到伊洛河谷的黄河中游地区的；其后，东迁都于洛邑（今河南洛阳），史称东周。无论是东周前期的春秋五霸，还是东周后期的战国七雄，都把黄河中游地区作为争夺的重点。可见，夏商周三代的统治中心和国都大多在黄河中游地区。政治中心的地位、

图1-3　彩绘陶缸，河南临汝仰韶文化遗址出土

发达的经济文化，为黄河中游地区饮食文化的发展奠定了坚实的基础。

这一时期黄河中游地区饮食文化获得较大发展，首先表现在饮食品种的不断丰富上。

由于农业和畜牧业获得了进一步的发展，遂使人们的食物来源不断扩大。夏代时，我国已经有了历法。我们现在使用的农历，在夏代就初具雏形了，当时人们已发明了节气和干支纪日法，说明农业知识在夏代有了系统化的提高。“殷墟甲骨文已经记录了黍（shǔ）、粟、麦、麻、稻五谷的种植，马、羊、牛、鸡、犬、猪六畜的养殖，还有果园和菜圃（pǔ），栽培多种果木和蔬菜。在商朝遗址中还发现鱼骨，证明当时常食用鰡（liú）鱼（古代一种吹沙小鱼）、黄颡（sǎng）鱼、鲤鱼、草鱼、青鱼和赤眼鳟。”[①]《诗经》三百篇诗歌大多反映了西周到春秋中叶黄河中游地区居民的社会生活。据统计，《诗经》中提到的植物有130多种，动物约200种，而且有了盐、酱、蜜、饴、姜、桂、椒等多种调味品。食物来源的不断扩大，促使人们饮食品种的不断丰富。《周礼·天官·冢宰》

① 陈诏:《中国馔食文化》，上海古籍出版社，2001年。

载，周天子进膳时，“食用六谷，膳用六牲，饮用六清，馐用百有二十品，珍用八物，酱用百有二十瓮。”足见当时饮食品种之丰富。

夏商周三代饮食品种的大发展还表现在对酒文化的发展上。由于生产力的不断提高，粮食有了较多剩余，谷物酿酒技术得以提高。商周时期，酒文化获得了初步发展。商代是一个极其重视酒的朝代，在商代遗址中出土了大量的尊、爵、觚（gū）、觯（zhì）等酒器，充分说明了这一点。周代统治者鉴于殷人因酒亡国的教训，控制人们饮酒，逐渐形成了一整套的饮酒礼仪制度。

其次，烹饪技术获得了突飞猛进的发展。

夏代后期，陶质炊具逐渐被青铜器取代，提高了炊具的传热性和其他功能，并且向形制多样化发展。如鼎用来炖肉，釜用来煮汤，鬲（lì）用来熬粥，甑和甗（yǎn）用来蒸饭。炊具的多样化，说明烹饪由简单操作逐渐过渡到成为一种专门技术。“烹调方法发展到氽、炸、浸、烙、烤、烹、涮、煮、炮、煎、煨、炖、熬、烧、蒸、焖、烩、炒等二十几种之多。”[①] 刀功、火候、调味品也开始受到广泛的注意。周天子所食的“八珍”就是多种烹调法与精湛的刀功、恰当的火候、适中的调味相结合的产物。

烹饪技术的提高，产生了一些饮食专家和职业厨师。夏代的第六位君主少康，曾当过有虞氏的庖正，他是中国第一位可查考到的厨师。有些厨师还总结自己和他人的烹饪经验，形成了一些烹饪理论。商代著名宰相伊尹生于“空桑”（今属河南），他对烹调极有研究，对利用三材（水、火、木）调和五味有一整套精辟见解，为我国烹饪理论奠定了基础。

随着烹饪技术的提高，贵族们已不再仅仅满足于吃得饱，而是追求吃得好，开始讲究美味，人数众多的大型宴会在黄河中游地区也出现了。《礼记・王制》载：“凡养老，有虞氏以燕礼，夏后氏以飨（xiǎng）礼，殷人以食礼。周人修而兼用之。”这是中国较早的宴会制度。《左传・昭公四年》载：“夏启有钧台（今河南禹州）之享”，这是中国见诸文字记载最早的一次宴会。《史记·殷本纪》载，

---

① 薛麦喜：《黄河文化丛书・民食卷》，山西人民出版社，2001年。

殷末纣王在国都安阳附近的沙丘，“以酒为池，县（悬）肉为林……为长夜之饮”。人们对美味的追求为烹饪技术的进一步发展提供了直接的动力。

第三，形成了一整套的膳食制度。

在国家机构中，夏代设有“庖正”一职，专管膳食。国家建立起膳食机构，使帝王高水准的饮食生活从制度上得以保证。至周代时，膳食机构已极为庞大了。据《周礼·天官·冢宰》统计，周代食官有膳夫、庖人、内饔（yōng）、外饔等20余种，共计2294人。[①]他们共同负责周王室的膳食和祭祀供品。

这一时期形成的宴会、进餐制度对后世影响极大。这项制度的核心集中表现为一个“礼”字。在“三礼”（《周礼》《仪礼》《礼记》）中，对天子、诸侯、大夫、士在进餐举宴时该吃什么东西，用几道菜，放什么调味品，使用什么食具，有什么规矩，奏什么乐，唱什么歌等都有极其苛细繁琐的规定。这些规定表现出森严的等级制度，维护了统治者的权威和利益。但从另一方面看，这些规定也有提倡温文尔雅、约束过度饮食、制止举止失仪等积极意义。

在日常饮食方面，人们为了适应早出晚归、白天劳作的需要，逐渐形成了固定的两餐制。进餐时，仍保持着原始社会遗留下来的分餐制传统。当时由于高大的家具还没有出现，人们在室内席地而食，或把饭菜置放在小食案上进食。

三、黄河中游地区饮食文化的繁荣

秦汉至北宋时期是黄河中游地区饮食文化的繁荣期，这一时期的文化繁荣是由多种因素促成的。

首先，政治、文化中心的地位使然。黄河中游地区是这一时期中国的政治、文化中心，从这一时期政权的定都情况可见一斑。统一时期的秦帝国定都咸阳，西汉、隋、唐定都长安，东汉、西晋定都洛阳，北宋定都开封；分裂时期的北方

① 王仁湘：《饮食与中国文化》，人民出版社，1993年。

政权也大多定都在长安、洛阳、开封这三个城市。政治、文化中心的地位使宫廷皇族、官僚士人、富商大贾等人物集中于此，这些阶层既有钱又有闲，他们多追求美食佳饮，为这一时期黄河中游地区饮食文化的繁荣提供了强大的动力，这对全国其他地区往往具有导向性和示范性。

其次，饮食文化交流频繁。西汉张骞通西域后，中国迎来了胡汉饮食文化交流的高潮。从西域引进的葡萄、石榴、核桃、芝麻等农作物扩大了黄河中游地区人们的食源，丰富了人们的饮食文化生活。魏晋南北朝时期，北方少数民族内迁，南北民族广泛融合。北方少数民族的食物、饮食方式、饮食习俗广泛传入中原，双方彼此交流。正是在各民族饮食文化交流的基础上，才绽开了隋唐饮食文化繁荣的花朵。同时，黄河中游地区地处东西南北交通要冲，加之政治、文化中心的地位，吸引着全国各地的人们流向黄河中游地区。他们或做官或经商，或游学赶考，或探亲访友，或游览观光，与此同时也把全国各地的饮食风味带到黄河中游地区，像北宋京师东京城内，已有北饭店、南饭店、川饭店等不同地方菜馆。在吸收各地饮食文化精华的基础上，黄河中游地区的饮食文化更上一层楼，极其繁荣。

在黄河中游地区饮食文化的繁荣时期，茶文化的兴起颇值得关注。茶作为饮料，秦汉时期尚局限于西南一隅。魏晋南北朝时期，饮茶之风流行于吴越之地并开始向黄河中游地区传播。唐朝时期，佛教的大发展、科举制度的施行、诗风的大盛、贡茶的兴起、中唐以后政府的禁酒等因素促使中国茶文化最终形成。[①]唐代茶圣陆羽的《茶经》更是推动了中国茶文化的发展。宋代茶文化已发展到登峰造极的程度，茶叶的“采择之精、制作之工、品第之胜、烹点之妙，莫不咸造其极”[②]。黄河中游地区虽不产茶叶，但由于此区域是国家的政治文化中心，茶文化极其繁荣，饮茶之风流行于社会各阶层，逐渐渗透到日常生活习俗之中。

这一时期的烹饪技术也获得了巨大发展，主要体现有二：

① 王玲：《中国茶文化》，中国书店，1992年。
② 赵佶：《大观茶论》，文渊阁四库全书本。

一是炒菜技术日益成熟。两汉以前中国菜肴的制法主要是煮、蒸、烤、炮，人们所食用的最重要菜肴是各种羹汤，西汉以后最重要的菜肴则逐渐转向于炒菜了。王学泰先生认为，用炒的方法制作菜肴至迟南北朝时已发明（有的专家认为，炒法春秋时期就已出现），只是当时尚未用“炒”命名。[①] 至宋代，人们开始用“炒”字来命名菜肴，在菜肴比重中，炒菜已同羹菜并驾齐驱了。炒，也日益成为中国菜肴加工的最主要的方式，深刻影响着人们的饮食生活。

二是素菜获得了较快的发展，并在北宋时期形成独立的菜系。推动这一时期素菜发展的因素很多，其中佛教的传入并走向鼎盛是其重要原因。佛教在两汉之际经西域首先传入黄河中游地区，魏晋南北朝时期是中国佛教迅速发展的时期，至唐朝时佛教走向鼎盛。汉传佛教在传承过程中形成了忌食肉荤的戒律。佛教在黄河中游地区的盛行为素食消费提供了广阔的市场。这一时期中国发明了豆腐及其他豆制品的制作技术，豆腐及其他豆制品加盟素菜并成为主要赋形原料，为仿荤素菜的形成提供了必要条件，成为素菜较快发展的另一重要因素。

在饮食文化繁荣时期，黄河中游地区人们的饮食结构也发生了较大的变化。在主食方面发生了由粒食向面食的转化。由于小麦在中国北方的推广，由面粉制作的各种饼类食品逐渐成为黄河中游地区居民的主食。在副食方面，受北方游牧民族的影响，羊肉在社会上很受崇尚。在饮食习俗方面，人们由一日两餐制逐渐过渡到一日三餐制。由于高桌大椅等家具的出现、菜肴品种增多等因素，分食制逐渐向合食制过渡，到北宋时合食制已完全形成。

① 王学泰：《华夏饮食文化》，中华书局，1993年。有些学者认为，1923年在河南新郑出土的春秋战国时期的“王子婴次炉”，就是一种专门用于煎炒菜肴的青铜器，故可以认为早在先秦时期，黄河中游地区就已出现了炒煎烹饪方法。参见马世之：《王子婴次炉为炊器说》，《中国烹饪》1984年第4期；姚伟钧：《中国饮食文化探源》，广西人民出版社，1989年；薛麦喜：《黄河文化丛书·民食卷》，山西人民出版社，2001年。

四、黄河中游地区饮食文化的转型

唐代中后期，中国的经济中心由黄河中游地区转移到江南。自元代起，中国的政治中心转移到现在的北京，文化中心则转移到了江浙一带。黄河中游地区从此丧失了中国经济、政治、文化的中心地位，降为一般的普通区域，黄河中游地区的饮食文化开始进入转型期。这一时期，由于人口过度膨胀，生态环境日益恶化，经济发展相对缓慢。遂使黄河中游地区人们的主副食结构、酒文化、茶文化都发生了很大的变化。在本饮食文化区内部，也形成了不同风味的地方饮食。

在主食结构方面，首先，面食继续得到加强。在华北平原、关中平原、汾河河谷和伊洛河谷，人们广泛种植小麦，面粉成为黄河中游地区中上层居民的主食。黄河中游地区的面食品种极其丰富，其中饼馍类食品的制作技术已达到相当高的水平，出现了不少饼馍名食。生于晚清、民国时期的陕西人薛宝辰在《素食说略》中，对饼馍类食品进行了归纳，其中有7种蒸法、11种烙法、5种油炸法。面条类食品中，出现了拉面、削面、托面等新的制作方法。其次，明末清初，甘薯、马铃薯、玉米等美洲高产农作物的引进，并在黄河中游地区广泛种植，使这些作物开始成为黄河中游地区一些地方下层居民的主食。甘薯多种于平原与河谷地带的小麦区，山西种植马铃薯最多，玉米多植于豫西、陕南山区。这些高产作物，在一定程度上缓解了人口压力所造成的粮荒问题。

在副食结构方面，首先，由于养猪技术的进步和清代统治者对猪肉的喜爱，使元明时期重羊轻猪的观念发生了很大变化。猪肉受到人们的普遍重视，地位上升，成为黄河中游地区食用量最大的肉类。但在山区和高原地带，养羊业仍很兴盛，羊肉在人们的肉食中仍占重要地位，仅次于猪肉。其次，蔬菜生产与前代相比也发生了一些变化。由于海外蔬菜的引进，蔬菜品种增多。在传统秋冬季蔬菜中，白菜、萝卜的地位上升；葱、姜、蒜、韭、芥、辣椒等辛辣类蔬菜广为种植。

在烹饪方法上，这一时期的黄河中游地区，由于天然森林多数遭到砍伐，燃料不足，节省燃料的大火急炒得到了更广泛的推广，炒菜几乎完全取代了羹菜和蒸菜。烹饪方法形成了以炸、爆、熘、烩、扒、炖闻名，尤其擅长用酱及五味调和的总体特色。在日常饮食上，人们多重主食，主食以面食为主，且花样繁多，有“一面百样吃”之说；副食菜肴多重数量，轻质量。因物产、气候、风俗习惯的不同，黄河中游地区各地的饮食文化生活也表现出明显的地域差异性。如河南菜素油低盐，调味适中，鲜香清淡，色形典雅；山西菜酸味十足；陕西菜讲究火功，能保持原料的原有色泽，以咸定味，以酸辣见长。伴随着地方风味的形成，名食佳馔大量涌现，如开封的小吃，洛阳的水席，太原的刀削面、头脑，西安的羊肉泡馍、葫芦头等。

在酒文化方面，白酒很快取代了传统粮食发酵酒的地位，黄河中游地区在这一时期名酒众多，质量上乘，产量很大，是全国主要的白酒产区。明代黄河中游地区的名酒有陕西的桑落酒，山西的襄陵酒、羊羔酒、蒲州酒、太原酒、潞州鲜红酒、河津酒，河南的大名刁酒、焦酒、清丰酒等；清代的名酒有陕西的柳林酒（今西凤酒的前身），山西的汾酒，河南的杜康酒、温酒、鹿邑酒、郭集酒、明流酒等。黄河中游地区的人们也喜欢饮用白酒，人们饮用白酒时，不再温酒。在酒器方面，过去温酒的注碗已销声匿迹，注酒的酒注却因此摆脱束缚，变得洒脱轻盈，千姿百态。同时，人们饮酒的大酒盏被小酒杯所取代。

在茶文化方面，元代时饼茶已开始衰落。明代以后，炒青法制成的散条形茶叶取代了饼茶；从唐代开始研末而饮的末茶法，变成用沸水冲泡茶叶的瀹（yuè，煮）饮法。这一时期，黄河中游地区的茶文化与前代相比显得暗淡，与同一时期的南方茶文化相比显得苍白，但茶文化并没有完全消失，在人们的生活之中，不时闪现其倩影丽姿。

值得一提的是，新中国成立后，尤其在改革开放后，黄河中游地区的饮食文化揭开了新的一页，城乡居民的饮食得到了很大改善，普遍解决了吃得饱的问题，正向吃得好、吃得健康方向发展。但是，同沿海发达区域相比，黄河中游地区居民的饮食生活仍有很大差距；在黄河中游地区内部，城乡饮食差距也很大。在乡村居民的饮食结构中，肉鱼蛋奶等高蛋白食物的比重仍不太高。在现代化的进程中，迎头赶上发达区域，缩小城乡差距，乃是目前黄河中游地区饮食文化发展的努力方向。

第二章　先秦时期

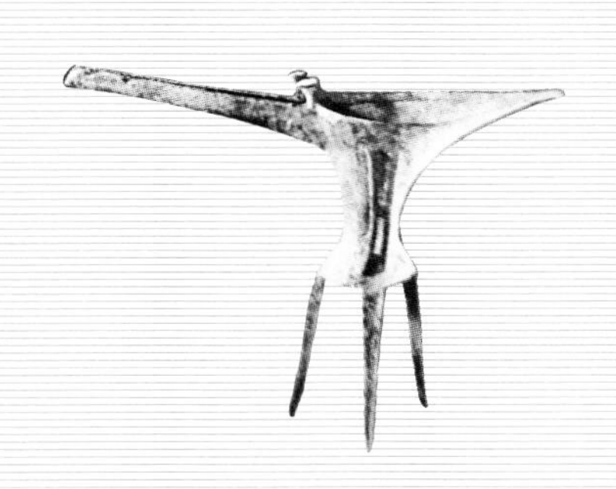

先秦时期是黄河中游地区饮食文化的萌芽和初步发展期。这一时期，中华民族形成了以谷物粮食为主、以肉蔬瓜果为辅的独具特色的传统膳食结构；烤炙、水煮、汽蒸、油煎等烹饪方式相继发明，极大地提高了人们的饮食生活水平，奠定了后世中国烹饪方式的基础；席地而坐的分餐制、手食、匕食、箸食等多样化的饮食方式、等级严格的宴席制度等先秦饮食礼俗无不对后世黄河中游地区，乃至整个中国的饮食文化产生巨大影响。

第一节　独具特色的膳食结构的形成

中华民族的传统膳食结构以谷物粮食为主，以肉蔬瓜果为辅；在肉蔬瓜果中又以素食为主，以肉食为辅。这与现代欧美诸民族以肉奶为主的膳食结构有很大不同。中华民族的这种传统膳食结构历史悠久，源远流长，早在先秦时期便已形成。这种膳食结构主张食用谷、果、肉、蔬等混合食物，以使膳食营养成分合理搭配、相辅相成，这就是《黄帝内经》中所谓的“五谷为养，五果为助，五畜为益，五菜为充”[①]。《黄帝内经》相传成书于战国时期，书中倡导的这种观点至今

① 不著撰人，王冰注：《重广补注黄帝内经素问》，四部丛刊本，上海书店，1989年。

仍是非常科学的。黄河中游地区是中华民族的主要发祥地，先秦时期所形成的中华民族的这种传统膳食结构也主要是在这一地区形成的。

一、五谷为养

早在先秦时期，黄河中游地区先民的饮食就以谷类粮食作为主食。考古证明，黄河中游地区是世界上较大的谷物栽培起源中心之一，该地区谷物的栽培可以追溯到距今8000年左右，即新石器时代初期。人们习惯上，把各种谷物总称为"五谷"，亦称"百谷"。"五谷"一词最早见于《论语·微子》，书中一位隐者曾讥讽子路为"四体不勤，五谷不分"之人。其后，《孟子·告子上》也有："五谷者，种之美者也。"五谷究竟具体是指哪五种谷物，先秦文献没有具体说明，倒是后世的经学家对此作了不同的解释。一般来说，人们把黍、稷（jì）、麦、菽（shū）、稻这五种粮食称为五谷。它们也是先秦时期黄河中游地区人们的主食。

1. 黍

先秦时期，黍（黍类是禾本科一类种子形小的饲料作物和谷物）是黄河中游地区人们饮食生活中的主要粮食之一。黍的生长期短，且又适于生荒地和其他恶劣的种植环境。中国先秦时期的农业生产，是在自然条件的严重束缚下进行的。人们为了取得足够的食粮，自然而然会选种一些生长期较短、耐旱耐寒、适于生荒地生产的作物，而黍正符合这些要求。

春秋初期以前，黄河中游地区的农业以黍稷种植为主，人们最普遍的饭是黍饭、稷饭。二者之中，黍比稷好吃，但是每亩黍的收获量比稷低，所以黍比稷贵。黍为美食的好景并不长，大致从春秋中期以后，由于农业技术的提高，其他粮食作物特别是麦、稻的日益扩展，使粮食生产结构有所变化，其显著特征是：麦稻地位逐渐上升；黍的地位则迅速下降，由主角转变为配角，成了救荒作物。

黍，具有黏性，不仅可以做饭、包粽，还可以酿酒。在殷商时，好酒之徒非常多，而酿酒的主要原料是黍，东汉许慎在《说文解字》中说：“酉，就也。八月黍成，可为酎酒。”黍酿出的酒香味浓郁，很受人欢迎。因此，在黄河中游地区稻种植较少的情况下，黍就成为酿酒的主要原料。为了能够给酿酒提供充足的原料，商代曾广泛地种植黍。

2. 稷

考古学界一致认为中国是稷的发源地，它是由狗尾草直接驯化而来的。稷的驯化发生在新石器时代的黄河流域。在黄河中游地区新石器时代的遗址中，到处都可以见到稷，如山西万荣、夏县，陕西西安半坡、宝鸡、华县，河南陕县、郑州等地。

在殷墟出土的甲骨文字中，粟和稷没有分别，都是指同一种谷物。粟、稷分称始于西周，周人把后稷看作自己的始祖，后稷初名弃，而“稷”最初是作为谷神供以祭祀或主管农业的官名，《左传·昭公二十九年》云：“稷，田正也。有烈山之子曰柱为稷，自夏以上祀之。周弃亦为稷，自商以来祀之。”这种转变说明，周弃在此时必定对农业生产做出了较大的贡献。周人为了纪念周弃对粮食生产的贡献，就把他作为谷神祀之，并把粟这种经过周弃改良过的谷物改称为稷，这就产生了一种谷物的两种不同称谓。

粟，又名谷子，去了皮又称为小米。粟在中国古代原始农业中，一直居于首要地位。先秦时期，黄河中游地区粟的种植面积和产量相当可观。从殷周时起，粟就被列为五谷之长，是黄河中游地区人们的主要粮食，它的主导地位一直维持到汉代，《说文解字》记“稷为五谷之长”。东汉之后它仍不失为黄河中游地区的主粮之一。粟主要用于做饭，但不如黍饭好吃。先秦时期，粟主要是贫贱者的口粮。

3. 麦

在中国古代文献中，麦类作物的名称有麦、来、牟三字。甲骨文中有“麦”字和“来”字。对于麦、来、牟三字的解释，自古及今其说不一，分歧较大。据张舜徽先生考证，“来”是小麦的本名，小麦得自外来[1]；大麦为牟麦。“牟”是“麰”的原字，“麦”旁是后人加的。

目前，大多数学者认为，麦起源于西亚及地中海东岸地区。“麦”字在商代甲骨文中便已出现，说明至迟在商代黄河中游地区就种植麦了，但麦在先秦时期种植并不多。因为麦类作物冬春生长需要较多的雨水，夏季到来之时成熟。而黄河中游地区的气候是冬春干旱，夏季多雨，因而每当麦类成熟之际，麦收便十分困难。而且秦汉以前，大多数地方的水利灌溉系统尚不十分完善，所以在先秦时期黄河中游地区的麦类尚无大面积种植；汉武帝以后，小麦才成为这一地区占主导地位的主粮。

麦在先秦时期尚属贵族专享的珍贵谷物，不仅是因为麦种植较少，还因为麦是接续绝乏之谷，麦的登场正是其他谷物尚未成熟，而旧谷已经吃光、缺乏粮食的时候。可见，先秦时期人们之所以重视麦，是由麦本身的种植特性以及当时的农业生产水平所决定的。

4. 菽

先秦时期的菽即是现今的大豆，与后世不同的是，先秦时期人们把大豆作为主食食用。大豆作为黄河中游地区古老的粮食作物，是中国的特产。在龙山文化早期的河南洛阳寺沟东北遗址中出土有大豆，在二里头文化的皂角树遗址中出土的大豆被学术界认为是介于野生大豆和栽培大豆之间的大豆品种。[2]

先秦时期，黄河中游地区是大豆的主产区，特别是在一些贫瘠地区，大豆更是人们的重要粮食之一。《战国策·韩策》云：“韩地险恶，山居，五谷所生，非麦而豆，民之所食，大抵豆饭藿（huò，豆叶）羹。一岁不收，民不餍糟糠。”由于大豆易于生长，穷苦人家经常种植。古书里常用“啜菽饮水”形容劳苦大众生活的简陋。

---

① 张舜徽：《说文解字约注》“麦”字注，中州书画社，1983年。

② 李炅娥等：《华北地区新石器时代早期至商代的植物和人类》，《南方文物》，2008年第1期。

秦汉以前，由于人们还不了解大豆的营养价值，制作方法也比较简单，只是把它当作粗粮，主要是用豆粒做豆饭，豆叶做菜羹。人们考虑到豆类久存容易腐烂，便用盐把它腌藏起来，这便成了豆豉。后来造豉法逐渐提高、改良，遂发明了制造酱油的方法。战国时期，人们还能用大豆制造豆芽，据《神农本草经》载："大豆黄卷，味甘平。"大豆黄卷就是指豆芽。

5. 稻

稻原产于中国长江流域，早在8000年前，长江流域就产生了以植稻为特点的原始农业。距今5000—4000年，水稻栽培从长江中下游一带逐步向江淮平原、黄河中下游扩展，初步形成了接近于现今水稻种植分布的格局。在黄河中游地区的河南渑池仰韶村等遗址中曾发现有稻谷。

商周时期，稻谷的种植在黄河中游地区也逐步推广开来，距今3000多年的安阳殷墟遗存的甲骨文中，发现有卜丰年的"稻"字和穛（xián，同籼，不黏的稻）、秔（jīn，同粳，黏性较小的稻）等不同稻种的原体字，以及关于稻谷生产丰歉的记录。另外，在古代典籍中，也有不少关于黄河中游地区水稻生产的描述，如《诗经·唐风·鸨（bǎo，鸟类的一属，比雁略大）羽》说："王事靡盬（mí gǔ，无止无息），不能艺稻粱，父母何尝？"《诗经·豳（bīn，同邠，古都邑名，在今陕西郴县）风·七月》："十月获稻，为此春酒，以介眉寿。"《战国策·东周策》亦云："东周欲为稻，西周不下水，东周患之。"这些记载表明，黄河中游地区的稻作生产已有了一定程度的发展。

但由于黄河中游地区的地理气候条件不如长江流域优越，所以种植也就不如长江流域普遍，在人们的饮食生活中稻被列为珍品。食稻衣锦是古代生活水平较高的象征，《尔雅翼》载："食稻、衣锦则以为人生之极乐，以稻味尤美故也。"反映出稻谷在当时仅是上层贵族享用的珍品，十分稀贵。

大体而言，在先秦时期，黍、稷、麦、菽、稻等五种粮食作物是黄河中游地区人们的主要食粮，其中黍、稷的地位最高，居主导地位。秦汉以后，黍、稷的地位下降，菽渐由主食转化为副食，麦的地位很快上升，渐成为黄河中游地区占主要地位的食粮，由于多数地方不适于种稻，所以稻米在黄河中游地区仍然少而珍贵。先秦时期，黄河中游地区的主食结构与后世虽然有明显的不同，但是这一时期所形成的以五谷为主食的传统深刻影响着中国人民几千年的饮食习俗。

二、五畜为益

黄河中游地区早期，人类的饮食生活并非是单一依靠谷类食物，肉类食物也占有一定的比例，正如恩格斯在《劳动在从猿到人转变过程中的作用》中所说“如果不吃肉，人是不会发展到现在这个地步的。”[①]旧石器时代以前的人们完全靠渔猎获取肉食。

进入新石器时代以后，农业和畜牧业开始出现，极大地扩大了人们的肉食来源。除了通过传统的渔猎活动获得各种野味外，人们的肉食来源主要靠发展畜牧业获得家畜、家禽来实现。

黄河中游地区驯养家畜、家禽的历史相当古老，考古发掘表明，从史前的新石器时代文化到商代青铜文化来临之前，在黄河中游地区已经普遍饲养“六畜”，具体是指马、牛、羊、鸡、犬、猪，六畜也常泛指各种家畜、家禽。由于古代马主要用于战争，为人们提供肉食的主要是其他五种家畜、家禽，所以，《黄帝内经·素问·脏气法时论》在谈及人们的膳食结构时，称“五畜为益”。

1. 猪

从考古发掘的材料来看，新石器时代黄河中游地区家畜数量最多的是猪，家猪饲养在各个从事农业的氏族公社中，占有仅次于农业的重要地位。在该地区的仰韶文化和龙山文化等许多遗址里都有猪的遗骨出土，愈到后期数量愈多，而且

①《马克思恩格斯全集》第20集，人民出版社，1962年。

成年猪的比重也越来越大，这与农业的发展，粮食储备较多，饲料比较丰富是直接相关的。

殷商以后，肉猪在人们生活中的地位日趋重要，甲骨文中的“家”字反映了这一情况，家字从“宀”从“豕”，说明猪已成为人类家居必养之物。“陈豕于室，合家而祀”[①]，这正是“家”字的本义。由此看来，殷商时，养猪是很普遍的，除吃以外，还用于祭祀。

先秦时期猪肉是人们最普通的肉食来源。但是，一般平民也不能够经常吃到猪肉。这是由于养猪需要大量的谷物作为饲料，《说文解字》释“豢”（huàn，设围栏以谷物养猪）为：“以谷圈养豕也”[②]。证明古人养猪用谷物，只有在人民生活有多余谷物的情况下，才有可能喂养猪，一般平民家庭喂养的猪不会很多。喂猪不多，就不可能经常宰杀，因此，平民只有逢年过节才有机会吃上肉。《礼记·王制》规定：“士无故不杀犬豕，庶人无故不食珍。”

2. 牛

黄河中游地区牛类的驯化不会晚于猪的饲养，牛在新石器时代已成为家畜。有些考古学家认为，在距今7000多年的磁山、裴李岗文化时期，居民已经开始饲养黄牛。中国北方新石器时代的水牛最早发现于大汶口文化的遗存中。到龙山文化时期，在黄河中游地区的长安客省庄遗址中曾有水牛遗骸出土。在殷墟中，所发现的水牛骨也比黄牛骨多。这也说明，在先秦时期，水牛可以生活在包括黄河中游在内的广大北方地区。

周代以前，牛尚未用于农耕，人们养牛的目的是为了食其肉，用其皮骨。牛还被广泛用作牺牲，《史记·五帝本纪》认为尧时就“用特牛礼”，即选用牡牛作为祭品。殷商时，牛被大量用作牺牲，用于隆重的祭祀，有的祭祀每次用牛三四百头，比用羊和猪充牺牲的数量多。牛作为祭祀的牺品，其实还是被人

① 王仁湘：《新石器时代葬猪的意义》，《文物》，1981年第2期。
② 许慎：《说文解字》卷九下，中华书局，1963年。

当作肉食，《尚书·微子》就指出："今殷民乃攘窃神祇（qí）之牺牷（quán，古代祭祀用的牛毛色纯一）牲，用以容，将食无灾。"

西周时，牛成为六畜中最贵重的一种，在祭祀和享宴中，用牛的数量比商代大大减少。其原因在于牛开始大量用于农耕，成为主要的畜力。不过，周代贵族们食肉仍主要是取之于牛，以牛肉为肉中上品。《礼记·王制》说："诸侯无故不杀牛"，表明当时牛较为尊贵，只有诸侯级的贵族才有资格食用牛肉。

春秋战国时期，黄河中游地区的牛肉仍然比较稀贵。《左传·僖公三十三年》记载，秦师袭郑，到达滑国，郑国的商人弦高准备到成周去做买卖，碰到秦军。为了稳住秦军，他先送给秦军4张熟牛皮，后送12头牛犒劳秦军。同时又派人向郑国报告。给几万人的秦军送去12头牛犒劳，这在当时已算是一份有分量的礼物了。

周代以后，历代统治者多采取保护耕牛的政策，禁止民间私自宰杀耕牛。

3. 羊

家养羊的出现晚于家养的猪和牛。黄河中游地区几个时代较早的新石器时代遗址里都没有羊的骨骸。河南三门峡庙底沟二期文化遗存中的家山羊，是黄河中游地区新石器时代（公元前3000年左右）家山羊的最早发现，在考古发掘的商代遗存中，羊的发现逐步多了起来。从数量上看，羊是仅次于猪、牛的三大肉食来源之一。在周代，宫廷食官中还专设"羊人"一职，掌理羊牲的供给。

在中国古代，羊是吉祥如意的象征，《说文解字》释"羊"为"祥也"[①]。羊肉甘美，所以《说文解字》释"美"为"甘也，从羊从大，羊在六畜主给膳也"[②]。羊肉在六畜中的地位仅次于牛，在先秦时期，羊肉主要供给上层权势者享用。《礼记·王制》规定："大夫无故不杀羊。"在乡饮酒礼中，如果只有乡人参加，就吃狗肉，若是有大夫参加，就要另加羊肉。烹羊炮羔，是中国烹调的一

---

① 许慎：《说文解字》卷四上，中华书局，1963年。
② 许慎：《说文解字》卷四上，中华书局，1963年。

个传统。

4. 狗

狗是新石器时代一直到商周时期黄河中游地区最主要的家畜之一。在距今8000—7000年的新郑裴李岗新石器时代早期遗址中，曾有家犬的遗骸出土。在我国新石器时代的其他遗址中，都无一例外地有家犬遗骨。在商周时期的墓葬中，家犬遗骸仍占出土家畜遗骸的大宗。

狗除容易喂养、繁殖力强等特点之外，宰杀也容易，因而在先秦时期，食狗之风十分盛行，狗肉是人们喜食的肉类之一。在先秦时狗肉也可以登大雅之堂。《礼记·王制》规定："士无故不杀犬豕。"这种规定到战国时期就没有什么约束力了，屠狗者日渐增多，以至屠狗成了社会上的一种专门职业，称为"狗屠"。狗屠的出现，说明了社会上养狗普遍，食狗肉的人多。

5. 鸡

中国是世界上最早养鸡的国家，在黄河中游地区新石器时代早期的裴李岗遗址中，就已有鸡的遗骸出土。此外，在黄河中游地区的仰韶文化和龙山文化的遗存中也有许多家鸡的遗骸出土，可知当时饲养家鸡比较普遍。

在商代，鸡大量用于祭祀，殷墟中曾发现有大批鸡骨。甲骨文中也有鸡字，这说明，商代养鸡十分普遍和兴盛。周代还设有"鸡人"这一官职，掌管祭祀、报晓、食用所需的鸡。战国至秦汉时，鸡是上自贵族下至平民都爱饲养和食用的家禽，鸡肉和鸡蛋在当时人们饮食生活中占有重要位置。在一般的家庭中，鸡肉是待客的常菜。

三、五菜为充与五果为助

种植蔬菜瓜果是农业经济的一个重要组成部分。从新石器时代起，蔬菜瓜果就开始作为黄河中游地区先民生活中的副食来源。中国古代种植蔬菜，同谷物几乎具有同样悠久的历史。所以，《尔雅·释天》在解释“饥馑”二字时说：“谷不熟为饥，蔬不熟为馑”。这里谷蔬同时并提，正好揭示了主食和副食之间的密切关系。

（一）园圃的出现

考古资料证明，在距今五六千年的仰韶文化时期，黄河中游地区就已经开始种植蔬菜了，西安半坡遗址发掘出的一个陶罐中就收藏着芥菜或白菜的菜籽。

在商代甲骨文中，出现过“囿”（yòu，中国古代供帝王贵族进行狩猎、游乐的园林）“圃”（种植果木瓜菜的园地）等字，可知在商代就有以蔬菜瓜果为主要栽培对象的菜园了，园圃经营已与大田谷物经营存在着一定的区别。

西周以后，园圃经营与大田谷物经营的区别更为明显，蔬菜瓜果的生产已逐渐形成一种脱离粮食生产而独立的专门职业。《论语·子路》记载：“樊迟请学稼，子曰：‘吾不如老农。’请学为圃，曰：‘吾不如老圃。’”可知在春秋时期，“圃”与“农”已经成为分开的两种专业了。

到战国时，更有不少人“为人灌园”。可见当时园艺确与农耕分了家，园圃经营的专业性大大加强。这种分工的产生和发展，是为了适应人类物质生活多方面的需要，是社会生产不断进步的一种表现。

（二）蔬菜的主要品种

先秦时期，黄河中游地区的蔬菜主要有葵、韭、菘（sōng，白菜）、薤（xiè）、葱、芥、芹、葑（fēng）、莱菔（láifú，萝卜）、莲藕、姜、瓠（hù）等十多种，这些都是中国原产的蔬菜。

1. 葵

葵在古代被称为“百菜之主”。葵作为菜蔬，最早见于《诗经·豳风·七月》：“七月亨（烹）葵及菽。”葵、菽并列，说明它们都是当时比较重要的农作物，据此推知，葵菜至迟在西周时已被人们驯化。春秋时，葵的地位更加显赫，已是那时园圃中种植的主要蔬菜了。

在我国古老的蔬菜品种中，唯有葵最脍炙人口，但由于葵菜的变异性比较狭窄，在历史演变过程中竞争不过同一时期从十字花科植物的野油菜中发展起来的白菜，所以古葵自宋代以后，就逐渐脱离人们的餐桌，沦为野生，或作为药用了。

2. 韭

黄河中游地区栽培韭菜的历史可以上溯到远古，《大戴礼记·夏小正·正月》中记载："囿有见韭。"韭菜是古代"五菜"之一（中国古代"五菜"具体是指葵、韭、菘、薤、葱，但言"五菜"时多泛指各种蔬菜），很受人们重视。韭菜种植简便易为，一种可经历多年，一生可剪数十次，《尔雅》"藿，山韭"，邢昺（bǐng）《疏》："一种而久者，故谓之韭。"古人把韭菜和牛、豕、鱼、酒、黍、稷、稻等并列在一起作为祭品，《礼记·曲礼下》："凡祭宗庙之礼，牛曰一元大武……，黍曰芗（谷类的香气）合，粱（粱）曰芗萁，稷曰明粢，稻曰嘉蔬，韭曰丰本。"可见韭在食品中的地位。

3. 菘

菘，即白菜，是黄河中游地区古代常见的蔬菜之一，一年四季均食用。菘的种类较多，但主要分为小白菜和大白菜。古人认为菘是蔬菜中的佳品，历代都有不少的诗句来赞美白菜味道的鲜美。

4. 薤

薤，即藠（jiào）头，薤是中国原产的一种古老栽培蔬菜，古代五菜之一。其鳞茎如指头大，可作蔬菜，也可加工为酱菜。薤是一种富于营养而味美的蔬菜，它不仅作为蔬菜，还可作为调料，帮助除去肉的腥气，所以《礼记·内则》云："脂用葱，膏用薤。"

5. 葱

葱是古代五菜之一，先秦时期黄河中游地区就广为种植，《礼记》的一些篇章中就有不少用葱的记录，如《曲礼》篇中有：“凡进食之礼，……脍炙处外，醋酱处内，葱渫处末，酒浆处右。”《内则》篇中有：“脍，春用葱，秋用芥。”这说明古人吃饭均须用葱，吃肉更须用葱以佐口味。由于各种菜肴均可用葱以增加香气，故葱又有“菜伯”之称。

6. 芥

芥菜是中国特产的蔬菜之一，由于古代人民对芸薹属中某些植物甘辣风味的爱好，在长期采集野生植物的过程中，就把芥菜这种具有辛辣风味、滋味爽口的野菜选择并保留下来。

在先秦时期，人们食芥是重子而不重茎叶的，《仪礼·公食大夫礼》：“芥酱、鱼脍。”郑玄《注》：“芥酱，芥实酱也”。《论语·乡党》：“不得其酱，不食。”邢昺《疏》：“谓鱼脍非得芥酱则不食也。”芥菜子还具有发汗散气的功能，所以我国古代有“菜重姜芥”的说法，可见芥菜又可帮助人们驱除风邪，减少疾病。

7. 芹

芹有水芹和旱芹之分，中国古代，芹主要指水芹，《诗经·鲁颂·泮水》中的“思乐泮水，薄采其芹”，指的就是水芹。芹菜是一种味道鲜美的蔬菜，在先秦时期，还可作为祭品。《周礼·醢（hǎi）人》说：“加豆之实，芹菹（zū）、兔醢。”这也反映出芹菜的食法是多种多样的。古代人们不仅把芹菜作为日常食物，而且还了解到芹的药用价值，《神农本草经》中指出芹菜“止血养精，保血脉，益气，令人肥健、嗜食”。这些看法已被现代医学所证明。

8. 葑

葑，即芜菁，又名蔓菁。殷周以来，芜菁即是黄河中游地区的重要菜蔬之一。《诗经·唐风·采苓》中有：“采葑采葑，首阳之东。”芜菁的根在先秦时就已加工成腌菜，《周礼·醢人》中记有“菁菹（酸菜）”。栽培芜菁的好处是四季常有，管理可粗可细，抗病能力强，如果年成不好，种一些芜菁可以补充粮食的不足，所以，古代人们是十分重视种植芜菁的。

9. 莱菔

莱菔，俗称萝卜。它是中国最古老的栽培作物之一，《诗经·邶风·谷风》有“采葑采菲”之句，这里的“菲”即指萝卜。萝卜在中国最初是作为药用，后来才发展为食用。萝卜作为蔬菜，一般只吃它的根茎部分，根有红有白，有长有圆，有大有小，有一二两重的，也有一二十斤重的，有适合生吃的，也有供加工腌制的。

10. 莲藕

食用莲藕在黄河中游地区有悠久的历史，1973年，河南郑州市博物馆在市郊大河村新石器时代遗址中发现炭化莲子1粒，被贮存在一个瓦器之中。早在先秦时期人们就爱好食藕，《诗经》中有不少对莲的描写，如《诗经·陈风·泽陂》中有：“彼泽之陂，有蒲与荷”，“有蒲与蕑（jiān）”（郑玄《笺》：“‘蕑’当作‘莲’。莲，芙蕖实也。”），“有蒲菡萏（hàndàn，荷花）”。莲藕既可当水果吃，又可烹饪成佳肴，还可做粥饭和制成藕粉。

11. 姜

姜是古人日常生活中不可缺少的调料、香料，也是药用植物。早在先秦时期黄河中游地区各地就都有种植。古代把葱、薤、韭、蒜、兴蕖（qú，洋葱）（或阿魏）这五种带有刺激味的蔬菜称之为“五辛”，通常认为五辛有浊气，唯独姜气清，食姜有利于身体健康，深通饮食之道的孔子也说过：“不撤姜食。”[①] 姜在古代还被广泛地用于治病除邪上，《说文解字》释为“御湿之菜也”[②]。

---

① 《论语·乡党》，十三经注疏本，中华书局，1980年。
② 许慎：《说文解字》卷一下，中华书局，1963年。

先秦时期，姜的食法很多，或生啖，或熟食，或醋酱糟盐，或蜜煎调和，特别是在烹调和腌肉时放一点姜，能除去肉的腥膻，又可使菜味清香可口，《礼记·内则》中也记载了古代腌制牛肉时，要放一点“屑桂与姜，以洒诸上而盐之”。

12. 瓠

瓠即葫芦，先秦时期又称为匏壶、匏瓜等，葫芦是我国最古老的栽培蔬菜之一，在新石器时代的很多遗址中都发现过炭化葫芦遗物，在河南新郑裴李岗遗址中出土过葫芦皮。葫芦全身均可利用，瓠叶初长时可采嫩叶作为蔬食，所以《诗经·小雅·瓠叶》中有：“幡幡（fān）瓠叶，采之亨（烹）之。君子有酒，酌言尝之”。到了成熟期，叶子老了有苦味，就吃果实，故《诗经·豳风·七月》又有“八月断壶”之说，瓠干硬的外壳还可作瓢勺和乐器。

以上蔬菜品种是先秦时期黄河中游地区人工栽培和人工保护的十多种常食蔬菜。在先秦文献中，还可以看到一些蔬菜名称，如蒲、荠、蕨、蓼（liǎo）、蘋（苹，píng）、薇、蒿、苋、茭白、藻、荸荠、荇（xìng）、蘩（fán）、藜（lí）等，这些蔬菜，多为野生，经济价值不高。

（三）瓜果的主要品种

如同蔬菜一样，中国古代的瓜果种类繁多，种植历史也很悠久。《诗经·豳风·七月》中说：“七月食瓜，八月断壶”。而在《周礼·场人》中明确指出：场人的职责是“掌国之场圃，而树之果蓏珍异之物”。可见，在先秦时期，人们已注意到种植瓜果。就先秦黄河中游地区而言，出产的主要瓜果有甜瓜、桃、杏、李、栗、梅、枣、梨等。

1. 甜瓜

甜瓜亦名香瓜，种类很多，是中国最古老的瓜种之一，《诗经·大雅·生民》中的“麻麦幪（méng）幪，瓜瓞（dié）唪（fěng）唪”，《夏小正·五月》中的

"乃瓜。乃者，急瓜之辞也。瓜也者，始食瓜也。"均指的是甜瓜，说明在先秦时期，中国就已栽培甜瓜了。

2. 桃

桃是中国最古老的栽培果树之一，种类很多。《左传》《尔雅》《礼记》中都有关于桃的记载，《诗经·周南·桃夭》中"桃之夭夭，灼灼其华"的诗句更为人所共知。此外，《诗经·魏风·园有桃》中还明确记载"园有桃，其实之殽"。可见，中国在先秦时期就广泛地种植桃树了。值得一提的是，桃在西汉初年由中国西北传入伊朗和印度，再由伊朗传到希腊，之后又传到欧洲各国。

3. 杏

杏源于中国北方，《夏小正·四月》中说："囿有见杏。"以后的文献如《管子》《礼记》等书中都有杏的记载。杏的种类不多，主要有甘而沙的"沙杏"、黄而带酢（cù）的"梅杏"，青而带黄的"柰杏"，色黄而大如梨的"金杏"，赤大而扁的"肉杏"等。中国杏在西汉时由张骞带到西域，传到西亚及地中海地区。

4. 李

李与桃在古代往往并提，因为它们同属蔷薇科，又同在春天开花，并且都属古代"五果"之列（中国古代"五果"具体是指桃、杏、李、栗、梅，但言"五果"时多泛指各种瓜果）。《诗经·大雅·抑》中有："投我以桃，报之以李。"可见桃、李在先秦时，已为人们所并重。李的种类很多，可达百种以上。

5. 栗

中国栽培栗的历史很早，在河南裴李岗、西安半坡等新石器时代遗址中均有栗果遗存。栗自古以来就受到人们重视，被列为"五果"之一。与枣一样，栗还可作为粮食备荒。《韩非子·外储说略》中记载："秦大饥，应侯请曰：'五苑之草著，蔬菜橡果枣栗，足以活民，请发之'。"《庄子·外篇·山木》记述了孔子困于陈蔡时靠食栗充饥的故事。

6. 梅

梅原产中国，栽培历史十分悠久，在河南安阳殷墟曾有梅核出土。《诗经·秦风·终南》记载："终南何有？有条有梅。"说明梅在先秦时就已在黄河中游地区广泛栽种了。

最初人们种梅是食用梅果，后来才发展为一种观赏的珍贵花木。商周时期，梅树果实作为一种调味品，已广泛用于人们的饮食之中，《尚书·说命》中指出："若作和羹，尔惟盐梅。"可见梅与盐一样重要。

7. 枣

黄河中游地区的枣树栽培很早，在河南新郑裴李岗新石器时代遗址中，曾保存有较完整的枣干果。在《诗经》《夏小正》《山海经》《尔雅》《广志》中都有种枣食枣的记载。由于我们祖先世世代代的辛勤培育，在不同土壤、气候条件下，形成了丰富的优良品种。后世黄河中游地区出现的名枣有山西运城的相枣、河南灵宝的圆枣和新郑的金丝小枣等。

8. 梨

梨的原产地在中国，中国的先民很早就开始对梨进行选择和培育。《诗经·秦风·晨风》中有"隰（xí，低湿之地）有树檖（suì）"，又《召南·甘棠》中有"蔽芾（bìfèi，幼小的样子）甘棠"，其中甘棠与树檖即是野梨，由此可知，早在3000年前，中国已注意到野生梨的利用。

先秦时期，蔬菜瓜果在中国黄河中游地区古代人的生活中就已占有不可或缺的地位。《尔雅·释天》说："谷不熟为饥，蔬不熟为馑，果不熟为荒。"认为蔬菜瓜果的丰歉是决定整个农业收成好坏的重要依据，可见其重要性。中国古代史籍中，有关"百姓饥饿，人相食，悉以果实为粮"，"皆以枣栗为粮"，"饥饿皆食枣栗"之类的记载不胜枚举，反映出蔬果作物在救灾度荒中所起的作用。同时，我们也可以看到，当时蔬菜瓜果的选择食用，多是药用与食用并重，体现了中华民族"医食同源"的优秀饮食文化思想。

第二节　食物加工与烹饪的发轫

中国在世界上被誉为“烹饪王国”，这是因为中国的烹饪技术有着几千年的悠久历史。特别是黄河中游地区的烹饪更是源远流长，是中国古代烹饪技术的重要发源地。先秦时期，黄河中游地区的烹饪技艺就已形成了一种独特的技艺。

一、多样的烹饪技艺

烹饪是从人类学会控制火的使用开始的。有关烹饪的考古资料证明，中国烹饪方法是由少渐多，烹饪技艺由简单到复杂，逐步地发展着。

人类发明烹饪技术是从熟食开始的。从旧石器时代考古资料分析，中国原始烹饪术的发明，至今已有180万年左右的历史了。山西省芮城县西侯渡遗址出土有许多烧过的哺乳动物的肋骨、鹿角和马牙，就是当初人类食用后留下的遗存。人类在这时虽然能使用火来烧熟食物，但是还不会制造火，所有的火都是保存下来的自然火种。人类的饮食革命，是从人工取火开始的。在旧石器时代中后期，人类就能够用燧石取火了，有人根据旧石器时代中期个别遗址中发现的遗物，结合民族学资料，认为用黄铁矿打击燧石而产生的火花可以达到取火的目的，所以中国古代有“燧人出火”[①]的传说。火对烹饪技术的发展具有特殊重要的意义，因为火不仅能够熟食，改变人类茹毛饮血的生活状况，而且能“以化腥臊”[②]，消除动物的臭味，使食物的味道鲜美起来，这就把人类的饮食生活提高到一个新的历史阶段。但是，人类在能够制造火以后的很长一个历史阶段，其烹饪方法还是十分简单的，主要采用这样几种烹饪方法：

烧，这不同于现代意义的烧，它是一种最原始、最简便的烹饪法，不用任

① 刘向：《世本·作篇》，中华书局，2008年。
② 韩非：《韩非子·五蠹》，诸子集成本，中华书局，1980年。

何烹饪器，直接把兽肉或植物放入火中烧熟或半熟。在旧石器时代的山西西侯渡、陕西蓝田等文化遗址中都发现有烧过的兽骨。

烤，先秦时期又称为炮，即直接把兽肉置于火堆旁烤；或者将兽肉用黏土包起来，放置在火堆中烤；或者将兽肉用树枝、竹竿串起来，斜插在火堆旁烤或架在火堆上方悬烤。烤法的出现晚于烧，较之烧法是种进步，它是利用火的辐射热烤熟食物，所制出的食物口感更好。

石烙，这是一种通过烧热的石板传导热来把食物烙熟的方法，即先将食物置放在扁平的天然石板上，再将石板放在火堆上，石板的热度较为温和，不致烧焦食物。《礼记·礼运》"夫礼之初，始诸饮食"郑玄《注》："中古未有釜甑，释米捭肉，加于烧石之上而食之耳，今北狄犹然。"就是指的石烙法。

石烹，即在土坑或其他盛水的容器中装上水和食物，然后将一些烧红的石块投入水中，如此周而复始多次，使水沸腾，将食物煮熟。

以上这四种烹饪方法，在陶器没有出现以前使用了相当长的一段时间，所以《太平御览·古史考》上有这样一句话："**古者茹毛饮血；燧人初作燧火，人始燔炙，裹肉烧之曰'炮'；神农时食谷，加米于烧石之上而食之；黄帝时有釜甑，火食之道成矣。**"[①]类似的传说，在《礼记》等书中亦可见到。这些传说把劳动人

图2-1　鱼纹彩陶盆，仰韶文化遗址出土

① 陈元龙：《格致镜原》卷二一，四库全书本，商务印书馆，2005年。

民的创造全加在神农氏等几个“神化”了的人物上，这与史实是有些出入的，但它指明了人类学会烹饪有一个过程，并且认为烹饪方法是随着烹饪器皿的不断完善而多样化的这样一种观点。

新石器时代，由于农业、畜牧业有了一定程度的发展，烹饪的水平也必然有所提高。人们生活中常用的一些简单炊器大都已经具备，有陶鼎、陶甑、陶釜、陶罐、陶盆之类。在新石器时代的一些住房遗址中，曾发现过灶坑，是用来做饭的。从新石器时代起，人类的烹饪方法就逐渐多起来了，因为炊器的多样化是与馔食的多样化分不开的。

考古发掘出的商周以前的炊器，多属蒸煮之器，可以认为，商周以前的烹饪方法以煮蒸食物为主。郭宝钧在《中国青铜器时代》一书中，考证了商周时期的烹饪方法，他认为：“殷周熟食之法，主要的不外蒸煮二事。”在煮、蒸两种烹饪方法之中，煮法又产生于蒸法以前，这里分别作一介绍。

煮，是一种最普通的烹饪技法，它是将食物和水放入烹饪器中，再用火直接烧烹饪器，通过烹饪器受热、传热，使水沸腾来煮熟食物。这种方法的特点是水多，要浸漫过所煮的东西。

当时用于煮食物的炊具主要是釜、鼎、鬲、罐等。这些器皿在商代以前的作

图2-2　彩陶盆双连壶，仰韶文化遗址出土

用没有什么区别，都是作为锅来使用。但在西周以后，釜和鼎这两种煮器似乎有所分工。釜，主要用于煮谷物或蔬菜，《诗经·召南·采蘋》中说："于以湘之，维锜及釜。"这是用釜来煮苹菜的记录，可以得知，釜主要是平民使用的烹饪器。鼎，则用于煮肉，因为鼎在周代，已不再单纯是一种炊器，而成为一种礼器，是各级贵族的专用品，被视为权力的象征，广大平民是绝对不能使用铜鼎的。鼎作为炊煮器时，贵族们也主要用来煮肉，或陈放肉类和其他珍贵食品。《周礼·天官·烹人》说："烹人掌共鼎镬（huò），以给水火之齐。"郑玄《注》曰："镬所以煮肉及鱼腊之器，既熟乃脀（zhēng）于鼎。"鬲（lì），是在釜、鼎以后产生的，主要用于煮粥。"殷墟出土陶鬲破片占大量，一鬲之容积，只可足一人一餐之用，似乎是人各一鬲，而且是鬲皆用陶，即贵族墓也不例外。以鬲煮粥，只是把米和水放入鬲中加火漫煮，米熟即得。"①先秦时期，贵族饮食是盛馔用鼎，常饪用鬲。西周铜鬲较多，但其使用也仅限于贵族。

蒸，凡是利用水蒸气把食物烹熟的就叫作蒸。蒸的方法，通常都是锅中放着水，锅上面架着蒸具，蒸具与水保持距离，纵令沸滚，水也不致触及食物，使食物的营养价值全部保留在食物内部不致遭到破坏。所以，蒸汽烹饪是一种先进的烹饪技法，中国是世界上最早使用蒸汽烹饪的国家。

蒸法的烹饪器是在煮法烹饪器的基础上发展起来的，蒸法比煮法出现的要晚一些。距今6000年左右的西安半坡新石器时代遗址中出土的陶甑，是目前所能见到的最早蒸器。蒸饭所用的甑都分为两节，下节三空足如鬲，是盛水的地方，上节大口中腹如盆是放米的地方，米和水之间有箅子隔开。张舜徽在《说文解字约注》中指出："甑之为言层也，增也，以此增益于釜上，高立若重屋然。古以瓦，今以竹木为之，有穿孔以通气，所以炊蒸米麦以成饭也。"甑的出现使中国古代早期社会的烹饪方法基本完善，所以《古史考》中认为黄帝时有釜甑，饮食之道始备。可知甑的出现是饮食条件具备的重要标志。

① 郭宝钧：《青铜器时代人们的生活》，《中国青铜器时代》，三联书店，1983年。

炒，关于先秦时期有没有“炒”的这种烹饪方法，现在存在着不同的意见，考古学家张光直认为：“在周代文献里……最主要的似乎是煮、蒸、烤、炖、腌和晒干。现在烹饪术中最重要的方法，即炒，则在当时是没有的。”①中国也有学者同意这种看法，认为“现在烹饪术中最重要而又常见的方法——炒，当时尚未发明”②。

事实上，考古资料已经证明，“炒”的这一烹饪技法在春秋时期就已出现。1923年在河南省新郑县春秋时期的墓葬中出土了“王子婴次炉”，该炉高11.3厘米，长45厘米，宽36.6厘米，形状类似长方盘，上面刻有“王子婴次之庻（chǎo，炒）炉”。据考古工作者鉴定，这是一种专作煎炒之用的青铜炊器。对此，陈梦家在《寿县蔡侯墓铜器》一文中指出：“东周时代若干盘形之器并不尽皆是水器。《礼记·礼器》注云：‘盆，炊器也。’似指新郑所出‘王子婴次炉’。”炉的质地比较薄，很适于作煎炒使用。另外，从这一器具的铭文来考察，东周铜器铭文凡从火字的均写作“庻”，这是当时的书写特点，庻从广声，即现在的炒字。

“炒”字的发展是有一个过程的，《说文解字》中没有炒字，在汉代杨雄的《方言》中却已出现了原始的炒字，他说：“熬、聚（chǎo，炒）、煎、备、鞏、火干也。”晋代郭璞对此注曰：聚即鬻（chǎo，炒）字也。宋代《广韵》把鬻读为“初爪切”，正是chǎo音，到稍后不久所编的《集韵》时，就正式出现了“炒”字。可见，在先秦时期的烹饪方法中不是没有炒法，而是没有今天的“炒”字，它是由上述几种字形所代替了。

可见，在先秦时期黄河中游地区就已出现了专作煎炒之用的炊具，人们已经开始运用煎炒之法烹饪食物。不过，当时的炒法，远不如现代的技艺，煎与炒之间也没有严格的区别，同时炒菜的品种也不够多，但它对后世中国烹饪技艺的发展和提高，却有着不可估量的影响。

---

① 张光直：《中国古代饮食和饮食具》，《中国青铜器时代》，三联书店，1983年。

② 王慎行：《试论周代的饮食观》，《人文杂志》，1986年第5期。

综上所述不难看出，在原始社会后期，虽然有了简单的烹饪，但作为“技术”的烹饪方法尚未形成。到了商周时期，由于生产力的发展和劳动人民的创造，各种炊具相继出现，我国早期的烹饪技术和一些基本烹饪方法才初步形成。春秋战国以后，食物品种不断增多，烹饪技术也在不断发展，创造出了诸多的烹饪方法，粗略统计就达25种之多，如氽、焯、炒、炸、浸、烙、烤、烹、涮、焗、煮、贴、炮、熘、煎、煨、煸、煲、熬、炖、烧、蒸、焖、烩、爆等。为中国烹饪技艺系统的形成和发展奠定了基础。

二、纷呈的美食

中国古代人们的饮食，是按两个基本的组成部类划分的，这便是饮与食。“饮”是清水、菜汤、酒和茶，“食”是用谷物做成的饭。即使就一顿饭而言，也仍然可以分为饮和食，只是其中饮常常是指菜汤。这种饮与食以并列对举的形式出现，在古文献中是有不少记载的，例如《论语·雍也》载孔子称赞颜回的话：“贤哉回也。一箪食、一瓢饮，在陋巷，人不堪其忧，回也不改其乐。”《述而》中又说：“饭疏食，饮水，曲肱而枕之，乐亦在其中矣。”《孟子·梁惠王下》载：“箪食壶浆，以迎王师。”从这些句子里可以清楚地看到，一餐饭的最低限度要包括一些水和一些谷类食物，它们不仅是相对独立的生活必需品，也是缺一不可的餐饭统一体。

然而，在正式的场合里，或者是在贵族的生活中，饮食便不再是两个部类。《礼记·内则》将饮食分为饭、膳、羞、饮四个主要部类，即

“饭：黍、稷、稻、白黍、黄粱、稰（xǔ）、穛（zhuō，早熟的谷物）。

膳：膷（xiāng，牛肉羹）、臐（xūn，羊肉羹）、膮（xiāo，猪肉羹）、（醢）（用肉、鱼等制成的酱）牛炙；（醢）牛胾（zì，切成大块的肉）、（醢）牛脍；羊炙、羊胾；（醢）豕炙；（醢）豕胾、芥酱、鱼脍；雉、兔、鹑（chún）、鷃（yàn）。

饮：重醴（lǐ，甜酒）、稻醴清糟、黍醴清糟、粱醴清糟，或以酏（yǐ）为醴，黍酏、浆、水、醷（yì）、滥。酒：清白。

羞：糗、饵、粉、酏。”《周礼·天官》所记膳夫的职责，也是“掌王之食、饮、膳、羞，以养王及后、世子。凡王之馈，食用六谷，膳用六牲，饮用六清，羞用百有二十品”。这四部分，简言之，就是饭（主食）、菜肴（副食）和饮料。

（一）居主食地位的饭

古人对饭食是异常重视的，以饭作为主食的中国饮食结构，在先秦时期就已确立，至今未变。《论语·乡党》有一句关于饮食安排的话：“肉虽多，不使胜食气。”宋代朱熹的《论语集注》释为:“食以谷为主，故不使肉胜食气”[①]。就是告诫人们不要使吃肉的量超过吃饭的量。

商周时期，黄河中游地区人们的饮食多为粒食，即用没有加工的谷物做饭，讲究一些的人才可以吃上经过杵舂的米，或者把谷物擀碎，成为糁（shēn），用来煮粥作羹。春秋战国时期，黄河中游地区的人们才普遍吃上比较干净的米粒，但是做麦饭，还是粒食。

古人煮饭，把稍稠一点的糊叫作饘（zhān，稠粥），稀而水多就叫粥，《左传·昭公七年》中有这样的话：“饘于是，粥于是，以糊余口。”普通人家的日常饮食，不外是吃饘喝粥。粥的历史比饭要早一些，当人们发明陶器之后，就开始将粮食煮为粥了。甲骨金文中无“饭”字，却有“粥”的本字“鬻”（yù，卖）字，其字正如鬲中煮米，热气升腾之形。

蒸饭之法，在中国沿用了几千年，早期蒸饭是把米从米汤中捞出，用箪子放在甑中蒸，《诗经·泂酌》说：“挹（yì）彼注兹，可以餴饎（fēnxī）。”什么叫“餴”呢?《说文解字》释“餴”为“滫（xiǔ）饭也”。《玉篇》说：“餴，半蒸饭。”这种烹饪方法是先把米下水煮之，等到半熟，再捞出放进甑中去蒸。这样

① 朱熹：《四书章句集注》，上海古籍出版社、安徽教育出版社，2001年。

图2-3 青铜三联甗，河南安阳商代妇好墓出土

蒸熟之饭，颗粒不黏，味甘适口。“饎”，《说文解字》释为“酒食也”。郑玄注释《仪礼·特牲馈食礼》说：“炊黍稷曰饎。”用黍稷蒸饭就为餴饎。从殷墟出土的炊器中可以看出，陶甑、陶甗、铜甗等蒸器，其数量远不如陶鬲、铜鬲、铜鼎等煮器多，陶鬲所在皆是，可知人们蒸饭的时候并不多，这是因为蒸饭较之煮粥费时费事，而且用粮多，一般有地位的人才以此为常，普通人家逢喜事才吃蒸饭。

吃饭在中国虽已有几千年的历史，大体延续，但古人在长期生活中也有一些新花样。古代饭的名目繁多，基本上可以分为两大类。一类是以单一谷物制成作饭，不仅五谷可以做饭，大麦、菰（gū）米等也都可以用来做饭。在很长的一段时期中，平民百姓是以“黄粱饭”即用好的小米做的饭为佳品。另一类是多种原料制作的饭，例如《礼记》“八珍”中的“淳熬”，就是以旱稻、黍米加肉酱做成的饭。

（二）佐餐下饭的菜

1. 贵族专享的美味膳馐

膳馐即指菜肴，“馐”在古代写作“羞”。中国古代的烹饪艺术也正是在菜

图2-4　青铜汽蒸分体，河南安阳商代妇好墓出土

肴的制作上表现出来的。郑玄在注释《周礼·天官·膳夫》时说："膳，牲肉也。""膳之言善也。"古代饮食之善者必备肉，所以古人总以肉训膳。"羞"，郑玄在此注为："有滋味者。"贾公彦《疏》："羞，出于牲及禽兽以备滋味，谓之庶羞。"羞字在金文中像手持或双手进献之形，所以《说文解字》释"羞"为"进献也。从羊，羊，所进也"。羊为膳食中的佳品，羞字从羊，与美、善同意，可见，"膳羞"就是以肉为主体制成的美味佳肴。

羞，又有"百羞"之称，自然其制作也是多种多样的了，综合古代文献，可以看出，羞除指古代的肉肴外，还指用粮食加工精制而成的滋味甚美的点心。但膳羞二字连用时，古人往往是指菜肴。

商代以前，人们制作菜肴主要是靠水煮盐拌，缺乏常用的调味品。到商代，食物种类和调味品增多，人们的烹饪技艺有了一定程度的进步，制作菜肴开始注意五味调和了。商代精于烹饪的伊尹曾说："凡味之本，水最为始。五味三材，九沸九变，火为之纪。时疾时徐，灭腥去臊除膻，必以其胜，无失其理。调和之事，必以甘、酸、苦、辛、咸。先后多少，其齐甚微，皆有自起。鼎中之变，精妙微纤，口弗能言，志弗能喻。若射御之微，阴阳之化，四时之数。故久而不弊，熟而不烂，甘而不哝，酸而不酷，咸而不减，辛而不烈，淡而不薄，肥而不脮（hóu，调味过厚而难入口）。”[1] 商代菜肴的品类虽不可考，而且鲁迅先生在《中国小说史略》中认为伊尹为商汤讲述烹饪的事可以称为中国最早的小说，中间不免有虚构成分，但伊尹的调味理论至少是这一时期人们烹饪经验的总结，是应该加以肯定的。

周代是先秦时期最讲究饮食的时期，特别是周代宫廷的烹饪技术大大超过商代。周代宫廷中从事饮食业的人特别多，据《周礼·天官》记载，负责周王室饮食的官员2294人，计膳夫152个，庖人70个，内饔128个，外饔128个，烹人62个，甸师335个，兽人62个，渔人342个，鳖人24个，腊人28个，食医2个，酒正110个，酒人340个，浆人170个，凌人94个，笾（biān，古代祭祀和宴会时盛果品等的竹器）人31个，醢人61个，醯（xī）人62个，盐人62个，幂（mì）人31个。占整个周朝官员总数的58%。这一数字说明周王室饮食管理机构的庞大规模以及宫廷中庖厨之事的重要性。也正是这一庞大的饮食机构，把周代的菜肴制作技艺提高到了一个新的水平。周代菜肴已渐形成色、香、味、形这一中国烹饪的主要特点，周代名肴“八珍”足以表现周代烹饪艺术的成就。据《礼记》记载，它是用多种烹调方法制作的八种供周王室食用的肴馔。这八种食物是“淳熬”“淳毋”“炮豚”“捣珍”“渍”“熬”“糁”“肝膋（liáo，肠上的脂肪）”。

《礼记·内则》记有“八珍”的烹调方法。其中，“淳熬”、“淳毋”分别是用旱稻、黍米做成的肉酱盖浇饭。“炮豚”是先烤后炸再炖的乳猪，最后调以肉酱。“捣珍”是一种经过捶打而后烧成的里脊肉块。“渍”是一种用于生吃的酒浸牛肉干，并蘸以酱、醋和梅子酱。“熬”是用姜、桂皮、盐腌制而成的牛、羊、麋、鹿、麇（jūn）肉干。“糁”是用牛、羊、猪肉、稻米煎成的糕饼，“肝膋”是用狗油炸包着网油的狗肝。

周代“八珍”的出现，是中国烹饪成为一门艺术的重要标志，显示了周人的精湛技艺和饮食的科学性。以“炮豚”为例，首先将小猪洗剥干净，腹中实枣，

---

① 吕不韦：《吕氏春秋·本味篇》，诸子集成本，中华书局，1980年。

包以湿泥、烤干，剥泥取出小猪，再以米粉糊涂遍猪身，用油炸透，切成片状，配好作料，然后再置于小鼎内，把小鼎又放在大镬中，用文火连续炖三天三夜，起锅后用酱醋调味食用。一种菜共采用了烤、炸、炖三种烹饪方法，而工序竟多达10道左右，其吃法之讲究可想而知。“八珍”开创了用多种烹饪方法制作菜肴的先例，后来历代令人眼花缭乱的各种菜肴，均是在此基础上发展起来的，甚至在菜名上也沿用“八珍”。“八珍”的名称历经3000多年，随着历史的发展，它的内容虽然在不断更新，但其名称却历代相沿，这反映了周代“八珍”在中国饮食史上占有不可磨灭的地位。

2. 对人们饮食生活影响最大的羹汤

“八珍”虽然味美，但非常人之食。先秦时期，对人们饮食生活影响最大的菜肴还是各种羹汤。羹是汤的古音，《左传·昭公十一年》说：“楚子城陈、蔡，不羹。”《正义》说：“古者羹臛（huò）之字，音亦为郎。”重读则为汤。不过古代的羹一般说比现在的汤更浓一些。羹字从羔从美，羔是小羊，美是大羊，可知最初的羹主要是用肉做的，所以《尔雅》中有“肉汁”谓之“羹”的说法。后世才有了以蔬菜为羹，于是羹便成为普通汤菜的通称，不专指肉煮的了。

最初的羹称之为太羹，即太古的羹，是一种不加五味的肉汁，这也是羹最原始的做法。后来随着烹饪技术的进步，制羹技术才逐渐复杂起来，大约从商代起，五味就已放入羹中，《尚书·说命》篇中有：“若作和羹，尔惟盐梅。”用盐和梅子酱来调羹，这是羹的基本味道。

先秦时期，黄河中游地区羹的名目很多，几乎所有可以入口的动物肉都可以作羹，其名称随着肉的品种不同而各异，见于古代文献中的羹名有羊羹、豕羹、犬羹、兔羹、雉羹、鳖羹、鱼羹、脯羹等。这些羹除用肉外，还要加上一些经过碾碎的谷物，这是古代羹的传统做法，所以，郑玄在《礼记·内则》注中说：“凡羹齐宜五味之和，米屑之糁。”普通人家如要食羹，多用藜、蓼、芹、葵等菜来代替肉，而贵族们食羹，除羹中的原料讲究以外，还注意与饭菜的搭配，《礼记·内则》记载：雉羹宜配麦饭，脯羹宜配折稌（细米饭），犬羹、兔羹宜于加糁。《仪礼·公食大夫礼》记载：牛羹宜于藿叶（豆叶），羊羹宜于苦菜，豕羹宜于薇菜等。

总起来看，羹在古代饮食中占有十分重要的地位，人们日常佐餐下饭，都以羹为主，羹是最大众化的菜肴，所以，《礼记·内则》中说："羹食，自诸侯以下至于庶人，无等。"只是到了唐宋以后，随着烹饪技艺的发展，特别是炒菜的兴起，菜肴加工的花样越来越多，水煮的羹类菜肴的地位才随之下降，逐渐和辅助性菜肴——汤的地位差不多了。

第三节　影响深远的饮食礼俗起源

饮食方式是人们在一定条件下饮食生活的样式和方法。饮食方式属于人类文明与文化的范畴，它与人类文明与文化的发展是紧密关联的。只有把饮食生活方式同物质生产方式联系起来，才能准确地判断先秦文明与文化的发展水平。

一、远古遗存的分食制与席地而食

1. 源于远古平均分配的分食制

一般人认为，中国传统的宴席方式是共享一席的合食制。遇有喜庆，无不是以大宴宾朋来表示，其特征可用"食前方丈"来概括。这种"津液交流"的合食制虽然显得热烈隆重①，但从卫生的角度来看并不妥当，所以，这种在一个盘子里共餐的合食传统，确实有必要改良。然而，这种传统在中国并不古老，存在的

① "津液交流"是王力先生对合食状况的描写与讽刺。王力：《劝菜》，聿君编：《学人谈吃》，中国商业出版社，1991年。

历史至今只有1000多年。

分食制的历史可以上溯到远古时期。在原始氏族社会里，人们遵循着一条共同的原则，这就是对财物的共同占有，平均分配。当时，氏族内食物是公有的，食物煮熟以后，按人数平均分配，一人一份。这时住所中既没有厨房和饭厅，也没有饭桌，一个家庭的男女老少，都围坐在火塘旁进餐。所以，在新石器时代的地穴式、半地穴式和地面式的住所中，都毫不例外地发现有火塘遗迹。这些火塘大多设在房子的中心部位，其形式有圆形、方形或瓢形诸种，凹下地面。如在裴李岗和仰韶等新石器时代文化遗址中，都曾发现有火塘的遗迹。这些现象表明，火塘在远古人类生活中是不可缺少的。火塘大多设置在远古人住所中心部位的事实，则反映了原始家族围灶烧烤食物，共尝滋味，享受天伦之乐的一种食俗。在这些火塘遗迹旁，还常发现有陶罐或陶釜，远古人们便是利用这些炊器在火塘上烧煮食物，然后平均分吃，这就是最原始的分食制。

历史唯物主义还认为，生活方式虽然受一定生产方式的制约，并且随着生产方式的变革或早或迟地相应发生变革，但是，生活方式一旦形成一种模式，它就具有一定的稳定性和相对的独立性，并不是生产方式一变，生活方式就马上发生相应的变化。

当历史进入殷商西周时，中华民族便从原始的野蛮时代迈进了青铜时代的门槛，社会分工日趋细密、固定，物质生产方式也有了长足的进步，但是，人们的饮食方式却并未发生相应的变化，还是在实行分食制。考古工作者在对殷墟的发掘中曾发现一个有趣的现象：“殷墟出土陶鬲破片占大量，一鬲容积，只可足一人一餐之用，似乎是人各一鬲，而且是鬲皆用陶（辛村西周卫侯墓约有25墓各出一陶鬲，即贵族墓也不例外）。以鬲煮粥，只是把米和水放入鬲中加火漫（水淹过米）煮，米熟即得。”[1] 这从饮食器具上证明了当时实行的是分食制。

为什么在商周乃至汉唐这样一个很长的历史时期中国都盛行分食制呢？我

[1] 郭宝钧：《中国青铜器时代》，三联书店，1963年。

们认为这个问题不仅与远古社会平均分食的传统饮食方式有关，而且，也由于这时能影响它发生变化的外部条件还不成熟，因为合食、会食制的形成，是与新家具的出现以及烹饪技术的发展，肴馔品种增多以及民族饮食心理、习俗等密切相关的。

2. 继承石器时代穴居遗风的席地而食

在先秦时期，中国先民习惯于席地而坐，席地而食，或凭俎（zǔ）案而食，人各一份，清清楚楚。中国先民为何要席地而食呢？郭宝钧先生说：“原来殷周时代尚无桌椅板凳，他们还是继承着石器时代穴居的遗风（那时穴内铺草荐），以芦苇编席铺在庭堂之内，坐于斯，睡于斯，就是吃饭也在席上跪坐着吃。甲骨文中有字即‘飨’字，像二人相对跪坐就食形，二人中间的形就像簋中满盛食物。还有字即‘即’字，像一人跪坐就食形。又有字，即‘既’字，像一个食毕掉头不再食之形，这些字都是当日跪坐吃饭的写实。”[①]

殷周时期人们席地而食，除了当时无桌椅板凳这一因素外，更主要的原因恐怕还是与大多数住房较为低矮窄小有关。正是因为房屋低矮而简陋，室内空间狭小，人们在室内只能席地坐卧与饮食。在新石器时代，所谓“席地而坐”就是坐在地上。当时人们建造住房时，为了室内干燥舒适，就把地面先用火焙烤，或是铺筑坚硬的“白灰面”，同时在上面铺垫兽皮或植物枝叶的编织物。这些铺垫的东西，就是后代室内必备家具“席”的前身，当时人们饮食生活中常用的陶制器具都是放在地面上使用的。

进入殷商时期以后，随着生产力的发展，工艺技术水平的提高，必然引起人们日常生活的面貌发生一些变化。在室内用具上，席的使用已十分普及了，并成为古代礼制中的一个规范。当时无论是王府还是贫苦人家，室内都铺席，但席的种类却有区别。贵族之家除用竹、苇织席外，还有的铺兰席、桂席、苏熏席等，

① 郭宝钧:《中国青铜器时代》，三联书店，1963年。

王公之家则铺用更华贵的象牙席，工艺技巧已十分高超。

铺席多少也有讲究。西周礼制规定天子用席五重，诸侯三重，大夫两重。且这些席的种类、花纹色彩均不相同。后来，有关用席的等级意识逐渐淡化，住房内只铺席一重，稍讲究一点的，再在席上铺一重，谓之“重席”。下面的一块尺寸较大，称为“筵”，上面的一块略小，称为“席”，合称为“筵席”。郑玄在《周礼》卷十七《注》云：“铺陈曰筵，籍之曰席。”卷二十贾公彦《疏》曰：“凡敷席之法，初在地者一重即谓之筵，重在上者即谓之席。”筵铺满整个房间，一块筵周长为一丈六尺，房间大小用多少筵来计算。席因为铺在筵上，一般质料比筵也要细些。

商周民众无论是平时进食还是举行宴会，食品、菜肴都是放在席上或席前的案上，一些留存下来的礼器，如俎、豆、簠（fǔ，古代祭祀时盛稻粱的器具）、簋（guǐ，古代盛食物的器具，圆口，双耳）、觚、爵等饮食器，都是直接摆在席上的。正如郭宝钧先生所说：“原来殷周遗存的青铜礼器，分盛肉、盛饭、盛酒、盛水四种，而四种中又有制作、升进、食用三种不同的用途，他们能放在筵席上的也只是食用的一种。”[①] 文献与考古资料都证明商周之民是席地而食的，一二人是如此，就是大宴宾客也是如此，主人和客人都是坐在席上，无席而坐被视为违犯常礼，后世的筵席、席位、酒席等名称就是由此发展而来的。

商周礼制规定，席子得有规有矩。《论语·乡党》：“席不正，不坐。”又：“君赐食，必正席先尝之。”《墨子·非儒》：“哀公迎孔某，席不端弗坐，割不正弗食。”《晏子春秋·内篇杂上》：“客退，晏子直席而坐。”所谓直席，即“正席”，指席子四边与墙平行。

席地而食也有一定的礼节，首先，坐席要讲席次，即坐位的顺序。主人或贵宾坐首席，称“席尊”“席首”，余者按身份、等级依次而坐，不得错乱。其次，坐席要有坐姿。要求双膝着地，臀部压在后足跟上。若坐席的双方彼此敬仰，就

① 郭宝钧：《中国青铜器时代》，三联书店，1963年。

把腰伸直，是谓跪，或谓跽（jì，长跪，挺直上身两膝着地）。坐席最忌随随便便，《礼记·曲礼上》曰：“坐毋箕。”也就是说，坐时不要两腿分开平伸向前，上身与腿成直角、形如簸箕，这是一种不拘礼节、很不礼貌的坐姿。因此，商周时很注重人的坐姿，如殷墟甲骨卜辞中说：“王占曰：不[illegible]若兹卜，其往，于甲酒咸。”[①]其中[illegible]字就像一人跪坐在筵席之上，也反映了商周时酒筵上是有坐席的。

古时宴飨，每人席前还常置有俎案，其上摆放菜肴。其制式一般都非常矮小，这是为了与人坐在席上重心较低相适应而设计的。案的起源较早，在山西襄汾陶寺新石器时代晚期的文化遗址中，考古工作者曾发现了一些用于饮食的木案。[②]

二、多样化的进食方式

商周时期，黄河中游地区的人们进食方式是多样的，既有古老的手食，也有用匙叉进食的匕食和用筷子进食的箸食。

1. 原始时代遗留的手食

手食即用手抓食物进食，它是原始时代遗留下来的传统，商周时期仍有沿袭。商周青铜铭文中的飨字便写作[illegible]（xiǎng，即“飨”），像两人正伸手抓取盘中食。[③]这种象形抓食的青铜铭文，在《金文编》中也不乏例证。

先秦文献中也透露过手食的信息，如《左传·宣公四年》中记载：“楚人献鼋（yuán）于郑灵公。公子宋（字子公）与子家将见。子公之食指动，以示子家，曰：‘他日我如此，必尝异味。’及入，宰夫将解鼋，相视而笑。公问之，子家以告。及食大夫鼋，召子公而弗与也。子公怒，染指于鼎，尝之而出。”这段

---

① 郭沫若主编：《甲骨文合集》，中华书局，1979年。

② 中国社科院考古研究所、临汾地区文化局：《1978—1980年山西襄汾陶寺墓地发掘简报》，《考古》，1983年第1期。高炜：《陶寺龙山文化木器的初步研究——兼论北方漆器起源问题》，《中国考古学研究》第二集，科学出版社，1986年。

③ 陕西省考古研究所编：《陕西出土商周青铜器》(一)，文物出版社，1979年。

图2-5　商代青铜龙盂，河南安阳殷墟M1005号大墓出土

引文翻译成白话文是：楚国人献给郑灵公一只大甲鱼。公子宋和子家将要进见，走在路上，公子宋的食指忽然自己动了起来，就给子家看，说："以往我遇到这种情况，一定可以尝到美味。"他们进门时，厨师正准备切甲鱼，两人相视而笑。郑灵公问他们为什么笑，子家就把刚才的情况告诉了郑灵公。等到郑灵公把甲鱼赐给大夫们吃的时候，也把公子宋召来，但偏不给他吃。公子宋发怒，就用手指头在鼎里蘸了蘸，尝到味道后才退出去。这里，从"食指动"到"染指于鼎"，都是手食的动作。

如果以上这则记载的手食信息还不够明确的话，那么，《礼记》中的记载就比较清楚了。《礼记·曲礼上》云："共食不饱，共饭不泽手，毋抟饭，毋放饭。"这句话的意思是：大家在一起进食，不可只顾自己吃饱。如果和大家一起吃饭，就要注意手的清洁。不要用手团弄饭团，不要把剩余的饭放进盛饭的器具中。

《礼记·曲礼上》还说："饭黍毋以箸……羹之有菜者用梜，其无菜者不用梜。"这句话的意思是：吃黍饭时不需要用箸（筷子），如果羹中有菜的话，就使用箸，否则就不用箸。这说明当时的人们对进食不同种食物所采用的器具是有所不同的，这些都有礼仪规定，不能随便混用。《礼记·丧大记》亦云："食粥于盛不盥（guàn，洗手），食于篹（zhuàn，竹筐类盛食器皿）者盥。"即用杯碗盛稀粥喝，不必洗手，若是用手从竹筐中抓取干饭吃则要洗手。以上这些文献记载说明，商周时期的人们，确实有以手抓取食物的这种进食方式。并且，手食时一定要以右手进食，《管子·弟子职》云："右执挟匕。"《礼记·内则》也有言："子能食食，教以右手。"

为什么商周先民在已经有了食具之时，还在采用手食方式呢？从文献记载来看，这种方式多出现在一些纪念仪式和招待来宾的筵席中，用同食一锅饭来表示亲密如同一家，这是基于这种"尚和"的民族心理而最终形成了一种饮食礼俗。

商周时期的黄河中游地区虽然存在手食这种方式，但这并不是一种主要的进食方式，主要进食方式则是用餐匙和筷子之类，因为考古资料证实，当时人们使用餐匙、餐叉和筷子已十分普及了。

2. 先秦最为盛行的匕食

餐匙，是现代比较通俗的一个名称，在古代则有它的专用名称，称为"匕"，又名为"柶"。《说文解字》释"匕"为"相与比叙也。从反人。匕，亦所以用比取饭，一名柶。"[①]《广雅·释器》曰："柶，匙匕也。"《方言》又说："匕谓之匙。"可见，匕、柶、匙都是指同一物，只是由于各地方言不同，才形成了不同的字音。

餐匙在新石器时代的许多文化遗址中都有发现，主要是以兽骨为材料制作的，也有少量陶制的。其形状有匕形和勺形两种。匕形的呈长条状，末端有一个比较薄的边口。勺形的明显可分为柄和勺两部分，造型比较规则。餐匙实物以匕形出土的为多，勺形和近似勺形的较少。黄河中游地区是出土新石器时代餐匙最多的地方。在河南裴李岗文化遗址中发现有许多陶勺，出土时多放置在陶罐内，既可用此分配食物，又可作进食器具。

过去有人认为中国先民进食只是用手，而不用餐具，不知礼节。以上这些考

---

① 许慎：《说文解字》卷八上，中华书局，1963年。

古发掘表明，中华民族最迟在公元前5000年就已开始使用餐匙了，这比西方一些国家使用餐匙的历史要悠久得多。

餐匙的出现是与农耕和定居生活的需要相适应的，由农耕所生产出来的小米和大米，简便的食用方法就是饭食，所以采用餐匙进食是很自然的事，即使用餐匙进食肉，也十分方便，因为匙头有较薄的边口。

餐匙的形状并没有多大变化，商周以前，餐匙是以匕形为主，勺形为辅。但是，到了商周青铜时代以后，社会生产力有了很大发展，餐匙不论在形状和质料方面都有了明显变化，匕形餐匙开始退出餐桌，勺形餐匙逐渐大量流行起来。

商周时期，匕的制作材料主要是青铜、木材、兽骨等。根据《三礼》等文献记载，商周时吉礼祭祀用匕，多用棘木制作，称为棘匕；丧礼所用匕，则用桑木制作，称作桑匕。

匕的用途在古文献中多有记载，它可以用来舀饭，也可以用来舀羹、舀汤、舀牲体、舀粮食等。匕的功用不同，其大小、长短也不一样。王仁湘先生对此曾作过专门考证，他说：“据《三礼》记述，周代的匕有饭匕、挑匕、牲匕、疏匕四种，形状相类，大小有别。……所谓挑匕、牲匕和疏匕，都属大匕，是祭祀或宾客时，由鼎中、镬中出肉于俎所用。这些匕较大，正是考古发现的大匕，它们都铸成尖勺状，主要是为了匕肉的方便。饭匕是较小的匕，是直接用于进食的。大约从战国中晚期开始，随着周代礼制的崩溃，大匕渐渐消失。直接进食的小匕，也向着更加轻便实用的方向发展。”①

西周以后，匕逐渐向圆勺形发展，可舀流质食物，古人还用它从盛酒器中挹取酒，然后注入饮酒器中。但这种用于挹取酒水的匕，比一般的饭匕容量要大，有些可容一升，如《周礼·冬官·考工记》云：“梓人为饮器，勺一升，爵一升，觚一升。”西周以来考古发现的匕也常与鼎、鬲或酒器同出。

① 王仁湘：《中国古代进食具匕箸叉研究·匕篇》，《考古学报》，1990年第3期。

3. 对后世影响巨大的箸食

今天我们中国人最常见的进食方式是使用筷子进食，筷子在明代以前称为箸，因此，这种进食方式可称为箸食。

箸的起源很早，《韩非子·喻老》云："昔者，纣为象箸而箕子怖。以为象箸必不加于土铏（xíng），必将犀玉之杯；象箸玉杯必不羹菽藿。"此外，在《史记·宋世家》《论衡·龙虚篇》《新书·连语》《淮南子·说山训》等文献中均有"纣为象箸"的类似说法。

根据考古发现，最早的铜箸出土于殷墟的一座墓葬之中，20世纪30年代在殷墟西北冈出土过铜箸三双，近代田野考古学奠基人之一的梁思永先生根据同时出土的器物，认为："以盂三、壶三、铲三、箸三双之配合，似为三组颇复杂之食具。"[①] 陈梦家先生据此也发表意见说："箸皆原有长形木柄，后者似为烹调的用具。"[②] 这种装有木柄的箸较大，不适于用来进食，陈梦家先生认为作为一种烹调用具是较为适当的。类似于如今的筷子是在春秋时期出现的。

商周礼制规定，箸有其特殊的用途，《礼记·曲礼上》说："羹之有菜者用梜，其无菜者不用梜。"郑《玄》注曰："梜，犹箸也。"这是因为在羹汤里用箸捞菜方便，用餐匙则不好用，因为匙面较平，不容易夹起菜叶。所以商周礼制规定匙主要用作食羹的工具，《礼记·曲礼上》说："饭黍毋以箸。"箸则限定在用于食羹之上，而不能用于吃饭，更未见用于其他方面的记载，因此，在商周时期，箸的使用反而不如匙普遍。这种进食方式对后世有较大影响，秦汉以来，历代用箸大体都是以食菜为主，吃饭则大多使用匕，这些现象大概是由于礼节规定和先秦用箸、用匕的传统影响所致。

从先秦礼制所规定的饭与匕的关系、羹与箸的关系来看，商周时期的进食方式与烹饪方式有一种相辅相成的内在联系。从某种意义上说，中国古代沿用至今

---

① 梁思永：《梁思永考古论文集》，《殷墟发掘展览目录》，科学出版社，1959年。

② 陈梦家：《殷代铜器》，《考古学报》，1954年第7册。

的独具特色的进食方式，正是依存于中国传统的烹饪方式的。

三、区分身份的饮食礼器及其组合形式

（一）饮食器具的礼制化

饮食礼器是在饮食器具的基础上发展而成的。在黄河中游地区的裴李岗、仰韶和龙山等各个时期的新石器时代文化遗址中，出土最多的就是陶制饮食器具，它包括炊器、食器和饮器等。这些考古资料证实，这时的人们还是饭用土簋，饮用土杯，饮食器的制作停留在陶土质的阶段。但是到了商周时期，一跃而为辉煌的青铜时代，饮食器具的制作材料由以陶土为主逐步过渡到以青铜为主，饮食器具日趋完整和配套。这些青铜制作的饮食器具，其形制之精巧，纹饰之优美，令人惊叹不已。

饮食器具的礼制化是人类历史发展到一定阶段的产物。随着商周礼制的出现，社会上需要有一种东西作为衡量社会身份等级的标志物，这样，人们日常生活中须臾不可离开的饮食器具便起了这种作用。例如，在商代初年，青铜饮食器

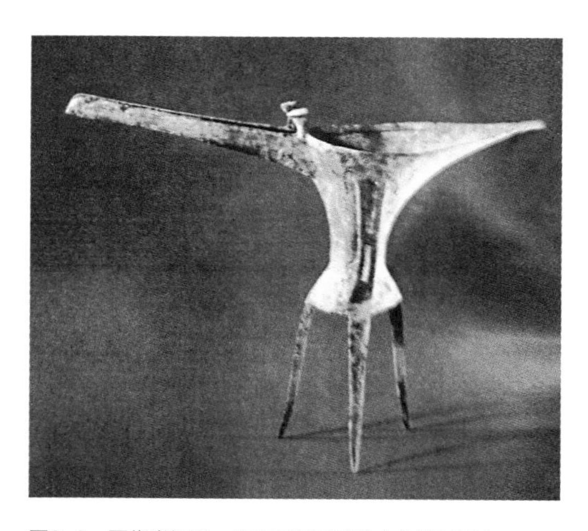

图2-6　夏代青铜爵，河南偃师二里头文化遗址出土

的性质与功能可能与陶制饮食器没有什么大的区别，但是，由于商代礼乐制度的不断加强，青铜器的性质与功能就起了变化。这时，青铜鼎已不再单纯是一种炊器了，而成为礼乐制度中的重要内容之一，被赋予了神圣的色彩，成为贵族的专用品以及统治权力的象征。这些青铜饮食礼器是区别商周贵族内部等级关系和社会身份地位的标志物，孔子将这种现象称之为："信以守器，器以藏礼"。[①]这就是说，有某种威信，就能保持其所得器物，而这些器物又能表示出尊卑贵贱，体现当时之礼，表明各级贵族身份等级的高低。

商周两代在饮食礼器的组合上有着不同的风格。从商周墓葬中青铜饮食礼器的出土情况看，商代的奴隶主贵族主要是用酒器的多少来表示身份地位的，随葬的器物常见的是觚、爵，有的还有斝（jiǎ，古代青铜酒器，圆口，三足，主要用于温酒或调酒）。从西周中期起，青铜礼器中炊食器的比重逐渐增加，酒器相对减少，鼎成为表示身份地位的主要标志，并逐渐形成了一套严格的用鼎制度。一般是：士用一鼎或三鼎，大夫用五鼎，卿用七鼎，国君用九鼎。同时配合一定数目的簋，如四簋与五鼎相配，六簋与七鼎相配，八簋与九鼎相配。

关于商周青铜礼器的组合问题，学者似很早就注意到了，例如，邹衡、徐自强先生在《商周铜器群综合研究·整理后记》中指出："早商铜礼器已经是'重酒的组合'，而轻炊食器的组合，与西周早期以来'重食的组合'有所不同。这也许能从一个侧面反映了'商礼'与'周礼'的不同。"[②]

（二）饮食礼器的种类

先秦时期，特别是商周时期，青铜礼器中的炊器主要有鼎、鬲、甗等；食器主要有簋、盨（xǔ）、簠、敦、豆等；酒器主要有爵、角、觚、觯、觥、尊、钫、壶、卣（yǒu，盛酒的器具，口小腹大，有盖和提梁）、盉（hé，酒器，用于调

①《左传·成公二年》，十三经注疏本，中华书局，1980年。
② 郭宝钧：《商周铜器群综合研究》，文物出版社，1981年。

酒）、彝、罍（léi，盛酒的容器）、斝等。这些饮食礼器的组合形式及其在礼制中的功能不尽相同。其中，最能反映商周文明的饮食礼器是鼎、簋和尊。

1. 象征权势的鼎

鼎是商周时期最常用的炊器，大体相当于现在的锅，主要用于煮肉和盛肉。形状大多是圆腹、两耳、三足，也有中足的方鼎。从形式上说，商周时期的鼎又可分为镬鼎、升鼎和陪鼎三大类。“镬鼎”形体极大，多无盖，用来煮牲肉。升的意思为献，故“升鼎”是盛熟肉并调味的鼎，升鼎为祭祀的中心，故升鼎又被称为“正鼎”。“陪鼎”又称羞鼎，《左传·昭公五年》载：“飧（sūn，熟食）有陪鼎。”杜预注曰：“陪，加也，加鼎所以厚殷勤。”可见，陪鼎盛放的是宴会正菜之外的加菜。因与升鼎相配使用，故称为“陪鼎”。

在先秦时期，鼎还是一种权势的象征。早在商代，用鼎制度就已萌芽，在商代二里岗墓葬中，已见到用鼎随葬，其中用鼎多寡与墓主身份高低有关。到了西周以后，就已形成了比较完整的用鼎制度，规定天子九鼎，诸侯七鼎，卿大夫五鼎，元士（上士）三鼎。春秋战国时期，诸侯“僭越”，用鼎数目逐步升级，诸

图2-7　青铜扁足方鼎，河南安阳商代妇好墓出土

侯九鼎，卿大夫七鼎。九鼎、七鼎称大牢（牛羊豕三牲俱全），五鼎称少牢（只有羊豕），三鼎只有豕。鼎的多少是“别上下，明贵贱”的主要标志，所以古代文献中记述帝王生活有“列鼎而食”和“钟鸣鼎食”的说法。

鼎后来发展成为一种礼器，所谓“礼器”，就是王室贵族在进行祭祀、宴会等活动时，举行礼仪时使用的器物。后世甚至还把鼎视为国家政权的象征，传说大禹收九州之金，铸为九鼎，遂以为传国之重器，所以后世称取得政权叫“定鼎”，国家的栋梁大臣称为“鼎辅”，就好像锅底下的足拱托着大锅一样，这些说法均由饮食器具引申而来。

2. 区别等级的簋

簋是用来盛放煮熟的黍、稷、稻、粱等饭食，形体犹如大碗。陶簋在新石器时代就已出现了，青铜簋是在商代中期发展起来的。簋的形态变化最多，起初是流行无耳簋，大口，颈微缩，腹部均匀地膨出，下承圈足。在此形制的基础上，出现了器侧装有一双手执的双耳，商代晚期，已盛行双耳簋。西周和春秋晚期的簋常带盖，有二耳或四耳。这一时期还出现了加方座或附有三足的簋。战国以后，簋就很少见到了。

商代中期，簋与鼎等饮食器具的性质一样，也曾作为象征贵族等级的器物。据考古发现，簋往往成偶数出现。周礼也规定，大牢九鼎配八簋，七鼎配六簋，少牢五鼎配四簋，牲三鼎配二簋，一鼎无簋。可知，簋的多少也是区别等级的重要标志。

3. 盛酒首选的尊

盛酒器中影响最大的是尊，尊是酒器的共名，凡是酒器都可称为尊。青铜器中专名的尊特指侈口、高颈、似觚而大的盛酒备饮的容器。也有少数方尊和形制特殊的尊，模拟鸟兽形状的统称为鸟兽尊，主要有鸟尊、象尊、羊尊、虎尊、牛尊等。在商周时期的青铜礼器中，尊占据着仅次于鼎的重要地位。后世尊又写作“樽”。

四、内涵丰富的中华饮食礼仪的起源

1. 源于原始宗教的餐前行祭

吃饭前祭祀祖先和神灵，是商周饮食礼俗的一个重要内容。中国先民早在新石器时代便已有了这种传统，而到商周之时，此风便愈发兴盛，他们在进餐前，一般都要荐祭先民，称为汜祭，也称周祭和遍祭。早在甲骨文中便有这种记载，所谓“来丁巳尊甗（yàn，鬲类器物）于父丁，宜卅牛”，当含有在世者祭祖的食礼意味。[①]

餐前祭祖和神灵，在西周时已成为一种制度。《周礼·天官·膳夫》云：“膳夫授祭”。郑玄《注》：“礼，饮食必祭，示有所先。”《礼记·曲礼上》“主人延客祭”郑玄《注》云：“祭先也，君子有事，不忘本也。”孔颖达《疏》云：“祭者，君子不忘本，有德必酬之，故得食而种种出少许，置在豆间之地，以报先代造食之人也。”孔子也主张进餐前必须祭祀先人，他说：“虽疏食菜羹瓜，祭，必齐如也。”“君赐腥，必熟而荐之……侍食于君，君祭，先饭”[②]。皇侃《疏》云：“祭谓食之先也。夫礼食，必先取食种种，出片子置俎豆边，名为祭。祭者，报昔初造此食者也。”

祭祀礼仪完毕后，行礼之人可将祭礼的食品吃掉。餐前行祭，这一程序是不能少的，所以后来《淮南子·说山训》中说，“先祭而后飨则可，先飨而后祭则不可。”旧注：“礼，食必祭，示有所先；飨，犹食也，为不敬，故曰不可也。”这些文献都证明，饮食前祭祀祖先和神灵，是商周乃至秦汉饮食礼俗不可缺少的一部分。

餐前行祭的礼俗之发生，从理论上来分析，是与“万物有灵”为基础的原始宗教联系在一起的，早期的宗教仪式也主要是祭祀，这些祭祀仪式就是后世商周

---

① 宋镇豪：《夏商社会生活史》，中国社会科学出版社，1995年。

②《论语·乡党》，十三经注疏本，中华书局，1980年。

时期礼祭祖先和神灵的渊源。祭祀总是同人类的某种祈求心理分不开的，而这种祈求又是以奉献饮食的形式反映出来，如《诗经·小雅·楚茨》所载：“苾芬孝祀，神嗜饮食。卜尔百福，如几如式。”“先祖是皇，神保是飨，孝孙有庆，报以介福，万寿无疆!”从《诗经》和《三礼》中可以发现，殷周时无论是大祭和薄祭，都是以最好的食物侍之。

2. 调节侑酒的宴会燕射礼

宴席在西周时就已具雏形。宴席是菜品的组合艺术，具有聚餐式、规格化、社交性的特征。所谓聚餐式，是指多人围坐畅谈，愉情悦志，飞觞醉目的一种进餐方式；所谓规格化，是指宴席庖制精细，肴馔配套，餐具漂亮，礼节有秩；所谓社交性，系指通过饮宴来加深彼此了解，敦睦亲谊。西周时期的王公宴席，基本上具有了以上这几种特性。

先秦文献中常以“累茵而坐，列鼎而食”、“食前方丈，罗致珍羞，陈馈八殷，味列九鼎”来形容西周王室的宴席。当时是以鼎的多少来象征宾客的身份、宴席的等级以及肴馔的丰盛程度的。

与此同时，王公宴席的各种饮食礼节也已经十分完善，《三礼》中记载了不少种类宴筵的礼仪，后世许多重要的食礼，多可以在周礼中寻找到渊源，可见其影响久远。

首先，我们以“燕礼”为例作一些说明。所谓“燕礼”，即国君宴请群臣之礼，规矩严格，礼仪隆重，堪称繁文缛节。其内容和形式与“乡饮酒”大同小异，不同的是场面更加宏大，来宾更众，歌唱、吹奏的乐曲更多，饮食更为丰富。其形式为：“席：小卿次上卿，大夫次小卿，士、庶子以次就位于下。献君，君举旅行酬，而后献卿。卿举旅行酬，而后献大夫。大夫举旅行酬，而后献士。士举旅行酬，而后献庶子。俎豆、牲体、荐羞，皆有等差，所以明贵贱也。”[1]

---

[1]《礼记·燕义》，十三经注疏本，中华书局，1980年。

这就是说，饮酒时，宰夫（宴会主持人）先敬献国君，国君饮后举杯向在座的来宾劝饮；然后宰夫向大夫献酒，大夫饮后也举杯劝饮；然后宰夫又向士献酒，士饮后也举杯劝饮；最后宰夫献酒给庶子。燕礼中应用的餐具饮器、食物点心、果品酱醋之类，都因地位的不同而有差别。由此可见，席位有尊卑，先明尊卑上下席位之所。献酒有先后差别，都是用来分别贵贱的，故曰："燕礼者，所以明君臣之义也。"①

西周时，"燕礼"往往与"射礼"联合举行，先行"燕礼"，后行"射礼"。西周初年以武立国，特别注重射礼，《礼记·射义》云："古者诸侯之射也，必先行燕礼。"射礼是在宴饮后比赛射箭，"燕射礼"主要行于诸侯与宴请的卿大夫之间，比"乡射礼"高一等级，其具体仪节可以在《仪礼·大射》中看到，同时在出土的东周铜器纹饰图案上更可看到具体描绘，在这些图案上可以清楚地找到劝酒、持弓、发射、数靶、奏乐的片断，是研究西周燕礼的形象资料。

西周贵族们行"燕射礼"的场面，在《诗经》中也有一些描写，其中，最

图2-8　嵌绿松石兽面纹象牙杯，河南安阳商代妇好墓出土

①《礼记·燕义》，十三经注疏本，中华书局，1980年。

形象、最精彩的要数《诗经·小雅·宾之初筵》了。《宾之初筵》是一首全面、生动描写西周宴会礼仪的诗作，这首诗把宾客出场、礼仪形式、宴席食物与食器的陈列、音乐侑食和射手比箭等情节写得清楚有序、生动简洁，描绘出宴会热烈而活跃的气氛，这显然是当时"燕射礼"的艺术描写以及所应遵守的规范程序。当然，"燕射礼"的参与者主要目的是饮酒作乐，因此左右揖让，射箭不过是形式。诗中所描写的饮宴礼乐的盛大场面，远比《仪礼》《礼记》所记述的要形象多了，使人们对于西周宴会礼仪形式和场景有了进一步的感性认识。

西周贵族的饮宴，不仅在席位、进食等方面有礼仪之规，同时在不同的宴会上，馔肴和饮品、醢酱等物的摆放上也有一定的规矩，不得错乱。一般宴席的肴馔食序，大抵是先酒、次肉、再饭。后世人们宴客，也是先上茶，再摆酒肴，最后是鱼肉饭食，每次食完将席面清洁一次，这些都是在继承着西周时宴会礼仪的食序。

3. 以食物礼祭祖先和神灵是中国的传统

先秦时期，不同阶层、身份地位的人所用的祭品是不同的。在家畜中，牛的地位最高，牺牲二字皆从牛，可见古代珍贵的食物是以牛作为标志的，其次是羊，再次是猪。春秋以前，天子祭祀社稷所用的祭品是牛、羊、猪三牲俱全，称"太牢"；诸侯祭祀社稷的祭品无牛，可用羊、猪二牲，称"少牢"；大夫家祭的祭品可用羊一牲；士以下人员家祭的祭品只能用猪一牲。可以说牛是国君的祭品，羊是大夫的祭品，猪是士以下人员的祭品。春秋战国时期，诸侯"僭（jiàn，超越本分，古代指地位在下的冒用在上的名义或礼仪、器物）越"，诸侯祭祀用牛、羊、猪三牲，卿大夫祭祀用羊、猪，士以下人员仍用猪。

除牛、羊、猪三牲以外，商周时也用谷物、果蔬乃至虫草之类作祭品，《礼记·祭统》云："水草之菹，陆产之醢，小物备矣；三牲之俎，八簋之实，美物备矣；昆虫之异，草木之实，阴阳之物备矣。凡天之所生，地之所长，苟可荐者，莫不咸在，示尽物也。"可见，商周时用作祭祀祖先和神灵的食物已经是相当丰富了。

商周时以食物礼祭祖先和神灵的习俗，对后世产生了较大的影响，并一直在古代中国传承着，文学家夏丏尊先生曾风趣地说：“他民族的鬼，只要香花就满足了；而中国的鬼，仍依旧非吃不可。死后的饭碗，也和活时的同样重要，或者还要重要。”[1]这一点确实是具有中国传统特色的。

[1] 夏丏尊：《谈吃》，聿君编：《学人谈吃》，中国商业出版社，1991年。

第三章　秦汉时期

秦汉时期，随着农业、手工业、商业的发展，以及对外交往的日益频繁，黄河中游地区的饮食文化不断吸收各民族各区域饮食文化的精华，呈现繁荣景象。具体表现为：在食材方面，无论是粮食结构，还是副食原料都有所发展。在食物加工与烹饪技术方面，面食品种日益多样化，副食烹饪技法增多。在酒文化方面，酿酒技术获得了一定进步，葡萄酒开始从西域引进入中原，榷酒（国家对酒类的专卖）开始出现，酒肆业逐渐繁荣，形成了丰富多彩的饮酒习俗，酒器的材质多样、种类丰富。在饮食习俗方面，三餐制得以确立，分食制继续传承，饮食礼仪日益完善，节日饮食习俗日趋成熟。

秦汉时期，黄河中游地区的饮食文化为什么能够获得较大发展呢？这有着深刻的社会原因和经济根源。

首先，经济的迅速发展，为黄河中游地区饮食文化的繁荣提供了雄厚的物质基础。秦汉时期是中国封建社会巩固和初步发展的时期。特别是西汉前期，由于实行了一系列的“休养生息”政策，封建经济迅速发展起来。到汉武帝时，又进一步采取了一些政治、经济措施，使中国封建社会进入第一个鼎盛时期，农牧业生产发展到了一个新的水平，出现了所谓“池鱼牲畜，有求必给”的景象。而黄河中游地区是秦汉时期中国经济最为发达的区域，像关中地区土地肥沃，特产丰富，史称“膏壤沃野千里”[①]，关中中心地带的丰、镐，有“酆、镐之间号为土膏，其贾亩一金”[②]之说。以洛阳为中心的三河地区亦是秦汉经济最发达的地区之一。正是在经济高度发达的基础之上，才绽开了秦汉时期黄河中游地区饮食文化的繁荣之花。

其次，统一运动带来的饮食文化交流，极大促进了饮食文化的发展。秦汉以来，中国社会发生了极大变化，结束了春秋战国诸侯割据称雄的局面。这种统一运动，扩大了中国饮食资源的开发，蒙古高原和川滇西部地带繁盛的畜牧业与中原地区高度发达的农业互通有无，北方的小麦和南方的水稻互为补充，天山南北与岭南的蔬菜、水果汇入京都，都大大丰富了秦汉时期黄河中游地区人们的饮食。西汉武帝时期张骞对西域的“凿空”（古代称对未知领域探险为凿空。）引起了内地和西域之间经济文化的大交流，原产于西域的胡麻（芝麻）、胡桃（核桃）、胡瓜（黄瓜）、大蒜、苜蓿、石榴、葡萄等作物开始引进到黄河中游地区，丰富了人们的食源。胡饼、奶酪、葡萄酒等大量胡食、胡饮引起了内地居民的广泛兴趣。这种广泛的饮食文化交流，使得黄河中游地区的饮食文化更加绚丽多姿。

再次，政治文化中心的地位，对秦汉时期黄河中游地区饮食文化的繁荣起到了催化剂的作用。秦朝定都咸阳，西汉定都长安（今陕西西安），东汉定都洛阳。这些城市都位于黄河中游地区，使得该地区成为秦汉大帝国的政治文化中心。该地区集中了许多经济实力雄厚的社会上层，他们对美食佳饮的追求，对该地区饮食文化的繁荣起到了推进作用。特别是秦汉宫廷的饮食，代表了当时饮食制作的最高成就，对后世宫廷饮食文化的发展产生了深刻的影响。

最后，秦汉时期黄河中游地区饮食文化的发展也是继承和发展先秦时期饮食文化的结果。先秦时期，黄河中游地区的饮食文化就已相当发达，其品种之繁

---

① 司马迁：《史记·货殖列传》，中华书局，1982年。
② 班固：《汉书·东方朔传》，中华书局，1962年。

多，工艺之精湛，风格之迥异，用料之讲究，都堪称一流，而秦汉时期饮食文化正是在继承这些优秀的传统饮食文化的基础上发展起来的。秦汉时期饮食文化的发展，为魏晋南北朝时期黄河中游地区饮食文化的发展奠定了基础。

第一节 食物原料的发展变化

一、粮食结构的变化

秦汉时期，黄河中游地区的粮食结构发生了较大变化。在粟类谷物中，粟的地位保持稳定，而黍的地位大大下降；麦类的地位上升很快；菽类作为主食的地位则大大下降。人们的主食结构，虽然仍以粟类粒食为主，但由于麦类种植面积的扩大及面粉加工技术的初步发展，面食的地位逐步提高。

1. 以粟类谷物为主的农作物结构

粟类谷物包括粟、黍、粱等。秦汉时期，粟类谷物在整个黄河中游地区都有广泛种植，是人们最常见的粮食作物，文献和考古资料对这一时期该地区的粟类谷物均有十分醒目的记载。《史记·货殖列传》载，秦汉之际关中的任氏以窖粟而致富。在洛阳出土的汉代陶仓上，常写有“粟种”“粟”“粱”“黍种”“黍”等字样，有些仓内尚残存粟、粱米壳以及高粱屑。在陕西咸阳、西安，河南新安，山西平陆等地都出土有秦汉时期粟的实物。在陕西东汉画像“石牛耕图”上刻画有成熟的粟。①

这一时期的粟类作物，与先秦时期相比有一个引人注目的变化。曾经在先秦时期农作物家族中与粟一同长期占据主要地位的黍，在秦汉时期的地位大大下降了。粟依旧保持着自己的重要性，被用做人们口粮的代称，《盐铁论·散

① 陕西省博物馆、陕西省文管会：《米脂东汉画像石墓发掘简报》，《文物》，1972年第3期。

不足》载："十五斗粟，当丁男半月之食。"黍地位的下降，从一个侧面反映出秦汉时期社会的长期安定。因为黍与粟相比，对生荒地的适应能力更强。社会的长期安定，使大片的生荒地变成肥田沃土，黍越来越无用武之地，故种植比重大大降低。

2. 麦类面食地位的逐步提高

麦是秦汉时期黄河中游地区重要的农作物，麦类作物主要包括小麦和大麦两种。《氾胜之书》中有"大、小麦篇"，用相当大的篇幅论述种植小麦和大麦的技术，"小麦"一词也首见此书。该书所引民谚曰："子欲富，黄金覆"，即指种植冬小麦时"秋锄麦，曳柴壅（yōng，用土或肥料培在植物的根部）麦根也"，反映了秦汉时期小麦种植技术的进步。秦汉时期，麦类在黄河中游地区居民主食中地位的逐步提高有一个过程。西汉中期以前，小麦在黄河中游地区居民心目中仍然是粗粝之食。造成这种情况的原因很多，其中主要原因是小麦加工技术比较低下，影响了小麦的食用质量。人们食用麦时，普遍是蒸煮粒食，粒食的麦饭在口感上远逊于粟、稻做成的米饭。西汉中期，董仲舒专门提出建议，希望通过行政手段在关中地区推广植麦。《晋书·食货志》记载，汉成帝曾"遣轻车使者氾胜之督三辅种麦，而关中遂穰穰"。正是由于政府的提倡以及当时小麦加工技术的提高，小麦遂成为黄河中游地区的重要作物，小麦也相应在当地居民饮食生活中占有重要地位。西汉扬雄《方言》卷一："陈楚之内相谒而食麦饘。"麦饘即用麦做的稠粥。总的说来，秦汉时期，麦食基本上仍是粒食。麦类食物属于杂粮，而非精粮。麦类食物是中国传统主食的重要组成部分，但其由粗向精的转化却是在这以后漫长的时期中完成的。

3. 菽类主食地位的下降

菽，为豆类的总称，秦汉时期黄河中游地区种植的豆类主要有大豆、小豆和豌豆。河南是菽类的主产区，张衡《南都赋》云："**其原野则有桑漆麻苎，菽麦稷黍，百谷蕃庑，翼翼与与**（茂盛貌）。"焦氏《易林·卷一·大过》："**中原有菽，**

以待餐食，饮御诸友，所求大得”。关中菽的产量较大，西汉昭帝元凤二年（公元前79年）和六年（公元前83年）两次下诏，令“三辅、太常郡得以菽粟当赋”。华阴人杨恽赋闲家居，务农种豆。他在给友人的信中写道：“田彼南山，芜秽不治；种一顷豆，落而为萁。”[①]

值得注意的是，秦汉时期豆类作物的比例在下降，有的学者根据《氾胜之书》等文献记载推测，春秋战国时期黄河中游地区豆类作物的种植面积占农田总面积的25%，而西汉时期则为8%。[②]先秦时期大豆还是普通百姓的重要主食。秦汉时期，除了贫穷家庭和灾荒年景，即使普通百姓也不再把大豆作为主要食物。大豆被普遍视为粗粝之食，食菽还被视为生活俭朴的象征，如两汉之际太原人闵仲叔生活俭朴，长期“含菽饮水”[③]。

从秦汉时期开始，大豆从主食行列淡出而成为蔬菜，用以制作豉、酱和豆芽。大豆由主食而变蔬菜是秦汉时期人们生活水平提高的佐证。

4. 水稻种植的稳步发展

秦汉时期，黄河中游地区的气候比现在要更温暖湿润一些[④]，加之水稻的种植技术在两汉时期有了令人瞩目的发展，《氾胜之书》中有种水稻法，提出通过控制水流来调节水温，为水稻在北方地区的种植提供了新思路。因此，秦汉时期黄河中游地区的水稻种植面积还是相当大的，特别是关中和中原水利发达地区，有大量的稻田。

关中地区的郑国渠和白渠为农业生产提供了充足的水源，其中郑国渠长300余里，号称可灌地4万余顷，白渠长200里，可灌地4500余顷。这些可灌地中，当有不少是稻田。汉武帝即位不久，曾与随从化装出行，所见皆“驰骛禾稼稻秔之

① 班固：《汉书·杨恽传》，中华书局，1962年。
② 中国农业科学院南京农学院中国农业遗产研究室编：《中国农学史（初稿）》上册，科学出版社，1959年。
③ 范晔：《后汉书·周燮列传》，中华书局，1965年。
④ 竺可桢：《中国近五千年来气候变迁的初步研究》，《考古学报》，1972年第1期。

图3-1　东汉陶灶模型，河南灵宝出土

地”[①]。东汉时期，粳稻仍然是关中地区的重要作物。[②]

秦汉时期，水稻在中原地区的种植稳步发展。如东汉初年汝南太守邓晨“兴鸿却陂数千顷田，汝土以殷，鱼稻之饶，流衍它郡”[③]。南阳太守杜诗“修治陂池，广拓土田”[④]。考古发掘也证实了秦汉时中原曾大量植稻的记载，郑州二里岗东汉墓出土有稻米实物。[⑤]到东汉后期，中原地区不仅成为稻米的重要产区，而且出产闻名全国的优质稻米——新城（今河南伊川）米。

相对于粟、麦、菽而言，稻米在黄河中游地区种植面积较小，所以稻米是人们心目中的上等主食，司马迁在《史记·礼书》中写道：“稻粱五味，所以养口也；椒兰芬茝，所以养鼻也。”。

秦汉时期，黄河中游地区还有野生的菰米（又称安胡），《西京杂记》卷一指出：“菰之有米者，长安人谓为雕胡”。作为主食品种的菰米，在秦汉时期是通过采集方式获得的。菰米香滑可口，深得秦汉时期人们的喜爱。西汉人枚乘在《七

① 班固：《汉书·东方朔传》，中华书局，1962年。
② 范晔：《后汉书·文苑列传上》，杜笃《论都赋》：“粳稻陶遂”，中华书局，1965年。
③ 范晔：《后汉书·邓晨列传》，中华书局，1965年。
④ 范晔：《后汉书·杜诗列传》，中华书局，1965年。
⑤ 河南省文化局文物队：《郑州二里岗的一座汉代小砖墓》，《考古》，1964年第4期。

发》中赞道："楚苗之食，安胡之饭，抟之不解，一啜而散"。

秦汉时期，在黄河中游地区种植的粮食品种还有高粱、荞麦、大麦、麻子和从西域引进的胡麻（芝麻）等。[①]

二、副食原料的发展

秦汉时期，黄河中游地区的副食原料可分为蔬菜、瓜果、肉食和调味品四大类。

1. 蔬菜品种的增加

根据《急就篇》《说文解字》《尔雅》《方言》《释名·释饮食》《四民月令》《氾胜之书》《淮南子·说山训》《盐铁论·散不足》等秦汉文献记载和文物考古资料，秦汉时期黄河中游地区人们常吃的蔬菜品种至少有50种之多。蔬菜品种比先秦时期增加了不少，其中一个重要原因，是张骞通西域后从西域引进了不少蔬菜新品种，如大蒜、黄瓜、苜蓿、胡荽（芫荽）等。现代农业生物学关于蔬菜的11个分类[②]，在秦汉时期除茄果类蔬菜外，其他均已齐备。这一时期的蔬菜又以绿叶类和葱蒜类为多。在这些蔬菜中，有相当部分是人工栽培的，是秦汉时期人们食用的一级类蔬菜，包括葵、韭、瓜、葱、蒜、蓼、藿、芥、薤等。而野生蔬菜构成一级类蔬菜的补充。

有学者认为，秦汉时期黄河中游地区人们食谱中的蔬菜数量众多，含有不同的营养成分，对人体的健康大有益处，但由于蔬菜中偏辛辣的品种所占比例较大，使得蔬菜品种结构欠均衡。

① 荞麦和大麦均不见于汉代文献的记载，但在考古发掘中均出土有荞麦和大麦实物。咸阳市博物馆：《陕西咸阳马泉西汉墓》，《考古》，1979年第2期。

② 11类蔬菜是根菜类（如萝卜）、绿叶类（如葵）、葱蒜类、薯芋类（如姜）、瓜类（如瓠、黄瓜）、豆类、水生蔬菜类（如莲藕）、多年生蔬菜类（如竹笋）、白菜类（如菘）、食用菌类和茄果类（如茄子）。

值得注意的是，秦汉时期黄河中游地区的人们经常食用的某些蔬菜，如葵、藿等在晋代以后地位明显下降。晋代陶弘景在《名医别录》中指出：“葵叶犹冷利，不可多食”。唐代苏敬《新修本草》也说：“作菜茹甚甘美，但性滑利不益人”①。可见，秦汉时期的首位蔬菜——葵菜在晋代以后退出蔬菜家族的根本原因在于葵性滑利，对身体不利。藿地位的下降，则是因为有了更多更好的绿叶类蔬菜（如菘）的普遍种植，这些蔬菜逐渐取代了较为粗粝的藿。

2. 瓜果种植的发展

秦汉时期，黄河中游地区的瓜果类食物较之先秦有了重要发展。表现有三：

第一，园圃经营的规模扩大。先秦时期的园圃业一般是庭院式的小规模经营。秦汉时期，除了庭院式的小规模经营瓜果外，还出现了以“千亩”计的大规模果园。在这些大果园里，多种植枣、栗等果树，果实多具有耐储存、适宜大规模长途贩运等特点。

第二，经过人们的精心选育，一些传统的瓜果，如甜瓜、梨、枣、桃、栗、李、杏、柿等出现了众多的优良品种。据《西京杂记》卷一载，当时的桃、梨各有10余种，枣有20余种。其中秦末关中地区出产的“东陵瓜”②“含消梨”③、河南出产的“宛中朱柿”“房陵缥李”④等瓜果更是名闻天下。

第三，一些新的瓜果类品种开始在黄河中游地区种植，它们之中有来自西域的石榴、葡萄、胡桃（核桃）等，也有来自南方亚热带的荔枝、卢橘、黄柑、橙、杨梅等。前者进入黄河中游地区后，得到了当地居民的喜爱，种植面积逐渐扩大，渐渐成为该地区常见的果品；后者主要栽种于长安、洛阳等城市的皇家园苑中，享用这些亚热带水果的人也仅限于皇室贵族。但由于地理气候的原因，大多数亚热带水果的移植在黄河中游地区都没有成功。

---

① 李时珍：《本草纲目・葵》，人民卫生出版社，2004年。
② 司马迁：《史记・萧相国世家》，中华书局，1982年。
③ 何清谷校释：《三辅黄图校释》卷四引《三秦记》，中华书局，2005年。
④ 李昉：《太平御览》卷九七一、卷九六八，中华书局，1960年。

3. 肉食主要源自家庭养殖业

秦汉时期，黄河中游地区的肉食来源主要是家庭养殖业，猪、羊、狗、鸡、鱼为人们普遍饲养。在这一时期出土的画像砖、石上，常可见到击豕、喂羊、宰羊、椎牛、烹鱼的场面。猪肉是秦汉时期黄河中游地区人们最常见的肉食，养猪极为普遍，该地区内各地常有小型陶制秦汉猪圈模型出土。当时，人们对猪的饲养与后世稍有不同，除了小规模的圈养外，在苑泽中大规模牧猪也是常见的一种形式。如《后汉书·吴佑列传》载，官宦之弟吴佑年二十，不受他人馈赠，“常牧豕于长垣泽中”；《后汉书·逸民列传》载，梁鸿也曾“牧豕于上林苑中”。

秦汉时期，羊肉在黄河中游地区居民日常饮食中有一定的地位，被认为是精美的肉类，常被用作帝王对臣子的赏赐。地处黄河中游地区的韩地羊还是当时全国羊类中的优良品种。有不少文献和考古资料反映了当地居民喂羊、食羊的情景。如《汉书·卜式传》载，河南人卜式“以田畜为事”，牧羊十余年，“羊致千余头”；《后汉书·灵帝纪》注引《献帝春秋》载，汉末张让等劫持少帝逃亡，河南中部掾（yuàn，属吏）闵贡“宰羊进之”。

与后世不同，狗肉是秦汉时期黄河中游地区重要的肉类食物之一。《淮南子》多次将狗肉与猪肉相提并论，如《说林训》篇称“狗彘不择甂瓯（biānōu，粗陋的陶质小盆小瓮）而食，偷肥其体而顾近其死”；《泰族训》篇称“剥狗烧豕，调平五味者，庖也”。《说文解字》“肉部”有“肰，犬肉也”的记载。从这些文献可以看出，秦汉时期，狗肉是人们的重要肉食。

秦汉时期，牛肉是上等肉食，文献中对此有大量的记述。但这一时期黄河中游地区民间并没有饲养肉食用牛。那时牛是作为最重要的农耕工具而受到朝廷的严格保护。

马主要用于征战，但食马肉的习俗在秦汉时期黄河中游地区依然存在，如《盐铁论·讼贤篇》中言：“骐骥之挽盐车，垂头于太行之陂，屠者持刀而睨之”。不过，秦汉时期，人们对食马肉存在着某种禁忌，如认为马肝有毒，黑颈的白马不能吃等，这种情形可能反映出马在农业社会中，作为农业生产动力的牲畜，引起了人们饮食心理状况的变化。

在家禽中，鸡是秦汉时期黄河中游地区家庭饲养的重要对象，因此，鸡与鸡蛋也相应成为当时重要的肉食。韩地的鸡还是当时闻名全国的优良品种。考古发掘中也多次见到鸡的残骸出土，如洛阳金谷园西汉墓中陶盒上粉书“鸡豚”，盒内有碎鸡骨。[①②]洛阳老城西汉晚期墓出土的陶鼎盖上粉书“始癸肉”，内有鸡骨屑。[③]

在水产品中，从汉代起，鲤鱼成为人们单一的养殖对象，也是黄河中游地区人们常食的鱼类。为了便于保存，人们还将鲜鱼制成咸鱼，这表明这一地区居民食用鱼类食品的普遍性。

除了人工饲养的动物外，一些野生动物也是秦汉黄河中游地区人们的食物。如东汉茂陵人矫慎曾以捕兔为生。[④]汉宣帝元康三年（公元前63年），曾下诏禁止三辅地区的百姓在春夏两季“摘巢探卵，弹射飞鸟”。[⑤]这个禁令反映出黄河中游地区人们食用野禽的嗜好。一些昆虫甚至也成为人们的美食，河南汉画像砖上还有捕蝉的场景。[⑥]可以推断，至迟在汉代，中原人民便食蝉了。

4. 以咸味为主的调味品

从口味上看，秦汉时期黄河中游地区的人们偏重于咸味与甜味，当时人们食用的调味品有咸味调味品、甜味调味品、酸味调味品和辣味调味品。其中，占主导地位的是咸味调味品。咸味调味品主要有盐、豉、豆酱等。盐在人们的饮食生活中占有极为重要的地位，在黄河中游地区，考古发现了大量秦汉时期遗存的盐和含盐类食品，如洛阳五女冢新莽墓出土写有“盐”和“豉”的陶罐。洛阳金谷

① 洛阳市文物工作队：《洛阳金谷园车站11号汉墓发掘简报》，《文物》，1983年第4期。

② 洛阳市第二文物工作队：《洛阳邮电局372号西汉墓》，《文物》，1994年第7期。

③ 贺宝官：《洛阳老城西北郊81号汉墓》，《考古》，1964年第8期。

④ 范晔：《后汉书·逸民列传》，中华书局，1965年。

⑤ 班固：《汉书·宣帝纪》，中华书局，1962年。

⑥ 周到等：《河南汉代画像砖》，上海人民美术出版社，1985年版。

园汉墓和烧沟汉墓分别出土有“盐饮万石”的陶仓、“盐饮万石”的陶壶，以及“盐”“盐食”的陶壶。

豆豉，是秦汉时期黄河中游地区居民重要的调味品，产量很大，据《汉书·食货志》载，西汉后期长安樊少翁、王孙大卿通过经营豉成为高訾（zī，通“赀”，钱财）富人。在汉代考古遗址中，屡屡出土书写有“豉”的物品，如洛阳金谷园汉墓出土有书写“盐豉万石”的陶仓。①

汉代的豆酱用打碎的豆制成，称为“末都”。豆与都二字，系一音之转，“末都”即“豆末”。酱在汉代饮食中地位很重要，唐人颜师古在注释西汉史游的《急就篇》时，把酱形容成领军之将，称：“酱之为言将也，食之有酱如军之须将，取其率领进导之也”。由于酱经过了一段发酵期，滋味较之单纯的盐更为厚重，故东汉应劭曰：“酱成于盐而咸于盐，夫物之变，有时而重”②。

第二节　食物加工与烹饪的发展

秦汉时期，黄河中游地区的食物加工与烹饪技艺的进步，促进了主、副食品种的丰富。无论是主食饼饵，还是副食菜肴都向“精妙微纤”方向发展。

一、主食烹饪的演变

1. 面食品种日益多样化

秦汉时期，黄河中游地区的各种粥饭制作与前代相比变化不大，但是面食加工却得到了较快发展，出现了汤饼、蒸饼、胡饼等面食，面食品种日益多样化，

① 黄士斌：《洛阳金谷园汉墓中出土有文字的陶器》，《考古通讯》，1958年第1期。
② 欧阳询：《艺文类聚·酱》引《风俗通义》，上海古籍出版社，1982年。

各种面食在人们的主食结构中占有越来越大的份额。

饼。刘熙《释名·卷四·释饮食》中说："**饼，并也。溲（sōu，用水调和）面使合并也。**"颜师古注《急就篇》曰："**溲面而蒸熟之则为饼，饼之言并也，相合并也。**"饼在不同地区也有不同名称。

汉代人的面食大约是从宫廷中传开的。《汉书·百官公卿表》中掌管皇宫后勤的长官少府，其属官有"汤官"。据颜师古注可知，汤官即专掌皇帝饼食的官，其所供饮食当以饼为主。不过这种"饼"并非今日北方人食用的烧饼，而是用汤煮的面食，称之为"汤饼"。它类似于水煮的揪面片，是面条的前身。《太平御览》卷八六〇引晋人束皙《饼赋》说："玄冬猛寒，清晨之会，涕冻鼻中，霜凝口外，充虚解战，汤饼为最。"可见这种面食由于汤水滚热，调料亦多辛辣之味，故为严寒季节人们借以充饥御寒的食品。

《太平御览》卷八六〇引《三辅旧事》云："太上皇不乐关中，思慕乡里。高祖徙丰沛屠儿、沽酒、卖饼商人，立为新丰县。"这则史料说明西汉初期饼已经出现了。但在秦及西汉前期，饼还不多见，这可能与当时磨的使用尚不普遍有

图3-2　东汉制面男陶俑

图3-3　东汉献食女陶俑

关。成书于西汉后期的史游《急就篇》把饼列为食物之首，说明至迟到西汉后期，饼在人们的日常饮食生活中已十分普遍了。汉代饼的品种大体上可分为三大类，即汤饼、蒸饼、胡饼。其中汤饼又可分为煮饼、水溲饼、水引饼三种。

“煮饼”是将较厚的死面蒸饼掰碎，放入汤中煮后食用，颇像今西北一带流行的羊肉泡馍。

“水溲饼”则是将未发酵的面片投入汤中，煮熟而食。以上两种饼因为都用未发酵的死面入汤，故往往坚硬难消化。徐坚《初学记·服食部》引崔寔（shí）《四民月令》说：“**立秋无食煮饼及水溲饼。**”其注曰：“**夏日饮水时，此二饼得水，即冷坚不消，不幸便为宿食，作伤寒矣。试以此二饼置水中即见验；唯酒溲饼入水即烂也。**”《后汉书·李固列传》载：东汉时的小皇帝质帝刘缵（zuǎn），就曾因说梁冀是“跋扈将军”，梁冀便令左右以毒鸩加入煮饼中，把质帝毒死了。由此可知，煮饼为汉人的常食之品。

“水引饼”，是一种用肉汤搅和面粉而成的汤面条。《齐民要术·饼法第八十二》“水引·馎饦法”条，对它的做法曾有详细介绍。它是用“**细绢筛面，以成调肉臛**（huò，肉羹）**汁，待冷溲之。水引，挼如箸大，一尺一断，盘中盛水浸。宜以手临铛上，挼令薄如韭叶，逐沸煮**”。其做法与现代北方人食用的扯面大体相仿。其中以鸡汁做成的汤面条味道鲜美，质量最好。《太平御览》引庾阐《恶饼赋序》说：“臛鸡为饼。”弘君举《食檄》曰：“**催厨人作茶饼，熬油煎葱，例茶以绢，当用轻羽，拂取飞面，刚软中适，然后水引。细如委綖**（xiàn，通‘线’），**白如秋练，羹杯半在，财得一咽，十杯之后，颜解体润**”。对水引饼的形、色、味作了十分形象具体的描绘。

“蒸饼”不同于汤饼，它是将水注入面粉调匀，然后发酵，最后做成饼状蒸熟而成。汉人已掌握了面食的发酵技术，只不过汉代人尚不知道用酵面发酵法，采用的是酸浆发酵法。①

---

① 赵荣光：《中国饮食史论》，黑龙江科技出版社，1990年。

汉代所食用的蒸饼，做法十分讲究，饼中常包有精美的馅心。汉人崔寔《四民月令》说："寒食以面为蒸饼，样团、枣附之。"

汉代所食的胡饼，其制作方法是从西域传入中原的，故名胡饼，如今人们称之为烧饼。汉代随着丝绸之路的开辟，西域胡人不断内迁。月氏人、康居人、安息人陆续不断地移居中国境内，掀起了前所未有的移民高潮。随着移民的内迁，西域的生活习俗诸如食胡饼之俗就传入中土，引起汉人的注目和仿效。

胡饼传入黄河中游地区的具体时间还不清楚，但它在东汉后期已是颇具影响的食品了。《太平御览》引《续汉书》说："汉灵帝好胡饼，京师皆食胡饼。"胡饼的风行除了皇帝喜好、上流社会提倡外，最根本的原因在于其味道可口。胡饼与蒸饼不同之处在于，胡饼采用的是炉烤而不是笼蒸的方法，这样，吃起来就香脆可口，别有滋味。

饵。与饼相类似的还有饵（ěr）。《急就篇》颜师古注曰："溲米而蒸之则为饵，饵之言而也，相黏而也。"用面粉黏合蒸熟的食品称饼，用米粉黏合蒸熟的食品称作饵。饼、饵的概念在北魏之前区分是十分清楚的。北魏贾思勰《齐民要术》始把二者相混。与饼相同，饵在西汉之前亦不多见。西汉后期以后，饵与饼一样开始在人们的日常饮食生活中广泛出现，成为黄河中游地区人们喜爱的食物。史籍不乏这方面的记载，如西汉末年，刘秀被拘押在新野，市吏樊晔送给他一笥（sì，盛饭或衣物的方形竹器）饵，刘秀对此一直念念不忘。[①]应劭《风俗通义・怪神》记载有汝南地区"田家老母到市买数片饵"。

2. 传统的粥饭仍是重要的主食

粥。秦汉时期，粥有稠粥与薄粥之分。稠粥又称"饘粥"，薄粥又称"薄糜"。按制粥所用的原料区分，秦汉时期黄河中游地区的粥主要有粟粥、麦粥和豆粥。麦粥称作"麦饘"，扬雄《方言》卷一载："陈楚之内，相谒而食麦饘谓之

① 范晔：《后汉书・酷吏列传》，中华书局，1965年。

饕（fēi，麦粥）。”豆粥又称“豆羹”，桓宽《盐铁论》：“**古者燔黍而食，捭豚相享，宾婚相召，豆羹白饭。今则燔炙满案，臑豚、白鳖、脍鲤。**”其中用淘米水与小豆相熬的粥，因其味道甘甜而被人们称作“甘豆羹”。

饭。秦汉时期，黄河中游地区的饭有粱饭、稻米饭和麦饭。由于粱是粟中的优良品种，所以粱饭的地位较高，城市中的社会上层常食粱饭。稻米饭在黄河中游地区的地位也较高，当时有一种稻米饭，称之为“馓”，“馓之言散也，熬稻米饭，使发散也”。在所有的饭中，麦饭的地位较低，是下层百姓常食之品。麦饭是“磨麦合皮而炊之也”[1]，因而麦饭中虽然有磨碎的麦粉成糊，但“大部分仍是破碎的或不太破碎的麦粒，炊后仍是一粒粒成饭的形状”。[2]

秦汉时期各种干饭在人们日常生活中有着重要的地位。干饭在汉代又称“糒（bèi，干粮）”，粟、麦、稻均可制成糒。在陕西西安东汉墓中出土的陶罐上，写有“粳米糒”“小麦糒”，即是用粳米和小麦制成的糒。干饭的吃法类似于今天的“方便米”，是用开水泡开食用的。与糒类似的干饭还有“糗”（qiǔ，干粮，炒熟的米或面等）与“糇”（hóu，干粮）。糗，类似于今天的炒面，是“饭而磨散之使齲碎”[3]。糇，则是“候人饥”的干粮：“糇，候也。候人饥者以食之也。”由于糗、糇等干饭具有保存时间长、易于携带、食用方便等优点，成为当时人们出行时必不可少的食物。

二、副食烹饪技法的增多

秦汉时期的副食烹饪方法突出地体现了“精妙微纤”的理论，成为中国传统饮食文化绵延长河中的一段绚烂故道。

---

① 史游：《急就篇》卷二，上海书店，1985年。
② 氾胜之著，万国鼎辑释：《氾胜之书辑释》，中华书局，1957年。
③ 刘熙：《释名·释饮食》，四部丛刊本，上海书店，1985年。

1. 专掌肉类菜肴烹饪的红案厨师的出现

据考证，秦汉时期肉类菜肴的烹饪方法主要有炙、炮、煎、熬、羹、蒸、脍、腊、锻、脯、醢、酱、鲍、菹等14种。其中，各种羹是秦汉时期最为流行的肉类菜肴。

这一时期，黄河中游地区还出现了一些名气很大的肉类菜肴，如鱁鮧（zhúyí，鱼鳔、鱼肠用盐或蜜渍成的酱）、五侯鲭等。

鱁鮧：传说汉武帝追逐夷民到达海边，闻到有一种烧烤的香气。地面上看不到什么东西，遂令侍从到处搜寻，发现是渔夫在土坑中烹制鱼肠，上面用土覆盖，熟时香气透达土外。大概汉武帝此时肚中已饿，就弄来一点品尝，感觉十分鲜美，便叫御厨学做此菜。后世人们因武帝“逐夷而得此食”，遂命曰“鱁鮧”。不过后人的制法已经不是在土坑中烧烤了。鱁鮧的制法是：把黄鱼、鲻鱼、鲨鱼的鱼肚漂洗干净，加盐腌，令脱水收缩，密封在腌咸肉的罐子里，放到太阳下曝晒，夏天晒20天，春秋晒50天，冬天晒100天才能制好。吃的时候加姜醋。

五侯鲭（这里的“鲭”字念“蒸”，意为杂烩菜）：所谓五侯，即汉成帝母舅王谭、王根、王立、王商、王逢时五人，因他们同日封侯，号称“五侯”。鲭（qīng）为一种鱼。据《西京杂记》记载，五侯不和睦，但娄护（西汉息乡侯）能言善辩，辗转供养于五侯之间，各得他们的欢心。于是，各家都送他珍馐佳肴，娄护口厌滋味，便合五侯所赠之食（鲭），其味胜过奇珍异馔，世人谓之“五侯鲭”。五侯鲭烹制出来以后，深受贵族们喜爱。后世常称美味佳肴为“五侯鲭”，宋人苏轼曾有这样的诗句：“今君坐致五侯鲭，尽是猩唇与熊白”。

秦汉时期，炒菜法在黄河中游地区仍未普及，其中原因有二：一是当时的烹具如釜、鼎等仅适合煮、熬食物；二是植物油还没有进入人们的饮食生活之中。当时人们使用的油基本上是动物油。常见的动物油包括猪油、羊油、牛油、鸡油和狗油，当时统称为脂或膏。各种动物油脂在常温下呈固态，是不便于炒、爆等烹饪操作的。同时，秦汉时期，脂的价格比肉价要高，反映出秦汉油脂在总体上是短缺的。秦汉以后，植物油，尤其是芝麻油的使用，一方面扩大了油料的来

图3-4　东汉庖厨石刻画

源，使油脂在总体上变得较为充裕；另一方面，常温下的植物油呈液态，便于炒、爆等烹饪操作。这样"炒"的技法便越来越普遍了。

由于肉类菜肴烹饪方法的发展，肉食品种日益增多，社会上开始需求专精一技之长的厨师，厨事分工也日益精细，专掌烹饪菜肴尤其是肉类菜肴的红案厨师开始出现。考古发掘中屡屡有秦汉时期红案厨师陶俑的出土，汉代画像石、砖上也多有红案厨师烹制菜肴的画面，如河南密县打虎亭1号墓出土的汉代画像石上有庖厨图，刻画有肉架两副，架上悬挂着肉食，架下置牛头、牛腿各一。图的上端刻有一煮肉大鼎，鼎裆烈火熊熊，旁边一红案厨师以棍伸入鼎内作搅肉状。

2. 蔬果类食材加工方式的增多

秦汉时期，蔬果类菜肴的烹饪方法与肉类菜肴烹饪相似，略具特点的是生拌法。汉代有生拌葱、韭，是当时人们喜爱的菜肴，刘熙《释名·释饮食》："生瀹葱薤曰'兑'，言其柔滑兑兑然也。"薤的鳞茎即藠头。

但总的来说，秦汉时期蔬菜基本上被排除在珍肴之外。蔬果类菜肴未被人们视为美味，这与当时蔬果类菜肴的烹饪方法密切相关。"西汉以前的菜肴制法除了羹外，主要是水煮、油炸、火烤三种，而且大多不放调料，口味较为单调。这三种烹饪方法的制成物都是肉肴，以叶、茎、浆果为主的蔬菜不宜用炸、烤法烹制，至于煮是可以的，但不调味、不加米屑的清汤蔬菜，则不是佐餐的美味。”[①]

秦汉时期，尚未出现用水果烹制的菜肴。但社会上层十分讲究水果的食用，一般要进行一番加工，如夏季时，要先将水果在流水中浸泡，使之透凉，而后进食。对于个体较大的瓜，还要用刀剖成片状，使其外形更为美观，所谓“浮甘瓜于清泉，沉朱李于寒冰。”[②]“投诸清流，一浮一藏；片以金刀，四冲三离，承之雕盘，幂（mì，覆盖，遮盖）以纤细，甘侔（móu，相等，匹敌）蜜房，冷甚冰圭。”[③]冬季食用水果时则将其浸放到温水之中，先去其寒意，而后进食。曹丕曾嘱咐曹植食用冬柰时要“温啖”[④]。

除鲜吃外，秦汉时期人们还把水果制成干果储存，据《释名·卷四·释饮食》载，其种类有将桃用水渍而藏之的“桃滥”，有将柰切成片晒干的“柰脯”。

秦汉时期，大豆开始由主食向副食转化。作为蔬菜的大豆，不仅豆叶被人们广泛食用，也被发芽做成“黄豆卷”，还与盐、面粉等原料配合制成豆豉、豆酱等。

第三节　日益丰富的酒文化

《汉书·食货志下》：“酒者，天之美禄，帝王所以以颐养天下，享祀祈福，扶衰养疾，百礼之会，非酒不行。”这段话对酒的功用作了比较全面的概括，说明秦汉时期，酒已经渗透到社会生活的许多方面，广泛用于官私祭祀、节日庆典、婚丧嫁娶、消灾避祸、医疗保健、送别行赏、协调关系等。

纵观秦汉时期的历史，其中饮酒之风出现过两次高潮。西汉初年，饮酒活动

---

① 王学泰：《华夏饮食文化》，中华书局，1993年。
② 李昉：《太平御览》卷九六八引曹丕《与吴质书》，中华书局，1960年。
③ 李昉：《太平御览》卷九七八引刘桢《瓜赋》，中华书局，1960年。
④ 李昉：《太平御览》卷九七三引曹植《谢赐柰表》，中华书局，1960年。

图3-5　西汉漆豆钫

尚集中在贵族和富人当中。西汉中期，饮酒之风开始渗透到民间，武帝时至西汉后期，出现了秦汉时期首次饮酒高潮。东汉初年，饮酒之风曾有短暂的消歇，但随后便表现出比西汉更为强劲的势头。至东汉后期，饮酒达到顶峰，东汉末年由于战乱频繁，天灾人祸不断，社会经济遭到严重破坏，饮酒之风转入衰微期。秦汉时期饮酒之风出现的两次高潮，推动了秦汉酒类的生产，促进了酒肆的繁荣，使酒俗更加丰富多彩，使酒器更加绚丽多姿。

一、酒的生产与酒榷

1. 制曲技术的进步

秦汉时期，黄河中游地区的酿酒技术获得一定的发展，主要表现在制曲业的兴盛和曲的种类的增多上。有了各具特色的曲，从而也就可以酿制出风格各异的酒。

先秦时期，人们就已经认识到制曲技术对于酿酒技术的重要意义，《礼记·月令》载：“秫（shú）稻必齐，曲蘖（niè）必时，湛炽必洁，水泉必香，陶器必良，火齐必得。兼用六物，大酋（酒官之长）监之，毋有差贷（失误）。”秦汉制曲技术获得较大发展，黄河中游地区是当时中国主要的制曲区域，杨雄《方言·卷十三》言，“自关而西，秦豳之间曲曰‘𪍿（kū）’，晋之旧都曰‘麰（cái）’。”《说文解字·麦部》对“𪍿”、“麰”都解释为“饼䴹（qū）也”，而《说文解字·米部》对“䴹”的解释为“酒母也”。饼曲的出现，说明秦汉已经进入酒曲发展的重要阶段。酒曲的发展促进了酿酒技术的提高。

2. 酿酒技术的完善

秦汉时期，人们已经认识并掌握了酿酒的几个关键技术，如王充在《论衡·卷二·幸偶篇》中说：“蒸谷为饭，酿饭为酒。酒之成也，甘苦异味；饭之熟也，刚柔殊和。非庖厨酒人有意异也，手指之调有偶适也。”这里强调酿酒师手指调适与否，直接关系到酒味的甘苦。他又在《率性篇》中说：“非厚与泊殊其酿也，曲蘖多少使之然也。是故酒之泊厚，同一曲蘖。”强调酒的好坏与曲糵投放多少密切相关。在卷十四《状留篇》中他又说：“酒暴熟者易酸”，强调酒的好坏与酿造时温度的掌握与运用有关。王充的论述反映出秦汉时期人们已掌握了相当丰富的酿酒技术。又据林剑鸣先生研究，秦汉时期人们酿酒时，已普遍使用含有大量霉菌和酵母菌的曲进行“复式发酵法”[①]。

3. 原产酒种类的增多和葡萄酒的引进

随着制曲、酿酒技术的进步和经济文化的交流，秦汉时期黄河中游地区酒的品种逐渐丰富起来。按酒的来源可分为原产与引进两大类。

原产类中，按酿酒原料又可分为三类：第一类为谷物粮食酒，这是当时酒的主要类型，著名的酒有上尊酒、九酝春酒等；第二类为花草植物酒，如用百草花的末酿制的“百末旨酒”，用松树物料制成的松醪酒，用椒和柏叶浸制的

① 林剑鸣：《秦汉社会文明》，西北大学出版社，1985年。

椒柏酒，用草本植物屠苏酿制的屠苏酒等；第三类为动物乳酒，如马乳酒等，马乳酒原产于中国北方游牧民族地区，在汉代时已经传入中原地区。

引进酒，是从外国引进的酒类品种，西汉张骞通西域后，汉代与中亚各国的经济文化交流便开始了，中亚一带的酒类及其酿造技术随之传入中原。引进酒多为草木果物酒，其中最著名而且影响深远的当首推葡萄酒。

汉代葡萄酒已通过使者和商人传入黄河中游地区，但当时内地并没有开始酿造葡萄酒，故葡萄酒一直是极为稀罕之物。东汉灵帝时，有个叫孟佗的人馈赠给中常侍张让一斗葡萄酒，孟佗因此被任命为梁州刺史。[①]

4. 时行时废的酒榷制度

秦汉时期，酒的生产与消费量都很大，酒在人们饮食生活中占据的重要地位使酿酒成为有利可图的事情。从汉武帝时起，中国便有了“酒榷”制度，或称“官酤”，即政府垄断酒的酿造与销售。酒榷始于汉武帝天汉三年（公元前98年），此后，在统治集团内部对于酿酒业是收还是放，一直存在着不同的意见，其中尤以汉昭帝始元六年（公元前81年）盐铁会议上争论最烈。会后，榷酤被废除了。

王莽时，为了摆脱财政困难，又开始实行酒榷，并开始大规模设置官营酒作坊，大批量生产官酒。东汉末年又实行酒类专卖。实行酒榷，官府所得利润十分丰厚，而且“入官的专利旱涝保收，米价越涨，酒的售价越高，入官的利润则高上加高，因为它所占份额大于人工费用”[②]。这正是汉以后酒榷不绝的原因所在。

5. 时张时弛的酒禁

酒是一种特殊的饮料，一方面它为人们生活所需要；另一方面过度生产与饮用，又会带来许多副作用。因此，自它产生时起，就受到一定的限制。

---

① 李昉：《太平御览》卷五四二引《三辅决录》，中华书局，1960年。
② 黎虎：《汉唐饮食文化史》，北京师范大学出版社，1998年。

西汉初年，由于战乱与饥荒，“酒禁”问题就引起了当权者的思考与重视。汉高祖时，萧何造律时规定：“三人以上无故群饮酒，罚金四两”。[1]汉文帝时，曾下诏曰：“无乃百姓之从事于末以害农者蕃，为酒醪以靡谷者多，六畜之食焉者众与？”对酒醪靡谷开始有所思考。汉景帝中元三年（公元前147年），汉政府因为“夏旱”，遂“禁酤酒”。这里的“酤”指卖，开始对酒采取限制性措施。汉武帝时期，国力强盛，粮食充裕，酒的消费量很大，出现了全社会范围内的宴饮高潮，并一直延续到西汉后期。萧何所定的禁止三人以上群饮的律令实际上已经被取消。东汉后期，社会开始动荡，天灾人祸频仍，统治者或因发生了自然灾害，或因发生了战乱年饥，或因出现了“荧惑犯镇星”等凶兆屡次实行酒禁。

二、酒肆业的逐渐繁荣

酒肆不仅是秦汉时期饮食店肆中的主要门店，而且也是整个饮食行业中最为突出的门类。由于酿酒业和城市经济的日益发展，秦汉时期黄河中游地区的酒肆也有了很大发展，呈现一派繁荣景象。《史记·货殖列传》曰：“通邑大都酤一岁千酿。”“千酿”即年经营额为1000瓮酒，可见这些酒商经营的酒肆规模确实不小，其所获利润也非常可观，可与“千乘之家”相比。西汉时在长安就出现了像赵君都、贾子光等经营酒肆的“名豪”[2]，他们财力、资本雄厚。东汉时，长安市上仍然有许多酒肆，辛延年《羽林郎歌》云：“胡姬年十五，春日独当垆。……就我求清酒，丝绳提玉壶。”诗中的“垆”就是酒肆。《汉书·食货志》颜师古注曰：“垆者，卖酒之区也，以其一边高，形如锻家垆，故取名耳。”

由于市场上有许多酒肆，人们便可以随时从那里买酒。西汉窦婴请丞相田蚡

① 班固：《汉书·文帝纪》文颖注引《汉律》，中华书局，1962年。
② 班固：《汉书·游侠传》，中华书局，1962年。

时，即“与夫人益市牛酒”[1]；东汉人刘宽“尝坐客，遣苍头市酒”[2]。秦汉时期，经营酒肆业的多是民间商人，但官府也时常参与其中，在汉武帝和王莽时期都曾实行过榷酤，专由官营，官府垄断了酒类，不仅禁止民间私酿，而且不许私卖，违者要加以惩罚，如赵广汉的门客曾“私酤酒长安市，丞相吏逐去”[3]。

秦汉酒肆的经营方式十分灵活，一般是现钱交易，但也可以用粮食换酒，甚至赊账。汉高祖刘邦作泗水亭长时，“常从王媪、武负贳（shì，赊欠）酒，时饮醉卧”[4]。酒肆业的发展，使同行之间的竞争加剧，因而在当时已出现招引顾客的某些促销活动。东汉灵帝时，曾征集天下书法能手于鸿都门，有一位名叫师宜官的书法家，“甚衿能而性嗜酒，或时空至酒家，因书其壁以售之，观者云集。酤酒多售，则铲灭之”[5]。王僧虔《名书录》也曾记载其事：“甚自衿重，或空至酒家，先书其壁，观者云集，酒因大售，至饮足，削书而退”[6]。师宜官利用酒肆的墙壁书写以吸引观众，一方面使这家酒肆的销量大增，这很像现在商家所做的现场促销活动；另一方面酒肆为了酬谢而免费让他喝个够。

三、丰富多彩的饮酒习俗

秦汉时期，黄河中游地区的饮酒习俗已丰富多彩，主要表现在宴饮场合中已形成了诸多的礼数，以及宴饮中有诸多的娱乐助兴活动等。

1. 宴饮礼俗的传承

秦汉时期，在正规酒宴上人们饮酒时，仍沿袭先秦的习俗，分轮一个个地

① 班固：《汉书·灌夫传》，中华书局，1962年。
② 范晔：《后汉书·刘宽传》，中华书局，1965年。
③ 班固：《汉书·赵广汉传》，中华书局，1962年。
④ 班固：《汉书·高帝纪》，中华书局，1962年。
⑤ 李昉：《太平广记》卷二〇六引《书断》，中华书局，1961年。
⑥ 李昉：《太平广记》卷二〇九，中华书局，1961年。

来饮，一人饮尽，再一人饮，众人都饮完称为“一行”或“一巡”。饮酒的次序为由尊及卑，由长及幼，即《礼记·曲礼上》所谓“**长者举未釂（jiào，尽），少者不敢饮**”。酒席上往往设有专门负责监督饮酒的行酒人，又被称为酒吏，如《汉书·高五王传》载，朱虚侯刘章“**尝入侍燕饮，高后令章为酒吏。章自请曰：‘臣，将种也，请得以军法行酒。’**”。酒吏要纠正参加酒宴者的失礼行为，负责对迟到者罚酒，检验人们饮酒尽否。

秦汉时期人们饮酒时，有一次饮尽杯中酒的习惯，《汉书·叙传》谓：“**赵、李诸侍中，皆饮满举白**”，孟康《注》曰：“**举白，见验饮酒尽不也**”。对他人敬的酒不饮或饮之不尽，在当时算是失礼行为。

劝酒的风气使得宴会参加者把醉饱看成是对主人礼貌的表示。正如汉末文人王粲在《公宴会诗》中所说：“**嘉肴充圆方，旨酒盈金罍**（léi，古代一种盛酒的容器）。”“**常闻诗人语，不醉且无归。**”[①] 客醉不仅是对主人的尊重，也体现出主人对客人的敬重。宴客时，酒食不足则被视为一件丢脸的事。汉末赵达受朋友宴请，食毕，赵达发现主人仍留有酒、肉，便对自称“**仓卒乏酒，又无嘉肴**”的主人说：“**卿东壁下有美酒一斛，又有鹿肉三斤，何以辞无？**”主人大惭，遂出酒酣饮。[②] 因此，主人总是倾其所有、想方设法使客人满意。作为相应的礼节，客人在宴会结束后要拜谢主人。

在宴饮时，地位较低者对地位尊贵者要避席伏，即离开座席食案屈伏于地上，如《汉书·田蚡传》载，在丞相田蚡的婚宴上，来宾均为主人“避席伏”。

秦汉时期，人们在酒宴上，晚辈常对长辈敬酒祝寿，称之“为寿”。据《汉书·高帝纪上》颜师古注：“**凡言为寿，谓进爵于尊者，而献无疆之寿。**”《后汉书·明帝纪》李贤注与颜注相近，称“**寿者人之所欲，故卑下奉觞进酒，皆言上寿**”。近人段仲熙先生考证“为寿”之礼是先秦时期宴饮活动中应酬之礼

---

① 欧阳询：《艺文类聚》卷三九，上海古籍出版社，1982年。

② 陈寿：《三国志·吴书·赵达传》，中华书局，1959年。

“醻礼”的遗迹。[①]这些看法大致是不错的，如刘邦曾在酒宴上“奉玉卮为太上皇寿”[②]。王邑父事娄护，在宴会上对娄护称:“贱子上寿”[③]。不过，秦汉人“为寿”时，并不限于晚辈对长辈，参加宴会的平辈、主人和客人之间彼此均可“为寿”，如汉武帝时，丞相田蚡举行宴会，主人田蚡和客人窦婴先后“上寿”。秦汉时，人们上寿的语言不并限于说祝对方“益寿”“延年”“长乐未央”之类的吉语，往往还涉及称颂对方的品德和能力。上寿者在说完上寿语后，要饮尽自己杯中之酒。有时，在上寿时还伴随着送礼。

2. 佐酒习俗的流行

秦汉时期，人们宴饮时还经常有一些娱乐助兴活动以佐酒，如酒令、投壶、博弈、吟咏、歌舞等。考古中，屡有秦汉酒令酒具出土，如西安汉城出土了22件酒令铜器，器的一面有“骄黠”二字，另一面有“自饮”二字。汉代酒令的具体使用方式尚不可详知。“投壶”是一项古老的宴饮助兴活动，秦汉时期仍很流行。所投之壶，壶口小，颈长而直。河南济源汉墓出土的投壶高26.6厘米，矢的长度在18～26厘米之间。投壶的方式是投者持矢投入壶中，未中者罚酒。南阳画像石中有二人持四矢投壶的场面，壶内有二矢，壶左放一酒樽，上有一勺。壶的两侧有二人席地跪坐，执矢投壶。其中，一人似为输酒而醉，被搀扶离席。[④]

载歌载舞是秦汉的社会时尚，以歌舞侑（yòu，在筵席旁助兴，劝人吃喝）酒是当时重要的酒俗内容之一。歌舞多在酒酣之际进行。如张衡《两京赋》称：“促中堂之陕（xiá，古同‘狭’）坐，羽觞行而无算。秘舞更奏，妙材骋伎。妖蛊艳夫夏姬，美声畅于虞氏。……振朱屣于盘樽，奋长袖之飒缅（lí，通‘纚’，长而下垂貌）”[⑤]。张衡《舞赋》写道：“音乐陈兮旨酒施”，“于是饮者皆醉，日

① 段仲熙:《说醻》,《文史》第3辑，中华书局，1963年。

② 班固:《汉书·高帝纪下》，中华书局，1982年。

③ 班固:《汉书·游侠传》，中华书局，1982年。

④ 闪修山等:《南阳汉代画像石刻》图12，上海人民美术出版社，1981年。

⑤ 萧统:《文选》卷二，四库备要本，中华书局，1977年。

亦既昃（zè）。美人兴而将舞，乃修容而改服。”[①]

在酒宴上，不仅有歌女舞伎的歌声舞姿，而且也有宴会参加者所表演的歌舞。宴会参加者所表演的歌舞最能体现当时的社会风尚，它既可以是自娱性的自舞自赏，也可以是他娱性的歌舞参与。前者是饮酒人在酒酣耳热的尽兴所为，如汉高祖在为“商山四皓”举行的宴会结束时对戚夫人说：“为我楚舞，我为若楚歌”[②]。又如杨恽《报孙会宗书》曰：“岁时伏腊，烹羊炰羔，斗酒自劳。”“奴婢歌者数人，酒后耳热，仰天附缶而歌呼乌乌”，“是日也，拂衣而喜，奋袖低卬，顿足起舞”。

他娱性的歌舞参与，在汉武帝时期还发展成为宴会中的程序化礼仪，即“以舞相属”。这是正式酒宴场合中的固定程序，一般在酒宴高潮时进行。其程序为：主人先行起舞，舞罢，再属（zhǔ，连续）一位来宾起舞，客人舞毕，再以舞属另一位来宾，如此循环。河南出土的对舞男俑，一人两臂张开，衣袖上甩，身体斜仰，正撤步后退；另一人则彬彬有礼地举袖叉腰，上步欲舞。[③]这对舞男俑的舞姿，生动地再现了秦汉时期酒宴“以舞相属”的场景。

秦汉“以舞相属”所表演的舞蹈，其中必须有身体旋转的动作。在宴会上，不舞或舞而不旋都是对他人的失礼行为，不仅破坏宴会的气氛，而且产生矛盾。如在窦婴举行的宴会上，灌夫起舞“属”丞相田蚡，“蚡不起，夫徙坐，语侵之”[④]。

秦汉之际盛行的“以舞相属”习俗，在魏晋尚能看到若干余波，魏晋以后便消失了。

---

① 欧阳询：《艺文类聚》卷一〇，上海古籍出版社，1982年。
② 班固：《汉书·张良传》，中华书局，1982年。
③ 彭松：《中国舞蹈史》，文化艺术出版社，1984年。
④ 班固：《汉书·灌夫传》，中华书局，1962年。

图3-6　西汉云纹玉觥

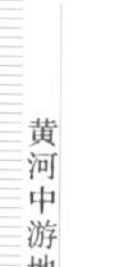

四、材质多样的各式酒器

秦汉时期，酒器的最基本种类是樽、勺、杯、杯炉。其中，樽为盛酒器，亦可温酒，勺为挹酒器，杯为饮酒器，杯炉为温酒器。

饮酒器的“杯”最具时代特征。秦汉时，人们所用的杯多为椭圆形的耳杯。小杯可容一升（汉制，约合今201毫升），大杯可容三升，甚至四升。耳杯多由漆、木、铜制成。代表秦汉酒器制作技术最高成就的是漆耳杯。漆耳杯又称“文杯”，多为夹纻（zhù，苎麻纤维织成的布）胎，椭圆形口，平底圈足。杯内髹（xiū，涂漆）朱漆，杯外髹黑色底漆、朱漆花纹。文杯的价格不菲，《盐铁论·散不足》说：“一文杯得铜杯十”，文杯是当时备受崇尚的华丽酒器。比较高级的漆耳杯还以金银镶嵌，称为“扣（kòu，金饰器口）器”，扣器多用金银等贵重材料制成，工艺复杂，耗工费力，故《盐铁论·散不足》言：“器械雕琢，财用之蠹（dù，蛀虫，引申以喻侵蚀或消耗国家财富的人或事）也，……故一杯棬用百人之力。”考古发现的有铭文的扣器，所记参与制造者的官吏工匠往往很多，如工长、素工、供工、画工、髹工、洀（xún）工（刻铭文的工种）、清工、漆工、黄涂工、铜扣工、造工、承掾护工、卒吏、令吏、啬夫、佐之卷，一器之上往往列名十几人，而不获列名者，又不知多少，“一杯棬用百人之力”当非妄言。当时，最高级的漆耳杯就是这种配以鎏金铜耳、白银口沿的彩绘扣器漆杯，当时人称为

“银口黄耳”。1981年5月，在陕西兴平的一座西汉墓中，出土有漆耳杯6套，每套包括一件漆耳杯和一个铜支座。漆耳杯的有机物胎体已朽，但上面的金属配件还在。这些配件包括：耳杯上的口沿银圈和铜耳。[①]

秦汉时期常用的饮酒器还有“卮”（zhī）。卮呈直筒状，单把，往往有盖，形如今日的搪瓷杯。过去常把出土文物中的卮误称为奁（梳妆器具），后来郑振铎先生为其正名为“卮”。卮在秦汉文献中常见，《史记·项羽本纪》载，鸿门宴上，项羽赐给樊哙酒，用的便是卮；《汉书·高帝纪》载：“上奉玉卮为太上皇寿”。卮的容量有大有小，小的可容二升（约合今天的400余毫升）。但最大的卮可容一斗，鸿门宴上项羽赐给樊哙酒用的即是大号的“斗卮”。

秦汉的卮除铜卮、玉卮外，还有漆卮。在河南沁阳县官庄北岗三号秦墓中曾出土一件彩绘凤纹漆卮，该漆卮通高14.9厘米，口径10厘米，现存于河南省驻马店市文物管理委员会。卮作为酒器，至汉代以后便罕见了。

秦汉时期的温酒器“杯炉”也极具时代特征。在黄河中游地区的陕西兴

图3-7　西汉“君幸酒”漆耳杯与杯盒

① 杜金鹏等：《中国古代酒具》，上海文化出版社，1995年。

图3-8　西汉漆布小卮

平、咸阳，山西浑源等地均出土有西汉时期的青铜杯炉。杯炉由三部分组成。其上为青铜耳杯，用于盛酒；中间主体部分为青铜炭炉，炉的口沿上有四个支钉，用于嵌置铜耳杯，炉身的镂孔可散烟拔火，炉身上还焊接有曲柄和足，炉底镂成火箅子，用于通氧助燃，并随时从这里清除炭灰；最下部分为底盘，是专门接盛灰渣的。整个杯炉作为温酒器，设计科学，使用方便、卫生。

第四节　饮食习俗的丰富与发展

一、三餐制的确立

旧石器时代以前，人们靠渔猎、采集为生，对什么时间吃饭并没有形成一种制度。不管是什么时候，只要猎捕和采集到食物，便可食用。从新石器时代起，中国开始进入农耕社会，人们为种植谷物开始有了正常的作息制度，所谓日出而作，日落而息。与人们的这种生产活动相适应，人们普遍实行一日两餐制。商代甲骨文中有“大食”“小食”的记载，“大食”的时间在上午7—9时，“小食”的时间在下午15—17时。在食量上，大凡早餐吃得多些，以便于一天的劳作，故称为“大食”；至于下午的饭，因为不久太阳就要西下，天色渐黑，无法再去田间劳动，不必吃得多，故称为“小食”。这种早饭吃得多的习惯，也是常见的农业社会现象。

秦汉时期，随着农业生产力水平的较大发展，人们从一日两餐逐渐改为一日三餐。一日三餐制的习俗，在战国时代的社会上层中已经出现了,《战国策·齐策》中有“士三食不得餍（吃不饱之意），而君鹅鹜有余食”的记载。[①]说明战国时期寄食于贵族门下的士主要是实行一日三餐的。当然，一日三餐的习俗并不普及，绝大多数民众仍是一日两餐,《孟子·滕文公上》载：“**贤者与民并耕而食，饔飧而治**”。宋代朱熹《注》曰：“**饔飧，熟食也。朝曰饔，夕曰飧。**”[②]说明战国时期从事耕作的下层百姓实行的是一日两餐制。秦代的普通民众仍以一日两餐为主，据《睡虎地秦墓竹简》中的《传食律》和《仓律》所示，在秦朝，一般吏人、仆役、罪徒都是早晚各一餐。

汉代是中国三餐制习俗确立的关键时期。汉代初年，一日两餐与一日三餐制并行，但后者已经得到社会的广泛认可，并得以逐渐推广。汉代以后，包括黄河中游地区的中国大部分区域，都主要实行早、午、晚三餐制了，古称“三食”，这是被人们普遍承认的规范饮食制度，既利于生活，也利于生产。

汉代三餐饭的具体时间是怎样安排呢?《论语·乡党》中孔子称：“不时，不食”，即不到该吃饭的时候不吃饭。郑玄《注》曰：“不时，非朝、夕、日中时”。郑玄是以汉代人的饮食习惯来注解孔子这句话的，这说明汉代已初步形成了一日三餐的饮食习俗。

第一顿饭为“朝食”（亦称早食），时间在天色微明以后，成书于西汉的《礼记·内则》论及未冠笄者事亲之礼：“男女未冠笄者……昧爽而朝，问：‘何食饮矣？’若已食则退，若未食，则佐长者视具。”未成年的男女，在天色微明以后，就要去向父母请安，问候饮食。如果父母已用毕早餐，即可告退，如未进

① 刘向:《战国策·齐策四·管燕得罪齐王》，上海古籍出版社，1985年。
② 朱熹:《四书章句集注》，上海古籍出版社、安徽教育出版社，2001年。

食，就在一旁侍奉，等候差遣。可见，早餐一般是在天色微明时就开始了。

第二顿饭为“昼食”，汉人又称饟（shǎng）食，也就是中午之食。《说文解字》曰：“饟，昼食也。”清人段玉裁说：“此犹朝曰饔，夕曰飧也，昼食曰饟，俗讹为日西食曰饟，见《广韵》。”今人张舜徽先生《说文解字约注》认为：“许（慎）云昼食，谓中午之食也。昼字从昼省，从日，言一日之中，以此为界也。今湖湘间犹谓上午为上昼，下午为下昼，则昼食为午食明矣。《太平御览》卷八百四十九引《说文》作‘中食也’，谓日中之食也，犹今语称中餐也。”可见，中食一般是在正午时刻。

第三顿饭为“餔食”，也称飧食。即晚餐。《说文解字》云：“飧，餔也。”而释“餔”则说：“申时食也。”申时一般是在下午15—17时之间。古人习惯早睡早起，所以第三餐饭的时间安排比现代人的晚饭时间要早一些。餔时正是吃饭的时候，这在《史记》中也有印证，《史记·吕太后本纪》云：“日餔时，遂击产。”当时周勃等人诛灭诸吕，正是利用这个吃晚饭的时机，猝不及防地给诸吕以突然袭击，才击溃了吕产的禁卫军。

一日三餐制在汉代虽然得到普遍的实行，但两餐制并没有退出历史舞台，

图3-9　西汉长乐食宫铜壶

许多地方还存在根据季节的不同和生产的需要而采用两餐制，有些穷苦人家也常年采用两餐制。与普通百姓一日三餐或一日两餐不同，汉代皇帝的饮食多为一日四餐制，班固《白虎通义·礼乐》载，天子“平旦食，少阳之始也；昼食，太阳之始也；晡食，少阴之始也；暮食，太阴之始也。”原因是帝王的夜生活时间长，需要晚上加餐。可见，饮食餐数的实行情况主要因饮食者身份地位的不同而异。

二、分食制的传承

从发掘的黄河中游地区汉墓壁画、画像石和画像砖上，经常可以看到人们席地而坐，一人一案的宴饮场面。例如在河南密县打虎亭1号汉墓内画像石上的饮宴图，宴会大厅帷幔高挂，富丽堂皇。主人席地坐在方形大帐内，其面前设一长方形大案，案上有一大托盘，托盘内放满杯盘。主人席位的两侧各有一排宾客席，已有三位客人就座，有的在互相交谈，几个侍者正在其他案前做准备工作。可见，秦汉时期仍沿袭分食制。

低矮的食案是与人们席地而坐的习惯相适应的。据王仁湘先生考证，食案

图3-10 《夫妇宴饮图》，河南洛阳东汉墓壁画

“从战国到汉代的墓葬中，出土了不少实物，以木料制成的为多，常常饰有漂亮的漆绘图案。汉代承送食物还使用一种案盘，或圆或方，有实物出土，也有画像石描绘出的图像。承托食物的盘如果加上三足或四足，便是案，正如颜师古《急就篇》注所说：‘无足曰盘，有足曰案，所以陈举食也’。”①

文献中也有不少材料证实这种分食方式。《史记·项羽本纪》中的鸿门宴，表露出当时实行的是分食制，在宴会上，项王、项伯、范增、沛公、张良五人，一人一案。《汉书·外戚传》载许后“朝皇太后于长乐宫，亲奉案上食”，说明食案是很轻的，一般只限一人使用，所以连女子都举得起。汉代文献中还有席地而食的描述，如《史记·田叔列传》褚先生补曰：“主家（平阳）令两人（田仁与任安）与骑奴同席而食，此二子拔刀列断席而别坐。主家皆怪而恶之，莫敢呵。”以上文献都说明，汉代人们都是坐在席上饮食，席前设案，这与先秦时期并无二致。

分食制在秦汉时期得以传承，使用食案进食是一个重要原因。“虽不能绝对地说是一个小小的食案阻碍了进食方式的改变，但如果食案没有改变，饮食方式也不可能会有大的改变。历史告诉我们，饮食方式的改变，确实是由高桌大椅的出现而完成的，这就是中国古代由分食制向合食——会食制转变的一个重要契机”①。

除此之外，汉代烹饪技艺的发展大体上与这种小木案作为摆放食品的器物是相适应的，肴馔品种虽然已在逐渐增多，但还不像后世那样用“食前方丈”（见元代王实甫《西厢记》、清代洪升《长生殿》）来形容，小木案基本上可以摆放一般酒席上应有的肴馔，两者之间的矛盾并不十分突出，因而分食制还有存在的空间。

① 王仁湘：《饮食与中国文化》，人民出版社，1993年。

三、饮食礼仪的完善

秦汉时期，黄河中游地区在饮食礼俗上形成了一套细致入微的行为规范，主要表现在以下两个方面：

1. 以东向为尊的宴席座次礼仪

一般而言，只要不是在堂室结构的室中，而是在一些普通的房子里或军帐中，宴席座次是以东向（坐西面东）为尊。以东向为尊的礼俗起源于先秦。秦汉时期，以东向为尊在史籍中多有记载，如《史记·项羽本纪》中所记项羽在军帐中宴请刘邦时，其宴席座次为："项王、项伯东向坐。亚父南向坐，亚父者，范增也。沛公北向坐，张良西向侍。"这里项羽和他的叔父项伯坐西面东，是最尊贵的座位。其次是南向，坐着谋士范增。再次是北向坐着客人刘邦。最后是西向东坐，因张良地位最低，所以这个位置就安排给了张良，叫侍坐，即侍从陪客。鸿门宴上座次是主客颠倒，反映了项羽的自尊自大和对刘邦的轻侮。又如《史记·武安侯列传》载：田蚡"尝召客饮，坐其兄盖侯南乡，自坐东乡"。田蚡认为自己是丞相，不可因为哥哥在场而不讲礼数，否则就会屈辱丞相之尊。再如《史记·周勃世家》亦云："勃不好文学，每召诸生说士，东乡坐而责之。"周勃自居东向，很不客气地跟儒生们谈话。

但若在堂上宴客时，就不是以东向为尊了，一般以南向为尊，其次为西向，再次为东向，最后为北向。席上最重要的是上座，必须待上座者入席后，其余的人方可入座落座，否则为失礼。这种以宴席座位次序来显示尊卑高下的礼俗，普及到社会各个阶层，一直传承到近现代。

2. 尊让洁敬的进食礼仪[①]

首先，在摆放菜肴上，带骨的菜肴放在左边，切的纯肉放在右边。饭食靠着

---

① 此部分根据《礼记》中的《曲礼》《少仪》《玉藻》等篇记载写成。由于《礼记》是儒家经典，相传为汉代戴圣编纂，所以它所体现的进食礼仪带有一定的汉代色彩，也为后世历代统治者所遵循。

人的左手方，羹汤放在靠右手方。细切的和烧烤的肉类放远些，醋和酱类放在近处。姜葱等作料放在旁边，酒浆等饮料和羹汤放在同一方向，如果另要陈设干肉、牛腩等物，则弯的在左，挺直的在右。上鱼肴时，如果是烧鱼，以鱼尾向着宾客；冬天鱼肚向着宾客的右方，夏天鱼脊向着宾客右方。上五味调和的菜肴时，要用右手握持，而左手托捧。

其次，在用饭过程中，如果和别人一起吃饭，不可只顾自己吃饭，饭前要检查手的清洁，不要用手团饭团，不要把多余的饭放回食器中，不要喝得满嘴淋漓，不要吃得啧啧作响，不要啃骨头，不要把咬过的鱼肉又放回盘碗里，不要把肉骨头扔予狗。不要专据食物，也不要簸扬热饭。不要落得满桌是饭，流得满桌是汤。

汤里面有菜时，就得用筷子来夹，如果没有菜，则只用汤匙。吃蒸黍饭要用手而不用箸，不要大口囫囵地喝汤，也不要当着主人的面调和菜汤，不要当众剔牙齿，也不要喝腌渍的肉酱。如果有客人在调和菜汤，主人要道歉，说烹调得不好；如果客人喝到酱类食品，主人也要道歉，说备办的食物不够。对于湿软的肉可以用牙齿咬断，干肉就须用手分食。吃炙肉不要撮作一把来嚼。

吃饭完毕，客人应起身向前收拾桌上盛着腌渍物的碟子交给旁边伺候的人，主人跟着起身，请客人不要劳动，然后客人再坐下。

与尊长一起吃饭时，应先替尊长尝饭，再请尊长动口，而后自己动口。要小口地吃，快点吞下，咀嚼要快，不要把饭留在颊间，以便随时准备回答尊长的问话。

秦汉时期形成的这些繁琐礼节，其宗旨是培养人们“尊让絜敬”[①]的精神，它要求社会上不同阶层的人们都要遵循一定的礼仪去从事饮食活动，以保证上下有礼，达到贵贱不相逾的目的。从秦汉时期黄河中游地区出土的画像石、画像砖、帛画、壁画上所常见到的宴饮图来看，这套饮食礼仪似被黄河中游

---

①《礼记·乡饮酒礼》，十三经注疏本，中华书局，1980年。

地区的人们普遍遵循。同时，这套饮食礼仪也对整个中国古代社会产生过极大的影响。

四、日趋成熟的节日饮食习俗

节日饮食习俗，是中华民族饮食文化的一份珍贵遗产，它集中、强烈地反映出中国文化的内容和色彩，是中国先民在长期社会活动中，适应生产、生活的需要和欲求而创造出来的。秦汉时期，中国许多节日开始形成并走向成熟，比较重要的节日有春节、元宵节、寒食节、端午节和重阳节等。

1. 旦日、元旦饮食习俗

秦汉至清末春节称旦日、元旦等。春节的滥觞非常古老，早在远古时期，便传承着以立春日前后为时间坐标，以春耕为主题的农事节庆活动。这一系列的节庆活动不仅构成了后世元旦节庆的雏形框架，而且它的民俗功能和构成因子也一直遗存至今。秦汉是由立春节庆向现代春节大年节的过渡时期，它表现为两个演进过程：其一为节庆日期由以立春为中心，逐渐过渡到以正月初一为中心；其二为单一形态的立春农事节庆逐渐过渡到复合形态的新年节庆。由此产生了一系列以除疫、延寿为目的的饮食习俗，如饮椒柏酒、吃胶牙饧（táng）等。

“椒柏酒”是用椒花、柏叶浸泡的酒。椒酒原是先秦时期楚人享神的酒醴，到了汉代，“椒”又与寿神之一的北斗星神挂上了钩，据东汉崔寔《四民月令》载：“椒是玉衡星精，服之令人身轻能（耐）老，柏是仙药。”人们相信元旦饮椒柏酒可以使人在新年里身体健康，百疾皆除，延年益寿。当时人们饮椒柏酒还传承着从年辈最小的家族成员开始，最后才由年辈最高的家族长辈饮酒的俗规。

“胶牙饧”是麦芽制成的一种饴糖，古汉语中“胶”有牢固的意思，据《荆楚岁时记》记载，胶牙即固牙，俗传吃了这种糖之后，可以使牙齿牢固，不脱落。可见，元旦吃“胶牙饧”和饮椒柏酒一样，寓吉祥之意，表达了人们对新年美好生活的向往。

大约自汉代起，元旦大吃大喝已成风气，据《汉官仪》和《后汉书·礼仪志》等书记载，每年元旦，群臣都要给皇帝朝贺，称为“正朝”，皇帝便大摆筵席款待群臣，君臣饮宴欢度佳节。有时，皇帝也借饮宴之机考察臣僚学问，一些阿谀奉承之辈也趁机在皇帝面前吹牛拍马。《后汉书》记载：大经学家戴凭为侍中时，正旦朝贺，皇帝为百官赐宴，并令群臣通经史者在饮宴时互相考辩诘难，如有解释经义不通者，夺席，让座给通者。戴凭以他渊博的经学知识，连连获胜，连坐五十余席，当时京师中传为佳话：“解经不穷戴侍中。”由此可见，当时御宴也还有一些学术性与趣味性。

2. 上元节形成，饮食习俗尚未形成

正月十五为元宵节，又称上元节。元，上元，正月十五；宵，夜。元宵赏灯起源于汉代。对其起源形式，有着不同的说法。第一种说法是，汉武帝采纳方士谬忌的奏请，在甘泉宫设立“泰一神祀”，从正月十五黄昏开始，通宵达旦地在灯火中祭祀，从此形成这天夜里张灯结彩的习俗。第二种说法是，汉末道教的重要支派五斗米道，创天、地、水“三官”说。正月十五是“三官”下降之日，三官各有所好，天官好乐、地官好人、水官好灯，因此，此日要纵乐点灯，人们结伴夜游。第三种说法是，上元节是汉明帝时由西域传入的，如宋人高承《事物纪

图3-11　西汉金质炉灶模型

原》云："西域十二月三十日乃汉正月望日，彼地谓之大神变，故汉明帝令人烧灯表佛。"

这些说法都有一定的道理，一个成熟节日的形成，多是融汇了一些不同种类的原型因子。可以认为，上元节是多种文化和习俗复合而成的。正月十五灯火辉煌的活动，既有祭太（泰）一神的旧俗，又有燃灯礼佛的虔诚，形成了一个独具风采的传统节日。由于上元节刚刚形成，其节日饮食的独特性尚未表现出来。汉代上元节还未出现后世元宵之类独特的节日食品。

3. 寒食节饮食习俗

寒食节的时间是在清明节之前的一两日，从先秦以迄隋唐，寒食节均为一大节日，寒食节有禁火冷食习俗。寒食节的形成有两个源头，一是周代仲春之末的禁火习俗；二是春秋时晋国故地山西一带祭奠介子推的习俗。曹操《明罚令》和晋人陆翙《邺中记》皆云寒食断火起因于祭介子推。其礼仪以晋国故地今山西一带最为隆重。秦汉时期，该地区人民寒食禁火时间竟长达一个月之久。《后汉书·周举传》载："太原一郡，旧俗以介子推焚骸，有龙忌之禁，至其亡月，咸言神灵不乐举火。由是士民每冬中辄（zhé，总是）一月寒食，莫敢烟爨（cuàn，烧火做饭），老小不堪，岁多死者。"

鉴于此，太原太守周举曾严禁过寒食节。周举是东汉安帝时期的人，周举离开后，这里的寒食之风很快又恢复了。汉末曹操鉴于此，曾下令革除寒食禁火一月的旧俗，此后寒食三日才相沿成俗，这三日是冬至后的第104—106日。

秦汉时期，寒食节令食品还比较简单，多为糗，即炒熟的麦、粟、米粉之类。食用时，加水调成糊状，也可直接食用。由于糗制作简单，比较粗粝，不适合社会上层和节日喜庆的需要，魏晋以后慢慢出现了饧大麦粥、寒具（又称馓子）等节日美食。

4. 端午节饮食习俗

农历五月初五为端午节，其起源很早。先秦时，人们就认为五月是个恶月，重五之日更是恶日，所以后世端午节要进行一系列的辟邪、祛疫活动，这说明构成端午节的一些事象及因子，在先秦时就已存在。秦汉时期是端午节初步形成的阶段，其节日饮食多具有除疫、辟邪的寓意，如饮菖蒲酒等。端午节最主要的节令食品粽子相传始于汉代。魏晋南北朝时期人们又将端午吃粽子与祭屈原联系起来，后世围绕着粽子这一食品，便衍生了一系列有关的食俗与禁忌。

5. 重阳节饮食习俗

农历九月九日为重阳节，重阳节起源甚早，定型于汉代，据《西京杂记》载："戚夫人侍儿贾佩兰，后出为扶风人段儒妻，说在宫内时……九月九日佩茱萸，食蓬饵，饮菊花酒，令人长寿。菊花舒时，并采茎叶，杂黍米酿之，至来年九月九日始熟，就饮焉，故谓之菊花酒。"由此可知，西汉初年，宫中即有过重阳节之俗，而且要佩茱萸，食蓬饵（即重阳糕），饮菊花酒。

第四章　魏晋南北朝时期

魏晋南北朝时期是中国封建社会历史上大动荡、大分裂持续时间最长的时期。这一时期，中国社会经济在不断破坏和重建中艰难地向前发展，在黄河中游地区，游牧民族的牧业经济同传统的农业经济互相融合，大量胡食、胡饮与当地汉族饮食互相影响，出现了许多风味各异的名馔佳肴。加之这一时期社会经济、文化的发展，使魏晋南北朝时期的饮食文化较之前代有了一些新变化，呈现出一些新的特色。具体表现为：在食材上，粮食品种和数量增加，肉类生产结构有了一定的变化，蔬菜栽培技术日趋成熟，瓜果种植技术获得一定发展。在食物加工与烹饪上，粮食加工工具有了较大改进，主食烹饪水平逐渐提高，菜肴烹饪方法广泛交融，筵席与宴会场面更加宏大。在饮品文化上，酒文化得到了快速发展，乳及乳制品得到了较快普及，茶饮在北方开始出现。社会饮食风俗方面，出现分食制向合食制转变的趋势，士族对饮食经验的总结使食谱大量出现，汉传佛教戒荤食素的饮食习俗开始形成，道教则流行少食辟谷和少食荤腥多食气的饮食习俗。在魏晋南北朝时期饮食文化交流的基础之上，才绽开了后世唐宋饮食文化的绚丽花朵。可以说，在中国饮食文化史上，魏晋南北朝时期的饮食文化起到了承前启后的作用。

第一节　食物原料生产的发展

一、粮食品种和数量的增加

魏晋南北朝时期，黄河中游地区固有的农业经济和西北少数民族的游牧经济融合的完成，使农业生产继续发展，精耕细作的旱地农业技术日臻成熟，粮食作物的品种和数量都有所增加，其中粟、麦为黄河中游地区的主粮。

1. 粟、麦为主要的粮食作物

在魏晋南北朝时期，粟是黄河中游地区最主要的粮食作物。《齐民要术·种谷》载："谷，稷也，名粟。谷者，五谷之总名，非指谓粟也。然今人专以稷为谷，望俗名之耳。"说明魏晋以来，粟在五谷中的地位上升，以致人们把粟和谷的概念等同起来。这一时期粟的品种很多。晋人郭义恭《广志》记有12个品种，《齐民要术》则记有48个品种，其中有早熟、耐旱的，晚熟、耐水的，还有穗毛较长的等不同品种。因为粟是这一时期农业生产最主要的粮食作物，所以收成的好坏足以影响国计民生，甚至政权的稳定。加之粟具有耐储藏的优点，被国家规定为标准的食粮，用以衡量租税的多少。如北魏前期实行的九品混通制规定，每户纳租粟20石。其后孝文帝实行的均田制规定，一对夫妇交租粟2石。

魏晋南北朝时期，在黄河中游地区种植的与粟相近的谷类作物还有粱、黍、稷等。粱，是粟中一个特别好的品种，有"粱是好粟"的说法。《齐民要术》中并未将粟和粱绝对分开，常常把粱归入粟类，基本上凡可种粟的地方都可种粱。河南雍丘（今河南杞县）出产的粱在魏晋时期特别出名，"雍丘之粱"与"新城之粳"同是这一时期粮食名品的代表。

黍、稷的种植条件和粟粱几乎完全相同，它们对生荒地的适应能力更强。这一时期黄河中游地区战乱不断，大片土地荒芜，故在恢复生产时往往先种黍、稷，待土地熟化后再种植其他农作物。由于这个缘故，在当时黄河中游地区的粮食作物中，黍、稷所占的比重还是很大的。

由于石转磨等加工工具的进步，麦由粒食转为面食，口感大大改善，这就促使麦的地位逐渐提高。魏晋南北朝时期，麦是黄河中游地区仅次于粟的主粮。麦的品种很多，最重要的是小麦。河南是魏晋南北朝时期该地区的主要植麦区。河南的洛阳是曹魏、西晋、北魏等政权的国都，以洛阳为中心的伊洛河谷，土壤气候都比较适宜麦子的种植，这些政权都很重视京师周围的农业生产，种植有大面积的小麦。河南的其他地方种麦也较多。河南中部的郑县当时出产一种赤小麦，《齐民要术·大小麦》引《广志》曰："赤小麦，赤而肥，出郑县。语曰：'湖（今湖南灵宝县西）猪肉，郑稀熟。'""郑稀熟"即指这种郑县赤小麦。

关中及其他可以引水灌溉的地区是这一时期黄河中游地区的又一重要产麦区。这一时期关中还出现了以麦田为标志的地名，如麦田山、麦田泉、麦田城等。[①]这类地名的出现，反映了关中植麦的悠久和普遍。这一时期的关中安定地区还出产一种闻名全国的小麦，叫"噎鸠之麦"，顾名思义，是说麦粒大而饱满，鸠鸟吞食容易被噎。夸张的命名，传神地描述出这种小麦的特点。南朝梁人吴筠《饼说》认为作饼的最佳原料中就有这种安定"噎鸠之麦"，并且认为这种麦最好用洛阳董德之磨来加工成面粉。

黄河中游的其他地区由于受气候和水资源的限制，麦子的种植面积和产量远不如粟类作物。

2. 水稻的生产呈下滑之势

受战乱的影响，魏晋南北朝时期，黄河中游地区的农田水利设施遭到了破坏，水稻的生产呈严重下滑之势，这与当时南方长江中下游地区水稻生产的突飞猛进形成鲜明对比。然而，在社会的短暂安定之时，在水源充足的地方人们还是喜欢种植产量较高的水稻。《齐民要术·水稻》中记载有13种粳稻、11种糯稻，多是北方品种。粳（亦写作"秔"）稻对气候、土壤的适应性强，口感较好，受到人们的广泛欢迎。黄河中游地区气温较低，耐低温的粳稻是主要的稻种。洛阳

---

① 郦道元著，陈桥驿校正：《水经注校正·河水二》，中华书局，2007年。

新城粳稻是这一时期比较著名的品种，文人雅士对此多有吟咏，如三国时袁准道有“新城之粳，濡滑通芬”；桓彦林《七设》有“新城之秔”，“既滑且香”；晋袁准《招公子》中有“新城白粳”，“濡蝟通芳”等佳句。糯米性甚黏，可用来做饭及制作糕饧等其他食品，但更多的时候是用来酿酒。《齐民要术·造神曲并酒》载：“作糯米酒，一斗曲，杀米一石八斗”。

3. 大豆在副食中的地位逐渐上升

魏晋南北朝时期，在黄河中游地区大豆作为主粮的地位不断下降，而在副食中的地位逐渐上升。主要原因是粟、麦等主粮的产量有很大的提高，特别是小麦种植面积迅速扩大，可以为人们提供足够的主食。而大豆富含蛋白质，更适合作副食。当然，大豆由主粮转化为副食是一个缓慢的过程，这一转化在魏晋南北朝时期远未完成。

大豆作主食，一是粒食，即整粒蒸煮或热炒，可作为简便的军粮，一些官员士大夫为显示清高俭朴也常粒食；二是磨碎做豆粥。豆粥又称豆羹、豆糜。由于豆粥制作简单、成本低廉，且味道鲜美、营养丰富，当时上至达官贵族，下至平民百姓都喜欢吃豆粥。如西晋宰相张华就很喜欢食用豆粥，还专门写过《豆羹赋》一文。

二、肉类生产结构的变化

魏晋南北朝时期，由于战乱给社会经济造成了严重破坏，这一时期黄河中游地区的农牧业生产下滑，人民生活水平下降，肉食在饮食生活中的比重并未出现明显的提高。西北游牧民族大量内迁至黄河中游地区，他们以肉食为主的饮食习惯强烈地冲击着黄河中游地区以谷物为主的传统饮食方式。北魏统一北方以后，随着大规模战乱的停止，农业生产的恢复，迎来了胡汉民族大融合的高潮，内迁至黄河中游地区的游牧民族，在优秀的农业文明的熏陶之下逐渐被同化，变游牧为农业生产，成为农业民族的一员。他们的饮食方式也日益汉化，不再以肉食为主，吃粮食菜蔬成为日常必需。

1. 养猪业的萎缩

养猪是农耕文明的家庭副业。养猪在中国历史悠久，猪肉一直是汉民族最主要的肉食。同汉代发达的养猪业相比，魏晋南北朝时期由于农业经济遭到巨大的破坏，养猪业整体上呈萎缩态势。

魏晋南北朝时期，黄河中游地区的养猪有两种方式。一是放牧养猪。牧猪主要在沼泽水边进行。《齐民要术》卷六《养猪》载："猪性甚便水生之草，耙耧水藻等令近岸，猪则食之，皆肥。"这种牧猪方式利用沼泽水边的天然野生饲料养猪，投资少而效益高。牧猪的时间在春夏野草生长旺盛的时候。深秋后，水草停止生长，养猪则采用第二种方式——圈养。一些小农只养一头或几头猪，则终年采用圈养方式，每日从地里割草，再添加其他饲料喂养。这样可以免去放养时需专人照看的麻烦，圈养还有利于催肥。魏晋南北朝时期，圈养喂猪逐渐为普通农户所采用。

魏晋南北朝时期的养猪技术，在前代的基础上有了系统的总结，《齐民要术》卷六《养猪》具体反映了这些技术成果。如猪仔饲养，应用煮过的谷物，冬季时还要用微火给刚出生的猪仔取暖以防冻死；小猪饲养，应在饲料中加入谷豆类精饲料以催肥，小猪与大猪应分开饲养，以免小猪抢不到食；大猪催肥应用小舍圈养，以限制其活动，提高饲料转化率。

2. 养羊业的上升

魏晋南北朝时期，黄河中游地区因战乱造成了大片土地荒芜，游牧民族内迁时带来大批牛羊，荒芜的土地上可供放牧，而采用休耕制出现的休耕土地，也可用于放牧，养羊业开始进入繁荣期。北魏统一北方后，随着农业生产的恢复和发展，大规模牧羊减少，而农户小规模的养羊继续发展，使养羊业在总体上仍保持上升趋势。

这一时期，相对于其他区域，黄河中游地区的养羊业比较发达，规模也较大。如北魏尔朱荣，秀容（今山西原平）人，在其父尔朱新主事时，家族兴旺富有，“牛羊驼马，色别为群，谷量而已”[①]。所牧养的牛羊驼马数量太多，只能以山谷为单位来计算。“朝廷每有征讨，辄献私马，兼备资粮。”这一时期，除内迁到黄河中游地区的游牧民族大规模牧羊外，本地的汉人家庭亦农亦牧的也不少，如并州王象“少孤特，为人仆隶，年十七八，见使牧羊而读私书，因被棰楚”[②]；北魏人崔鸿《前赵录》载：李景少贫，“见养叔父，常使牧羊”[③]。这些都属于家庭小规模牧羊，但由于是遍地开花，羊只总数并不少。事实上，羊的总量比猪的总量要大。在各种肉食中，羊肉取代猪肉高居首位。

魏晋南北朝时期，统治北方的多是西北游牧民族，由于本身牧羊的传统，对养羊比较重视。北齐时，政府还用羊来奖励人口生育，规定“生两男者，赏羊五口”[④]。这一时期的养羊技术也已经十分成熟了，《齐民要术·养羊》中对羊的放牧时间、放牧方法、冬季舍饲、围栅积茭喂养等都有详细的介绍和分析，是这一时期养羊经验的归纳和总结。

3. 家禽饲养的普及

魏晋南北朝时期，黄河中游地区的家禽饲养以蛋鸡为主。普通农户几乎家家都要养几只鸡，一方面自用，一方面可作为重要的收入来源。如《晋书·郄诜(shēn)传》载，母亡家贫，无以下葬，乃“养鸡种蒜”，三年后“得马八匹，舆柩至冢，负土成坟”。这一时期的养鸡技术也取得了一定的进步，培养出胡髯、五指、金骹、反翅等新品种。新的优良鸡种的出现既是养鸡业繁荣的结果，又为养鸡业的进一步发展创造了条件。《齐民要术·养鸡》记述了当时鸡种选育和肉鸡、蛋鸡饲养的经验与方法，如鸡种选育，要求选择秋天桑落时下的蛋，因为这个时期的蛋孵出来的鸡，“形小，浅毛，脚细短者是也，守窠少声，善育雏子”；鸡雏饲养，要求“二十日内，无令出窠，饲以燥饭”；肉鸡饲养，要求“别

---

① 魏收：《魏书·尔朱荣传》，中华书局，1974年。

② 陈寿：《三国志·魏书·杨俊传》，中华书局，1959年。

③ 李昉：《太平御览》卷八三三，中华书局，1960年。

④《北史·邢邵传》，中华书局，1974年。

作墙匡，蒸小麦饲之，三七日便肥大矣”；蛋鸡饲养，要求“唯多与谷，令竟冬肥盛”，这样可使“一鸡生百余卵”。

4. 渔业生产的进步

黄河中游地区不是水乡，但在有水源的地方，人们对捕捞业和养殖渔业都很重视。《齐民要术》卷六《养鱼》，介绍了鱼塘建设、鱼种选择、自然孵化、密集轮捕等方面的知识，并认为只能放养鲤鱼，“所以养鲤者，鲤不相食，易长又贵也”。黄河中游地区的淡水鱼种主要有鲤、鲫、鲂、青、草、鳙等。北魏时期，洛水鲤鱼和伊水鲂鱼以肉鲜味美名满朝野，尤其是在京师洛阳城中，更是达官贵人餐桌上的美味，一时价格居高不下。《洛阳伽蓝记》卷三《城南》载：“洛鲤伊鲂，贵如牛羊”。说明那些吃惯了牛羊肉的北方游牧民族，也逐渐对食鱼产生浓厚兴趣，使得鱼价上涨，体现出这一时期内迁至黄河中游地区的游牧民族对汉族饮食文化的吸收，这是胡汉民族融合的一个具体表现。

三、日趋成熟的蔬菜栽培技术

蔬菜是人们日常饮食中不可或缺的食物原料。魏晋南北朝时期，能够在黄河中游地区栽培的蔬菜有葵、蔓菁、韭、茄子、菘、芸苔、苣（苣荬菜）、胡瓜（黄瓜）、菜瓜、蒜、葱、胡荽、瓠（葫芦）、芋等30多种，其中有些是从前代继承下来的，有些是这一时期新选育、改良的，有些是从野生蔬菜刚刚驯化过来的，还有些则是从其他区域或国外引进的。

这一时期蔬菜栽培技术已经非常成熟了，人们普遍注意园田整治、肥水管理，讲究复种和套种，以提高土地利用率。最能体现这一时期蔬菜栽培技术进步的是韭菜的栽培。

魏晋南北朝时期，韭菜在黄河中游地区广泛种植。韭菜在春夏两季产量很高，它是魏晋南北朝时期下层贫穷百姓日常食用的蔬菜，故当时春夏常食韭菜还被看成贫穷的象征。这一时期，黄河中游地区的韭菜栽培取得了很大成就，主要表现在出现了温室种植韭菜和对种植技术的全面总结上。由于韭菜属于时令性蔬菜，季节性强，对气温要求高，初春种植的韭菜，一两个月后便可陆续割食了。入夏以后，韭菜变老，吃起来口感要差得多。黄河中游地区，寒冷的冬季是吃不到自然生长的韭菜的。西晋人石崇在冬季宴客所用的韭菜乃是麦苗充数，拌以韭菜根榨出的汁液而已。① 但到北齐时，已经有人开始在冬季用温室栽培韭菜了，虽然“岁费万金”，却使后宫嫔妃“寒月尽食韭芽”。②

韭菜种植技术在这一时期得到了全面的总结，《齐民要术》中有《种韭》专篇，从选种、育种到整地、播种管理、收剪等都有详细介绍，这是韭菜种植发达的标志。

四、瓜果种植技术的发展

魏晋南北朝时期，种瓜技术获得一定的发展，例如在种子选育方面，注意到用“本母子”瓜（指每年成熟最早的瓜，其种子再种，同样成熟得早）的种子留种。《齐民要术·种瓜》载：“‘本母子’者，瓜生数叶便结子，子复早熟。用中辈瓜子者，蔓长二三尺然后结子。用后辈子者，蔓长足然后结子，子亦晚熟”。取子的时候，还应该“截去两头，止取中央子”，这样就能保证所选的种子营养充分，发育良好。

魏晋南北朝时期，果树嫁接技术日臻成熟，并逐渐推广，有力地促进了果树栽培的进一步发展。这一时期黄河中游地区比较重要的水果有桃、梨、枣、李和葡萄等，其中葡萄种植面积的扩大尤其令人瞩目。

1. 桃

桃树在中国分布广泛，史籍记载这一时期的桃有白桃、侯桃、勾鼻桃、襄桃

① 房玄龄：《晋书·石崇传》，中华书局，1974年。
② 李昉：《太平御览》卷九七六，中华书局，1960年。

等。其中，勾鼻桃单果重达2斤，后赵石虎的邺都宫苑中曾有种植；白桃和侯桃，栽培于魏晋两朝的洛阳皇家园林华林园里。华林园中还有从西域昆仑山移植而来的王母桃，该桃又称仙人桃，名气很大，当时有"王母甘桃，食之解劳"的俗语。[①]这种桃"其色赤，表里照彻，得霜即熟"[②]。这一时期的人们非常喜欢吃桃，西晋傅玄《桃赋》言："既甘且脆，入口消流"。除生吃外，人们还用桃作原料制成一些其他食品。

2. 梨

魏晋南北朝时期，黄河中游地区梨的品种很多，比较有名的梨有新丰箭谷梨（产于陕西临潼）、阳城梨（产于河南登封）、睢阳梨（产于河南商丘）、北邙张公夏梨（产于河南洛阳）、含消梨（产于河南洛阳）等。徐坚《初学记·果木部·梨》载："《广志》曰：'洛阳北邙张公夏梨，海内唯有一树。有常山真定，山阳巨野梨，梁国睢阳梨，齐郡临淄梨，巨鹿槁梨，上党椁梨，小而甘。新丰箭谷梨，关以西梨，多供御。广都梨，重六斤，数人分食之。"《太平御览·卷九六九·果部·梨》载："杨炫之《洛阳伽蓝记》曰：'劝学里报德寺有园，珍果出焉。有含消梨，重六斤。禁苑所无也。从树投地尽散为水焉。"

3. 枣

枣主要产于北方，黄河中游地区是中国重要的产枣区。魏晋南北朝时期，枣对于普通百姓的日常生活意义重大。枣营养丰富，可以晒制成干枣储存，以备饥荒。北魏政府推行均田制时，曾强令农民种植枣树，每户不得少于5株，否则收回土地，反映出政府对以枣充粮用于救荒的重视。魏晋南北朝时期，山西枣以个大味美而著名。其中安邑枣（产于今山西运城、夏县一带）汉代以来一直是朝廷贡品，有御枣之称，魏文帝曹丕曾言南方的龙眼荔枝酸涩不如中原地区的枣，更

---

① 段成式：《酉阳杂俎》续集卷一〇，四部丛刊本，上海书店，1985年。
② 杨衒之著，杨勇校笺：《洛阳伽蓝记校笺》卷一，中华书局，2006年。

"莫言安邑御枣"了。[1]与安邑相邻的猗氏（今山西临猗）也以枣出名，郭璞《尔雅注》载："今河东猗氏县出大枣，子如鸡卵"。

河南名枣集中在洛阳的皇家园林中，西晋洛阳"华林园枣树六十二株，王母枣十四株"[2]，这种枣很可能是原生于西北地区的品种;《洛阳伽蓝记》卷一载：北魏洛阳百果园中，"有仙人枣，长五寸，把之两头俱出，核细如针，霜降乃熟，食之甚美"。其他见诸文献的黄河中游地区有名的枣还有河内汲郡（今河南汲县）枣、洛阳夏百枣、梁园（今河南商丘）夫人枣等。

4. 李子

作为水果，李子的地位不如桃、梨、枣那么高，但李子的品种多，产量高，颜色美丽，口味独特，深受人们的欢迎。晋人傅玄《李赋》言："即变治熟，五色有章，种别类分，或朱或黄。甘酸得适，美逾蜜房。浮彩点驳，赤者如丹。入口流溅，逸味难原。见之则心悦，含之则神安。"这一时期，黄河中游地区比较有名的李子有朱李、安阳李等。

5. 葡萄

魏晋南北朝时期，大批来自西部的少数民族移居黄河中游地区，使之与西域的交往更加方便、更加频繁。在这种背景下，葡萄栽培技术在黄河中游地区得到了初步推广。

魏晋时期，黄河中游地区的人们对葡萄和葡萄酒的认识已相当深入了。魏文帝曹丕曾对群臣言："中国珍果甚多，且复为说蒲萄。……醉酒宿醒，掩露而食，甘而不饴，脆而不酸，冷而不寒，味长汁多，除烦解饴（yuàn，腻）。又酿以为酒，甘于曲蘖，善醉而易醒，道之固以流涎咽唾，况亲食之耶！即他方之果，宁有匹之者？"[3]魏晋许多官僚士大夫都吟咏过葡萄。如钟会、左思、应

---

① 欧阳询:《艺文类聚》卷八七，上海古籍出版社，1982年；李昉,《太平御览》卷九六五，中华书局，1960年。

② 欧阳询:《艺文类聚》卷八七引《晋宫阁名》，上海古籍出版社，1982年。

③ 李昉:《太平御览》卷九七二，中华书局，1960年。

祯、傅玄等。但魏晋时期的葡萄还多种植于皇家园苑中，并没有进入普通百姓的生活之中，还未进行生产性种植。

葡萄进行大规模的生产性种植和进入普通百姓的生活之中是从北魏开始的。洛阳、长安、邺是当时黄河中游地区乃至整个中国的葡萄种植中心。葡萄种植面积的扩大，使葡萄栽培技术得以提高，当时人们已开始总结这些技术了，如《齐民要术》卷四中详细记载了葡萄越冬和保鲜技术，还介绍了葡萄干的制作方法。

第二节　食物加工与烹饪的进步

魏晋南北朝时期，黄河中游地区的食物加工与烹饪技术在前代的基础上有了进一步发展，总结烹饪和食疗方面的著述成批涌现。见于《隋书·经籍志》中的烹饪文献有《崔氏食经》4卷、《食经》14卷、《食馔次第法》1卷、《四时御食经》1卷、《马琬食经》3卷、《会稽郡造海味法》1卷。食疗文献有《膳羞养疗》20卷、《论服饵》1卷、《老子禁食经》1卷等。但以上文献都已佚失，难以考证。现存的有贾思勰的《齐民要术》、虞悰的《食珍录》，这些书记载了许多肴馔的烹制方法。食谱、食疗专著的大量出现，反映了魏晋南北朝时期的食物加工与烹饪水平有了较大的提高。

一、粮食加工工具的改进

魏晋南北朝时期，黄河中游地区的粮食加工工具有了不少改进，粮食加工技术也获得了较大提高，为这一时期主食烹饪水平的提高奠定了基础。

1. 米谷加工工具的广泛使用

对米谷的加工主要是脱壳，魏晋南北朝时期，米谷脱壳工具有杵臼、碓

（duì）臼、碾等。

古老的杵臼在魏晋南北朝时期仍广泛使用。但用杵臼加工米谷劳动强度大、效率低，人们一直在寻求新的工具。魏晋时期，已经出现了较先进的碓臼，但只局限于在官僚和世家大族的庄园里使用。到了南北朝时期，碓臼才得到迅速推广。

最初的碓臼形式是践碓，它利用杠杆原理，用足踏代替手执的杵臼操作，减轻了舂米、谷的劳动强度，提高了劳动效率。北魏时，有些官员在辖区“令一家之中自立一碓”①，促进了践碓的普及。

比践碓先进的还有使用畜力、水力代替人力的畜力碓和水碓。晋陆翙（huì）《邺中记》载：后赵石虎时“有舂车木人，及作行碓于车上，车动则木人踏碓舂，行十里成米一斛”。可见畜力碓利用畜力作动力，通过传动装置带动碓臼舂米。当时最先进的舂米工具当属使用水力的连机水碓。洛阳是魏晋南北朝时期北方的政治、经济、文化中心，许多达官富豪都在洛阳建立有水碓，如西晋时，石崇在洛阳有“水碓三十馀区”②。司徒王戎，“既贵且富，区宅、僮牧、膏田、水碓之属，洛下无比”③。碓臼的广泛使用，极大地提高了米谷的加工能力和加工水平，对改善黄河中游地区人们的饮食生活有着重要作用。

碾，也是这一时期黄河中游地区重要的米谷脱壳工具，它主要用于粟、黍、稷等谷物的脱壳，使用十分广泛。北魏崔亮曾在雍州（治所长安，今陕西西安西北）“教民为碾。及为仆射，奏于张方桥东堰谷水，造水碾磨数十区，其利十倍，国用便之”④。但用碾脱壳同时会将谷物碾碎，碾在这一点上不如杵臼。后来碾逐渐由脱壳工具演变为碾碎工具，用于碾碎麦谷。⑤

除脱壳工具之外，这一时期的米谷加工工具还有将米谷与糠壳分离的簸扇工

---

① 魏收：《魏书·高佑传》，中华书局，1947年。
② 房玄龄：《晋书·石苞传》，中华书局，1974年。
③ 刘义庆：《世说新语·俭啬》，中华书局，2004年。
④ 魏收：《魏书·崔亮传》，中华书局，1974年。
⑤ 魏晋南北朝时人们仍食用麦饭。做麦饭一般用碾碎的麦子。

具，如簸箕、扬扇、扇车等。北魏时黄河中游地区还出现了用水作动力的簸扇机械，据《洛阳伽蓝记》卷三载：洛阳景明寺有三池，“碾硙（wèi，石磨）舂簸皆用水功”。

2. 面粉加工工具的较大改进

面粉加工工具主要有粉碎麦子的磨和筛面用的罗。

这一时期，黄河中游地区的磨有了重大发展，主要表现在连磨和水磨的使用推广上。西晋杜预曾制作连机八磨。这是一种使用畜力的机械磨，磨面效率很高。它中间建立一个大轮轴，通过齿轮啮合连接八部石磨，牛转动轮轴时，八部石磨便转动起来。

比较先进的磨还有使用水力的水磨，它是南朝祖冲之发明的。北魏崔亮曾在长安、洛阳提倡制造和使用水磨。[①]除连磨和水磨外，这一时期黄河中游地区人们经常使用的还有用人力和畜力转动的单磨。人力磨多为小磨，用来加工少量面粉。畜力磨多为大磨，加工的面粉较多。此外晋代陆翙《邺中记》还记载，后赵石虎有一种磨车，置石磨于车上，行十里辄磨麦一斛。

这一时期，罗也有很大地改进，从而使面粉加工达到了一个新水平。特别是细罗的使用，使人们获得了精良的面粉。晋代束皙《饼赋》中提到“重罗之面，尘飞雪白”。这里的“重罗”，指的是用细罗多次筛过。有了精良的面粉，人们才能制作出美味的面食，也才能真正认识到麦子的食用价值。因此，魏晋南北朝时期，磨、罗面粉加工工具的发展对黄河中游地区面食的推广具有重大意义。

二、主食烹饪水平的逐渐提高

魏晋南北朝时期，粮食加工技术的进步和饮食文化在黄河中游地区的交流，特别是胡汉饮食文化的交流，促使这一时期该地区主食烹饪水平的提高。

---

① 魏收：《魏书・崔亮传》，中华书局，1974年。

1. 饭的品种不断丰富

魏晋南北朝时期，黄河中游地区饭的烹饪方式没有太多的改进，但饭的品种增加不少，主要有粟米饭、麦饭、稻米饭、蔬饭、豆饭和枣饭等。

粟米饭。粟米饭简称粟饭，为魏晋南北朝时期黄河中游地区普通百姓的日常主食。曹魏时，魏文帝曹丕的母亲卞太后常食粟饭，“太后左右，菜食粟饭，无鱼肉，其俭如此”[①]。皇室贵族常食鱼肉，而粟饭是大众百姓的食物，故卞太后吃粟饭是节俭的表现。

麦饭。麦饭是将麦粒像粟米那样蒸煮的饭。魏晋以前，制面技术尚未完全成熟，人们常吃麦饭。魏晋南北朝时期，虽然面粉加工技术有了重大进步，但由于传统习惯和节约粮食的需要（麦子加工成面粉要出15%的麦麸），麦饭仍然是黄河中游地区人们常吃的饭食。《魏书·卢义僖传》载，卢义僖“性清俭，不营财利，虽居显位，每至困乏，麦饭蔬食，忻然甘之”。麦饭的地位可能比粟饭还要低，贫穷人家多食麦饭。当时还有一种麦饭饼（bǎn，用麦面或米粉等做的饼），系用碎麦蒸煮而成。由于是碎麦，蒸煮以后成为一团，切开成饼状，即为麦饭饼。

稻米饭。稻米饭又称白米饭或米饭，是魏晋南北朝时期的高级饭食。黄河中游地区稻米产量较少，稻米饭更显得珍贵，更以新城粳稻米闻名天下。魏文帝《与朝臣书》：“江表惟长沙名有好米，何得比新城粳稻邪？上风炊之，五里闻香。”连皇帝对这种米饭都称赞不已。

蔬饭。蔬饭又称蔬菜饭，是将蔬菜剁碎混合在米里烹制成的饭。在主粮不足的情况下，穷苦百姓为填饱肚子，多以菜充饭，烹煮蔬饭。由于蔬饭是下层百姓的日常饭食，一些官员为表示清廉也常食蔬饭。

豆饭。豆饭是用大豆和赤小豆为主烹饪的饭，比较粗粝，当时亦是下层百姓的日常饭食。

枣饭。枣饭，以枣名饭，顾名思义是加入枣的饭。枣和豆一样都是魏晋南北

① 陈寿：《三国志·魏书·后妃传》裴注引王沈《魏书》，中华书局，1974年。

朝时期黄河中游地区重要的食物原料，人们的常用饭食。

2. 粥

魏晋南北朝时期，粥在黄河中游地区人们的饮食生活中占有重要地位。做粥所用的原料主要有粟、黍、稷、稻和麦等粮食，豆类含淀粉较少，不能单独成粥，需要同米麦配合才可以。煮豆不易软烂，如西晋石崇家待客时则预先多做些熟豆末，客至则在稻米粥中加入熟豆末，则豆粥立就。[①]为了增加风味，做粥时还可以添加一些果品蔬菜等。

由于用同样数量的米煮出来的粥比蒸出来的饭要多得多，因此普通百姓为了节省粮食，平时多举家食粥，灾荒年月更是如此。政府救荒，也常常开设粥场施粥。如北魏景明初年豫州闹饥荒，刺史薛真度“日别出州仓米五十斛为粥，救其甚者”[②]。韦朏为北魏雍州（今陕西西安）主簿时，“时属岁俭，朏以家粟造粥，以饲饥人，所活甚众”[③]。

魏晋南北朝时期，黄河中游地区寒食节有食粥的习俗，上至王公大臣，下至黎民百姓莫不如此。据陆翙《邺中记》载并州（今山西一带）之俗，“冬至一百五日为介子推断火，冷食三日，作干粥，是今日糗”[④]。达官贵人所食的寒食粥中往往加入杏仁、糖等以调节口味，如北齐王元景所食寒食麦粥，“加之以糖，弥觉香冷”[⑤]。

丁忧守丧期间，为了表示哀戚，在饮食上孝子要茹素，多以粥为日常之食。如北周时皇甫遐，“遭母丧，乃庐于墓侧，……食粥枕块，栉风沐雨，形容枯悴，家人不识”[⑥]。由于麦粥位低价廉，守丧食粥多用麦粥。且不论孝子的行为是否全都发自内心，但风尚如此，孝子守丧期间，麦粥成为孝子哀戚的象征。

---

① 刘义庆：《世说新语·汰侈》，中华书局，2004年。
② 魏收：《魏书·薛真度传》，中华书局，1974年。
③ 魏收：《魏书·韦阆传附》，中华书局，1974年。
④ 李昉：《太平御览》卷八五九，中华书局，1960年。
⑤ 李昉：《太平御览》卷八五九引《时镜新书》，中华书局，1960年。
⑥ 令狐德棻：《周书·孝义传》，中华书局，1971年。

由于粥是流质、半流质的食物，易于消化吸收，尤其适宜老人、小孩和病人食用。

3. 饼

魏晋南北朝时期，随着黄河中游地区麦类产量的提高，面粉加工技术的进步，特别是面食发酵技术更加成熟，使面食在人们饮食生活中的地位日益提高。《齐民要术》中记载的面粉发酵方法为："面一石。白米七八升，作粥，以白酒六七升酵中，着火上。酒鱼眼沸，绞去滓，以和面。面起可作。"这是一种用酒发酵的方法，十分符合现代科学原理。由于掌握了发酵技术，这一时期的各种饼食迅速发展，蒸、煮、烤、烙、油炸等烹饪方式应有尽有，品种丰富多样。当时的面食品种大致可分为蒸饼、汤饼、胡饼、烧饼、髓饼、乳饼、膏环等。

蒸饼。蒸制的面食都称为蒸饼。这一时期，蒸饼的制作技术已经非常成熟了，能够恰到好处地掌握发酵火候。经过发酵处理的熟蒸饼，其体积比蒸熟前大许多，且松软可口，很受人们欢迎。魏晋南北朝时期，喜食蒸饼的达官贵人可谓史不绝书。西晋何曾"蒸饼上不坼作十字不食"①，制作上面仅裂开一个十字的蒸饼，若用实心面团，确非易事。要求对面团的发酵度、发酵时间、蒸制的火候大小、用火时间的长短都要准确掌握。后赵时，"石虎好食蒸饼，常以干枣、胡桃瓤为心，蒸之使坼裂方食。"② 如若把果肉、菜蔬放入发酵面团中进行蒸制，蒸饼便逐渐变化成为后世的各种包子。

魏晋南北朝时期，蒸饼类中有一种食品称之谓"馒头"。馒头相传为诸葛亮所发明，但于史无证。③ 当时的馒头与如今的馒头是有区别的：一是当时的馒头都有馅，且为牛、羊、猪等肉馅；二是个头很大，与人头相似；三是多在三春之际制作，用于祭祀。后世馒头个头变小、无馅，成为人们的日常食品，但直到宋

---

① 房玄龄：《晋书·何曾传》，中华书局，1974年。

② 李昉：《太平御览》卷八六〇引《赵录》，中华书局，1960年。

③ 姚伟钧等：《国食》，长江文艺出版社，2001年。

代时，馒头仍是有馅的。

汤饼。水煮的面食统称汤饼，如索饼、煮饼、水溲饼、水引饼、馎（bó）饦（tuo）等。索饼、水引饼就像现在的面条，煮饼类似现在的卤煮火烧，馎饦为面片汤之类的面食。曹魏时，宫廷之中已有汤饼，据《世说新语·容止》记载，何晏面色非常白，魏明帝怀疑他敷了粉，时值盛夏，就把他叫进宫中，"与热汤饼"，让何晏出汗，以验其是否天生面白。

胡饼。胡饼又称胡麻饼。胡麻即芝麻，因这种饼需用炉子烤制，故后世又称芝麻烧饼。后赵时，"石勒讳胡，胡物皆改名。胡饼曰抟炉，石虎改曰麻饼"[①]。

烧饼。当时的烧饼为一种有肉馅的发面饼，与今天的烧饼不同。今天的烧饼类似当时的胡饼。《齐民要术·饼法》："**作烧饼法：面一斗，羊肉二斤，葱白一合，豉汁及盐，熬令熟，炙之。面当令起。**"从记载上看，这是一种发面肉馅饼。《魏书·胡叟传》载，胡叟到富贵人家赴宴，经常带一个布口袋，"**饮啖醉饱，便盛余肉饼以付螟蛉**（mínglíng，一种绿色小虫，这里指胡叟之子）"。胡叟可谓开后世食品打包之先河。从这则故事中，我们也可看出烧饼是当时有钱人家设宴请客的常备食品。

髓饼。是用动物骨髓油、蜂蜜和面粉发酵制成的薄饼。制作时，把饼坯放入胡饼炉中一次性烤熟。此饼肥美，可久贮，有后世面包的一些特点。

截饼。截饼是用牛奶或羊奶加蜜调水和面，制成薄饼坯，下油锅炸成。这种饼质量颇佳，据《齐民要术·饼法》云："**细环饼截饼：**（环饼一名寒具，截饼一名蝎子）**皆须以蜜调水溲面，若无蜜，煮枣取汁，牛羊脂膏亦得，用牛羊乳亦好，令饼美脆。截饼纯用乳溲者，入口即碎脆如凌雪。**"截饼是晋代以后才出现的新品种，是胡汉饮食文化交流的结晶。

豚皮饼。豚皮饼类似澄粉皮。其制法为：用热汤和面，稀如薄粥。大锅中烧开水，开水中放一小圆薄铜钵子，用小勺舀粉粥于圆铜钵内，用手指拨动圆钵子使之旋转。把粉粥匀称地分布于钵的四周壁上。钵极热，烫粉粥成熟饼，取出。

---

① 李昉：《太平御览》卷八六〇引《赵录》，中华书局，1960年。

再舀粉粥入钵，待再熟，再取出，此饼放入冷开水中，如同猪肉皮一样柔韧，食时浇麻油和其他调味品。此饼相传是汉人为纪念屈原所作，后为宫中之食。

三、烹饪方法的广泛交融

魏晋南北朝时期，各民族不同的饮食习惯和菜肴烹饪方法在黄河中游地区广泛交融：从西域及西北地区来的人带来了胡羹、胡炮、烤肉、涮肉等食物的制法；从东南来的人带来了叉烤、腊味等制法；从南方沿海地区来的人传入了烤鹅、鱼生等制法；西南滇蜀人带来了红油鱼香等饮食珍品。这些风味各异的菜肴极大地提高了这一时期黄河中游地区菜肴烹饪的水平。

魏晋南北朝时期，黄河中游地区基本的烹饪方法有烤（用于加工各种炙）、脍（用刀薄切，用于加工鱼）、煮（用水加工各种羹汤）、蒸、脯（用于干制肉类）、鲊（zhǎ，用于发酵加工鱼）、菹（用于腌渍肉蔬）等。下面择要介绍当时的食珍：

1. 蒸豚

即蒸小猪，这是魏晋宫廷的席上珍品。其制法为：取肥小猪一头，治净，煮半熟，放到豆豉汁中浸渍。生秫米粱粟之黏者一升不加水，放到浓汁中浸渍至发黄色，煮成饭，再用豆豉汁洒在饭上。细切生姜橘皮各一升，三寸长葱白四升，橘叶一升，同小猪、秫米饭一起，放到甑中，密封好，蒸两三顿饭时间，再用熟猪油三升加豉汁一升，洒在猪上，蒸豚就做好了。

2. 胡炮肉

取一岁肥白羊，现杀现切，精肉和脂肪都切成细丝，下入豆豉，加盐、葱白、姜、花椒、荜茇、胡椒（汉代传入中国）调味。将羊肚（胃）洗净翻过来，把切好的羊肉装到肚中，以满为度，缝合好，在凹坑中生火，烧红火坑。移却灰火，把羊肚放在火坑中，再盖上灰火，起火燃烧，约烧煮一顿米饭的时间便熟了。其肚香美异常。

3. 胡羹

西汉张骞通西域以后，中亚饮食之法渐渐传入中土。胡羹即是其中之一，魏晋南北朝时在宫廷中十分流行。胡羹的制法是：羊肋六斤，加羊肉四斤，水四升，煮熟，把肋骨抽掉，切肉成块，加葱头一斤，芫荽一两，并安石榴汁数合调味即成。安石榴是安息石榴的简称，是从伊朗传入。

4. 莼羹

《世说新语》记载，晋代著名文学家陆机有次去拜访王武子，即晋武帝的女婿。王武子指着面前摆的鲜羊奶酥，问陆机："你的故乡江南有什么比得上这个的？"陆机回答道："千里莼羹，未下盐豉"。陆机把莼菜羹与羊酪酥相提并论，足见此羹之珍美。贾思勰《齐民要术》中也认为：作羹用的配菜，莼为第一。

农历四月份莼菜生茎而未长出叶子，叫做雉尾莼，是莼菜中最肥美的。用鱼脍配上这时的莼菜做羹，其味更是鲜美。经过陆机的提倡，这道羹在晋代上层贵族中很快流行起来。

5. 驼蹄羹

中国食骆驼历史很久，驼峰、驼乳皆入馔。三国时曹操的爱子曹植曾不惜千金，制作一味"七宝驼蹄羹"，甚受魏晋皇室喜爱。宋人苏东坡曾赋诗："腊糟红糁寄驼蹄"，写的即是糟驼蹄。惜乎魏晋以后，七宝驼蹄羹之法失传多年，七宝，估计是七味配料。所幸明代食谱中有"驼蹄羹"之制法，现录之如下：将鲜驼蹄用沸水烫去毛、去爪甲、去污垢老皮。治净，用盐腌一宿。再用开水退去咸味，用慢火煮至烂熟。汤汁稠浓成羹，加调味品供食。

6. 跳丸炙

这是古代《食经》中的一道名菜。把羊肉、猪肉各十斤切成细肉丝。加入生姜三升、橘皮五叶、藏（腌）瓜二升、葱白五升，合捣，使成弹丸大小，另外用五斤羊肉做肉羹汤，下入丸炙煮成肉丸子。这就是我国早期的肉丸子。

7. 五味脯

该脯在魏晋皇室中深受欢迎。做五味脯一般在农历二月和九、十月间，牛、羊、獐、鹿、猪肉都可以做，可以切成条子，也可以切成长片，但要顺着肉纹切。把肉上骨头捶碎煮成骨汁，撇去浮沫，放入豆豉煮至色足味调；捞出滤去滓，下盐，即为肉脯半成品。切细葱白捣成鲜浆汁，加上花椒末、橘皮末和生姜末，将半成品肉脯浸入鲜浆汁中，用手搓揉，使其入味。片脯浸三个昼夜取出，条脯需尝一下是否入味，再决定何时取出。取出后用细绳穿挂在屋北檐下阴干。条脯到半干半湿时，反复用手捏紧实。脯制成后放到宽敞清洁的库中，用纸袋笼裹悬挂好，冬天做，夏天吃。

8. 鳢鱼脯

鳢鱼俗称乌鱼。其制法是，先作极咸的调味汤，汤中多下生姜、花椒末，灌满鱼口浸渍入味，用竹枝穿眼十个一串，鱼口向上，挂在屋北檐下，至来年二三月即成。把鱼腹中五脏生刳出来，加酸醋浸渍，吃起来其味隽美。鱼用草裹起来，涂泥封好，放入锅灰中煨熟。吃时去掉泥草，用皮布裹起来，用木槌捶松鱼肉，其肉洁白如雪，鲜味无与伦比。

9. 鱼鲊

鱼鲊是中国古代一种具有特殊风味的传统佳肴，魏晋南北朝时宫中尤为盛行。鱼鲊是怎样制成的呢？现在史料中记载制作鱼鲊之法有七八种之多，比较权威的是《齐民要术》中的说法。其书载：作鱼鲊的时间一年四季都可，但以春秋两季最合适。因为冬季气候寒冷，不易发酵；夏季天气太热，容易生蛆。

鱼鲊的正统原料是鲤鱼。鱼越大越好，以瘦为佳。肥鱼虽好，但不耐久。凡长到一尺半以上、皮骨变硬、不宜作鲙的鱼，都可以作鲊。其制法是，取新鲜鲤鱼，先去鳞，再切成二寸长、一寸宽、五分厚的小块，每块都得带皮。之所以要将鱼块切得这么小，是因为如果鱼块过大，则外部发酵过度，酸烈难吃，而靠近骨头的部分却还生而有腥气，块小则发酵比较均匀。切好的鱼块可以随手扔到盛水的盆中浸着。切完后，再换清水洗净，取出控净水放在盘里，撒上盐，盛在篓中，放在平整的石板上，榨尽水。炙一片尝尝咸淡。接着将粳米煮熟当作糁，连同茱萸、橘皮、好酒等原料在盆里调匀。取一个干净的瓮，把鱼摆在瓮里，一层鱼、一层糁，装满为止。把瓮用竹叶和菰叶或芦叶密封好，放置若干天，使其发酵，产生新的滋味。食用时，最好用手撕，若用刀切则有腥味。

由此可见，鱼鲊属于生食的菜肴，是经过多道工艺加工而成的。

四、筵席与宴会场面更加宏大

筵席又名宴席、筵宴、燕饮，是人们为着某种社交目的，精心编排整套的菜品，并以聚餐的形式分享。故被人们视为“菜品的组合艺术”，它是烹调工艺的集中反映、名菜美点的汇展橱窗和饮食文明的表现形式。

中国的筵席源远流长，变化万千，至魏晋南北朝时又出现了一些新的特点，表现为筵席场面更加宏大，礼仪复杂、菜肴丰富。晋人傅玄《朝会赋》、张华《宴会歌》等，都真实地反映了当时贵族们奢华的宴会生活。

魏晋南北朝时期，皇室宫廷宴会又有了进一步的发展。如元旦向皇帝朝贺之礼，皇帝大宴群臣，继汉代以后发展尤为显著。曹植《元会》诗中描写曹魏时元旦朝贺宴会道：“初岁元祚，吉日惟良。乃为佳会，宴此高堂。尊卑列叙，典而有章。衣裳鲜洁，黼黻（fǔfú，古代礼服上绣的半青半黑的花纹）玄黄。清酤盈爵，中坐腾光……”

朝贺赴御宴的文武百官个个“衣裳鲜洁，黼黻玄黄”，高贵的礼服上绣着黑白相间的斧形花纹和黑青相间的亚形纹饰，洁净鲜艳。宴会上珍膳杂沓，圆圆方方的盘、簋食器中几乎满得溢出来。向上看，上边宫殿雕梁画栋。向下看，下边宴席百官轩昂，真是君臣一堂，在“欢笑尽娱，乐哉未央”！

晋代元旦朝贺皇帝时，皇帝要给百官增禄，每人赐醪酒二升。晋人傅玄有诗描述晋朝元旦朝贺时，成群的嫔妃宫女和在巍巍宝座上的圣明皇帝，都穿着元旦朝服，气宇轩昂。傅玄在《元日朝会赋》中对此描述得十分生动具体，他先述元旦宴会上系“考夏后之遗训，综殷周之典制，采秦汉之旧仪。”所以要特别隆重，在夜半就要开始迎新岁日出，华灯好似火树银花，炽若“百枝之煌煌”。俯视灯火像一条烛龙照耀四方。然后宫门大开，皇帝坐在太极正殿，朝贺的人“俟次而入，济济洋洋，肃肃习习，就位重列。”而皇帝盛服坐于帐前，凭玉几案，面南而受群臣朝贺。

朝贺以后，管弦齐奏，歌声悠扬，颂声溢耳。接着盛宴开始。西晋大臣张华撰有《宴会歌》记述了这种盛况:“亹亹（wěi，勤勉不倦之意）我皇，配天垂光。留精日昃，经览无方。听朝有暇，延命众臣。冠盖云集，樽俎星陈。肴蒸多品，八珍代变。羽爵无算，究乐极宴。歌者流声，舞者投袂。动容有节，丝竹并设。宣畅四体，繁手趣挚。欢足发和，酣不忘礼。好乐无荒，翼翼济济。”反映了当时宴会的盛大场面和丰富的饮食。

据韩养民、郭兴文《中国古代节日风俗》说：“南北朝时，不论节俭也好，奢侈也好，国力强盛也罢，濒临衰亡也罢，每遇元旦朝会，统治者们无不大肆铺张。有的聊以自慰，歌舞升平，有的预祝新年国运亨通”。

第三节　饮品文化的逐渐丰富

魏晋南北朝时期黄河中游地区的饮料主要有酒、乳、茶等。这一时期的酿酒技术，特别是粮食酒的酿造技术获得了较大进步，酒文化获得快速发展。饮乳食酪的胡风一度流行，特别是北朝时期，乳及各种乳制品在黄河中游地区得到了较快普及，反映出这一时期北方游牧民族的饮食文化对黄河中游地区的影响。这一时期，流行于南方的茶，逐渐为黄河中游地区的人们所接受，为唐宋茶文化的繁荣奠定了初步基础。

一、酒文化的快速发展

魏晋南北朝时期，黄河中游地区的酿酒技术更加成熟。酒在人们的生活中具有更广阔的文化意义和社会意义。

1. 酿酒技术的进步

魏晋南北朝时期，黄河中游地区的酒类沿袭前代，仍以粮食酿造的谷物酒为主。在酿造技术上，人们已经开始定量地把握酒曲发酵和根据曲势投料的规律。这一时期黄河中游地区出现了一些有影响的谷物酒，如河南南阳的九酝春酒，陕西的秦州春酒，河东的桑落酒、颐白酒、鹤觞酒等。除粮食酒外，还有椒柏酒、缥醪酒、松醪酒、葡萄酒等。

2. 常禁常开的酒禁

魏晋南北朝时，政府对酒常禁常开。酒禁的原因很多，最主要的是经济原因。中国古代的酒以谷物酒为主，酿酒需要消耗大量粮食。魏晋南北朝时北方战乱不止，天灾人祸频繁，常使粮食大幅歉收。在饥荒之时，政府多实行酒禁。如《北齐书·武成帝本纪》载："河清四年（公元565年）二月壬申，以年谷不登，禁酿酒"。丰收年景也有禁酒的，如北魏太安四年（公元458年），"是时年谷屡登，

图4-1　北魏铜鎏金童子葡萄纹高足杯，山西大同出土

士民多因酒致酗讼，或议主政。帝恶其若此，故一切禁之，酿、酤饮皆斩之。”[①]这主要为了维护社会安定而禁酒的。

魏晋南北朝时期，酒禁常开的原因多出自政治上的考虑，因为酒在人们的饮食生活中占有特殊地位，社会需求强烈，长期禁酒不得人心。如北魏献文帝即位后，一改先帝严厉禁酒的政策，酒禁一开，深得人心。开禁有时也因为有经济上的需要，因为酒的消费量很大，国家可以从中获取巨额税收，经济利益的诱惑也是不可抗拒的，尤其是国家财政不足时更是如此，如北齐武平六年（公元576年），“以军国资用不足，……开酒禁。”[②]

3. 借酒遁世的酒风

魏晋南北朝时期政局动荡不安，许多士人奉行乱世则隐的信条，借酒遁世，酒成了聊以自保、发泄的一种工具和盾牌。宋人窦苹《酒谱·乱德文》载：“晋文王欲为武帝求婚于阮籍，醉不得言者六十日，乃止。”阮籍凭借着醉酒达到了免于陷身政治争斗之中的目的。这时人们的饮酒乃是醉翁之意不在酒，在乎遁世与避祸，故宋人叶梦得《石林诗话》云：“晋人多言饮酒，有至于沈醉者，此未必意真在于酒。盖时方艰难，人各惧祸，惟托于醉，可以粗远世故。”

魏晋南北朝时期人们赋予酒以更多的内涵，使饮酒在成为生理和精神双重需要的同时，其娱乐和文化功能也得到更大的扩展。歌舞佐饮、艺伎陪酒、赋诗饮酒等成为比较流行的饮酒习俗，使饮酒成为以酒为中心的综合性文化活动。

二、乳及乳制品的较快普及

一方水土养一方人。以乳为食的习俗主要产生于中国古代以大漠为中心的区域（东到辽河，西达葱岭，南界长城，北至贝加尔湖），这里草原辽阔，土壤和

① 魏收：《魏书·刑罚志》，中华书局，1974年。
② 李百药：《北齐书·后主本纪》，中华书局，1972年。

气候均不适于粮食生产，而适于畜牧业，生活在这里的匈奴、乌恒、鲜卑、柔然、突厥等民族，自古过着游牧食肉饮酪（发酵乳）的生活。

在西北游牧民族尚未大规模内迁的曹魏、西晋时期，黄河中游地区的人们很少食用乳及乳制品，只有少数贵族官僚才有机会吃到。《世说新语·捷悟》载："人饷魏武一杯酪，魏武啖少许，盖头上题'合'字以示众。众莫能解。次至概杨修，修便啖，曰：'公教人啖一口也，复何疑！'"魏文帝曹丕曾将甘酪赐给钟繇。[①]《晋太康起居注》载："尚书令荀勖羸毁，赐奶酪，太官随日给之。"[②]这些材料都说明当时黄河中游地区乳制品十分稀罕和珍贵，只有帝王级的人物才得以享受，一些大官僚都不能经常吃到。物以稀为贵，人们视以酪为代表的乳制品为美味。

十六国北朝时期，大批西北游牧民族内迁至黄河中游地区，不少游牧民族在这里建立了政权，借助于游牧民族强大的政治、军事实力，使黄河中游地区的畜牧业有所发展，乳和各种乳制品开始成为人们经常性的食品。饮乳食酪的饮食方式在黄河中游地区得到了较快普及，使贵族和一般民众的饮食结构发生很大改变。如《魏书·卷九四·阉官传》载，王琚（自云本太原人）年老时"常饮牛乳，色如处子"，活到了90多岁。乳制品不仅成为人们的日常饮食，甚至还起到了救荒作用，北魏神瑞二年（公元415年）平城（今山西大同）发生饥荒，明元帝拓跋嗣一度打算迁都于邺，崔浩进言："至春草生，奶酪将出，兼有菜果，足接来秋。若得中熟，事则济矣。"[③]皇帝接受了他的建议，没有迁都。奶酪同菜果、粮食相提并论，说明奶酪已是饮食中的重要组成部分，既不稀罕，也不珍贵了。

这一时期，南方的人们食用乳制品较少，对奶酪等怀有一种偏见，但一旦他们移居到流行饮乳食酪的黄河中游地区之后，也会入乡随俗，大啖奶酪。北魏尚书令王肃，原为南齐秘书丞，入降北魏之初，"不食羊肉及酪浆等物，常饭鲫鱼羹，渴饮茗汁。"但数年之后，就"食羊肉酪粥甚多"了[④]。北魏鲜卑贵族对饮

---

① 李昉：《太平御览》卷八五八，中华书局，1960年。
② 李昉：《太平御览》卷八五八，中华书局，1960年。
③ 魏收：《魏书·崔浩传》，中华书局，1974年。
④ 杨衒之著，杨勇校笺：《洛阳伽蓝记校笺·城南》，中华书局，2006年。

图4-2　北齐黄釉人物扁瓷壶

酪颇为自豪，还因此看不起茗茶，“号茗饮为酪奴”。有意思的是，与现代畜牧业以牛乳生产为主、羊乳极少的情况不同，当时黄河中游地区除牛乳外，羊乳和马乳占相当比例。羊乳还是当时加工酪酥的主要原料。①

饮乳食酪风气的盛行，与人们对乳及乳制品的营养价值的逐渐认识也不无关系。早在东汉时，刘熙《释名·释饮食》就载：“酪，泽也，乳作汁，所使人肥泽也。”除奶酪外，魏晋南北朝时期的乳类深加工制品还有乳腐（干酪）、酥（酥油）和醍（tí）醐（hú）等。这一时期的佛家在解释佛经时曾打比方说：犹如从牛出乳，从乳出酪，从酪出酥，从生酥出熟酥，从熟酥出醍醐。魏晋南北朝时期的一些农学著作和食谱中，如贾思勰的《齐民要术》、崔浩的《食经》、虞悰的《食珍录》等，对乳制品的营养价值均有明确的认识，并收录了用乳品加工的点心、面、饼、粥菜肴，如玉露围、乳酿鱼、酥冷白寒其、牛乳粥等，表明乳制品已登上了汉族民众的餐桌。

① 这可以从《齐民要术》将酪酥加工方法置于《养羊》篇看出。《世说新语·言语》载有陆机与王武子关于北方羊酪和南方莼羹孰为天下美味的争论。《洛阳伽蓝记》中将“羊肉酪浆”连称，似乎亦暗示酪浆是羊奶酪浆。王利华：《中古华北饮食文化的变迁》，中国社会科学出版社，2000年。

三、茶饮开始为北人所接受

茶与咖啡、可可并列为当今世界最流行的三大非酒精类饮料，茶在中国饮食文化生活中的重要地位，唯有酒可与之一比高下。中国有悠久的种茶、饮茶历史，这一方面为人类提供了最普遍和最受人欢迎的饮料；另一方面也奉献给世界丰富多彩的饮茶文化，这门文化的创立应追溯到三国魏晋南北朝时期。中国茶文化的起源、传播和衍化，折射出中国文化和社会生活众多方面的历史演变。

中国是茶的故乡，茶树的原产地和原始分布中心位于中国的西南地区。陆羽《茶经》载："茶者，南方之嘉木也。"一些古代文献也记载茶树起源于中国四川省及其周围地区。从古生物学观点来看，茶树是山茶属中较原始的一种，据有关专家研究，茶树的起源距今已有数万年之久。从古代地理气候来看，云南、贵州等少数民族地区的气候非常适宜茶树生长。这些地区存在较多的野生乔木大茶树，叶生结构等都较原始。1961年在云南勐（měng）海大黑山原始森林中，发现了一株目前最大的茶树，树高32.12米，胸径1.03米。另外，在贵州晴隆县笋家菁曾发现茶子化石一块，有三粒茶籽。

中国对茶叶的开发利用可能始于史前时代，它是古老巴蜀文化的特殊成就之一。西汉时，西南地区饮茶已蔚然成风，西汉辞赋家王褒在成都所写的《僮约》中，有"烹荼尽具""武都买荼（茶）"等句，说明茶已成为当地日常生活的重要饮料，而且已作为商品在市场上广为流通。魏晋南北朝时期饮茶逐渐传播到长江下游各地，成为南方常见的一种习俗。

饮茶不是从黄河中游地区本土起源的一种饮食习惯，它是南方文化发展的产物，黄河中游地区人们饮茶始于魏晋南北朝时期，是这一时期经济、文化不断交流与融合的产物。该地区早在秦汉之际就已耳闻南方人有饮茶之俗了。《尔雅·释木》言："槚，苦荼"，"槚"与"苦荼"正是源于巴蜀地区茶的古名。西汉时期，随着巴蜀与黄河中游地区之间经济文化的交流，特别是由于一批文化名人的流移活动及其著作的流传，巴蜀茶饮之事日益传闻于黄河中游地区。南北朝时期，一些南方人士由于各种原因来到黄河中游地区，他们中有不少人有饮茶的习惯，由此茶饮逐渐传入。杨衒之《洛阳伽蓝记·卷三·城南》载：

（王）肃初入国，不食羊肉及酪浆等物，常饭鲫鱼羹，渴饮茗汁。京师士子道肃一饮一斗，号为“漏卮”。经数年已后，肃与高祖殿会，食羊肉酪粥甚多。高祖怪之，谓肃曰：“卿（或作即）中国之味也，羊肉何如鱼羹？茗饮何如酪浆？”肃对曰：“羊者是陆产之最，鱼者乃水族之长，所好不同，并各称珍。以味言之，甚是优劣：羊比齐、鲁大邦，鱼比邾、莒小国，唯茗不中，与酪作奴。”高祖大笑……彭城王谓肃曰：“卿不重齐、鲁大邦，而爱邾、莒小国。”肃对曰：“乡曲所美，不得不好。”彭城王重谓曰：“卿明日顾我，为卿设邾、莒之食，亦有酪奴。”因此复号茗饮为“酪奴”。时给事中刘缟慕肃之风，专习茗饮，彭城王谓缟曰：“卿不慕王侯八珍，好苍头水厄。海上有逐臭之夫，里内有学颦之妇，以卿言之，即是也。”其彭城王家有吴奴，以此言戏之。自是朝贵宴会虽设茗饮，皆耻不复食，唯江表残民远来降者好之。后萧衍子西丰侯萧正德归降时，元义欲为之设茗，先问：“卿于水厄多少？”正德不晓义意，答曰：“下官生于水乡，而立身以来，未遭阳侯之难。”元义与举坐之客皆笑焉。

这则史料表明，至迟在北魏时期，茶饮已传入黄河中游地区。在当时的朝廷及贵族的宴会上常设茗饮，以茶待客在社会上层中开始出现。不过，黄河中游地区的本地人，尤其是社会上层对饮茶还抱有一种鄙视和排斥态度。虽然如此，魏晋南北朝时期，黄河中游地区的人们对茶饮毕竟由声闻渐进为开始接受，这就为以后唐宋时期茶饮在该地区的流行奠定了初步基础。

第四节　社会饮食风习

一、分食制向合食制转变的趋势

魏晋南北朝时期，黄河中游地区基本上承袭秦汉食制，实行一日三餐制。分食的传统继续得到保持，但由于受北方游牧民族生活器具和烹饪方式的影响，当地汉族的食制慢慢发生演化，出现了由分食制向合食制转变的趋势。

在游牧民族的生活器具中，胡床的广泛使用对传统分食制的改变起了重要作用。胡床俗称马扎，类似于折叠椅而无靠背。早在东汉后期，胡床就传入了中原，并深受汉灵帝的喜爱。魏晋南北朝时期，胡床的使用已十分普遍了。据《晋书·五行志》记载，包括黄河中游地区的北方，“**泰始之后，中国**（即中原）**相尚用胡床、貊**（mò，古书上说的一种野兽）**盘，及为羌煮貊炙，贵人富室，必蓄其器，古享嘉会，皆以为先**”。胡床使传统汉式跪坐一变而为垂足坐，坐姿的升高，开始呼唤与之相适应的、具有一定高度的家具，高桌大案的出现和使用应运而生。将多份食物放在高桌大案上，几个人一起进食，为合食制的实行创造了条件。

魏晋南北朝时期，胡食的烹饪方式对黄河中游地区由分食制向合食制的转变也起到了积极的促进作用。羌煮貊炙的胡食烹饪，有时很难迅速地把食物分成一人一份，所以大家一起同吃一种食物也是自然而然之事。《齐民要术·炙法》中介绍有“炙豚法”，将整只乳猪用柞（zuò）木穿起来炙烤，边烤边涂抹酒和油。烤好的乳猪需要立即食用，否则一凉就不好吃了。可以想见，大家一同操刀割食刚刚烤好的乳猪，气氛热烈，正是后世合食的先声。从史籍中我们也可以看到，当时黄河中游地区的先民采用合食进餐。《魏书·杨援传》载：“**吾兄弟若在家，必同盘而食。**”同盘吃饭，应是合食。《北史·崔赡传》载，崔赡“**在御史台，恒宅中送食，备尽珍羞，别室独餐，处之自若。有一河东人士姓裴，……自携匕箸，恣情饮啖**”。姓裴的人只带匕箸去吃崔赡的饭菜，二人应是同盘而食了。魏晋南北朝时期，黄河中游地区虽然已经出现了合食的现象，但作为一项制度的合食制在这一时期尚未形成。合食还应是当时人们在日常饮食中偶尔为之。可以说，魏晋南北朝时期虽然已经出现了分食制向合食制转变的趋势，但仍是一个以分食制为主的时代。

图4-3 西晋青瓷兽形尊

二、士族对饮馔经验的总结

魏晋南北朝时期是士族门阀势力得到充分发展的一个时代，他们在政治上、经济上和学术上的垄断地位，在饮食生活中也得到充分的体现。黄河中游地区是这一时期北方高门大族的集中居住区之一，比较出名的士族有太原郭氏、河东柳氏等。士族对经济的绝对垄断使他们有条件和可能在饮食上精益求精，尽情地追求美味佳肴，这一阶层的奢侈本性，又把口腹之欲推向了极致，达到了穷极奢侈的地步。西晋建国后，奢侈之风渐盛，据《晋书》记载，太傅何曾“食日万钱，犹曰无下箸处”，其子何劭有过之而无不及，“食必尽四方珍异，一日之供以钱二万为限”，比其父增加了一倍。尚书任恺，每一顿饭就用钱一万，每天还要用专车往外运吃不了的剩菜。北魏时，入主中原的鲜卑贵族在饮食上更加奢华，丝毫不逊于汉族士族。高阳王元雍“嗜口味，厚自奉养，一食必以数万钱为限，海陆珍羞，方丈于前”[①]。极尽奢华的士族饮食，客观上推动了黄河中游地区这一时期饮食文化的发展，推动了饮馔水平和烹饪技艺的提高。

① 杨衒之著，杨勇校笺：《洛阳伽蓝记校笺》卷三，中华书局，2006年。

魏晋南北朝时期，士族推动饮食文化的发展体现在三个方面：一是作为美食家不仅品尝，还动口品评；二是作为实践家越俎代庖、反复操作实践，改善口味，提高烹调技艺；三是作为理论家总结经验、著书立说。[①]士族凭借对学术文化的垄断地位，作为理论家总结、研究饮馔经验，撰写“食经”等饮食学著作，直接推动了中国古代饮食文化思想与烹饪理论在这一时期走向成熟。

魏晋南北朝时期，士族撰写的饮食学著作主要有何曾的《食疏》、嵇康的《养生论》、崔浩的《食经》和虞悰的《食珍录》。其中崔浩的《食经》是北方高门士族饮食学的代表作。崔浩历经北魏道武、明元、太武三帝，其家族是名声赫赫的清河（今山东武城）崔氏，其母卢氏为范阳（今河北涿州）卢湛的孙女。崔浩《食经》原为9篇，由崔浩之母卢氏口述，崔浩执笔记录。崔浩母亲去世后，崔浩进入北魏统治集团，崔浩对《食经》重新加以整理并作序。此书在《隋书·经籍志》《旧唐书·经籍志》《新唐书·艺文志》中均有记录。至宋初时，此书仍然存在，可惜后世失传，现存于世的只有保存在《魏书·崔浩传》里的《食经叙》。

崔浩《食经》的内容主要是崔浩的母亲和“诸母诸姑”平日饮馔实践的产物。由于“范阳卢氏、太原郭氏、河东柳氏，皆浩之姻亲”[②]，因而《食经》不仅仅是清河崔氏与范阳卢氏烹饪心得的总结，也包括黄河中游地区的太原郭氏、河东柳氏这些高门士族烹饪经验的总结。崔浩《食经》包括了从日常饮食到宴会、祭祀等各类菜肴的烹饪技艺以及其他食品制作的全部内容，反映了十六国至北魏前期黄河中游地区士族饮食生活的面貌。崔浩的《食经》尽管已经失传，但贾思勰《齐民要术》中曾大量引用《食经》的资料，可惜的是贾思勰没有指出是哪位作者的《食经》。有学者认为《齐民要术》所引《食经》很可能就是崔浩的《食经》。崔浩的《食经》尽管已经失传，但它是由一位士族官僚和大学者写成的记述北方世家大族饮馔经验的著作，因此在魏晋南北朝饮食史上占有特殊的重要地位。

① 王占华：《魏晋南北朝时期士族与饮食》，《饮食文化研究》，2004年第1期。

② 魏收：《魏书·崔浩传》，中华书局，1974年。

三、汉传佛教饮食习俗的形成

在中华文化漫长的发展历程中，吸纳过多种来源于异国他邦的宗教文化。尤以自东汉传入中国的佛教对中华文化的影响最大。魏晋南北朝是佛教在中国影响日益扩大、势力蒸蒸日上的时期。

佛教在中国的传播路线是由西至东，由北至南，由中原至周边而行的。魏晋南北朝时期，佛教传入较早的黄河中游地区，势力极盛。后赵重用佛教名僧佛图澄，前秦苻坚重用释道安，后秦姚兴重用鸠摩罗什，南燕慕容德重用僧朗，这些名僧都可以参决国家大事。北朝时，除太武帝拓跋焘和周武帝宇文邕两度毁佛外，其他帝王都大力提倡佛教，佛寺一度有3万所，遍布于黄河中游地区，佛教僧尼达200多万人。这一时期，黄河中游地区的佛教势力比长江中下游区域的佛教势力还要更强盛一些。从杨炫之《洛阳伽蓝记》的有关描述中，人们可以看到北朝佛教盛行的状况。

然而，以忌食酒肉、提倡素食、喜好饮茶为特征的汉传佛教的饮食习俗却首先是在江南形成的，这些饮食习俗逐渐为黄河中游地区的僧尼所接受，从而巩固了中国汉传佛教的饮食习俗。这一时期，佛教饮食习俗主要有以下几个方面的内容：

1. 断酒禁肉，终身吃素

东汉佛教传入中国时，其戒律中并没有不许吃肉这一条。僧徒托钵化缘，沿门求食，遇肉吃肉，遇素吃素，只要吃的是“三净肉”即可（不自己杀生、不叫他人杀生和未亲眼看见杀生的肉称为“三净肉”）。魏晋南北朝时期，中国汉族僧人信奉的主要是大乘佛教，而大乘佛教经典中却有反对食肉，反对饮酒，反对吃五辛的条文。他们认为，“酒为放逸之门”，“肉是断大慈之种”，饮酒吃肉将带来种种罪过，背逆佛教“五戒”。这一时期译出的《楞伽》《楞严》《涅槃经·四相品》等经文，都提倡“不结恶果，先种善因”“戒杀放生”“素食清净”等思想，这与中国儒家的“仁”“孝”等思想颇为契合，因而深得统治者的推崇。南朝梁武帝萧衍，以帝王之尊崇奉佛教，他认为断禁肉荤是佛家必须遵从的善良行为，为此他下了《断酒肉文》诏。梁武帝“日止一食，膳无鲜腴，惟豆羹粝食而已……不饮酒”[1]。在梁武帝的影响之下，中国汉传佛教开始形成断酒禁肉的素食戒律。这一戒律促使中国素菜制作日趋精湛和食素的普及，佛寺素菜逐渐成为中国素菜的主流和精华，中国素菜清鲜淡雅、擅烹蔬菽，工艺考究、以素托荤，历史悠久、影响深远。

2. 佛教饮茶习俗

佛教传入中国后，茶叶这种提神醒脑、消除疲劳的饮料便受到广大僧徒的欢迎。佛教徒饮茶的历史可追溯到东晋，饮茶的最初目的是为了坐禅修行。《晋书·艺术传》载，僧徒单道开在后赵都城邺城昭德寺内坐禅修行，他不畏寒暑，尽夜不卧，“日服镇守药数丸，大如梧子，药有松蜜、姜桂、茯苓之气，时复饮茶苏一二升而已。自云能疗目疾，就疗者颇验。”[2]除帮助坐禅外，茶还有帮助消化、令人清心寡欲等功能，因此，喝茶成为佛教徒饮食生活中不可缺少之事，从某种意义上说，甚至比吃饭还重要。魏晋南北朝时期，南方茶饮的逐渐流行和黄河中游地区茶饮的始习，都与佛教有密切关系，僧徒的饮茶习俗又促进了茶文化的发展。

3. 佛教饮食礼俗

寺庙进食一般在斋堂进行，且以击磬或敲钟来召集僧徒用饭。在餐制上，奉行“过午不食”的规定，实行一日两餐制，早餐食粥，午餐食饭。只有病号才可以午后加一餐，称为药食。进餐时，实行分食制，吃同样的饭菜，每人一份。进食前，还要按规定念供，以所食供养诸佛菩萨，为施主回报，为众生发愿。

---

① 姚思廉：《梁书·武帝本纪》，中华书局，1973年。

② 茶苏是一种将茶和姜、桂、橘、枣等香料一同煮成的饮料。姚伟钧：《中国传统饮食礼俗研究》，华中师范大学出版社，1999年。

四、追求长生成仙的道教饮食习俗

道教是中国土生土长的宗教。史学界和道教界一般都认为道教形成于东汉顺帝（公元126—144年）时期。东汉末年，原始道教获得了较大发展，主要流行于下层百姓之中，还被张角、张陵等人作为发动百姓与统治阶层斗争的一种工具。晋代以后，原始道教开始分化，在葛洪、寇谦之等人的改革下，道教开始走向贵族化。这时的道教强调生存意识，注重对生命的尊重，以追求长生为其主要宗旨。围绕着这个宗旨，道教逐渐形成了一套有别于其他宗教信仰的食俗，其主要表现为少食辟谷和少食荤腥多食气两个方面。

1. 少食辟谷

辟谷亦称断谷、绝谷、休粮、却粒等，是一种配合气练、严格控制谷米类食物摄入量的养生手段。道教之所以提倡辟谷，是因为道教认为人体中有三虫，亦名三尸，是欲望产生的根源，是毒害人体的邪魔。三尸在人体中是靠谷气生存的，如果不食五谷，断其谷气，那么三尸在人体中就不能生存了，人体内也就消灭了邪魔。所以，要想益寿长生，便必须辟谷。

道教主张少食，进行辟谷时要循序渐进，进而达到辟谷的境地。辟谷之术由来已久，据说源于神农时的雨师赤松子。两汉之时就有不少道人行辟谷之术。魏晋时期，辟谷之术尤为盛行，其方法有100多种。在这些方法中，多以其他食物代替谷物，这些食物主要有大枣、茯苓、巨胜（芝麻）、蜂蜜、石芝、木芝、草芝、肉芝、菌芝等。这些食物多含有大量的人体所需的微量元素、碱性物质和增强人体生理功能、促进细胞新陈代谢的物质，在人体发育正常的情况下，常食这些食物，确有颐养延龄之功。但现代科学表明，要使身体健康，就得注重营养，不能使饮食单调，只吃某一类食物。

2. 少食荤腥多食气

道教在饮食上还主张“少食荤腥多食气”，认为人秉天地之气而生，气存人存，应保持人体“气”的清新洁净，而荤腥最能败坏清净之气，故道教忌食鱼肉荤腥与葱蒜韭等辛辣刺激的食物，主张“餐朝霞之沆瀣，吸玄黄之醇精，饮则玉醴金浆，食则翠芝朱英，居则瑶堂瑰室，行则逍遥太清。”如此才能延年益寿。①

魏晋南北朝时期，道教的贵族化使它脱离了普通百姓，进行辟谷和饮露餐玉也多为既富且贵的上层统治者所为，所以对当时平民百姓的生活影响不大。这一时期形成的道教信仰食俗，既有一定的科学内容，如主张节食、淡味、素食，反对暴食、厚味、荤食等，但也有许多迷信和无知的糟粕，这些精华和糟粕在道教追求长生的目的下得到了统一，对后世上层统治者产生了较大的影响。

① 葛洪：《抱朴子·内篇》卷三《对俗》，诸子集成本，中华书局，1986年。

第五章　隋唐五代时期

隋唐五代时期，黄河中游地区饮食文化在各个方面都呈现出繁荣景象，饮食文化表现出从未有过的多彩风格。在食材上，粮食、肉类、蔬菜、瓜果的生产结构都发生了较大变化。在菜肴烹饪上，菜肴烹饪技术逐渐完善，菜肴烹饪原料日益扩展，开始出现了象形花色菜和食品雕刻。在饮食养生和食疗上，饮食养生学和饮食治疗学日益发展成熟。在酒文化上，酒类生产有了较大的进步，饮酒之风盛极一时，酒肆经营空前繁荣，饮酒器具出现革新。在茶文化上，饮茶之风开始在黄河中游地区盛行，蒸青饼茶成为人们饮用的主要茶类，茶圣陆羽提倡的“三沸煮茶法”成为主流的烹茶方式，茶肆业初步形成，茶具迅速发展成为系列。在饮食习俗上，合食制得到初步确立，节日饮食习俗逐渐丰富，生日、婚嫁等人生礼仪食俗得到了发展，公私宴饮名目繁多。

这一局面出现的原因是多方面的。第一，隋唐五代时期，尤其唐代安史之乱以前，社会安定，政治清明，国力强盛，四邻友好，农业、手工业和商业都达到了超越前代的水平，这为黄河中游地区饮食文化的繁荣创造了基本条件；第二，隋唐五代时期，黄河中游地区是中国的政治、文化中心，这种地位使宫廷皇族、官僚士人、富商大贾等社会上层人物集中于此，这些阶层既有钱又有闲，他们多追求美食佳饮，为这一时期饮食文化的繁荣提供了强大的动力；第三，得益于当时的饮食文化交流，特别是胡汉饮食文化交流。从汉代开始的胡汉饮食文化交流在唐代出现高潮，大量胡食、胡饮流向内地，得到内地广大汉族人民的喜爱，当时“贵人御馔，尽供胡食”① 。酒家与胡姬成为当时黄河中游地区饮食文化的一个重要特征。域外文化使者们带来的各地饮食文化，如一股股清流，汇进了中国这个海洋。除此之外，南北方饮食文化交流也极大地丰富了黄河中游地区的饮食文化。如饮茶之风的流行就是南北方饮食文化交流的结晶；第四，这一时期黄河中游地区饮食文化的繁荣也是继承和发展前代饮食文化的结果。

隋唐五代时期的饮食文化，尤其是唐代的饮食文化，由于其高度发展，迄今仍在世界各国享有崇高的声誉，在国外唐人街上的饮食店中，以唐名菜，以唐名果（点心），乃至名目繁多的仿唐菜点比比皆是，唐代的饮食文化已为世界各国人民共同享用。

第一节　食物原料生产结构的变化

隋唐五代时期黄河中游地区的食物原料同前代一样，大致可分为粮食、肉类、蔬菜和瓜果四类，但在结构上发生了重大变化。在主食方面，小麦和水稻迅速崛起，占据了主食的主要地位，传统的粟类粮食退居次位。大豆则成为了副食。肉食生产总量进一步扩大，羊和鸡的地位提高，猪的饲养增多，狗肉已退出了主要肉食的行列。蔬菜和瓜果的生产有了很大的发展。

一、粮食生产结构的变革

隋唐五代时期，黄河中游地区的主食结构同前代相比，发生了很大的变化，以小麦为主的麦类作物地位上升，已经与粟类作物并驾齐驱，并显示出领先的趋

① 刘昫等：《旧唐书·舆服志》，中华书局，1975年。

势；随着隋唐统一局面的出现，水稻生产逐渐恢复并有所发展；大豆逐渐退出主食行列，豆制品作为副食的主要品种出现在人们的餐桌上。

1. 小麦地位的上升

随着生产力水平的提高，耕作技术的进步，粟麦一年两熟轮作的复种制在黄河中游地区逐渐普及，麦类作物的种植面积不断扩大。同时面粉加工工具和加工技术不断进步，面食烹饪技术不断提高，以麦为原料的面制品在人们的饮食生活中所占比重迅速增加。

这一时期，黄河中游地区的小麦主要种植于以洛阳为中心的中原地区和以长安为中心的关中地区。在唐代中后期，在中原和关中地区的麦类种植已经居于主导地位，粟类则退居次席。

2. 粟类粮食地位的下降

这一时期，粟类粮食作物的种植面积仍很大，仍是黄河中游地区人们的重要食粮，特别是在不适宜种植麦稻的山西、陕北更是如此。据《新五代史·晋本纪》记载，后唐清泰三年（公元936年）五月，河东节度使石敬瑭准备起兵，其资本之一是“太原地险而粟多”，可知粟类仍占主导地位，是征收储存的常备粮食。在关中地区，粟类粮食的种植依然相当可观，京兆府的紫秆粟还是进献朝廷的贡品。河南一带，由于这一时期麦稻种植普遍而发达，粟类作物的种植大为减少，但仍保持一定规模。据《元和郡县图志》记载，河南道的陈州（今河南淮阳）生产的粟在开元年间为进奉皇帝的贡赋。但总的说来，这一时期黄河中游地区的粟类粮食的种植面积和总产量都有所减少，粟类粮食的地位稳中有降。

3. 水稻种植的恢复和发展

隋唐时期，特别是安史之乱以前的唐代前期，在大一统的局面下，社会安定，政治开明，经济发展，黄河中游地区的水稻种植迅速恢复，在生产规模和稻谷产量方面都达到前所未有的水平。关中是隋唐两代京师所在地，政府特别注意这一地区的经营。唐初，国家在关中设“渠堰使”和“稻田判官”，整修恢复了白渠、成国渠、升源渠等前代旧渠，并兴建了一批新的灌溉工程，为关中水稻大规模种植准备了条件。

河南的洛阳、汝颍和开封一带土地肥沃，河流较多，灌溉便利，种植水稻的条件优越，是当时北方水稻的重要产地。在唐初安定的政治局面下，这里的水稻生产恢复很快，总产量在关中之上。唐玄宗时，河南水利建设达到高潮，水稻种植得到有力地推广，宰相张九龄还曾被任命为“河南开稻田使”。

山西水稻种植较少，在沿河一带也有零星分布，《隋书·杨尚希传》载，隋文帝时杨尚希在蒲州“甚有惠政，复引瀵（fèn，泉水）水，立堤防，开稻田数千顷”。晋阳县也在隋开皇六年（公元586年）“引晋水溉稻田，周回四十一里”[①]。

4. 大豆由主食向副食转化

隋唐五代时期，大豆完成了由主食向副食转化的过程。这种转化是魏晋以来长期发展的结果，其前提和原因主要有三个方面：第一，这一时期麦粟稻等主要粮食作物产量迅速增加，已经能够满足人们饮食生活的需要；第二，大豆虽然营养丰富，但粒食口感较差，烹制成豆糜口感亦不佳，无法同其他粮食相比，不适宜作主食；第三，豆酱、豆豉是人们饮食生活中不可缺少的调味品，特别是豆腐的发明，为大豆在副食方面的应用开辟了广阔天地，大豆更适合作副食。大豆虽然逐渐转化为副食，但因其应用广泛，需求量大，总产量不但没有降低，而且还有所提高。就中国人的饮食结构来说，大豆堪称副食之王，大豆转化为副食是中国人饮食生活史上的大事。这一时期，黄河中游地区的大豆主要种植在关中地区，关中的陕州和蒲州出产的豆豉味道浓郁，质量上乘，保存期长，且兼具医疗功能，在全国享有盛誉。唐代孙思邈《千金食治》和陈藏器《本草拾遗》均有介绍。

---

① 李吉甫：《元和郡县图志》卷一三《河东道二》，中华书局，1983年。

二、肉类生产结构的调整

隋唐五代时期，特别是唐代，黄河中游地区的畜牧业比较发达，畜禽饲养技术也有了较大发展，畜禽肉食生产总量有了明显提高，肉类食品不足的状况有了较大改观。当然，这主要是在上层社会。除了家畜、家禽之外，鱼类和野味也是这一时期人们重要的肉食来源。值得注意的是，这一时期乳酪的消费量也有所增加。

1. 羊猪等家畜是肉食的主要来源

这一时期，作为肉食来源的家畜主要是羊和猪。黄河中游地区的养羊业很发达，唐代还在同州（今陕西大荔）沙苑设立专门的养羊机构沙苑监，牧养各地送来的羊，以供宴会和祭祀所用，并选育出著名的优良品种同州羊（又名苦泉羊、沙苑羊）。《元和郡县图志》载，关内道同州朝邑县有苦泉，“在县西北三十里许原下，其水咸苦，羊饮之，肥而美。今于泉侧置羊牧，故谚云：‘苦泉羊，洛水浆’。”这一时期羊肉在肉食中的地位上升，文人笔下“羊羹”与“美酒”常连在一起，说明羊肉普遍被人们视为美味。

仅次于羊肉的是猪肉，当时除了一家一户零散饲养外，国家也设置专门机构养猪，《新唐书·卢杞传》载，卢杞曾为虢（guó）州（今河南灵宝）刺史，其间曾向德宗上奏说：“虢有官豕三千为民患。”一个州的官办养猪场存栏3000头猪，说明规模确实不小。

牛肉也是当时的重要肉食，食用非常广泛，烹牛食肉为不少诗人津津乐道。但牛作为家畜主要用于耕种，政府多禁止屠牛，以保护生产，只有死牛才能售卖。狗肉在风光了几个世纪之后，在这一时期已退出了主要肉食的行列。狗肉在中古时期地位下降的原因尚待进一步探究。①

牛羊等家畜除提供肉外，还生产乳。以乳为原料，可将其加工成酪、酥、醍

---

① 王利华：《中古华北饮食文化的变迁》，中国社会科学出版社，2000年。

醐、乳腐。其中，酪、酥、醍醐都是流质的，而乳腐即今天的奶豆腐。[①]隋唐时期，黄河中游地区的乳酪生产和消费有所增加。人们除将乳酪用作饮料外，更多地将其作为配料制作各种食品。如隋代谢讽《食经》中的“贴乳花面英”“加乳腐”和“添酥冷白寒具”；唐代韦巨源《烧尾宴食单》中的“单笼金乳酥”“乳酿鱼”等。唐人冯贽《云仙杂记》中有“调羊酪造含风鲊”的记载。唐末五代人王定保《唐摭言》记载：“赐银饼餤（tán），食之甚美，皆乳酪膏腴之所为也。”这一时期的乳制品加工技术也不断进步，一些地区的乳制品也被列为贡品。据《新唐书·地理志》记载，朔方郡土贡酥，其地在今陕西靖边县，所贡酥为乳浆。

2. 养鸡成为小户家庭的重要副业

隋唐五代时期，黄河中游地区人们饲养的家禽主要为鸡、鸭、鹅三类，其中鸡是禽肉的主要来源，远远多于鸭、鹅。因为养鸡成本较低，可以蛋肉兼得，所以一家一户的零散饲养很普遍，是小户家庭的重要家庭副业。这一时期，鸡肉一直是人们非常喜爱而又常食的肉食。人们对鸡的认识进一步深化，陶穀《清异录》载，陈留人郝轮在别墅养鸡数百只，无论制作什么羹都用鸡肉，并称鸡为“羹本”。尽管当时人们还没有现代化学分析知识，但鸡肉使汤味道鲜美已为人们所认识，所以称鸡为“羹本”具有一定的道理。如果说羊羹美酒充满贵族气息的话，那么村酒鸡黍则洋溢着田园之乐了。孟浩然《过故人山庄》云：“故人具鸡黍，邀我至田家”，反映出这方面的信息。唐代盛行斗鸡之风，这种社会风尚也从一个侧面反映出养鸡业的发展。这一时期还培育出一批优良鸡种，其中就有著名的乌鸡，《唐本草》称“乌鸡补中”，反映出当时人们对鸡的食疗养生价值的认识。

3. 淡水渔业获得了长足的进步

这一时期的淡水渔业得到了长足的进步，主要表现在鱼种的采集和培养方面。由于唐代皇帝姓李，李为国姓。鲤-李同音，要求避讳，因此有不得捕食

① 刘朴兵：《“乳腐”考》，《中国历史文物》，2005年第5期。

鲤鱼的禁令，宋代方勺《泊宅编》载："唐律禁食鲤，违者杖六十"。由于鲤鱼是主要的食用鱼类，这种禁令对养渔业有一定影响，人们只能改养其他鱼类，这在客观上对多品种养鱼起了促进作用。这一时期人们很喜欢吃鱼，"巩洛之鳟"还被人们列为难得的美味。[①]除直接热烹或脍食鱼鲜外，人们还喜欢把鲜鱼加工成鱼鲊，消费量很大。

4. 野味仍是人们重要的肉食来源

隋唐五代时期，黄河中游地区的生态环境尚好，各种野生动物比较多，故各种野味也是人们改善饮食的选择。当然，社会上层比普通百姓能更多地享用它们。这一时期人们常捕食的野味主要有鹿、熊、兔、鹌鹑等。鹿是狩猎的主要对象，加之当时已有人工饲养鹿的鹿场，所以鹿较之其他野生动物相对要多一些。《太平广记》卷二三四引《卢氏杂说》载："玄宗命射生官射鲜鹿，取血煎鹿肠，食之，谓之'热洛河'，赐安禄山及哥舒翰。"隋唐对熊的食用有增无减，但因为这种动物难于捕猎，其食用仅限于皇亲贵族，像韦巨源由四品官升至三品官时，向唐中宗进献的"烧尾宴"上就有"分装蒸腊熊"。至于平民百姓，常食到的野生动物多是兔、鹌鹑等小野味。

三、蔬菜生产结构的优化

隋唐五代时期，黄河中游地区的蔬菜种类进一步优化，优良品种得到广泛种植，引进的品种已经驯化，新开发的品种为人们普遍认可。在栽培技术方面最突出的是"促成栽培"（即温室、温泉栽培）取得巨大成绩。

1. 蔬菜种植品种的增多

据韩鄂《四时纂要》记载，隋唐时期的蔬菜品种主要有：瓜（甜瓜）、冬

---

① 段成式：《酉阳杂俎》前集卷七，四部丛刊本，上海书店，1985年。

瓜、瓠、越瓜、茄、芋、葵、蔓菁、蒜、薤、葱、韭、蜀芥、芸薹、胡荽、兰香、荏、蓼、姜、蘘（ráng）荷、苜蓿、藕、荠子、小蒜、菌、百合、枸杞、莴苣、薯蓣（yù）、术、黄菁、决明、牛膝、牛蒡等，共35种。同时期其他文献记载的蔬菜还有白菜、芹菜、菠菜、蘧苣（qúqǐ）、茭白、菱角、芡实、莼菜等。

在这些蔬菜中，从国外引进的蔬菜、水生蔬菜和食用菌的人工栽培最具特色，如莴苣和菠菜。莴苣原产于西亚，隋代时引入中国。据《清异录》载："呙国使者来汉，隋人求得菜种，酬之甚厚，故因名千金菜，即莴苣也。"菠菜原名菠薐（léng），原产泥婆罗国（地在今尼泊尔境内），唐初引入中国。据《新唐书·西域列传》载："贞观二十一年，（泥婆罗）遣使入献菠薐、酢菜、浑提葱。"

水生蔬菜中的茭白、藕、菱角、芡实、莼菜等，在这一时期为更多的人所认识。

值得一提的是，这一时期中国开始了食用菌香菇的人工栽培。韩鄂《四时纂要》载："种菌子，取烂构木及叶，于地埋之，常以泔浇令湿，两三日即生。又法：畦中下烂粪，取构木可长六七尺，截断捶碎，如种菜法，于畦中匀布，土盖。水浇，长令润。如初有小菌子，仰杷推之，明旦又出，亦推之。三度后出者甚大，即收食之。"这是我国古代关于香菇人工栽培叙述得最为详细而具体的办法。"这种方法与现代锯屑栽培食用菌的方法基本相同。食用菌的人工栽培成功，为人们的大量食用提供了可靠的保证。不能不说这是唐代在中国饮食烹调长河中的又一贡献。"①

2. 蔬菜"促成栽培"技术的进步

黄河中游地区四季分明，冬季较长，蔬菜生产的季节性很强，要想在非生长季节吃新鲜蔬菜不是一件容易的事情。魏晋南北朝时，虽有些人利用温室在冬季种植韭菜，但属于个别现象，无规模可言。这一时期，黄河中游地区的蔬

---

① 王子辉：《中国饮食文化研究》，陕西人民出版社，1997年。

菜促成栽培技术得到了较大的发展。在唐代时，人们利用长安附近的温泉等地热资源栽培蔬菜，根据需要促其成熟。据《新唐书·百官志》载，百官中有温泉汤监，“掌汤池、宫禁……以备供奉。……凡近汤所润瓜蔬，先时而熟，以荐陵庙。”可见这种促成栽培蔬菜的规模是相当大的，还需要设置专门的官员来管理。除利用温泉进行促成栽培，温室蔬菜栽培也有了一定的发展，当然用这些方法栽培的蔬菜只有皇室贵族才能够享用得到。

四、瓜果生产结构的变化

1. 果品

隋唐五代时期，政府非常重视果树的种植，黄河中游地区的果品生产得到了较快的发展，主要表现有二：一是梨、李、桃、杏、柰、樱桃、枣、柿、栗等传统果树继续种植，并得到进一步的推广；二是一些域外果树新品种如中亚诸国的金桃、银桃、西亚的波斯枣等相继被引进到黄河中游地区，使果品的种类更加多姿多彩，人们的饮食生活更加丰富。

这一时期特别值得一提的是葡萄种植得到了迅速地推广，对于丰富人们的饮食生活具有重要意义。葡萄自汉代从西域引进后，在黄河中游地区就开始种植了，但唐代以前葡萄多种植于皇家苑囿中，民间葡萄种植较少，没有形成规模。葡萄的品种也不断退化。隋唐的大一统和强盛的国力，使引进葡萄良种并普遍推广成为可能。唐太宗贞观十三年（公元639年），唐军破高昌，高昌的葡萄良种马乳葡萄遂引进中土。到7世纪末，在长安禁苑的两座葡萄园中，大致还可以辨认出这些葡萄的后代。[①] 在民间，葡萄开始得到大规模的种植，山西太原一带的葡萄种植面积最大，成为当时葡萄种植和葡萄酒生产的重要基地。这一时期，许多

① 谢弗著，吴玉贵译：《唐代的外来文明》，中国社会科学出版社，1995。

文人在诗文作品中常常提到葡萄。如刘禹锡、韩愈等著名诗人都写有《葡萄歌》，诗中对葡萄的栽种、管理、收获、加工有细致的描写，反映了当时葡萄种植已十分普遍。

2. 瓜

隋唐五代时期，瓜果并称。瓜既是蔬菜又是水果，一些可生食的瓜种往往被视为果品。这一时期，传统的东陵瓜等优良品种仍在继续种植，杜甫在诗作中就多次提到东陵瓜，如“青门种瓜人，旧日东陵侯。”“青门瓜地新冻裂”“岂傍青门学种瓜”等。人们还不断地培育新的优良瓜种，如河南洛阳的“御蝉香”和开封的“淀脚绡”等，这两种瓜在陶穀《清异录》卷上都有记载，其中“御蝉香”是唐武宗御封的瓜品，“洛南，会昌中，瓜圃结五六实，长几尺，而极大者类蛾绿，其上皱文酷似蝉形。圃中人连蔓移土槛贡，上命之曰‘御蝉香’‘挹腰绿’。”又“夷门（河南开封）瓜品中淀脚绡夹鹑，其色香味可魁本类矣”。

第二节　菜肴烹饪水平的提高

隋唐五代时期，黄河中游地区的主食烹饪与前代相比变化不大，而副食烹饪水平却有了较大提高。各种名菜佳肴争奇斗艳，极大地丰富了人们的餐桌。这一时期，副食烹饪水平的提高主要表现在以下三个方面：

一、菜肴烹饪技术的完善

隋唐五代时期，黄河中游地区的副食烹饪技术获得了较大发展，传统的煮、烤、脍等烹饪技术已炉火纯青，新兴的炒菜技术也日益成熟，名菜佳肴争奇斗艳。

1. 传统的煮、烤、脍等烹饪技术的发展

煮。煮主要用于加工各种羹类菜肴。隋唐五代时期，黄河中游地区的羹类菜肴品种很多，根据用料可分为菜羹、肉羹和鱼羹等，当时人们烹制羹类菜肴时特别讲究调味。突出表现在人们对具有食疗养生羹品的开发上，这类羹品多用动物“杂碎”或中草药制成，唐代昝（zǎn）殷《食医心鉴》一书中记载了许多这样的羹，如水牛肉羹、羊肺羹、猪心羹、猪肾羹、猪肝羹、乌雌鸡羹、青头鸭羹、鸡肠菜羹、小豆叶羹、车前叶羹、扁竹叶羹等。《明皇杂录》还记载了一则有关食疗羹疗效的故事。唐玄宗时户部员外郎郑平须发皆白，一次食用了皇上赐给的甘露羹后，一夜之间白发尽黑，这固然有夸大的成分，但这种羹具有明显疗效则是可以肯定的。食疗养生羹品的开发为中国饮食文化增添了新的内容。

烤。烤主要用于加工各种炙类菜肴。这一时期，黄河中游地区的烤烹技术得到了长足的发展，主要表现在：第一，用火更加讲究。《隋书·王劭传》记载：“今温酒及炙肉，用石炭、柴火、竹火、草火、麻荄火，气味各不同。”说明当时烤炙肉类非常讲究用火，既讲究火候，也讲究根据肉类的不同品种和要求选择使用不同的燃料。这种认识是长期实践经验的总结，这种烹饪水平也为前代所望尘莫及。第二，一些新的炙烤方法出现，例如“间接炙烤法”。当时的京都名菜“浑羊殁忽”就是用间接炙烤法制成的。《太平广记》引《卢氏杂说》云：“见京都人说，两军每行从进食，及其宴设，多食鸡鹅之类，就中爱食子鹅。鹅每只价值二三千，每有设，据人数取鹅，燖（xún，用开水烫）去毛，及去五脏，酿以肉及糯米饭，五味调和。先取羊一口，亦燖剥，去肠胃，置鹅于羊中，缝合炙之。羊肉若熟，便堪去却羊，取鹅浑食之，谓之‘浑羊殁忽’。”第三，同前代相比，这一时期，炙烤类菜肴的品种更趋于多样化。如《清异录》中有“无心炙”“逍遥炙”，谢讽《食经》中有“龙须炙”“干炙满天星”，韦巨源《食单》中有“金铃炙”“光明虾炙”“升平炙”，昝殷《食医心鉴》中有“野猪肉炙”“鳗鲡（lí，黑里带黄的颜色）鱼炙”“鸳鸯炙”“炙鸲鹆（qúyù，俗称‘八哥儿’）”等。

脍。古人把鱼或肉切细而成的菜叫脍。隋唐五代时期，黄河中游地区的食脍之风很盛行，特别是唐代食脍饮酒成为社会的一种时尚，唐代诗人为我们留下了许多食脍的精美诗句。脍的烹饪技术也得到了一定的发展。主要表现有二：

一是人们对于适合做脍的鱼种有了更为深入的认识。晋代张翰的“莼鲈之思”流传后，人们一直认为鲈鱼是做脍的最佳选择。唐代时，这种看法有了改变，阳晔《膳夫经手录》认为：“脍莫先于鲫鱼，鳊、鲂、鲷、鲈次之”，这是在长期饮食实践中得出的结论。昝殷《食医心鉴》中有“鲫鱼脍方”，认为鲫鱼脍可治产后赤白痢、脐肚痛和不下食。这是当时人们的科学认识水平在饮食方面提高的表现。

二是干脍制作与保鲜技术的发明。这一时期，人们除普遍食用鲜脍外，还发明了一种制作“干脍”的方法。加工干脍要用鲜鱼，边切边晒，晒干后密封贮存。食用时开封取出，用清水浸泡后就可以食用了。干脍可保存两个月左右，食用时接近鲜脍的口感。干脍一般用海鱼中的鮸（miǎn）鱼（头长而尖，口大，牙锐），鲈鱼也可以做干脍。隋唐时期最负盛名的是“金齑（jī）玉脍”，就是用松江鲈鱼制成的，江南人原名为“松江鲈干脍”，据《隋唐嘉话》载，隋炀（yáng）帝品尝后说：“金齑玉脍，东南佳味也。”这道菜在唐代宫廷宴席上经常出现。干脍制作与保鲜技术的发明，在一定程度上可使人们食用鱼脍不再受时间和地域的限制，这一时期江南沿海地区制作的干脍大量运往黄河中游地区，对于丰富鱼类资源相对不足的黄河中游地区人们的饮食生活具有重要意义。

2. 新兴炒菜技术的日益成熟

至迟南北朝时，黄河中游地区就已出现了“炒煎”的烹饪方法。但隋唐以前，“炒”在菜肴烹饪中的地位还很低，对炒法的记载也甚少。炒这一烹饪技法在隋唐以前未被人们重视的原因，主要在于这项技术还不成熟，特别是与植物油等较好的传热媒介尚未大量出现有关。

隋唐五代时期，黄河中游地区的植物油食用得到了迅速普及。段成式《酉阳杂俎》载：“**京宣平坊，有官人夜归入曲，有卖油者张帽驱驴，驮桶不避。……里有沽其油者月余，怪其油好而贱**”，说明唐代已经有人专门以卖油为生了。该书又载：“**齐暾（tūn）树，出波斯国，……子似杨桃，五月熟。西域人压为油以煮饼果，如中国之用巨胜也。**”巨胜即黑芝麻。这则史料说明，至唐代时芝麻油在中国使用已十分普遍了。日本僧人圆仁《入唐求法巡礼行记》中谈到，唐文宗开成年间（公元836—840年），他在曲阳县“**遇五台山金阁寺僧义深等往深州求油归山，五十头驴驮麻油去**”，足见当时植物油的消费量之大。《云仙杂记》还有“**唐世风俗，贵重葫芦酱、桃花醋、照水油**”**的记载**，“**照水油**”肯定是植物油，因为动物油常温下呈固态，是照不出什么的。“**植物油被普遍用于烹制菜肴，这是我国烹饪史上的一个重大飞跃，不可等闲视之。**”[①]

这一时期，植物油食用的普及为新兴炒菜技术的日益成熟提供了更好的传热媒介，使炒菜在菜肴中所占的比重逐渐提高，“炒”也日益成为中国菜肴加工的最主要的方式，深刻影响了人们的饮食生活。“炒”作为一种烹饪法，其加工对象极为广泛，无论是肉、蛋，还是果蔬都可以用此法烹饪，极大地扩展了烹饪原料的范围。

炒菜多为大火急炒，炒之前多要求对原料进行刀工处理，切成片、块、丁、粒等，刀法随着炒菜的繁荣而发展，唐代时就出现了专门论述刀工技艺的《砍脍书》。

用“炒”法做菜，加工时间短，燃料消耗少，所烹饪出来的菜肴营养成分流失较少。炒菜的发明和普及，使普通百姓有了日常佐餐下饭的菜肴。炒菜可荤可素，也可以荤素合炒，二三两肉配上较多的蔬菜就可做成一个菜。而烤、煮、炸等烹饪方法对于二三两肉则很难加工，即便是加菜的肉羹、肉汤的煮制也非少量的肉所能完成。“炒”发明之后，之所以很快为大家所接受，并发展成为独占鳌头、花样繁多的烹调方法，还由于它适应了中国人“五谷为养，五果为助，五畜为益，五菜为充”[②]的饮食结构，而菜肉齐备的炒菜正好适应了这种饮食习俗而光大起来。

---

① 王子辉：《中国饮食文化研究》，陕西人民出版社，1997年。

② 不著撰人，王冰注：《重广补注黄帝内经素问·脏气法时论篇》，四部丛刊本，上海书店，1989年。

二、菜肴烹饪原料的扩展

隋唐五代时期，黄河中游地区菜肴烹饪原料的扩展，不仅仅表现在制作菜肴所用的肉蔬瓜果的种类增多上，更重要的是猪羊牛鸡等普通家畜、家禽的内脏、血、头、脚、尾、皮等“杂碎”更多地受到人们的重视，被烹制成各种美味佳肴。

动物“杂碎”入馔历史较早，但以往人们所重视的动物“杂碎”多是些珍奇野味的“杂碎”，如熊掌、豹胎、驼峰、猩唇之类。中国最早有史籍可考的用普通家畜、家禽“杂碎”制成的菜肴出现在周代。[①]《礼记·内则》所记周代“八珍”中，有一味佳肴名“肝膋”。它的具体制作方法是：用一大片肠间脂肪（即网油）包好新鲜的狗肝，然后放在火上炙烤，烤到外面的脂肪干焦即成。有意思的是，后世百姓往往用“龙肝凤髓”来形容上层统治者的美食。“龙肝”即是这种烧烤的狗肝，因其是供天子所食的肝，故称为“龙肝”。周天子所用的“五齑”中，有一味“脾析”。据王仁湘先生考证，就是切碎了的牛百叶（牛胃）。[②]但隋唐以前人们对普通家畜、家禽“杂碎”的利用，仅限于头、脚、尾、皮等“硬杂碎”和“软杂碎”（内脏）中的心、肝、胃，而肠、肾、肺、脾等很少被人们做成菜肴。这与隋唐以前的烹饪技术还不十分发达有关。头、脚、尾、皮等“硬杂碎”和“软杂碎”中的心肝胃等味道鲜美，异味较轻，而肠、肾、肺、脾等或油腻肥厚，或腥臊干枯、异味较重。隋唐以前的烹饪方法主要是烤、蒸、煮，这些烹饪方法制作异味较轻的“硬杂碎”和心、肝、胃尚可，但对于油腻肥厚的大小肠和腥臊干枯、异味较重的肾、肺、脾，烤、蒸、煮的烹饪方法则显得力不从心。

隋唐五代时期，由于中国烹饪技术获得了突飞猛进的发展，传统的煮、烤、蒸等烹饪技术已炉火纯青，新兴的炒菜技术也日益成熟。于是唐人就有了“物

① 刘朴兵：《中国杂碎史略》，《中国饮食文化基金会会讯》（台北），2004年第3期。
② 王仁湘：《饮食与中国文化》，人民出版社，1993年。

无不堪吃，唯在火候，善均五味”[①]的思想，意识到只要火候和调味适当，就能化解动物五脏六腑中的腥臊异味，使之成为珍馐。正是烹饪技术的完善，才能使肠、肾、肺、脾等更多的杂碎成为色香味形俱佳的美味，而受到越来越多的人喜爱。隋唐以前，很少见到用肠、肾、肺、脾等做成的美食。隋唐以后，这种情况发生了根本的变化，出现了大量的以肠、肾、肺、脾为原料的佳肴。可以说，中国的杂碎肴馔在隋唐以后获得突飞猛进的发展不是偶然的，正是中国烹饪技术完善的结果。

各种“杂碎”菜肴受到社会上层的欢迎，成为这一时期杂碎肴馔发展的突出表现。当时社会上层嗜食杂碎者到处可见，如《云仙杂记》记载：“王缙饮酒，非鸭肝猪肚，箸辄不举。”《太平广记》引《报应记》记载，徐可范“嗜驴，……取其肠胃为馔。”同书引《前定录》记载，杨豫主邮务时曾“啖驴肠数脔（luán）”。甚至达官贵人进献给皇帝的膳食中亦有不少杂碎食品，陶穀《清异录》所记唐代宰相韦巨源“烧尾宴”中的杂碎食品有：“通花软牛肠”（用羊骨髓作拌料的牛肉香肠）、“凤凰胎”（用鱼胰脏蒸成的鸡蛋羹）、“羊皮花丝”（拌羊肚丝、肚丝切成一尺长）、“格食”（羊肉、羊肠拌豆粉煎烤而成）、“蕃体间缕宝相肝”（装成宝相花的冷肝拼盘，拼堆成七层为限）。一些帝王也非常热衷于吃肠胃做成的肴馔，《太平广记》引《卢氏杂说》云：“玄宗命射生官射鲜鹿，取血煎鹿肠，食之，谓之‘热洛河’，赐安禄山及哥舒翰。”

这一时期，各种“杂碎”也开始用于食疗、食补。唐代昝殷《食医心鉴》中列有酿猪肚、羊肺羹、猪肝丸、炮猪肝、猪肝羹、猪肾羹等名目，它们“不但烹制精巧，口味爽美，而且可以食补身体，治疗疾病，是唐人烹饪技艺与养生保健的完美结合”[②]。

---

① 段成式：《酉阳杂俎》前集卷七，四部丛刊本，上海书店，1985年。
② 王赛时：《唐代饮食》，齐鲁书社，2003年。

三、象形花色菜的出现和食品雕刻的发展

象形花色菜的出现和食品雕刻的发展是这一时期烹饪水平提高的又一重要表现。

1. 象形花色菜的出现

象形花色菜的出现与冷盘菜的发展有密切关系。秦汉南北朝时期，作为政治、文化中心的黄河中游地区就出现了较多的冷盘菜，如各种脍、鲊、菹、酱等。隋唐五代时期冷盘菜的继续增多，终于使中国宴席的菜肴组合形式发生了新变化，“即冷荤菜上席于热菜之前似从这一时期而开始的”[①]。这种先上冷菜后上热菜的宴席菜肴组合形式，又反过来促进了冷荤菜制作水平的提高。

最能代表隋唐五代时期冷菜制作成就的是当时的象形花色菜。象形花色菜大约起源于隋代，当时叫做“看食”，到了唐代，既能观赏又可食用的拼盘得以问世，并正式登上宴席，唐代诗人王维晚年所居的辋川别墅有21胜景，后来，唐代一位法名梵正的比丘尼，竟用酱肉、肉干、鱼鲊、酱瓜之类的冷食，将这21景在食盘上拼制出来。陶穀《清异录》记其事云：“比丘尼梵正庖制精巧，用鲊、臛、脍、脯、醢、酱、瓜、蔬，黄赤杂色，斗成景物，若坐及二十人，则人装一景，合成辋川图小样。”《紫桃轩杂缀》亦载：“唐有静尼，出奇思以盘饤，簇成山水，每器占辋川图中一景，人多爱玩，不忍食。”饤，旧指堆叠器皿中的蔬菜果品面点等“看食”，一般作祭品或陈列，而不食用。不过，比丘尼梵正所制作的辋川图小样，与前代的“看食”不同，“不忍食”说明是可以吃的，而且制作此菜的目的也是让人吃的。比丘尼梵正的这一杰作，不仅包括改刀、烹制、拼摆等多方面的技艺，而且涉及渊博的文化修养，可以说开绘画、雕塑艺术与烹饪技艺巧妙结合的象形花色菜之先河。

---

① 王子辉：《中国饮食文化研究》，陕西人民出版社，1997年。

图5-1 《辋川别墅图》局部

2. 食品雕刻的发展

隋唐五代时期的食品雕刻工艺也有了进一步的发展。首先，食品雕刻的范围得到了进一步扩大。“如果说，魏晋南北朝时期仅限于手画卵、雕蛋的较小范围，隋唐五代时已扩大到饭、糕和菜肴方面。”① 韦巨源《烧尾宴食单》中的“玉露团”，注明是“雕酥”，也就是说“玉露团”是在酥酪上进行雕刻的。“御黄王母饭”，注明是“编镂卵脂盖饭面”，可见“御黄王母饭”是在鸡蛋和脂油上进行雕刻的。其次，食品雕刻技艺已经达到相当高的艺术水平。较能反映这一时期食品雕刻技艺水平的是“镂鸡子”。“镂鸡子”源于寒食节食用煮鸡蛋这一习俗，有好事者，在鸡蛋上雕刻各种花样图案并染上色彩，以增加鸡蛋的外观美感，久之，形成了一种传统习俗，这就是“镂鸡子”。“镂鸡子”虽在魏晋时就已经出现，但它的普及却是在唐代。《太平广记》引《前定录》载，唐长安风俗就有“寒食将至，何为镂鸡子食也”的记述。骆宾王《镂鸡子》一诗云：“幸遇清明节，欣逢旧练人。刻花争脸态，写月竞眉新。晕罢空馀月，诗成并道春。谁知怀玉者，含响未吟晨。”诗人把善为镂鸡子的人称为“练人”，以示其熟练技能。元稹《寒

① 王子辉：《中国饮食文化研究》，陕西人民出版社，1997年。

食夜》也有“红染桃花雪压梨，玲珑鸡子斗赢时”的句子。从这些诗中我们得知，当时人们把鸡蛋雕成人脸形状，并在腮上染上红晕，光彩照人。人们还要把镂刻成形的鸡蛋拿出来相互比试，争巧斗艺，这种习俗当时称为“斗鸡子”。这一时期寒食期间“镂鸡子”“斗鸡子”习俗，说明当时食品雕刻已深入到普通百姓的饮馔生活之中了。

第三节　日益成熟的饮食养生和食疗

利用饮食养生和治疗各种疾病是中国饮食文化的重要内容，也是古代中医的一项优秀传统，这一传统至少可以上溯到先秦时期。《山海经》里就记载有不少药用食品，但唐代以前的饮食疗法局限于狭隘经验，在实际应用上尚未引起普遍重视。[①]唐代，随着医学理论水平的提高，社会大众对养生的普遍关注，饮食养生的理论和实践都达到了前所未有的水平。唐代的食疗著作大量涌现，食疗在理论上逐步提高，在实践中广泛应用到临床治疗之中。食疗学作为中医学的一个重要分支日益成熟。

一、饮食养生学的发展

（一）医学家对饮食养生经验的总结

唐代，医学家们普遍认识到饮食对养生保健的重要作用，大医学家孙思邈称：“安身之本，必资于食……不知食宜者，不足以存生也。”[②]唐代医学家们对前代流传下来的饮食养生经验进行了全面总结，使中国古代的饮食养生术更为全

---

① 陈伟明：《唐宋饮食文化初探》，中国商业出版社，1993年。

② 孙思邈：《备急千金要方》卷二六《食治·序论第一》，人民卫生出版社，1955年。

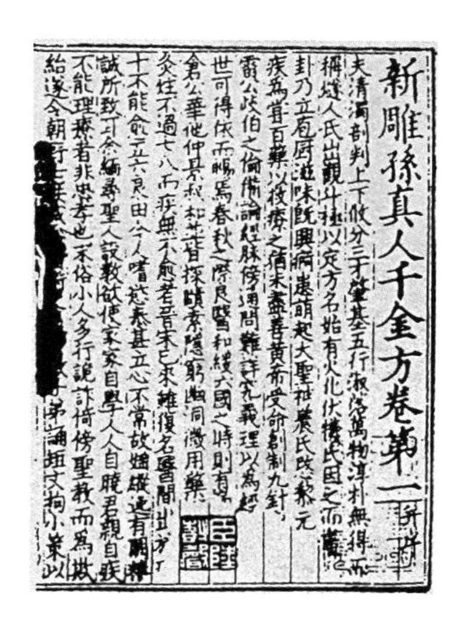
新雕孫真人千金方卷第一

夫清濁剖判上下攸分三才肇基五行俶落萬物淳朴無得而
稱燧人氏出觀斗極以定方名始有火化伏犧氏因之而畫八
卦乃立庖廚滋味既興痾瘵萌起大聖神農氏愍黎元
疾爲嘗百藥以救療之猶未盡善黃帝受命創制九針
雷公岐伯之倫備論經脈傍通問難詳究義理以爲經
世可得依而暢焉春秋之際良醫和緩六國之時則有扁
倉公華佗仲景叔和並皆探賾索隱窮幽洞微用藥
灸炷不過七八而疾無不愈者晉宋已來雖復名醫間出
十不能愈五六良由今人嗜慾泰甚立心不常故婬放縱逸有闕攝
誠所致耳余緬尋聖人設教欲使家家自學人人自曉君親自疾
不能理療者非忠孝也末俗小人多行詭詐倚傍聖教而爲欺
紿遂令朝野士庶[illegible]子弟誦短文搆小策以

图5-2 《千金方》内页书影

面、系统。在孙思邈的《千金要方》与孟诜、张鼎的《食疗本草》等唐代医书中都有丰富的饮食养生内容，主要包括以下几个方面：

1. 合理膳食

人体要维持健康，必须吸收各方面的营养。早在汉代，《黄帝内经》中便提出了“五谷为养，五果为助，五畜为益，五菜为充”的理想膳食结构。孙思邈在《千金要方·食治》的“序论”中也引用了这一段话，并具体发挥了这一观点，他将食物分为果实、蔬菜、谷米、鸟兽四大类，详细介绍了当时156种日常食物的性味、营养和功效。这说明孙思邈非常重视建立合理的膳食结构，主张营养平衡，合理搭配。

2. 平衡食味

孙思邈《千金要方·食治·序论》云：“五味入于口也，各有所走，各有所病。”具体而言，“酸走筋，多食酸令人癃（lóng）”；“咸走血，多食咸令人渴”；“辛走气，多食辛令人愠心”；“苦走骨，多食苦令人变呕”；“甘走肉，多食甘令人恶心”；“多食酸则皮槁而毛夭，多食苦则筋急而爪枯，多食甘则骨痛而发落，多食辛则肉胝而唇褰（qiān），多食咸则脉凝泣而色变”。因此，人们在日常的饮食中，就要根据人体状况和四季变化来调配五味，使之平衡，不可偏嗜。

3. 明察食性

中医药理学认为，每种食物都有一定的食性，或寒，或热，或温，或凉，或平，或有毒，或无毒等。不同食性的食物对人体养生的效果亦不相同。有些可以常食，如“味甘，平，澁（sè）”的樱桃，“调中益气，可多食，令人好颜色，美志性”；有些不可多食，如“味甘，微酸，寒，澁，有毒”的梨，“除客热气，止心烦，不可多食，令人寒中”①。

不同食性之间的食物，有的相宜，有的相克。如果食用了食性相克的食物，就会有损身体健康。为了避免食性相克，损害身体健康，唐代医学家提出了“食不欲杂”的养生原则，“杂则或有所犯。有所犯者，或有所伤。或当时虽无灾苦，积久为人作患”②。

一些病死、自死动物或与常品有异的食物，其食性发生了变化，往往有毒，是不可食用的。如“乌牛自死北首者，食其肉害人”；③。食物制作方法不同，食物的食性亦有可能发生变化。如干枣，“生者食之过多，令人腹胀。蒸煮食之，补肠胃，肥中益气”④。

4. 饮食有节

唐代以前，人们已经开始意识到饮食无节将会损害身体健康。唐代的孙思邈对节制饮食的论述更加全面详细，告诫人们饮食要有节制，不可过量饮食，不要过于追求美味。“是以善养性者，先饥而食，先渴而饮，食欲数而少，不欲顿而

---

① 孙思邈：《备急千金要方》卷二六《食治·果实第二》，人民卫生出版社，1955年。
② 孙思邈：《备急千金要方》卷二六《食治·果实第二》，人民卫生出版社，1955年。
③ 孙思邈：《备急千金要方》卷二六《食治·鸟兽第五》引《神农黄帝食禁》，人民卫生出版社，1955年。
④ 孟诜、张鼎撰，谢海洲辑：《食疗本草》卷上《干枣》，人民卫生出版社，1984年。

多，则难消也。常欲令如饱中饥，饥中饱耳。盖饱则伤肺，饥则伤气”①。告诫人们珍馐美味要少吃，平日饮食也不可过饱。即使是有益健康的食物也不能一下吃得太多，“乳酪酥等常食之，令人有筋力胆干，肌体润泽。卒多食之，亦令胪胀泄利，渐渐自已”②。孙思邈还用具体实例说明不节饮食的危害，强调“厨膳勿使脯肉丰盈，常令俭约为佳”③。

5. 因人而膳

不同的人体，其素质、体质、性格类型不同，饮食的嗜好也不尽相同。即使是同一个人，一生中的各个不同时期，其体质和气血盛衰也有所变化。因此，在具体的饮食养生实践中，要充分考虑到体质强弱之殊，男女老少之异，即因人而膳。孕妇也要遵守许多食忌，否则既不利于己也不利于将来出生的子女。唐代的不少医书在介绍各种食物时，对其利忌的人群多有注明，如菠菜，“冷，微毒。利五藏，通肠胃热，解酒毒。服丹石人食之佳”④。

6. 因时而膳

因时而膳有两方面的含义：其一，对人体而言，四时的气候变化，如春温、夏热、秋燥、冬寒，均会对人体的生理活动产生重要影响。因此，在饮食养生的过程中，要根据时令气候的变化对饮食作出相应的调整。否则将不利于养生，甚至会致病。孙思邈告诫人们：“从夏至秋分忌食肥浓，然热月人自好冷食，更与肥浓，兼食果菜无节，极遂逐冷眠卧，冷水洗浴，五味更相克贼，虽欲无病不可得也”⑤；其二，对食物而言，不少食物都有其最佳的食用时令，如“二月三月宜食韭，大益人心”⑥。进食违时之物同样不利于养生，以肉类为例，孙思邈在

---

① 孙思邈：《备急千金要方》卷二七《养性·道林养性第二》，人民卫生出版社，1955年。
② 孙思邈：《备急千金要方》卷二六《食治·序论第一》，人民卫生出版社，1955年。
③ 孙思邈：《备急千金要方》卷二七《养性·道林养性第二》，人民卫生出版社，1955年。
④ 孟诜、张鼎撰，谢海洲等辑：《食疗本草》卷下《菠薐》，人民卫生出版社，1984年。
⑤ 孙思邈：《备急千金要方》卷二十《膀胱腑方·霍乱第六》，人民卫生出版社，1955年。
⑥ 孙思邈：《备急千金要方》卷二六《食治·菜蔬第三》，人民卫生出版社，1955年。

《千金食治·鸟兽》中列举了一些违时进食的例子，如：正月食虎豹狸肉，二月食兔肉，二月庚寅日食鱼，三月三日食鸟兽五脏，四月食暴鸡肉、蛇肉、鳝鱼，五月食马肉、麞肉，六月食羊肉、雁肉、鹜肉，八月食鸡肉、雉肉、猪肺，九月食犬肉，十月食猪肉，十一月食鼠肉、燕肉、螺蛳、螃蟹，十一月、十二月食虾蚌着甲之物，十二月食牛肉、蟹鳖，均会伤人神气或致病。受当时科技水平的限制，这些禁忌可能带有一定的局限性，但“因时而膳”的思想是十分有益的。

7. 因地而膳

中国地域辽阔，各地的自然环境不同，生活习惯有异。不同地域的人们进食同一样食物可能会产生不同的效果，例如菠菜，“北人食肉面则平，南人食鱼鳖水米即冷。不可多食，冷大小肠。久食令人脚弱不能行”[①]。人们进食不同地域出产的食物，养生效果亦会有所不同，如羊的食用就有南北之别，“南方羊都不与盐食之，多在山中吃野草，或食毒草。若北羊，一二年间亦不可食，食必病生尔。为其来南地食毒草故也。若南地人食之，即不忧也。今将北羊于南地养三年之后，犹亦不中食，何况于南羊能堪食乎？盖土地各然也”[②]。因此，在人们的饮食养生过程中，要充分考虑到不同地域出产的食物对饮食养生形成的不同效果，做到因地而膳。

8. 讲究饮食卫生

孙思邈在《千金要方·养性》中说：“食当熟嚼，使米脂入腹，勿使酒脂入肠。人之当食，须去烦恼，如食五味必不得暴嗔，多令人神惊，夜梦飞扬。每食不用重肉，喜生百病。常以少食肉，多食饭及少菹菜，并勿食生菜、生米、小豆、陈臭物，勿饮浊酒。……食毕当漱口数过，令人牙齿不败，口香”。这些论述涉及饮食卫生和精神卫生两方面，都是很有科学道理的。熟食多嚼可减轻胃肠负担，

① 孟诜、张鼎撰，谢海洲等辑：《食疗本草》卷下《菠薐》，人民卫生出版社，1984年。
② 孟诜、张鼎撰，谢海洲等辑：《食疗本草》卷中《羊》，人民卫生出版社，1984年。

又能促进消化液分泌，有利于消化。烦恼之时进食会影响消化液分泌和肠胃的正常功能，不利于食物消化吸收。过饱与多食肉者不易消化，对胃肠不利。食物不洁或变质使人生病，甚至有性命之忧。这是有关饮食卫生的第一次全面论述。

9. 不可过度饮酒

唐代酒风甚烈，许多酒徒都染有酒癖。长期过度饮酒极不利于养生，唐代孙思邈告诫人们："饮酒不欲使多，多则速吐之为佳。勿令至醉。即终身百病不除。久饮酒者，腐烂肠胃，渍髓蒸筋，伤神损寿"[1]。孙思邈还具体解释了人们饮酒致病的主要原因："然则大寒凝海，而酒不冻，明其酒性酷热，物无以加。脯炙盐咸，此味酒客躭嗜不离其口，三觞之后制不由己，饮噉（dàn，意思同'啖'）无度，咀嚼鲊酱，不择酸咸，积年长夜酣兴不解，遂使三膲猛热，五脏干燥，木石犹且焦枯，在人何能不渴"[2]。孙思邈提醒人们，"醉不可以当风，向阳令人发强。又不可当风卧，不可令人扇之，皆即得病也。醉不可露卧及卧黍穰中，发癞疮。醉不可强食，或发痈疽（yōngjū，毒疮，多而广的叫痈，深的叫疽），或发瘖，或生疮。醉饱不可以走车马及跳踯，醉不可以接房。醉饱交接，小者面皯咳嗽，大者伤绝脏脉损命"[3]。

（二）道教的"服食养生"及其影响

唐代是中国道教发展的繁荣时期，李唐统治者自认为是道家始祖老子的后人，采取尊崇道教的政策，将道教置于佛教之上，道教信仰在唐朝盛极一时。由于道教以追求长生不老为主要宗旨，尤其注重"服食养生"，道教的盛行使其服食养生主张有了更大的生存空间。道教的服食养生主张主要有二：一是服食丹药，二是辟谷。它们对唐代社会（尤其是社会上层）产生了较大影响。

---

① 孙思邈：《备急千金要方》卷二七《养性·道林养性》，人民卫生出版社，1955年。
② 孙思邈：《备急千金要方》卷二一《消渴》，人民卫生出版社，1955年。
③ 孙思邈：《备急千金要方》卷二七《养性·道林养性》，人民卫生出版社，1955年。

1. 服食丹药

道教主张服食丹药以求长生成仙。唐代时，社会上层服食丹药之风甚盛，在唐代皇帝中，唐太宗、唐高宗、唐玄宗、唐宪宗、唐穆宗、唐敬宗、唐武宗、唐宣宗都曾服食过丹药。唐代官僚贵族服食丹药者更是不胜枚举，如唐初功臣尉迟敬德“末年笃信仙方，飞炼金石，服食云母粉，……不与外人交通，凡十六年”[①]。唐代的文人士大夫深受道家思想的影响，求仙服食成为一代风尚，王勃、卢照邻、陈子昂、李端、王昌龄、孟浩然、孟郊、陆潜夫、储光羲、许浑、刘言史、陆龟蒙、杜荀鹤、曹邺风、徐凝想、于鹄、祝元膺、柳宗元、刘禹锡、韦应物、项斯、王毂、司空曙、卢仝、颜真卿、李颀、吴融、郑居中、王明府、张蠙、李位、李德裕、陆希声、刘商、翁承赞、杜甫、李白等人多有求仙服食的经历。在社会上层服食求仙的影响下，唐代的平民百姓也有服食者，如自唐德宗贞元年间（公元785—805年）以后，长安民众“侈于服食”[②]。

2. 少食辟谷

在饮食上，道教还主张通过“少食辟谷”和“少食荤腥多食气”，达到养生长寿的目的。道教徒的辟谷少食习俗对当时人们的饮食养生也产生了较大的影响，人们津津乐道那些因辟谷而长寿的人们，据孙思邈《千金翼方·辟谷》记载，东海有一个服食云母的卖盐女子，“**其女子年三百岁，貌同笄女，常自负一笼盐，重五百余斤。**”《旧唐书·隐逸传》记载，赵州人潘师正隐居嵩山逍遥谷二十余年，“**但服松叶饮水而已**”，**唐高宗曾问他**：“**山中何所须？**”答曰：“**所须松树清泉，山中不乏。**”辟谷之术的流行也促进了唐代养生食品的开发，如唐代的“茯苓酥”，就是利用茯苓、松脂、生天门冬、牛酥、白蜜、蜡混合炼制而成的。[③]

---

① 刘昫等：《旧唐书·尉迟敬德传》，中华书局，1975年。
② 李肇：《唐国史补》卷下《叙风俗所侈》，上海古籍出版社，1979年。
③ 孙思邈：《备急千金要方》卷二七《养性·服食法》，人民卫生出版社，1955年。

二、食疗学的确立

（一）食疗著作的大量涌现

唐代出现了多部有关食疗的专著，如孙思邈《千金要方·食治》《千金翼方·养老食疗》，孟诜、张鼎《食疗本草》，昝殷《食医心鉴》等。这些著作论述了通过饮食治疗疾病的一般理论及饮食治疗的基本方法等，奠定了中国食疗学的基础。

1. 孙思邈《千金要方·食治》《千金翼方·养老食疗》

孙思邈《备急千金要方》简称《千金药方》《千金方》，共30卷，其中的第二十六卷专论“食治”，人们通常把这一卷称为《千金食治》。《千金食治》包括序论和果实、菜蔬、谷米、鸟兽（附虫鱼）等5篇。序论篇精辟地论述了药与食的关系，食疗养生的原理和方法。其余4篇共收入食物155种，计有果实29种，菜蔬58种、谷米27种、鸟兽虫鱼40种。在每种食物的下面列出它们的性味、损益、服食禁忌及主治疾病，有的还记述了它们的食用方法。《千金食治》所阐发的食治重于药治的思想对中国食疗养生学的发展产生了重大而深远的影响。在孙思邈的另一部著作《千金翼方·养性》一章中有《养老食疗》一文，在《千金翼方·退居》中有《饮食》一文,《养老食疗》和《饮食》这两篇文章可视为孙思邈对《千金食治》的补充。

2. 孟诜、张鼎《食疗本草》

孟诜、张鼎《食疗本草》，原为三卷，载有食疗方剂227个，但早已散佚。由于该书的许多内容散见于其他一些唐宋医学文献中，如北宋唐慎微的《重修政和证类备用本草》、日本丹波康赖的《医心方》（公元984年著）等，特别是1907年英国人斯坦因在敦煌莫高窟中发现抄于后唐时期（约公元934年）《食疗本草》的残卷。近代许多学者对此书进行了多方辑佚，出版了比较完备的辑本，如谢海洲等的《食疗本草》（人民卫生出版社，1984年版）、郑金生的《食

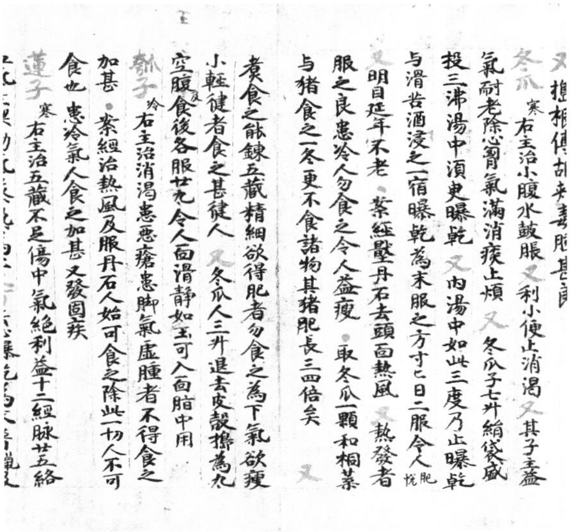
冬瓜 寒 右主治小腹水鼓脹 又利小便止消渴 又其子主益
氣耐老除心胷氣滿消痰止煩 又冬瓜子七升絹袋盛
投三沸湯中須臾曝乾 又內湯中如此三度乃止曝乾
与滑苦酒浸之一宿曝乾為末服之方寸匕日二服令人肥悅
又明目延年不老 ・案經壓丹石去頭面熱風 又熱發者
服之良患冷人勿食之令人益瘦 ・取冬瓜一顆和桐葉
与猪食之一冬更不食諸物其猪肥長三四倍矣 又
煑食之能鍊五藏精細欲得肥者勿食之為下氣欲瘦
小輕健者食之甚健人 又冬瓜人三升退去皮殼擣為丸
空腹及食後各服廿丸令人面滑靜如玉可入面脂中用
瓠子 冷 右主治消渴患惡瘡患腳氣虛腫者不得食之
加甚 ・案經治熱風及服丹石人始可食之除此一切人不可
食也 患冷氣人食之加甚 又發固疾
蓮子 寒 右主治五藏不足傷中氣絕利益十二經脉廿五絡

图5-3 《食疗本草》残卷书影

疗本草译注》（上海古籍出版社，1992年版）等。《食疗本草》集药用食品于一书，在每种食品名下均注明性味、服食方法和宜忌。与孙思邈的《千金食治》相比，该书更适于实际应用，这主要体现在该书大量收载当时的食疗、食忌经验和记有众多食疗方剂上。

3. 昝殷《食医心鉴》

昝殷《食医心鉴》，原为两卷，宋代后该书即已散佚。近代学者罗振玉游历日本时，曾得到《食医心鉴》的一个辑本，该辑本是日本人从高丽《医方类聚》中辑得的，共一卷。《食医心鉴》与以前的食疗类著作最大的不同在于：它不是以食物为分类标准的，而是按病症分类，在论述每类病症后，具体介绍相关的食疗方剂。在方剂中，先说明疗效，再列举食物和药物的名称和用量，并介绍制作和服用方法。因此，昝殷的《食医心鉴》比以前的食疗类著作更便于实际应用，从而将中国古代的食疗养生学推向了一个新的发展阶段。

（二）食疗学的主要成就

1. “食疗为先”原则的确立

“食疗为先”的原则最早是由孙思邈在《千金要方·食治》中提出的，他认为：“夫为医者，当须先洞晓病源，知其所犯，以食治之，食疗不愈，然后命药。”明确提出治病首先以饮食治疗，饮食治疗不成，再以药物治疗，把饮食治疗放在首位。为什么要以食疗为先呢？这是由于“药性刚烈，犹若御兵，兵之猛暴，岂容妄发。发用乖宜，损伤处众，药之投疾，殃滥亦然”；“药势偏有所助，令人脏气不平，易受外患”。孙思邈明确了药物性有偏颇，只宜救急的基本医学原理，在肯定“救疾之速，必凭于药”的同时，告诫人们“人体平和，惟须好将养，勿妄服药”。与药性偏颇不同，食性平和，“是故食能排邪而安脏腑，悦神爽志，以资血气。若能用食平疴、释情、遣疾者，可谓良工”[①]。

“食疗为先”原则的提出对于中国食疗学的形成具有重大的指导意义，它突破了传统“药食同源”“药食同用”认识水平的局限，克服了以往仅把食疗作为治病的辅助手段，摆正了食疗与药疗的主次关系，使食疗处于应有的地位，为古代中医食疗学科的体系化奠定了科学的理论基础。[②]

2. 食疗食物的增多

唐代以前，用于食疗的食物种类较少，不利于饮食治疗学的发展深化。至唐代，食物品种在临床治疗应用上不断增加，成为唐代饮食疗法超越前代的显著标志之一。唐代食疗食物种类增多的原因与唐代的饮食文化交流不无关系。在新增的这些食疗食物中，有不少是隋唐时期刚从西域引进中土的，如蕹菜、菠菜、莴苣、胡荽等蔬菜，以及香料、药物兼于一身的西域“香药”；也有不少是唐代始从南方输入中原的，如各种鱼类和藻类。对这些新近输入的食物，唐代医药学家

① 孙思邈：《备急千金要方》卷二六《食治·序论》，人民卫生出版社，1955年。
② 陈伟明：《唐宋饮食文化初探》，中国商业出版社，1993年。

们对其性味、医疗功能的了解逐渐增多，开始把它们运用到食疗当中。除了把新输入的食物品种纳入食疗范围之外，受时人重视动物内脏（“杂碎”）的影响，唐代的食疗也大量应用各种动物内脏。

3. 食疗形式的多样化

唐代以前，食疗的形式比较单调，唐代时，食疗形式开始多样化。就具体方法而言，唐代的饮食疗法已经相当成熟，如有汤酒、浆、饮、乳、羹，以及饼、点心、菜肴等很多品种。

在众多用于食疗的饮食品种中，以流质的羹、粥、汤最为普遍。这是由于羹、粥、汤易于消化吸收，食用它们可以减轻食疗病人的肠胃负担。同时，也可以为病人补充大量的水分。其他形式的食疗饮食，大多烹制得十分软烂，在口味上也以清淡为主。食物软烂、清淡，易于病人消化吸收。在服用食疗饮食时，多于空腹趁热食用。之所以如此，也是出于易于消化吸收的缘故，这样做可以充分发挥食物的食疗作用。

和药物治疗相似，利用饮食治疗时一般也要忌食生冷油腻等食物，如“（驴）脂和乌梅为丸，治多年疟。未发时服三十丸。又，头中一切风，以毛一斤炒令黄，投一斗酒中，渍三日，空心细细饮，使醉。以覆卧取汗。明日更依前服。忌陈仓米、麦面等”[①]。

在唐代的食疗饮食中，有不少是加入了药物的“药膳”。如“云母粉半大两，研作粉，煮白粥调，空腹食之”，以治小儿赤白痢及水痢。[②]“药膳”合药、食于一体，它既是药剂，又是食剂，使病人在进食的同时又进了药。除药膳外，唐代还有不少用于疗疾的药酒。由于药膳、药酒中加入了药物，所以药膳、药酒的疗效较快，如《独异志》载：“（唐）太宗苦气痢，诸治不效，即下诏问殿庭左右有能治者，重赏之。宝藏曾困其疾，即具疏以乳煎荜拨方，上服之立瘥。……其

① 孟诜、张鼎撰，谢海洲等辑：《食疗本草》卷中《驴》，人民卫生出版社，1984年。
② 唐慎微：《重修政和证类备用本草》卷三《云母》引《食医心镜》，四部丛刊本，上海书店，1985年。

方每服用牛乳半升、荜拨三钱匕，同煎减半，空腹顿服”[1]。服用药膳、药酒时，其食忌也应和服药一样，以免食性与药性相克，降低了药效，甚至中毒加重病情，危及生命。

4. 食疗功能的进一步开发

利用饮食治疗疾病，优点在于毒副作用小，治根治本，但也普遍存在着疗效较慢、疗程较长等缺点，所以食疗针对的对象主要是各种慢性疾病，这在各种食疗方剂中很容易看出这一特点。

除主要治疗各种慢性疾病之外，配合药物进行辅助治疗也是饮食治疗的重要内容之一，如“凡人忽遇风发，身心顿恶，或不能言。有如此者，当服大小续命汤，及西州续命排风越婢等汤，于无风处密室之中，日夜四五服，勿计剂数多少，亦勿虑虚，常使头面手足腹背汗出不绝为佳。服汤之时，汤消即食粥，粥消即服汤，亦少与羊肉臛将补。若风大重者，相续五日五夜服汤不绝，即经二日停汤，以羹臛自补将息。四体若小差，即当停药，渐渐将息。如其不差，当更服汤攻之，以差为度”[2]。

这里的“风疾”是指因脑血管阻塞（血栓）所导致的某一器官功能的中断或丧失，如肢体瘫痪、口歪眼斜面瘫等。在唐代大医学家孙思邈所开的这一医方中，“大小续命汤”或“西州续命排风越婢汤”是治疗风疾的药剂，对于风疾病人的痊愈发挥着主要作用，而粥和羊肉臛则是营养丰富、易于消化的食剂，它们不仅为病人提供了充足的营养，而且与作为药剂的“汤”互相配合，对病人的痊愈发挥着重要的辅助作用。这是由于治疗“风疾”一方面要服用消释血栓的药物，一方面要大量补充体液以加快血液循环，流质的汤臛中因含有大量的水分，“汤消即食粥”，保证了风疾病人在停“汤”之际，仍能得到大量的水分补充。

---

① 江瓘：《名医类案》卷四《痢》，四库全书本，商务印书馆，2005年。
② 孙思邈：《备急千金要方》卷一《序例·服饵》，人民卫生出版社，1955年。

5. 食疗的灵活运用

同饮食养生相似，唐人在饮食治疗的过程中，已经开始具体、辩证、全面地观察分析病情，灵活运用，因人而膳、因地而膳、因时而膳，充分发挥饮食治疗的潜力。以孟诜、张鼎的《食疗本草》为例，乳腐，“微寒。润五脏，利大小便，益十三经脉。微动气。细切如豆，面拌，醋浆水煮二十余沸，治赤白痢，小儿患，服之弥佳”[①]，这是强调因人而膳;“淮泗之间米多。京都、襄州土粳米亦香、坚实。又，诸处虽多，但充饥而已”[②]；枣，“蒸煮食之，补肠胃，肥中益气。第一青州，次蒲州者好。诸处不堪入药”[③]，这是强调因地而膳；鸲鹆肉，“主五痔，止血”;“又，食法：腊日采之，五味炙之，治老嗽。或作羹食之亦得；或捣为散，白蜜和丸并得。治上件病，取腊月腊日得者良，有效。非腊日得者不堪用”[④]，这是强调因时而膳。

第四节 繁盛一时的酒文化

隋唐五代时期，特别是隋唐两代，农业的发展使粮食产量大幅度提高，官私粮仓储备丰盈，为酿酒提供了充足的原料。这一时期，黄河中游地区的酿酒技术得到了进一步提高，酒的品种不断增加，饮酒之风盛行不衰，从王公贵族到平民百姓，各个阶层、各个行业，好酒之徒不绝于史，许多人终日沉饮不厌，几乎以酒肆为家，在文人的诗文作品中多有反映。庞大的饮酒人群，巨大的酒资消费，使当时的酒肆生意兴隆。这些都在不断地丰富着酒文化的内涵。五代时期，由于社会经济遭到严重的破坏，饮酒之风略减，但在统治阶级上层则有变本加厉之势。

---

① 孟诜、张鼎撰，谢海洲辑:《食疗本草》卷下《乳腐》，人民卫生出版社，1984年。
② 孟诜、张鼎撰，谢海洲辑:《食疗本草》卷下《粳米》，人民卫生出版社，1984年。
③ 孟诜、张鼎撰，谢海洲辑:《食疗本草》卷上《干枣》，人民卫生出版社，1984年。
④ 孟诜、张鼎撰，谢海洲辑:《食疗本草》卷中《鸲鹆肉》，人民卫生出版社，1984年。

一、酒类生产的进步

（一）酿酒技术的进步

隋唐五代时期，黄河中游地区的农业获得了巨大发展，为酿酒提供了足够的粮食原料，社会上饮酒之风盛行，无论是宫中、官府酒坊，还是酒肆、家庭，对传统酿酒技术无不进行新的探索，这就促进了酿酒技术的进一步提高。主要表现在：

第一，出现了红曲酿酒的迹象。红曲是一种高效酒曲，它以大米为原料，接曲母培养而成，含有红曲霉素和酵母菌等微生物，具有很强的糖化力和酒精发酵力。《全唐诗》载有褚载诗："有兴欲酤红曲酒，无人同上翠旌楼"。"红曲的发明，为传统米酒升华为黄酒提供了转化条件。"①

第二，采用了石灰降酸工艺。谷物发酵成酒后，由于酒液内仍保留着大量的微生物，因而会导致酒液变酸。为解决这一难题，早在唐代人们就学会了利用石灰降酸的新工艺，这种工艺在酿酒发酵过程中的最后一天，往酒醪中加入适量的石灰，降低酒醪的酸度，从而避免了压榨后出现酒酸的不理想后果。

第三，酒酿成后采用加热处理工艺以防酒酵变酸。谷物发酵成酒，经过滤后即可饮用，这样的酒称为生酒或生醅。生酒中依然保留着许多微生物，会继续发生酵变反应，导致酒液变质发酸。这一时期的人们已掌握了生酒低温加热处理技术，以达到控制酒中微生物的继续反应和消毒灭菌的双重效果。唐人把低温加热处理生酒称为"烧"，经过"烧"法处理的酒便为"烧酒"。这种"烧酒"与当今的蒸馏白酒有本质的区别。低温加热处理是中国古代酿酒技术的一大突破，使酒质不稳定的情况大为改观。

（二）酿酒系统的完善

这一时期，黄河中游地区的酿酒生产者可分为中央宫酿、地方官酿、民间肆

---

① 王赛时：《唐代饮食》，齐鲁书社，2003年。

图5-4　唐代掐丝团花纹金杯，陕西西安出土

酿和家酿四大系统。

1. 供应国事的宫酿

负责中央宫酿的机构是“良酝署”，归光禄寺管辖。宫酿技术设备先进，人员水平较高，酿酒一般不惜成本，采用重复酿造、反复过滤的方法。所酿之酒多为上等醇美清酒，如隋唐的“玉薤酒”，唐代的“春暴酒”“秋清酒”“酴醾（túmí）酒”“桑落酒”等。良酝署所生产的酒主要供朝廷国事祭祀使用，同时也酿造一些特优酒，供皇帝日常饮用，称为御酒。御酒也用于皇家宴会和赏赐大臣。

2. 羽翼未丰的官酿

唐代地方官酿实力并不雄厚，所生产的酒类产品也较为低劣。白居易任河南尹时，深感官营酒坊酿酒不佳，便亲自参与改进酿酒工艺，他在《白氏长庆集·府酒五绝》中说：

“自惭到府来周岁，惠爱威棱一事无。

惟是改张官酒法，渐从浊水作醍醐。”

白居易以“浊水”来形容地方官酿酒，对其评价可谓甚低。唐代的地方官酿酒始终没有得到广大酒徒的认可。

3. 售卖牟利的肆酿

肆酿又称“坊酿”，是民间酒肆或酒坊酿酒，以售卖牟利为目的。这一时期，黄河中游地区的酒肆业极为发达，酒肆只有酿得上等佳酿才能招揽酒客，因此，肆酿之中出现了许多名品。长安近郊的酒肆众多，肆酿酒非常有名，如灞陵的“灞陵酒”，虾蟆陵的“郎官清”“阿婆清”，新丰镇的“新丰酒”等。唐代著名肆酿美酒莫如“杏花村”酒，杜牧《清明》诗云：“借问酒家何处有，牧童遥指杏花村。”名酒借名诗，名诗助名酒，二者相得益彰，千古流传。

4. 自酿自用的家酿

家酿是私家酿酒，自酿自用。由于饮酒风气盛行，酒已成为许多家庭日常生活所必备，从而使家庭酿酒特别兴盛。这一时期，黄河中游地区出现了不少家酿美酒，如唐初小吏焦革家酿酒就曾蜚声京都，诗人王绩一向嗜酒，还为此辞去其他官职，专任焦革的顶头上司。《全唐文》所记吕才《东皋子后序》记其事曰：“时太学有府史焦革，家善酿酒，冠绝当时。君（王绩）苦求为太乐丞。……数月而焦革死。妻袁氏，时送美酒，岁馀袁又死。君叹曰：‘天乃不令吾饱美酒！’遂挂官归田。”

（三）以米酒为主的三大酒类

隋唐五代时期，黄河中游地区生产的成品酒大致可分为米酒（谷物发酵酒）、果酒和配制酒三大类型，其中谷物发酵酒的产量最多，饮用范围也最广。

1. 以浊酒生产为主的米酒

这一时期的米酒按酿造方式又可分为浊酒和清酒。浊酒的特点是酿造时间短、成熟期快，酒度偏低，甜度偏高，酒液比较浑浊，其整体酿造工艺较为简单；清酒的特点是酿造时间较长，酒度偏高，甜度稍低，酒液比较清澈，其整体酿造工艺比较复杂。

这一时期，米酒的生产以浊酒为主，其产量多于清酒。唐代文献中还常见

"白酒"一词，此非以酒的颜色来命名，而是以酿酒的原料来命名的，是用白米酿制的米酒，或称之"白醪"，这种白酒也是浊酒。这一时期，黄河中游地区名气较大的米酒有长安的西市腔、虾蟆陵的郎官清、阿婆清、新丰酒、陕西富平的石冻春、河中府蒲州（今山西永济）的桑落酒、河东乾和酒、河南荥阳的土窟春等。

2. 广受欢迎的新兴葡萄酒

这一时期的果酒主要是葡萄酒。隋唐以前，黄河中游地区的葡萄酒非常少见，为西域所贡，多为宫廷贵族的奢侈品。唐朝开通西域后，饮用葡萄酒的风气逐渐从边疆向内地推进，尤其是唐代边军多饮葡萄酒，王翰《凉州词》中就有"葡萄美酒夜光杯，欲饮琵琶马上催"的句子。[①] 唐太宗时，葡萄酒的酿造方法开始从西域传入内地，《册府元龟》《南部新书》和《唐会要》等文献都有记载，唐太宗时破高昌国，得其葡萄酒酿造方法，并加以改良，最后酿成了"芳香酷烈，味兼醍醐"的葡萄美酒。此后，山西一带成为唐代葡萄的主要种植区和葡萄酒的主要生产基地。自中唐以后，这里所产的葡萄酒屡屡成为诗人吟咏的对象，如刘禹锡曾写有《蒲桃歌》云：

"有客汾阴至，临堂瞪双目。

自言我晋人，种此如种玉。

酿之成美酒，令人饮不足。"[②]

有唐一代，葡萄酒作为一种新兴的酒类受到了人们的广泛欢迎。

3. 用于养生疗疾的配制酒

这一时期的配制酒大多以米酒为酒基，串入动植物药材或香料，采用浸泡、掺兑、蒸煮等方法加工而成的。也有少数配制酒是在米酒配制过程中，事先于酒

① 曹寅等编：《全唐诗》卷一五六，中华书局，1960年。
② 刘禹锡：《刘禹锡集》卷三三，上海人民出版社，1975年。

曲或酒料中加入药材香料，发酵成酒后形成的。隋唐五代时期的配制酒多为药酒。隋代以前，饮用药酒者还不太多，而到了隋唐五代时期，药酒异军突起，品种极多，仅孙思邈《千金方》就列有桂心酒、麻子酒、五加酒、鸡粪酒、丹参酒、地黄酒、大豆酒等40多种药酒。这一时期药酒的发展归功于酿酒业的发展和医学的进步。除了用于治疗疾病之外，人们还把药酒当作保养身体和款待来宾的日常饮品，故这一时期药酒的消费量一直呈上升趋势。

除药酒外，这一时期的配制酒还有用各种花卉配制的香料酒和用松脂、松节、松花、松叶、柏叶等配制的各种滋补养生酒。值得注意的是，隋唐时期，每逢佳节，人们喜欢专饮某一种或几种特定的配制酒，如端午节饮艾酒和菖蒲酒，重阳节饮茱萸酒和菊花酒，元旦饮屠苏酒、柏叶酒等。

二、盛极一时的饮酒之风

隋唐五代时期，黄河中游地区饮酒之风很盛，人们聚饮集会，讲究主宾酬酢和巡酒节次，注重娱乐方式和劝饮。为增添酒席间的热闹气氛，人们推出了一系列的佐饮活动，如传杯唱觥，投骰行令，起舞抛球等，贯穿宴席始终，由此形成了熏染一代的饮酒习俗。

1. 入席礼节更为宽松

这一时期，宴饮的入席礼节要比前代更为宽松。聚饮之时，人们并不十分注重身份与地位，不同阶层的人们可以平等入座，相互敬劝。李肇《唐国史补》谈及当时的饮俗时说："衣冠有男女杂履舄（xì，鞋）者，有长幼同灯烛者，外府则立将校而坐妇人。"就是不同辈分的人也同样可以坐在一起。传统以东向为尊的观念也被打破，人们不太过多讲究入席的位置，但入席之际，宾主还会相互谦让，以先坐为尊。

2. 敬酒献酬更加自由

这一时期，按巡依次饮酒的习俗依然长盛不衰，敬酒献酬之礼有了新的发展，变得更加自由，主宾之间或宾客之间都可以自由献酬。如果某一座客向邻座或他人敬酒，大都手捧杯盏，略为前伸，这就表示了献酬的愿望，俗称此为“举杯相属”。当时人们举酒相敬，还有一种“蘸甲”习俗，即敬酒时，用手指伸入杯中略蘸一下，弹出酒滴，以示敬意。用现代眼光来看，这种做法极不卫生，然而当时却大为风行。

3. 聚饮常设维持秩序的“酒纠”

这一时期，人们一起饮酒娱乐，常指定或推选出主酒之人，当时称之为“酒纠”，或称为席纠、觥使等（秦汉时称为酒吏）。酒纠共设有明府、律录事、觥律事三职，各有职掌。每次聚饮，不一定三职全设，但无论如何，大型宴会总设有主酒之人。酒纠的设置是为了更好地维持酒场秩序，同时为了方便开展各种宴饮游戏活动。

担任酒纠必须熟知酒场中的各种规矩，对违犯宴席规矩的行为要进行训罚。当时，凡在酒席上言语失序，行令输误，以及作假逃酒，都会受到酒纠的“制裁”。当时，酒纠还有象征权力的酒筹、酒旗和酒纛（dào）三种器材，据皇甫崧（sōng，同“嵩”）《醉乡日月》一书“律录事”记载，酒筹共10枚，酒旗1杆，酒纛1杆，具体用法为：“旗，所以指巡也；纛，所以指饮也；筹，所以指犯也。”即用酒旗指示巡酒之人，用酒纛指示违犯酒令被罚酒者，用酒筹记录某人违犯酒令的次数，三犯则罚酒一杯。

担任酒纠的人不仅有须眉男子，妇女也不少。这一时期，因社会风气开放，妇女多参与宴饮活动，尤其是一些知名艺伎，才艺超人，熟知酒事，因此她们常担任酒纠一职。

4. 酒令成为宴饮助兴的主要娱乐形式

“酒令是唐朝人首先发明并付之实施的佐觞活动”[1]。酒令登入酒场后，很快就成为人们宴饮助兴的主要娱乐形式，从文人到百姓无不选择适合其活动的酒令来佐饮。隋唐五代时期的酒令已经形成系列，名目繁多，如骰盘、筅筹、牙筹、香球、莫走、鞍马、送钩、射覆等。现在虽然无法详细地知道这些酒令的细节和游戏规则，但从当时人们的诗文作品中可以看出其普及和受欢迎的程度。唐代酒令和唐诗对后世影响很大，在后世流行的各种酒令中，“唐诗酒筹”极具特点，其中的文化意蕴令人回味无穷。这套令筹，每筹取唐诗一句，并说明其饮法，幽默诙谐，如“人面桃花相映红。面赤者饮。”其他如“名贤故事筹令”“饮中八仙筹令”“寻花筹令”等也较受人们的欢迎。

5. 饮酒赋诗盛行一时

饮酒赋诗，古亦有之。隋唐时期，诗歌创作极盛，因此这一时期饮酒赋诗这种宴饮形式盛极一时，其内容的深度和广度远非前代可比。这一时期，人们饮酒赋诗，通常是寻求一种文化意境。许多文人还有意召集诗酒之会，以酒劝客，以文会友，情调高雅，但席间有时也不免有显耀文才甚至竞争比试的色彩。即席赋

图5-5　论语令筹

① 王赛时：《唐代饮食》，齐鲁书社，2003年。

图5-6 《酒仙李白醉酒图》(《中国酒文化》，上海古籍出版社)

诗时，通常要限制时间，必须在短时间内挥笔而就，所谓“列筵邀酒伴，刻烛限诗成”①。为了进一步提高大家的兴致，有时还会摆出奖品，首先写出好诗的人将会夺取头奖，杜甫诗“客醉挥金碗，诗成得绣袍”②，表现的就是这种情景。

6. 歌舞助兴仍是重要的酒俗

音乐与舞蹈对宴会起着相当重要的调节作用，以歌舞助酒兴仍是这一时期重要的酒俗。当时，人们在接风洗尘与送别饯行之类的宴饮活动中，主人经常请歌手为之唱歌，通过悠扬的歌声来表达喜悦或留恋的心情。宾客也往往亲自歌唱，以答谢主人的美意。当宴饮进入高潮时，人们还会以自我舞蹈的方式进行娱乐，连帝王都是如此，唐太宗就经常“酒酣起舞，以属群臣，在位于是遍舞，尽日而罢”③。这种席间起舞是前代“以舞相属”习俗的继承。这种习俗在隋唐五代时

① 曹寅等编：《全唐诗·寒夜张明府宅宴》，中华书局，1960年。
② 曹寅等编：《全唐诗·崔驸马山亭宴集》，中华书局，1960年。
③ 刘昫：《旧唐书·高宗诸子传》，中华书局，1975年。

期又有了一些新内容，有时是专门表示对某位贵宾的尊敬，正如李白《对酒醉题屈突明府厅》一诗所云：“山翁今已醉，舞袖为君开”[①]。

7. 女性陪酒成为一代时尚

这一时期，宴饮侧重于劝酒娱乐而淡薄礼仪，因而人们聚饮时，多邀女性参加，男女杂坐，相互戏谑，情趣倍增。官员聚饮时，也可以各自携带自己相好的女子入席，《太平广记》引《本事记》载，丞相李逢吉下达宴会通知，称“某日皇城中堂前致宴，应朝贤宠嬖（bì），并请早赴境会”。应邀入席的女性大都是年轻貌美的艺伎，如李愿在洛中开宴，“时会中已饮酒，女伎百余人，皆绝艺殊色”[②]。这些艺伎能歌善舞，才艺出众，深得酒客喜欢。

由于女性陪酒活动的增多，当时社会上还出现了以陪酒为职业的“酒伎”。在两京，从事陪酒职业的酒伎更多，唐孙棨《北里志》序云：“京中饮伎，籍属教坊，凡朝士宴聚，须假诸曹署行牒，然后能致于他处。……其中诸伎，多能谈吐。”同书又云：“比见东洛诸伎，体裁与诸州饮伎固不侔矣。”

三、酒肆经营的空前繁荣及其特色

隋唐五代时期，特别是唐代，经济空前繁荣，位于全国政治文化中心地位的黄河中游地区的饮食市场呈现一派生机，各类食肆、酒肆得到了空前的发展。尤其是酒肆更是异军突起空前繁荣，成为这一时期饮食文化史上的重要现象。

酒肆是隋唐五代时期饮食行业中最为突出的门店，在黄河中游地区，从都城到乡村僻野，各种大大小小的酒肆星罗棋布，呈现一片繁荣景象，这是前代所不曾有的。

隋唐的都城长安是当时饮食业最繁华的城市，其酒肆业也居全国之首，其

---

① 曹寅等编：《全唐诗》卷一八二，中华书局，1960年。
② 李昉：《太平广记》卷二七三引《唐阙史》，中华书局，1961年。

中，东西两市是长安酒肆较为集中的地方，长安的东门（俗称青门）、华清宫外阙津阳门等交通要道一带也是酒肆密集的地段，东门一带还以胡姬酒家众多闻名。唐朝中期以后，酒肆逐渐向长安的住宅区——坊里蔓延，遂使大小酒肆遍布长安城内。

长安城外围县城，同样设有多种类型的酒肆，形成长安酒肆业的外围势力，像灞陵、虾蟆陵、新丰、渭城、冯翊、扶风等地都是酒肆高度密集区。其中，长安西郊的渭城，是通往西域和巴蜀的必经之地。唐人西送故人，多在渭城酒肆中进行，诗人留下了许多渭城酒肆饯别的名句。王维《渭城曲》云：

“渭城朝雨浥轻尘，客舍青青柳色新。

劝君更尽一杯酒，西出阳关无故人。”①

根据文献记载，长安之外，河南的洛阳、陈州（今河南淮阳），山西的并州（今山西太原）、泽州（今山西晋城）等通都大邑和州郡所在地都有酒肆。大中城市和州郡治所以下的县邑和乡村也有酒肆，只不过规模往往较小罢了。

与前代相比，隋唐时期黄河中游地区的酒肆具有一些新特点，鲜明地体现了隋唐盛世的时代特征。

1. 多以年轻貌美的女子当垆售酒

隋唐酒肆的经营者，承袭前代传统，常见妇女从事经营的情况，如《女仙传》载：“女几者，陈市上酒妇也，作酒常美”②。一般来说，妙龄女子对顾客的吸引力更大一些，如果人长得更漂亮，效果就会更佳，所以，以年轻貌美的女子当垆售酒是当时的普遍现象。

2. 胡人经营酒肆非常普遍

这一时期，尤其是唐代，由于中外经济文化交流的空前发展，大批西域、中

① 曹寅等编：《全唐诗》卷一二八，中华书局，1960年。

② 李昉：《太平广记》卷五九三，中华书局，1961年。

亚人来到中国内地，他们中不少是靠经营酒肆为生的。当时，人们把这些经营酒肆的胡人称为“酒家胡”。“酒家胡”多在长安城内外开店经营，胡人妇女亦多在前台招待顾客，时人称为“胡姬”，当垆的胡姬大多年轻美貌。唐诗中有不少歌咏胡姬的诗句。异国的情调，美丽的胡姬招来了无数的酒客。去酒家胡那里饮酒，享受一下胡姬的服务，是当时诗人墨客非常喜欢和津津乐道的事情。

3. 中唐以后酒肆率先突破夜间不准经营的禁令

唐代前期的城市沿袭传统的坊市管理制度，禁止店肆夜间营业。夜间卖酒被视为非法，要受到官府的纠察。随着唐朝后期坊市制度开始崩溃，商业经营在打破空间限制的同时，也打破了时间的限制。到了唐朝后期及五代，夜市逐渐发展起来了。其中，酒肆经营在这方面更为突出，起到了带头和先锋作用。晚唐诗歌对黄河中游地区的酒肆夜间经营也多有反映，如张籍《寄元员外》一诗云：“月明台上唯僧到，夜静坊中有酒酤”[①]，王建《寄汴州令狐相公》一诗云：“水门向晚茶商闹，桥市通宵酒客行”[②]。

4. 交易方式多样化

除了现钱交易为主外，这一时期的酒肆还接受以物换酒；以物品抵押质酒；凭信用赊酒等。以物换酒，唐诗中屡有反映，最著名的要数李白的《将进酒》：“五花马，千金裘，呼儿将出换美酒，与尔同销万古愁”[③]。以物质酒与以物换酒不同，前者只是以物作抵押，日后还可赎回；后者是以货易货。《太平广记》卷二三七引《杜阳编》记载，公主的步辇夫曾把宫中锦衣质在了广化坊的一个酒肆中。凭信用赊酒，古亦有之，唐诗中诗人也屡屡谈到，如王绩《过酒家五首》云：“来时长道贳，惭愧酒家胡”[④]。

---

① 曹寅等编：《全唐诗》卷三八五，中华书局，1960年。
② 曹寅等编：《全唐诗》卷三〇〇，中华书局，1960年。
③ 曹寅等编：《全唐诗》卷一六二，中华书局，1960年。
④ 曹寅等编：《全唐诗》卷三七，中华书局，1960年。

5. 促销服务方式多样化

除了传统的悬挂酒旗以招引酒客外，这一时期的酒肆经营中还出现了其他促销方式，如买酒之前让客人先免费品尝用美貌酒伎以吸引饮徒等。

四、饮酒器具的变化革新

隋唐五代时期是中国酒具发生较大变化的时期。唐代中期以前，樽、勺（又写作杓）、杯（盏）是最基本的酒具。其中，樽为盛酒器，唐诗中咏及酒樽者很多，如李白《行路难》云："金樽清酒斗十千，玉盘珍馐直万钱"，李白《将进酒》云："人生得意须尽欢，莫使金樽空对月"。杜甫《对雪》云："瓢弃樽无绿，炉存火似红"，杜甫《客至》云："盘餐市远无兼味，樽酒家贫只旧醅"。白居易《李留守相公见过池上泛舟酒话及翰林旧事因成四韵以献之》云："引棹寻池岸，移樽就菊丛"。樽、勺相配，用于酒宴斟酒，在唐代中期以前是相当普遍的。

铛，是温酒器，它有柄、三足，有学者认为："就考古资料推本溯源，唐代酒铛应是汉晋以来的所谓鐎（jiāo）斗演变而来的"[①]。

图5-7　唐代镶金牛首玛瑙杯，陕西西安窖藏出土

① 杜金鹏等：《中国古代酒具》，上海文化出版社，1995年。

图5-8　唐代舞马衔杯鎏金银壶，陕西西安南郊出土

勺，是挹酒、斟酒器，作用是从樽等盛酒器或温酒器中挹酒斟注于杯中，唐李济翁《资暇集》载：“**元和初，酌酒犹用樽杓，所以丞相高公有‘斟酌’之誉。虽数十人，一樽一杓，挹酒而散，了无遗滴。**”酒勺在殷商时就已经出现了，唐代酒勺的柄大多如鸬鹚的头颈，故称为“鸬鹚杓”，李白《襄阳歌》云：“**鸬鹚杓，鹦鹉杯，百年三万六千日，一日须倾三百杯**”。也有柄为直的酒杓，周昉《宫乐图》中的酒杓就为长直柄酒杓。

杯（盏），则是基本的饮酒器，唐代的酒杯多为高足杯，形如碗，侈口（又称广口，其形状一般为口沿外倾），腹垂鼓。圆口外侈圈足的酒盏也极为流行。豪饮者饮酒也有用酒海的，白居易《就花枝》曰：“就花枝，移酒海，今朝不醉明朝悔。”酒海为大号饮酒器，形似盆。西安何家村唐代窖藏中曾出土两件金酒海，口径28.6厘米，高6.5厘米。大概正是因为酒海容量甚大，所以人们往往夸豪饮者“海量”，其本义当指可以用酒海酣饮。

唐代后期，酒具发生了较大变化，主要是集盛酒与斟酒两项功能于一身的“酒注”开始出现并大为流行，逐渐取代了传统的樽、杓。李济翁《资暇集》载，人们斟酒时，元和初年尚用樽杓，“**居无何，稍用注子，其形若罃**（罃，yīng，古代大腹小口的酒器），而盖、嘴、柄皆具。太和九年（公元835年）后，中贵人恶其名同郑注，乃去柄安系，若茗瓶而小异，目之曰偏提。”可见“注子”、“偏提”都是唐代后期出现的酒壶，其区别只在于注子有柄无系（提梁），偏提有系无柄。唐代的酒注与当时的茶壶（唐代称茶瓶）在形制上基本相同，二者之间应为同源关系或源流关系。唐人往往把酒注叫酒瓶，如刘禹锡《同乐天和微之深春二十首》之十三云：“兴酣樽易罄，连泻酒瓶斜”；李商隐《假日》云：“素琴弦断酒瓶空，倚坐欹眠日已中”。

酒注的出现又使温酒器皿慢慢发生了变化，唐朝后期出现了与酒注相配的“注碗”。注碗的出现使温酒的方法由此一新。以前，人们温酒往往是把酒放入酒铛之类的器皿中直接把酒煮热。用注碗温酒时，要先把盛有酒的酒注放入注碗中，然后往注碗中添加热水，给酒间接加温。用注碗间接温酒比用酒铛直接煮酒更利于操作，因为注碗内的热水可以随时更换，利于调节酒的温度。同时，用注碗温酒，又可起到保温作用。用注碗间接温酒虽有诸多优点，但由于注碗刚刚出现，唐代后期使用注碗间接温酒还不普遍。宋金时期，人们才充分认识到注碗温酒的诸多优点，才使得注碗广为流行，取代酒铛，成为主要的温酒器。

第五节　初步兴起的茶文化

隋唐五代时期，随着茶叶的生产规模急剧扩大，加工技术迅速提高，饮茶之风也从江南扩大到黄河中游地区。先是社会上层以及士大夫阶层的争相品饮与传播推动，最后茶饮终于走入北方的寻常百姓家，成为社会各阶层人民日常生活不可或缺的一部分。在饮茶风尚普及的同时，“人们尤其是士人们改变了解渴式的粗放饮法，从采制、煎煮、品饮到与之相关的茶具、环境、水品、人品等都异常考究，有意识地把品茶作为一种能够显示高雅素养、寄托感情、表现自我的艺术

图5-9 后周时期的瓷注子、托盘和盏，河南洛阳后周墓出土

活动去刻意追求、创造和鉴赏了，饮茶艺术走向艺术化，而文学艺术的各个门类也纷纷把饮茶作为自己的表现对象加以描述和品评，茶文化开始形成了。”[①]这一时期茶文化的形成还与佛教的发展、科举制度的实行、诗风的大盛、贡茶的兴起和中唐以后唐王朝的禁酒等因素有关，正是这些因素促使饮茶之风的盛行，形成了独具魅力的茶文化。[②]

一、饮茶之风在黄河中游地区的兴起

隋唐五代时期，饮茶之风在黄河中游地区的普及，经历了一个渐变发展的过程。杨晔《膳夫经手录》载：“茶，古不闻食之，近晋、宋以降，吴人采其叶煮，是为茗粥。至开元、天宝之际，稍稍有茶，至德、大历遂多，建中以后盛矣。”这大体反映了黄河中游地区饮茶的传播情况。

隋代和初唐之际，饮茶之风仍局限于东南、西南等地，黄河中游地区虽已有人饮茶，但还未形成风习。到了8世纪初，随着国家的统一稳定，交通运输的便

① 郭孟良：《中国茶史》，山西古籍出版社，2003年。

② 王玲：《中国茶文化》，中国书店，1992年。

捷，经济文化的交流，饮茶之风开始向北方推进。黄河中游地区是国家的政治、文化中心，大量南方人来到该地区做官谋生，他们把饮茶之风带到京师或其他地方，饮茶便先在达官贵人等社会上层流行。

饮茶之风另一个重要的传播途径是僧人。茶很早就与佛教结缘，魏晋南北朝时南方寺院僧人饮茶已很普遍，随着禅宗大兴并盛于北方，广大北方迎来了饮茶的普及之风。8世纪中叶以后，饮茶之风在黄河中游地区广泛传播，茶叶开始作为贡品献给朝廷，从皇室、官吏到文人墨客饮茶都比较普遍。

唐代后期，宫廷经常利用上贡名茶设置茶宴，并以茶赏赐臣下。建中三年（公元782年），唐德宗因兵变出走奉天，韩滉（huàng）在遣使运粟帛入关中的同时，没有忘记“以夹练囊缄茶末，使步以进”[①]。则可知唐德宗平日嗜茶。

政府机构中，饮茶也极为流行。唐赵璘《因话录·徵部》载：“御史台三院……三曰察院……兵察常主院中茶，茶必市蜀之佳者，贮于陶器，以防暑湿，御史躬亲缄启，故谓之‘茶瓶厅’。”朝官办公，还有一定的饮茶时间，并且御史还亲自主持进行，真可谓饮茶成风了。

士大夫阶层饮茶风气之盛，更为典型。许多官吏、文人饮茶成癖，士人相聚，迎宾待客，多烹茶品茗，清谈吟诗。唐诗之中不乏反映朋友之间不远千里寄赠佳茗的诗句。

随着饮茶的风行，有关茶叶的专著和诗文也大量涌现，除陆羽《茶经》外，还有张又新《煎茶水记》、温庭筠《采茶录》、裴汶《茶述》等。至于茶诗就更多了。仅白居易一人就有20多首咏茶诗，晚唐诗人皮日休、陆龟蒙各有茶事十咏，互相唱和。这些专著和诗文，不仅是当时饮茶之风盛行的具体体现，对当时及后世茶文化的发展也起到了极大地推动作用。

佛教僧侣本是饮茶的有力推动者。晚唐以后，僧侣饮茶更加普遍，且把茶奉为长寿的秘药。当时各寺院都有专门饮茶之所，称茶寮、茶堂，遇节日盛典，还

---

① 王谠：《唐语林》卷六，上海古籍出版社，1978年。

要举行茶会。唐人封演《封氏闻见记》载："学禅务于不寐，又不夕食，皆许其饮茶。人自怀挟，到处煮饮，从此转相仿效，遂成风俗。"可见，茶驱除困魔的功效，恰好为禅家所利用。而"天下名山僧占多"，名山又多产好茶，近水楼台，茶为禅用也是顺理成章。但是，光有渊源还不够，茶禅之所以能够一味，还因为茶对禅宗而言，既是养生饮品，又是得悟途径，更是体道法门。饮茶能清心寡欲、养气颐神。养生、得悟、体道这三重境界，对禅宗来说几乎是同时发生的，它悄悄地、自然而然地使两个分别独处的东西达到了合一，从而使中国文化传统出现了一项崭新的内容——茶禅一味。

平民百姓开始普遍饮茶是饮茶普及的重要标志。唐代后期，黄河中游地区的平民百姓也开始饮茶。据杨晔《膳夫经手录》言，江西的浮梁茶在黄河中游地区普通民众中很受欢迎，"今关西、山西，闾阎村落皆吃之。累日不食犹得，不得一日无茶也"。蕲州茶、婺源茶等在河南、山西一带也很畅销，"人皆尚之"。可见，茶已经开始走入黄河中游地区的寻常百姓家，成为社会各阶层人民日常生活不可或缺的一部分。

二、茶的种类与来源

1. 以饼茶为主的四大茶类

按陆羽《茶经》卷下记载，当时的成品茶可分为粗茶、散茶、末茶和饼茶四类。这四类茶，只有原料老嫩、外形整碎和松紧之别，其制作方法基本相同，都属于蒸青不发酵茶。"粗茶"是用梢枝老叶加工的或加工粗糙的茶；"散茶"是呈碎叶状的散条形古老绿茶；"末茶"是经蒸舂加工成末，还没有加以拍制的茶末；"饼茶"是这一时期成品茶的主要形式。饼茶的加工比较复杂而费工，按陆羽《茶经》卷上所言，唐时饼茶要经过采、蒸、捣、拍、焙、穿、封七道工序，即采来的茶要先用釜甑蒸熟，再用杵臼捣碎，并经拍打成形和焙干，然后用竹签

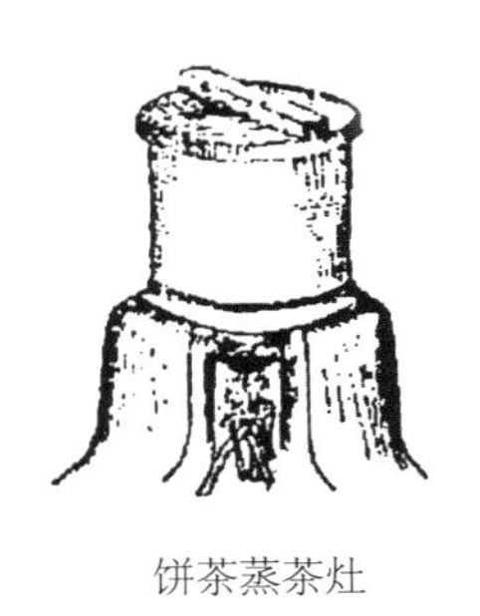

饼茶蒸茶灶

用于规范饼茶形状的工具——规

封存饼茶的器具——育

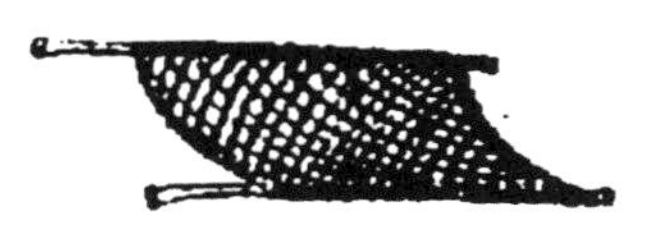

摊晾茶饼用的工具——芘莉

捣茶用的杵、臼

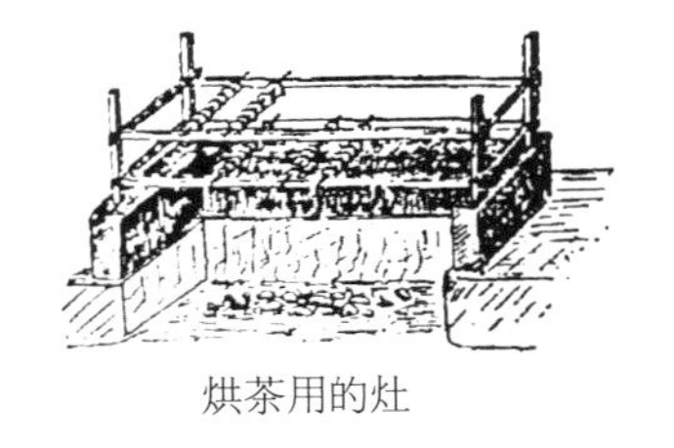

烘茶用的灶

图5-10　唐代的制茶工具（《中国民俗史·隋唐卷》，人民出版社）

将茶饼串起来，封装保存。按上述工序加工的饼茶虽然去掉了茶中的青草味，但美中不足的是茶的苦涩味仍然很重。所以后来出现了将蒸过的茶叶榨出茶汁再制成饼的加工方法。这种榨汁工艺，唐人称之为“出膏”。陆羽《茶经》讲述饼茶时说：“出膏者光，含膏者皱”，意为茶汁被压出来的饼茶光滑，未被压出来的就皱缩。饼茶便于贮藏和运输，也有利于增进茶叶的醇厚度。为茶叶加工开辟了新天地，扩大了饮茶区域，培养了饮茶人群，提高了茶的地位，具有重大意义。

2. 来源于南方的贡茶和商品茶

隋唐五代时期，黄河中游地区宫廷所消费的茶是南方产茶区的贡茶。“唐代以前贡茶尚未制度化，至少说制度还很不完备。作为一种独立的制度，当自唐代始。”[1]唐代贡茶制大抵始于唐玄宗天宝年间。据《新唐书·地理志》载，当时主要贡茶地遍及5道17州府。名气较大的贡茶有湖州顾诸紫笋、雅州蒙山石花等茶。通过各地上贡，皇室积累了大量的上等茶叶，元和十二年（公元817年）五月，内库一次拿出30万斤茶叶，足见朝廷存茶数量之多。这些贡茶，仅靠皇室成员自身肯定是消费不完的，它的流向有二：一是用于赏赐臣僚将士；二是为皇家变卖，仍投入流通领域，以缓解其财政危机。唐朝末年，财政困难，这种茶助国用的作用更为明显。[2]

黄河中游地区普通百姓所消费的茶叶多是通过当地的茶市购得。当时贩茶的商人很多，他们通过长途贩运，满足了各地对茶叶的需求。据唐封演《封氏闻见记》卷六所载，包括黄河中游地区在内的广大北方，所消费的茶多由茶商从江淮贩运而来，数量巨大，“舟车相继，所在山积，色类甚多”。除江淮茶外，蜀茶的品种和质量也都非常好，也是黄河中游地区人们购买茶叶的优选所在。唐赵璘《因话录》卷五《徵部》记载，当时的御史台察院，“兵察常主院中茶，茶必市蜀之佳者”。

三、“三沸煮茶法”成为主流的烹茶方式

隋唐以前，人们还多少保留着鲜叶煮饮的方式，前文所引杨晔《膳夫经手录》所谈“茶古不闻食之，近晋宋以降，吴人采其叶煮，是为茗粥。”将茶煮作粥饮是隋唐以前最普遍的烹饮方式，人们煮茶时如煮菜汤，茶叶没有加工，也不讲方法。

如果说隋唐以前的饮茶方式是“粥饮法”，那么隋唐五代时期人们的饮茶方式就开始进入“末茶法”时期。“末茶法”的最大特点是人们饮用的多是饼茶、末茶等成品茶粉碎后的茶粉。“末茶法”的采用与茶叶加工技术的进步是分不开

---

① 郭孟良：《中国茶史》，山西古籍出版社，2003年。
② 郭孟良：《中国茶史》，山西古籍出版社，2003年。

欽定四庫全書
茶經卷上
唐 陸羽 撰
一之源
茶者南方之嘉木也一尺二尺迺至數十尺其巴山峽
川有兩人合抱者伐而掇之其樹如瓜蘆葉如梔子花
如白薔薇實如栟櫚蒂如丁香根如胡桃瓜蘆木出廣州似茶至苦
栟櫚蒲葵之屬其子似茶胡桃與茶根皆下孕兆至瓦礫苗木上抽 其字或從草或從

图5-11 陆羽《茶经》内页书影

的，特别是与饼茶技术的成熟有密切关系。

陆羽在《茶经》中，介绍了一种后世称之为“三沸煮茶法”的烹茶方式。这种烹茶方式是，在烹茶之前要先炙茶，把饼茶在存放时吸收的水分用缓火烘干，使其变硬。饼茶炙热后立即放入纸囊中，不使泄其香，待茶冷却后，取出用茶碾加工成松黄一般的茶末，再经“罗合”罗成均匀细碎、光莹如玉的茶粉备用。

烹茶时，先把水放入茶釜中烧至“如鱼目，微有声”的“一沸”程度。这时，往水中加入少许食盐，以使茶汤去苦增甜，继续烧水至“缘边如涌泉连珠”的“二沸”程度。此时，先舀出一瓢水，随即用竹夹搅动釜中之水，使沸度均匀，再取适量的茶粉从当中投入，继续轻轻搅动。不久，釜中之水犹如奔涛，浮出茶沫，即汤花。这时，把事先舀出的一瓢水徐徐倒入釜中，缓和热度，使水中浮现出更多的汤花来。汤花可分为花、沫、饽三种，细而轻者为花，薄者为沫，厚者为饽。饽是茶的精华，要等到加入二沸时舀出水，煮之，方能与沉淀的茶粉形成厚而绵的茶饽。至饽生成，茶汤方为煮成。茶汤煮好后，把茶釜从风炉上取下，放于交床（承接茶具的小架子）之上，将茶按汤花分于茶碗之中，以供饮用。

唐人煮茶时不随意加水。水多则味淡，按陆羽的说法，煮一升水可分五碗茶，“夫珍鲜馥烈者，其碗数三；其次者，碗数五”。前三碗为上等好茶，第四碗居中，第五碗最下。而饮用时要趁热饮下，“如冷则精英随气而竭”，且要连饮，“啜半而味寡”，汤色嫩绿，香味至美，入口微苦，过喉生津，即为好茶。①

除了居主流地位的“三沸煮茶法”外，当时社会上还流行着一种“以汤沃焉”，陆羽“谓之庵茶”，它类似于现代的沏茶、泡茶法。这种饮茶方式为陆羽所反对。以此种方法来泡当时的末茶、饼茶等成品茶粉碎后的茶末，其味道肯定会差些，因此被陆羽否定。不过，明清时，随着茶叶加工技术的进步，饼茶被散叶茶所取代，“以汤沃焉”就可以沏出好茶。

受传统“粥茶法”的影响，当时社会上还流行煮茶添加作料的习俗，所加作料有葱、姜、枣、橘皮、茱萸、薄荷等，陆羽反对大加作料的饮茶方法，认为“斯沟渠间弃水耳”①。陆羽的反对意见，为后人饮用纯茶提供了理论依据。但陆羽并不完全摒弃这种添加作料煮茶的方法，主张可往茶水中加少量的盐，以去苦增甜。

四、茶肆业的初步形成

茶肆是以聚众饮茶为主业的营业场所，同时也为人们提供休闲的环境，它是随着唐代茶市的兴旺、饮茶之风的盛行应运而生的。《封氏闻见记》卷六载的“自邹、齐、沧、棣，渐至京邑，城市多开店铺，煎茶卖之，不问道俗，投钱取饮”，便是当时包括黄河中游地区在内的广大北方茶肆兴起的史实记述，黄河中游地区各地城市和交通要道上多开设茶肆，供应茶水。隋唐都城长安有茶肆，如唐文宗太和九年（公元835年），宦官仇士良等发动兵变，宰相王涯等人从宫中“苍惶步

① 陆羽：《茶经·六之饮》，丛书集成初编本，中华书局，2010年。

出，至永昌里茶肆，为禁兵所擒”[①]。可见，茶肆已在居民区的里坊中开设了。

都城外的州县也开设有茶肆，日本僧人圆仁《入唐求法巡礼行记》卷二载：“九日，到郑州……遂于土店里任吃茶，语话多时”，这是州郡有茶肆的记录。李肇《唐国史补》卷中载：“巩县陶者，多为瓷偶人，号陆鸿渐。买数十茶器，得一鸿渐。市人沽茗不利，辄灌注之。”说明当时黄河中游地区连县城都有茶肆，而且数量不少，从祈求“沽茗”之利看，茶肆业内部的竞争还是比较激烈的。

由于茶肆的经营成本较低，故一般人家均能开设。甚至只要在路边树下临时搭个茅草屋，便可售卖茶水。段成式《酉阳杂俎续集》卷二载：“贞元中，望苑驿西有百姓王申，手植榆于路傍成林，构茅屋数椽。夏月尝馈浆水于行人，官者即延憩具茗，有儿年十三，每令伺客。”这种个体小摊位的售茶在当时应当更加普遍。

茶肆行业在唐代形成后，店主都供奉陆羽为行业神，凡是售茶场所，均可见到陆羽像。《因话录》卷三载：“太子陆文学鸿渐名羽……性嗜茶，始创煎茶法，至今鬻茶之家，陶为其像，置于炀器（炉灶）之间，云宜茶足利。”茶肆经营者一开业，就注重供奉行业神，说明茶肆行业很快走向成熟，处于整体发展阶段。

五、茶具迅速发展成为系列

隋唐以前，还没有专门的茶器，人们煮茶、饮茶是借用日常的炊具和饮具进行的。隋唐五代时期，饮茶之风日盛一日，饮茶水平不断提高，茶在人们日常生活中的地位越来越重要，在这种背景下，专门的茶具开始出现，并迅速发展成为系列。

这一时期对茶具记载最为系统的是陆羽的《茶经》。他在《茶经·四之器》中，提到了28种煮茶和饮茶用具。他对这些用具的名称、形状、制作、用料、使用方

① 刘昫：《旧唐书·王涯传》，中华书局，1961年。

法以及对茶汤品质的影响，都作了比较详细的记述。这28种茶具可分为以下八类：

第一，生火用具。包括生火的风炉、储炭的筥（竹筐）、碎炭的炭檛、夹炭的火夹和承接炭灰的灰承等5种；

第二，烤茶、碎茶、量茶用具。包括夹茶炙茶的夹、储存炙茶的纸囊、碎茶的碾、扫茶末的拂末、筛茶的罗、储茶的合、量茶末的则等6种（罗合算1种）。

第三，盛水、滤水和取水用具。包括盛生水的水方、漉水的漉水囊、取水的瓢和贮热水的熟盂等4种。

第四，盛盐、取盐用具。包括盛盐的鹾簋（cuóguǐ）和取盐的揭2种。

第五，煮茶用具。包括煮水烹茶的釜、置放茶釜的交床和击汤的竹夹等3种。

第六，饮茶用具，即饮茶的碗。

第七，清洁用具。包括洗刷器物的札、擦拭器物的巾、贮存洗涤余水的涤方和汇集各种沉滓的滓方等4种。

第八，盛贮用具。包括贮碗的畚、烹茶时陈列茶具的具列、收贮茶具的都篮等3种。

隋唐五代时期，中国的制瓷技术已经相当成熟，大批物美价廉的瓷器进入人们的饮食生活，普通人饮茶时，多用瓷碗。选择茶碗时，人们还注意到按瓷色和茶色的协调与否来选择最佳的饮茶器，如陆羽《茶经·四之器》所言："邢州瓷白，茶色红；寿州瓷黄，茶色紫；洪州瓷褐，茶色黑，悉不宜茶"，类玉似冰的越州青瓷因盛茶水时，"茶色绿"而被陆羽评为最佳的饮茶器具。

值得一提的是，隋唐五代时期金银饮食器皿很流行，豪门贵族更是以此为尚，甚至专门制作金银茶具烹茶、饮茶。1987年在陕西扶风法门寺地宫中，发掘出一套唐僖宗御用的银质鎏金烹茶用具。主要有：壶门高圈足座银风炉（用于烧水）、系链银火箸（用于夹炭）、金银丝结条笼子（用于炙饼茶）、鎏金镂空飞鸿毬路纹银笼子（用于储饼茶）、鎏金壶门座银茶碾子（用于碾碎饼茶）、鎏金仙人驾鹤壶门座银茶罗子（用于罗茶末）、鎏金银龟形茶盒（用于贮茶末）、摩羯纹蕾纽三足盐台（用于盛调茶之盐）、鎏金人物画银坛子（用于放其他作料）、鎏金伎乐纹银调达子（用于调茶）、鎏金飞鸿纹银匙（用于取茶），共计11种12件，这是迄今为止见到的最高级别的古代茶具实物。这套茶具是唐僖宗乾符元年（公元874年）封存入法门寺地宫，供奉佛祖释迦牟尼真身佛骨的。其制作非常精美，已达到很高的工艺水平，是当时饮茶风气盛行的有力物证。这套茶具的主要种类，与陆羽《茶经》的记载基本吻合，可见《茶经》的影响和价值。

第六节　饮食习俗的发展演变

一、合食制的初步确立

隋唐五代时期，黄河中游地区的饮食方式发生了巨大的变化，合食制（也称会食制）得到了初步确立。分食制向合食制的过渡，是随着家具的变革，特别是胡床的传入所引起的高桌大椅的出现而进行的。魏晋南北朝开始的家具新变化，

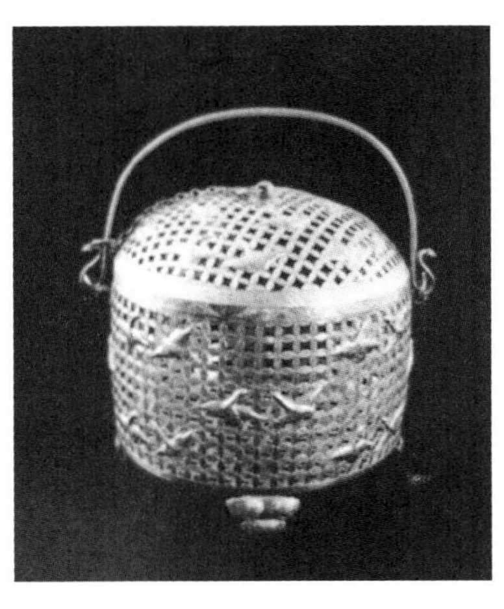

图5-12　唐代鎏金镂空飞鸿毬路纹银茶笼，陕西西安法门寺地宫出土

图5-13　唐代壶门高圈足座鎏金银风炉，陕西西安法门寺地宫出土

图5-14 《野宴图》，唐代韦氏家族墓室壁画

到隋唐时期走向高潮。一方面表现在传统的床榻几案的高度继续增高，常见的有四高足或下设壶门的大床，案足增高；另一方面是新式的高足家具品种增多，椅子、桌子都已经开始使用，目前所知纪年明确的椅子样式，见于1955年发现的西安唐玄宗时高力士的哥哥高元珪墓的墓室壁画中，时间为唐天宝十五年（公元756年）。四足直立的桌子，也出现在敦煌的唐代壁画中，人们在桌上切割食物。到五代时，这些新出现的家具日趋定型，在《韩熙载夜宴图》中，可以看到各种桌、椅、屏风和大床等陈设室内，图中人物完全摆脱了席地而食的旧俗。

桌椅出现以后，人们围坐一桌进餐也就是自然之事了。这在唐代壁画中也有不少反映，1987年6月，考古工作者在陕西长安县南里王村发掘了一座唐代韦氏家族墓，墓室东壁绘有一幅宴饮图，图正中置一长方形大案桌，案桌上杯盘罗列，食物丰盛，有馒头、蒸饼、胡麻饼、花色点心、肘子、酒等，案桌前置一荷叶形汤碗和勺子，供众人使用，周围有三条长凳，每条凳上坐三人，这幅图表明分食已过渡到合食了。

以高桌大椅取代低矮的食案为代表的家具变革，是分食制向合食制转变的主要原因。此外，也由于这一时期烹饪技艺有了长足的进步，原来的小食案已远远不能承担一桌酒席上要摆放多种菜肴的需要，人们也在考虑用新的家具来取代它，这样，桌子便应运而生了。但是，如果还像以往一人一案那样而一人一桌的话，一方面一般家庭承受不了，另一方面也显示不出宴会的气氛，而围桌共食的会食制正好适应了人们的需要。当然，一种新的饮食方式的出现，需要同传统的饮食方式进行一段时期的磨合，逐步进化，并不是一下子就能普遍推广开来的。所以，由分食制转变为合食制，并不是随着桌椅的出现而一蹴而就的，期间也还是有人坚持分食的，如在《韩熙载夜宴图》中，就透露了有关信息。图中的韩熙载盘膝坐在床上，几位士大夫分坐在旁边的靠背大椅上，他们的面前分别摆着几个长方形的几案，每个几案上都放有一份完全相同的食物，是用八个盘盏盛着的果品和佳肴。碗边还放着包括餐匙和筷子在内的一套进食具，互不混杂，这说明在唐代末年，合食制成为潮流后，分食的方式也并未完全消除。

此外，在有些场合，即便是围桌而食，但食物还是一人一份，不是后世那种"津液交流"的合食制，而是有合食气氛的分食制。合食制的普及是在宋代，这一方面是因为宋代饮食市场十分繁荣，名菜佳肴不断增多，一人一份的进食方式显然不能适应人们嗜食多种菜肴风味的需要，围桌合食就成了一种不可阻挡的潮流了。另一方面，围桌共食同种饭菜的合食制也极大地满足了中华民族"尚和"的文化心理。

分食也好，合食也好，都是与当时的社会文化发展相适应的。正如王仁湘先生所言："**分餐制是历史的产物，会食制也是历史的产物，那种实质为分餐的会食制也是历史的产物。现在重新提倡分餐制，并不是历史的倒退，现代分餐制总会包纳许多现代的内容，古今不可等同视之。**"[①] 这确是一种客观准确的评价。

---

① 王仁湘：《饮食与中国文化》，人民出版社，1993年。

图5-15 《韩熙载夜宴图》局部

二、节日饮食习俗的丰富

隋唐五代时期，节日多且成熟，不同节日对饮食有不同要求，从而形成了颇具特色的节日饮食习俗。这一时期黄河中游地区的节令食俗更加丰富多彩，现今许多食俗也是源于隋唐五代时期。

1. 元旦、立春食俗

元旦为中国重大传统节日，历代相承不衰，但在食俗上，各代都有不同的特点。魏晋以来，人们有元旦吃“五辛盘”的习俗。“五辛盘”是人们将大蒜、小蒜、韭菜、芸薹和胡荽等五种辛香之物拼在一起的冷拼菜。元旦之际，寒尽春来，万物复苏，正是易患感冒的时候，用五辛来疏通脏气，发散表汗，对于预防流感无疑具有一定作用。食五辛盘反映了人们对新年健康的追求与寄托。

隋唐时期，人们还对五辛盘作了改进，增加了一些时令蔬菜汇为一盘，号为春盘，取其生发迎春之义，在元旦至立春期间食之。如唐代《四时宝镜》言：“立春日春饼、生菜，号春盘。”《关中记》云：“唐人于立春日作春饼，以青蒿、黄韭、蓼芽包之。”随着时间的推移，春盘、春饼、春卷的名称相继更新，其制作也越来越精美了。

这一时期的宫廷元旦朝会更加宏大、庄重。元旦之日，皇帝不仅要受汉族百官朝贺，而且来自远方的少数民族和附属国的首领、使臣也奉礼恭贺。因此，朝堂大殿筵席纷陈，钟鼓喧天，丝竹震耳，歌舞升平，预祝新年国运亨通。

2. 上元节食俗

正月十五为上元节，观灯是上元节最重要的活动，人们在晚上观灯之时，喜食一种粉果和油䭔（duī）。油䭔又称焦䭔。油䭔与后世的汤圆外形和馅料完全一样，所以有人认为，油䭔实为炸元宵[①]，不过它是用面制作的。圆圆的油䭔是上元夜空中又大又圆的月亮的象征，上元吃油䭔和后世食元宵一样，寓意家庭团圆。

3. 寒食节食俗

这一时期寒食节的节令食品，除传统的寒具（馓子）外，还有煮鸡蛋、盐醋拌生菜之类。如唐代寒食节吃煮鸡蛋就是必不可少的主食之一，更有好事者，在鸡蛋上雕刻各种花纹图案，并染上色彩，增加鸡蛋的外观美感，久而久之，形成了一种传统习俗，这就是唐人所说的“镂鸡子”，然后，人们又把镂刻成形的鸡蛋拿出来相互比试，这就是当时流行的“斗鸡子”之俗，意在体现食品雕刻的技能。

这一时期，寒食节人们还有吃寒食粥的传统习惯。传统的寒食粥称“饧粥”，是加杏酪、麦芽糖的粥，芳香甜美，营养价值较高。李商隐有诗云：“粥香饧白杏花天，省对流莺坐绮筵。”正是对饧粥的赞美。隋唐五代时期，寒食粥中又出现了“杨花粥”“冬凌粥”等新的花色品种，据《云仙杂记》卷一载：洛阳人家，寒食“煮杨花粥”；又据《清异录》卷下载，饭店中还出卖专供寒食节用的“冬凌粥”。

---

① 王仁兴：《中国年节食俗》，旅游出版社，1987年。

唐代以后，寒食节的地位日趋式微，寒食节禁火风俗也逐渐消失，但是与这个节日有关的节令食品馓子，却仍为人们所喜爱，千百年来，传承不绝，并发展成为款式繁多、风味各异的食品。

4. 端午节食俗

这一时期，端午节最重要的节食仍是粽子。唐代以前，粽子的品种极为单调，而到唐代，粽子已是市场上的美味食品了，且工艺更加精细，粽子的品种也多起来。端午节除食粽子外，人们还兼饮菖蒲酒、雄黄酒。

宫廷、官宦人家和平民百姓都要举行宴会以示庆贺。唐代宫廷端午宴享时，皇帝都要对大臣有所赏赐，以示恩宠，最常赐之物就是粽子。这一天还要举行一些娱乐活动，据《开元天宝遗事》载，宫中每到端午节，就造粉团、粽子置于盘中，再制作纤巧的小角弓，箭射盘中的粉团，射中者食之。因为粉团又小又滑腻，很难射中。这本是宫中游戏，后来传遍长安，射粉团、食粉团成了端午节的一种风俗。一般百姓家庭宴会，除了吃粽子、饮菖蒲酒外，还讲究吃新鲜蔬菜，俗称“尝新”。

5. 中秋节食俗

八月十五，秋已过半，是为中秋。中秋节的渊源是先秦时期的秋祀和拜月习俗。中秋节成为一个气氛隆重、情感色彩强烈的大节日，却是在南北朝以后，节日的某些习俗形成也较迟，一般来说，中秋节成为节日大约始于唐代。中秋赏月之俗在唐代已十分盛行了。唐人在中秋赏月的同时，总要以酒食相伴，这样，与月亮有关的食物也就发展起来，其中最具有中秋节特点的食俗是吃月饼。月饼在唐代已经出现，据《洛中见闻》载：唐僖宗在中秋吃月饼，味极美，他听说新科进士开宴，便赐给他们吃。不过，唐代还没有月饼这一名称，月饼之名，始于宋代。此外，唐代中秋节还喜食“玩月羹”，一位名叫张手美的人，专卖四季小吃，每遇中秋就以玩月羹应市，它是以桂圆、莲子、藕粉等精制而成。

6. 重阳节食俗

这一时期的重阳节饮食习俗变化不大，人们多食重阳糕、饮茱萸酒、菊花酒。与前代相比，重阳糕的名目多起来，据《唐六典》和唐《食谱》等书记载，唐代重阳节有麻葛糕、米锦糕以及菊花糕，宋庞元英《文昌杂录》中说："唐时节物，九月九日则有茱萸、菊花酒糕。"重阳登高之俗在这一时期仍很盛行，人们在重阳登高时常举行野宴。孙思邈《千金月令》载："重阳之日，必以肴酒登高眺远，为时宴之游赏，以畅秋志。酒必采茱萸、甘菊以泛之，既醉而还。"可见，野宴已成为这一时期人们过重阳节的一项重要饮食活动。

三、人生礼仪食俗的发展

隋唐五代数百年，在人生礼仪方面也形成了许多独具一格的饮食习俗和风尚。

1. 生日汤饼贺长寿成为习俗

在唐代，人们十分重视过生日，从皇帝到百姓都是如此。据《旧唐书·玄宗纪》载，开元十七年（公元729年），唐玄宗把他的生日（八月五日）定为千秋节。每年这天，他都要大宴百官于兴庆宫花萼相辉楼，并令全国各州郡都饮酒宴乐，休假三日。一般平民每逢生辰虽无条件办宴会，但都要用相应的食物表示祝寿。食物中，汤饼是不可少的。《猗觉寮杂记》卷上载："唐人生日，多具汤饼，世所谓长寿面者也。"《新唐书·王皇后传》中，记有王皇后亲自为唐玄宗作生日汤饼的事迹。唐人生日吃汤饼的习俗，反映了人们长寿的愿望。因为当时的汤饼为汤煮的长面条，生日吃长面条，表示祝贺长寿，所以人们又把生日这天吃的面条称为"长寿面"。生日吃长面条这一风俗至今在中国许多地区还在流行。

2. 饮食在婚嫁习俗中具有不可替代的作用

婚嫁喜庆虽在前代就已成俗，但隋唐五代时期更为人们所重视。在男家送给女家的彩礼中，必须要有名称含义吉祥的食物，以表达对新婚夫妇的美好祝愿。据段成式《酉阳杂俎》载，在婚娶之日，男家还要用粟三升填臼，新妇入门也要先拜猪枳及灶神，此俗说明新婚夫妇都须把饮食烹饪作为家庭的主要职责。这一时期，新妇入门三日时，要亲自入厨做羹或汤饼，并且要把第一碗羹汤献给男方父母，中唐诗人王建《新嫁娘》云："三日入厨下，洗手作羹汤。未谙姑食性，先遣小姑尝"，描绘了一个新嫁娘做好了第一餐饭后，将要献给公婆品尝，却不知道公婆的口味，故先让小姑子品尝一下。

四、公私宴饮名目繁多

隋唐五代时期，特别是唐代，经济发展取得巨大成功，国力强盛，饮食文化高度发达，各种公私宴饮名目繁多，有些宴饮的规模可谓空前绝后，在饮食文化史上有重大影响。下面将几种涉及面广、特点突出、影响较大、有代表性的宴饮活动做一介绍。

1. 新科进士"曲江宴"

科举制度肇始于隋，至唐代大盛，深为社会各阶层所重视。科举考试，金榜题名，从中央到地方都有一系列祝贺活动，是当时社会生活中的大事。围绕科举中第举行的各种规模的宴饮有许多名目，其中最重要的是新科进士的"曲江宴"。

曲江是长安郊区风光胜地，在唐代，皇帝每年都要在这里赐宴新科进士，当时规模庞大，人员众多，是具有节日气氛的重大宴饮活动。参加者有新科进士、负责考试的官员、王公大臣等，皇帝有时也亲临观赏。在这一天，许多豪商富室、平民百姓以及长安仕女皆汇聚曲江，观光游览，盛况空前。明代谢肇淛在《五杂俎》中描绘说："至曲江大会，先牒教坊，奏请天子，御紫云楼以观。长安仕女，倾都纵观，车马填咽，公卿之家率以是日择婿矣。”这种宴饮活动还为择婿提供了机会。

曲江宴饮最初是为落榜举子所设，有安慰宴的意思。唐中宗神龙年间，曲江宴变为新科进士宴。曲江宴时间一度由春天延长到仲夏，助长了新进士竞相夸富的风气。曲江宴一直延续到唐僖宗乾符年间，因黄巢起义军进入长安此种宴饮才暂停，是唐代时间最长的游宴。后至五代，由政府出资重设；宋代亦兴，后发展为闻喜宴、琼村宴、思荣宴等，直至清代末期逐渐消亡。

新科进士曲江宴的主角当然是那些金榜题名的进士，借宴饮之机拜谢考官，结识权贵，互相结交，并饮酒赋诗，显示才华，因此它又是一种文化活动。唐代流传下来的曲江游宴诗，在唐诗中占相当篇幅。

2. 官员升迁“烧尾宴”

唐代官场盛行“烧尾宴”。所谓烧尾宴，即某人升官时要宴请宾朋同僚，时人称为烧尾宴。如果得任朝廷要职，还得宴请皇帝，也称烧尾宴。据《新唐书·苏环传》载：“时（唐中宗时）大臣初拜官，献食天子，名曰‘烧尾’。”烧尾之意取自民间传说的“鲤鱼跳龙门”故事。传说鲤鱼跳过龙门才能成为真龙，但龙门水急，鲤鱼无法跳过。如果真有鲤鱼跳过龙门，必有天火烧掉其尾。荣升高官就如同鲤鱼跳过龙门，故有此比喻。烧尾宴要精心筹备，从原料的选择到菜肴的烹饪都极其讲究，不仅追求名贵，而且花样翻新，出奇制胜。唐韦巨源拜尚书令，曾宴请唐中宗，留下了著名的《烧尾宴食单》，五代陶穀曾经见过这个《烧尾宴食单》，并在他的著作《清异录》中选录了58种，俱是精美绝伦的佳肴。

3. 上巳“游宴”

这一时期，人们在每年三月三日上巳节这天有沿水游宴的习俗，在社会上层中，上巳游宴更为流行。

唐代皇帝每年上巳节这天都要在曲江园林大宴群臣，并成为一种制度，即称为“上巳节曲江游宴”。宴饮时，皇家教坊和民间乐班纷纷献艺，歌舞升平。上巳节曲江游宴连绵不下百年，尤以开元、天宝年间最盛，这是唐代规模最大的游宴活动，也是古代祓禊（fúxì，古时一种除灾求福的祭祀）风俗的演变和发展。杜甫《丽人行》一诗正是对此日唐玄宗与杨氏兄妹奢华筵席的真实写照：

“三月三日天气新，长安水边多丽人。

……

紫驼之峰出翠釜，水晶之盘行素鳞。

犀箸厌饫久未下，鸾刀缕切空纷纶。

黄门飞鞚不动尘，御厨络绎送八珍。”

不仅菜肴精美，而且餐具名贵，饮食水平极高。皇帝赐宴文武大臣于曲江时，还允许民间自行出资设宴，因此唐代上巳节曲江游宴规模不断扩大，上至皇帝后妃、文武百官，下至士农工商、普通百姓，车马人流如织如潮，一派盛世景象。安史之乱后，此宴才日益冷落。

除了都城长安的上巳节曲江游宴外，其他地方的人们在上巳节也往往效仿京师举行游宴活动。如唐文宗开成二年（公元837年）上巳节期间，河南尹李

图5-16 《宫乐图》，唐代周昉绘

待阶在洛滨举行了一次大型游船野宴，当时在洛阳的高官名流共15人应邀参加，两岸观者如潮，船中人员饮酒赋诗，各展才华，白居易《三月三日祓禊洛滨》、刘禹锡《三月三日与乐天及河南李尹奉陪裴令公泛洛禊饮，各赋十二韵》等诗就是在这次洛阳上巳游宴上赋的。这次洛滨游宴是仅次于长安曲江大宴的地方上巳游宴。

第七节　胡汉民族的饮食文化交流

从西汉到唐代长达1100余年的漫长岁月中，胡汉民族饮食文化的交流与融合经历了曲折的发展过程，展现出一幅丰富多彩的图景，奠定了中华民族传统饮食生活模式的基础，并对后世产生了深刻的影响，在中华民族饮食文化史上占有十分重要的地位，可以说，中华民族之所以有今天的物质文明，之所以有今天如此丰富的饮食品种，汉唐时期胡汉民族饮食文化的交流与融合在其中发挥了非常重要的作用。

一、饮食习俗的民族性

众所周知，一个民族饮食生活习惯的形成，有其社会根源和历史根源。中国古代社会民族众多，由于各自的历史背景、地理环境、社会文化及饮食原料的不同，各民族的饮食习惯有明显的差异。大体而言，在漫长的旧石器时代，中国古代许多民族的生活来源，主要是依托渔猎和采集；到了新石器时代，农业开始发展，华夏族还兼营畜牧业，许多考古发掘都充分证实，这时华夏族已形成以农业为主、畜牧为辅的经济文化类型。然而，有些氏族部落则沿着另一条路径发展，原始农业停滞或衰颓，主要采取游牧或渔猎方式生存，东北、北方和西方的少数民族（历史上将他们称之为胡族），大都如此，但他们还是需要农业作为补充经济，或逐步向农业过渡。考古学上大量新石器时代出土遗存和民族学上的大量材料，均可说明这一问题。如果说，农业从采集经济发展而来，畜牧业与狩猎有密切关系，前者均源于后者，这是基本情况，是大体符合历史实际的。即使在比较发达的农业经济中，渔猎和畜牧仍然要占据相当地位。汉唐时期，胡族饮食逐渐向农业过渡，这一变化也说明了这一问题。

《礼记·王制》中说：“中国戎夷，五方之民，皆有其性也，不可推移。东方曰夷，被发文身，有不火食者矣。南方曰蛮，雕题交趾，有不火食者矣。西方曰戎，被发衣皮，有不粒食者矣。北方曰狄，衣羽毛穴居，有不粒食者矣。中国、夷、蛮、戎、狄，皆有安居、和味、宜服、利用、备器。五方之民，言语不通，嗜欲不同。”从这段记载中可以清楚看出，生活在内地的华夏民族在饮食上有着区别于其他民族的特点，这些不同地区的饮食习俗都有鲜明的民族性和地区性，是一个民族的文化和共同心理素质的具体表现。同时，这段记载还反映了一个民族的饮食习俗，是植根于该民族的自然环境和饮食原料之中的，受一定的经济状况所制约。所以，每一民族饮食习俗的形成和发展，都与该民族的社会经济和文化的发展程度分不开。

汉唐时期，中国逐渐形成为一个民族众多的国家，由于同处于开放的多民族国家之中，这就为各民族饮食文化的交流与融合提供了便利。事实上，早在先秦时期，各民族就以华夏族为中心开展了饮食文化的交流，华夏族的谷物，常常供给北方和西北方的游牧民族，如燕国的鱼盐枣粟，素以东北少数民族所向往。

到了汉代，张骞出使西域，促进了内地与西域之间的饮食文化交流。西域的特产先后传入内地，大大丰富了内地民族的饮食文化生活。另一方面，内地民族精美的肴馔和烹饪技艺，又为这些地区的人民所喜食和引进，各民族在相互交流的过程中，都在择善而从，不断完善自己，共同创造出中华民族的饮食文化。

二、农业、畜牧业与烹饪方法的交流

汉唐时期，西部和西北部少数民族在和汉族杂居中慢慢接受并习惯农业生产方式，开始过着定居的农业生活，因为农业生产的效益是高于畜牧业的。有学者估算，在唐代，一平方千米的土地可养活的人数是同样面积的草场养活人数的10倍，正如吕思勉《中国制度史》所云："野蛮之人多好肉食，然后率改食植物者，实由人民众多，禽兽不足之故。"[①]农业为人们提供谷食和家畜饲料，家畜饲料的需求在促进人们扩大谷物种植面积的同时，也就推动了农业的发展；畜牧业为人类提供了可靠的肉食来源，吃肉使得人类的体质增强，有充沛的精力去从事农业生产。

汉唐时期，内地的畜牧业有了更快的发展，这得益于胡汉民族的频繁交流，究其具体原因，一是由于当时战争对畜牧的需求，二是当时胡族统治者鼓励发展畜牧业的政策，三是胡族的内迁和战争的掳掠也使中原地区的牛羊数量大为增加。胡族在内附时往往带来了大批牛羊，如《晋书》言匈奴族"（太康六年）率种落大小万一千五百口，牛二万二千头，羊十万五千口（归化）"。[②]西北游牧民族进入中原后，带来了畜牧技术和食肉习惯，促进了北方农业区养羊业的发展，还出现了一些优质羊种。这些变化也使得胡族和汉族传统的饮食结构发生了重要变化，"食肉饮酪"开始成为汉唐时期整个北方和西北地区胡汉各族人民的共同饮食特色。

除肉类之外，蔬菜瓜果作为日常副食，也是汉唐时期胡汉民族进行交流的重要内容。汉唐时期，中原地区通过与西北少数民族交流，引入了一些果蔬品种。蔬菜有苜蓿、菠菜、芸薹、胡瓜、胡豆、胡蒜、胡荽等，水果有葡萄、扁桃、西瓜、安石榴等，调味品则有胡椒、砂糖等。据有关文献介绍，今天我们日常吃的蔬菜约有160多种，每种之中，又各有许多不同品种，这比世界上任何国家的蔬

---

① 吕思勉：《中国制度史》，上海教育出版社，1985年。

② 房玄龄：《晋书·匈奴传》，中华书局，1974年。

图5-17 《牛耕图》（《古冢丹青——河西走廊魏晋墓葬画》，甘肃教育出版社）

菜品种都要多，在比较常见的百余种蔬菜中，汉地原产和从域外引入的大约各占一半，这是中华民族在长期种菜实践中不断交流、改进、发展的结果，也是留给后世的宝贵生活财富。

与此同时，西域的烹饪方法也传入中原，如乳酪、胡饼、羌煮貊炙、胡烧肉、胡羹、羊盘肠雌解法等胡族饮食品种相继传入中原地区。从汉代传入的诸种胡族食品到魏晋南北朝时，已逐渐在黄河流域普及开来，受到广大汉族人民的青睐。这其中以“羌煮貊炙”的烹饪方法最为典型，“羌”和“貊”指代西北少数民族，“煮”和“炙”为烹饪方法。所谓“羌煮”即为煮或涮羊肉、鹿肉；“貊炙”类似于烤全羊，《释名·释饮食》中说：“貊炙，全体炙之，各自以刀割，出于胡貊之为也”。正由于此，“羌煮貊炙”也就成为胡汉饮食文化交流的代名词。

另一方面，汉族也不断向西域、周边少数民族输出中原的饮食文明，这其中有产于中原的蔬菜、水果、茶叶，但更多的是食品制作方法。1992年在新疆吐鲁番的唐墓中，就出土过一种梅花形带馅点心，十分精致，还出土了饺子，这些食品制作方法的传入对提高西域少数民族的饮食文明产生了积极的作用。

三、交流促进了饮食文化的创新

一般而言，在长时期历史发展进程中所形成的饮食习俗，具有相对的稳定性。它是一种民族特点。比起其他民族特点来，保持的时间要长久。但是，任何事物都是处在不断发展变化之中的，变是绝对的，不变是相对的。饮食习俗也在缓慢、渐进的变化之中。一些饮食原料、烹饪方式因其不适合人们生活需要而逐渐被淘汰，而另一些新的饮食原料、烹饪方式的出现则逐渐被人们所接受。在这里，新的饮食原料和烹饪方式就成为一种新变量，而新变量的出现既与社会经济的发展相关，又与对外文化的交流相关，唐代的饮食文化就充分说明了这一点。

唐代外来饮食最多的是胡食，“胡食”是出自汉代的一种说法，指代当时自西域传入的食品，胡食在汉魏通过丝绸之路传入中国后，至唐最盛，据《新唐书·舆服志》说“贵人御馔，尽供胡食”。唐代的胡食品种很多，面食有餢飳（bù zhù，发面饼）、饆饠（bìluó，一作“毕罗”）、胡饼等。“餢飳”是用油煎的面饼，慧琳《一切经音义》中说：“此饼本是胡食，中国效之，微有改变，所以近代亦有此名。”“饆饠”一语源自波斯语，一般认为它是一种以面粉作皮，包有馅心，经蒸或烤制成的食品。唐代长安有许多经营饆饠的食店，有蟹黄饆饠、羊肾饆饠等。“胡饼”即芝麻烧饼，中间夹以肉馅。卖胡饼的店摊十分普遍，据《资治通鉴·玄宗纪》记载，安史之乱，唐玄宗西逃至咸阳集贤宫时，正值中午，“上犹未食，杨国忠自市胡饼以献。”

西域的名酒及其制作方法也在唐代传入中国，据《册府元龟》卷九七〇记载，唐初就已将高昌的马乳葡萄及其酿酒法引入长安，唐太宗亲自监制，酿出八种色泽的葡萄酒，“芳辛酷烈，味兼缇盎。既颁赐群臣，京师始识其味”，并由此产生了许多歌咏葡萄酒的唐诗。唐代还从西域引进了蔗糖及其制糖工艺，使得中国古代饮食又平添了几分甜蜜，其意义不亚于葡萄酒酿法的引进。

唐朝与域外饮食文化的交流，一时间激起了巨大反响，在长安和洛阳等地，人们的物质生活都崇尚西域风气。饮食风味、服饰装束都以西域各国为美，崇外成为一股不小的潮流。当时长安，胡人开的酒店也多，并有胡姬相陪，李白等文人学士常入这些酒店，唐诗中有不少诗篇提到这些酒店和胡姬。酒家胡与胡姬已成为唐代饮食文化的一个重要特征。域外文化使者们带来的各地饮食文化，如一股股清流，汇进了中国文化的海洋，正因为如此，唐代的饮食文化才能表现出以往任何一个历史时期都没有过的绚丽风采。饮食生活的开放，反过来也能促进社会的开放，当时长安就是世界文化的中心。

综上所述，可以看出，胡汉民族长期的杂相错居，在饮食生活中互相学习、互相吸收，并最终趋于融合，其最明显的意义便是形成了中华民族饮食文化丰富多彩的特点。同时，胡汉民族的饮食文化交流与融合也不是简单地照搬过程，而是结合了本民族的饮食特点对这些饮食文化加以改造。汉族接受胡族饮食时，往往渗进了汉族饮食文化的因素，如羊盘肠雌解法，用米、面作配料作糁，以姜、桂、橘皮作香料去掉膻腥以适合汉人的口味。而汉人饮食在胡人那里也被改头换面，如北魏鲜卑等民族嗜食寒具、环饼等汉族食品，为适合本民族的饮食习惯而以牛奶、羊奶和面，环饼也要加到酪浆里面才肯食用。由此可见，尽管胡汉民族在饮食原料的使用上都在互相融合，但在制作方法上还是照顾到了本民族的饮食特点。这种吸收与改造极大地影响了唐代及其后世的饮食生活，使之在继承发展的基础上最终形成了包罗众多民族特点的中华饮食文化体系。可以说，没有汉唐时期的胡汉饮食交流，中国后世的饮食文化将会苍白得多，胡汉各族的饮食生活也将会单调得多。同时，汉唐时期胡汉民族饮食原料的交流与融合，对各民族经济文化的发展都起到了积极的促进作用，这说明一个民族或国家文化的发展与进步，离不开兼收并蓄的开放政策，离不开经济、文化的交流，而没有交流的文化系统是没有生命力的静态系统，难以取得发展与进步。

第六章　宋元时期

宋元时期是中国各民族联系进一步加强、民族融合进一步深化的时期。北宋时期，黄河中游地区是政治、文化中心。契丹族建立的辽和党项族建立的西夏，在北方和西北方与北宋长期对峙；宋室南迁后，黄河中游地区成了女真族建立的金朝版图的一部分，并在金朝后期成为金的政治、经济、文化中心；金亡后，黄河中游地区成为蒙古族建立的元朝版图的一部分，完全丧失了全国的中心地位。政治经济形势的变化、时代的发展、各民族之间的相互交流，使宋元时期黄河中游地区的饮食文化呈现出与前代不同的特征。具体表现有：在食材方面，副食原料出现新变化，形成了贵羊贱猪的肉食风气，水产品的消费量增多，引进了一些蔬菜瓜果新品种。在食物加工与烹饪方面，面食品种得到细化，米食品种有了增加，菜肴加工与烹饪得到较大的发展。在饮食业方面，北宋东京的饮食业盛极一时，代表着宋元时期中国饮食业的最高成就，无论是上层的饮食店肆，还是下层的食摊、食贩，都极其特色。在酒文化方面，榷酤制度日趋完善，酒俗丰富多彩，饮酒器具出现较大变革。在茶文化方面，茶叶生产以饼茶为主，点茶成为主要的饮茶方式，饮茶习俗日益丰富。

第一节　副食原料的新变化

同前代相比，宋元时期黄河中游地区的粮食生产与前代无太大变化，以旱地种植小麦、谷粟为主，在局部有水利灌溉条件的地方，如陕西的渭水流域，河南的唐（今河南泌阳）、邓（今河南邓州）、许（今河南许昌）、汝（今河南临汝）四州和汴京附近，也种植一定面积的水稻。与前代相比，食物原料发生较大变化的是副食领域，主要表现有三个方面。

一、贵羊贱猪的肉食风气

宋元时期，黄河中游地区人们食用的肉类中，以羊肉、猪肉最为重要。羊肉特别受到人们的喜爱，贵羊贱猪成为社会时尚。以北宋宫廷为例，宋神宗时，一年御厨支出“羊肉四十三万四千四百六十三斤四两，常支羊羔儿一十九口，猪肉四千一百三十一斤”[①]，可见羊肉的消费量之大。据孟元老《东京梦华录》载，市场上以羊肉为原料的菜肴随处可见。无怪乎苏轼称“十年京国厌肥羜（zhù，五个月大的小羊羔）”[②]。

北宋时期，黄河中游地区所消费的羊肉来源有二：一是购自陕西，“御厨岁费羊数万口，市于陕西。”[③]；二是黄河中游地区本地饲养的羊。例如，为了满足宫廷羊肉的巨大消费，北宋政府在河南中牟和洛阳水草丰美之地，设立放牧基地养羊，所养之羊由设在东京的“牛羊司”监管。牛羊司所饲之羊还要定期补充，“大中祥符三年（公元1010年）四月，诏牛羊司每年栈羊三万三千只，委监官拣少嫩者栈圈均兼供应，四月至十一月每支百口，给栈羊五十口，十二月至三月每

---

① 徐松辑：《宋会要辑稿》方域四之十，影印本，国立北平图书馆，民国二十五年十月（1936年）。

② 苏轼：《东坡全集》卷二四《闻子由瘦》，四库全书本，商务印书馆，2005年。

③ 李焘：《续资治通鉴长编》卷二一一，上海古籍出版社，1986年。

支百口，给七十口”[①]。金元时，羊还被用作军粮，例如金章宗承安元年（公元1196年）遣军追敌，都说粮道不继，不可行军，完颜安国献计：“人得一羊可食十余日，不如驱羊以袭之便”[②]。

宋元政府对羊的屠杀还作出一些规定，例如出于繁殖羊只的考虑，一般不允许屠杀羊羔和母羊。宋哲宗元祐六年（公元1091年），“诏祠祭，游幸毋用羔”[③]。元世祖至元二十八年（公元1291年）下旨：“休杀羊羔儿吃者，杀来的人棍底打一十七下，更要了他的羊羔儿者。”至元三十年（公元1293年）又下旨道：“今后母羊休杀者”[④]。

宋元时期，黄河中游地区的人们喜爱羊肉是有深刻的历史原因和现实原因的。首先，从历史传统上看，从晋室南迁后，北方多为游牧民族所统治，他们以食用羊肉为主的饮食习惯影响到中原的汉族居民；其次，从现实环境上看，北宋与辽和西夏等游牧民族对峙为邻，各民族在饮食上互相交流、互相影响。通过榷（què，专卖）场贸易，北宋用丝、茶等商品从辽、西夏游牧民族手中换回大量的羊只；第三，北宋宫廷的肉食消费，几乎全是羊肉，这不仅是习惯，而且还上升到“祖宗家法”的高度。《续资治通鉴长编》卷四八〇记载辅臣吕大防为宋哲宗讲述祖宗家法时说：“饮食不贵异味，御厨止用羊肉，此皆祖宗家法，所以致太平者。”元代统治者本身就是游牧民族，他们喜食羊肉。从心理学上讲，人们在衣、食、住、行等社会生活方面往往具有“趋上性”，模仿地位比自己高的人的生活习惯。地位最高的皇室宫廷的肉食消费以羊肉为主，这对人们的饮食消费无疑具有巨大的示范性和指导性；第四，这一时期信奉伊斯兰教的“回回人”逐渐增加，元代时民间已有“回回遍天下”的说法。

---

① 徐松辑：《宋会要辑稿》职官二一之一七，影印本，国立北平图书馆，民国二十五年十月（1936年）。

② 脱脱等：《金史·完颜安国传》，中华书局，1975年。

③ 脱脱等：《宋史·哲宗纪》，中华书局，1975年。

④《元典章》卷五七《刑部十九·禁屠杀》，影印元刻本，台湾“故宫博物院”，民国六十一年（1972年）。

宋元时期的人们喜食羊肉，也体现了伊斯兰饮食习俗对中国饮食文化产生的广泛影响；第五，贵羊贱猪的中医理论对当时的食羊之风起到了推动作用。前代和当时的中医普遍认为羊肉具有滋补作用，如北宋时唐慎微《证类本草》卷十七云："羊肉，味甘、大热、无毒，主缓中，字乳余疾及头脑大风汗出，虚劳寒冷，补中益气，安心止惊。"

猪肉在宋元时期黄河中游地区居民的肉食消费中仅次于羊肉。长期以来，中国医学对猪肉的营养价值估计过低。梁代陶弘景《名医别录》和唐代孙思邈《千金方》均认为，久食猪肉容易得病。北宋时期，延续了这种观念。《证类本草》卷十八云："凡猪肉，味苦，主闭血脉，弱筋骨，虚人肌，不可久食，病人金疮者尤甚。"元代忽思慧《饮膳正要》卷二《兽品》认为，猪肉"味苦，无毒，主闭血脉，弱筋骨，虚肥人，不可久食；动风患金疮者尤甚"。中医贱猪的理论对猪肉的食用有一定影响，如北宋大文豪苏轼在黄州（今湖北黄冈）时，曾写过一首《猪肉颂》，称当地的猪肉"价贱如泥土，贵者不肯吃"。黄州虽然并不在黄河中游地区，但猪肉的价格远远低于羊肉则是北宋全国的一种普遍状况。因此，猪肉是下层百姓的主要肉食品种之一。据孟元老《东京梦华录·朱雀门外街巷》记载，北宋东京城内有一条小巷称"杀猪巷"，是杀猪作坊的集中地。东京民间所宰杀的猪，往往由南薰门入城，"每日至晚，每群万数"。《东京梦华录》卷三《天晓诸人入市》载，市内"其杀猪羊作坊，每人担猪羊及车子上市，动即百数"。由此可见，北宋时期猪肉在民间的消费是相当大的。

金代统治者对食猪肉的态度与宋元二朝不同，金朝的统治者为女真族人，他们起源于中国的东北区域，传统上有养猪、牧猪的习惯，他们认为猪肉是上等美肴。《宣和乙巳奉使金国行程录》记载金人待客时，"以极肥猪肉或脂，阔切大片，一小盘子虚装架起，间插青葱三数茎，名曰'肉盘子'，非大宴不设"[①]。

① 确庵、耐庵编：《靖康稗史笺证》，中华书局，1988年。

二、水产品消费量的增多

宋初，黄河中游地区的居民对水产品的消费量极少。一是因为黄河中游地区水域少，水产品产量有限。而输入黄河中游地区的南方水产品极少，价格昂贵，人们消费不起。据陈师道《后山丛谈》卷六载，宋仁宗时蛤蜊每枚千钱，连皇帝也感到太奢靡而拒食；二是因为黄河中游地区的居民多不知鱼类等水产品的烹饪方法。叶梦得《避暑录话》卷四载，宋初“京师无有能斫鲙（zhuókuài，切成鱼片）者，以为珍味。梅尧臣家一老婢独能为之”，故欧阳修等人想吃鱼鲙时，便提鱼前往梅家。即使在北宋中期，黄河中游地区的居民在水产品烹饪方面仍不太擅长，出现了不少笑话，如沈括《梦溪笔谈》卷二四载：“庆历（公元1041—1048年）中，群学士会于玉堂，使人置得生蛤蜊一篑（kuì，筐子），令饔人烹之。久且不至，客讶之，使人检视，则曰：‘煎之已焦黑，而尚未烂。’坐客莫不大笑。予尝过亲家设馔，有油煎法鱼，鳞鬣（liè，指鱼的鳍、尾、须等）虬然，无下箸处，主人则捧而横啮，终不能咀嚼而罢。”

图6-1 《卖鱼图》，山西洪洞（tóng）元代广胜寺后壁画

北宋中后期，黄河中游地区的居民对水产品的消费量逐渐增加，水产品在人们的肉食消费中也占一定比例。这种变化的出现是有其原因的。北宋中后期，生产安定，社会富庶，官僚、贵族、富商们手中聚集了大量钱财。他们吃腻了平常的羊猪肉，开始寻求异味，海鲜等高档水产品开始摆上他们的餐桌。价格昂贵的高档水产品不仅满足了达官贵人们的口腹，而且也满足了他们的虚荣心，给他们一次次展示地位、炫耀财富的机会。贩运水产品的高额利润吸引着大小商人，贩运南方及山东、河北沿海水产品的商人逐渐增多，以致水产品价格下跌，然而更主要的原因是北宋中期以后大批滞留黄河中游地区的南方人。这些南方人吃不惯北方的猪、羊肉，非常需要南方的海鲜和水产。这种需要引起了南方水产品更大规模的输入，使得水产品价格大幅下降，水产品终于进入平常百姓家。南方水产品的输入使黄河中游地区的食物品种更加丰富多彩，烹饪技术也从粗放变得精细。

水产品易于腐败，为了长途运输，人们除了把水产品进行干制或腌制外，还采取了许多其他方法。如东京东华门何、吴二家所造的鱼鲊（zhǎ，用盐、红曲等发酵腌制的鱼块），“十数脔（切成小块的肉）作一把，号‘把鲊’，著闻天下。文士有为赋诗，夸为珍味。其鱼初自澶、滑河上斫造，以荆笼贮入京师”。又如卖鱼时，人们为了使鱼不死，“用浅抱桶，以柳叶间串清水中浸”[①]，用柳叶浸入清水中，利用柳叶的光合作用，减少水中二氧化碳含量，增加氧气的含量，这是很科学的。

对水产品的巨大需求，不仅刺激了外地水产品的输入，而且也刺激了黄河中游地区的水产品捕捞与养殖业的发展。北宋时期，黄河鱼类产量较大。据《东京梦华录》卷四《鱼行》载：“冬月即黄河诸远处客鱼来，谓之‘车鱼’，每斤不上一百文。”北宋黄河鱼类产量较大得益于唐朝的“鲤鱼之禁”，唐朝皇帝姓李，因此禁止人们食用鲤鱼[②]，这使黄河鲤鱼得以休养生息数百年，数量众多。北宋

① 孟元老：《东京梦华录》卷四《鱼行》，文化艺术出版社，1998年。
② 方勺：《泊宅编》卷七载“《唐律》禁食鲤，违者杖六十”，中华书局，1983年。

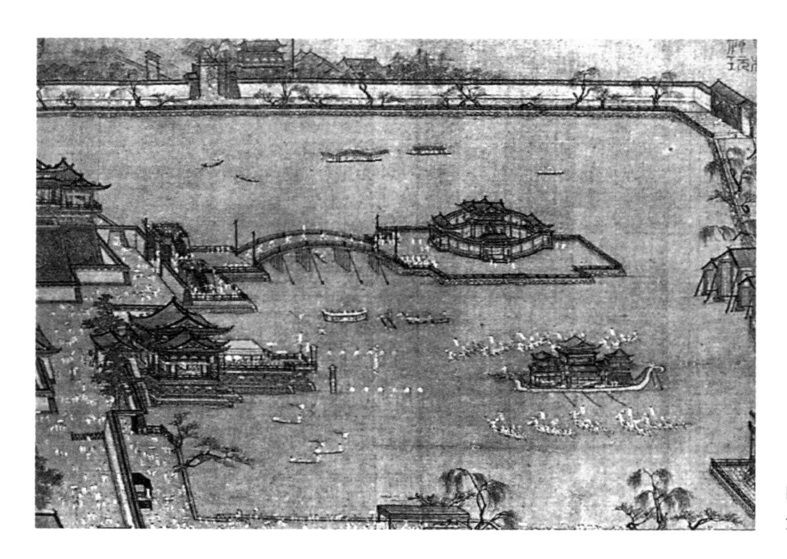

图6-2 宋代《金明池夺标图》中的开封金明池

时，黄河中游地区有些地方产鱼也不少，如东京附近所产鲜鱼每日有数千担入京①。甚至东京城内也有许多养鱼的池苑，金明池就是其中较大的一个，所养之鱼由官府专营。宋神宗时曾下诏："金明池每遇传宣打鱼，今后只得本池兵士采打，不得更养百姓。"②

金代时，金与南宋隔淮河对峙，南方水产品不可能像北宋中后期那样大量北运。尽管如此，水产品在人们的肉食中仍占一定比例。一些达官贵人还是常食鱼虾，如"参知政事魏子平嗜食鱼，厨人养鱼百余头，以给常膳"③。

元代时，黄河产鱼量仍很大，河南归德、邓州等处的鱼商，"俱系黄河间采捕收买鱼货"④。元代政府比较重视水产养殖，规定"近水之家，又许凿池养鱼并鹅鸭之数，及种莳莲藕、鸡头、菱角、蒲苇等，以助衣食"⑤，黄河中游地区有水源的地方也广养鱼虾。

---

① 孟元老：《东京梦华录》卷四《鱼行》，文化艺术出版社，1998年。
② 徐松辑：《宋会要辑稿·刑法二之三四》，影印本，国立北平图书馆，民国二十五年（1936年）。
③ 元好问：《续夷坚志》卷四《魏相梦鱼》，北京出版社、中华书局，1986年。
④ 官修：《元典章》卷二二《户部八·盐课》，影印元刻本，台湾"故宫博物院"，民国六十一年（1972年）。
⑤ 脱脱等：《元史·食货志》，中华书局，1976年。

三、蔬菜瓜果新品种的引进

宋元时期从外地传入黄河中游地区的蔬菜新品种有胡萝卜和回回葱。明代李时珍说，胡萝卜“元代始自胡地来，气味微似萝卜，故名”[①]。这种说法不一定正确，因为在南宋的方志中已提到胡萝卜。但胡萝卜确实是在元代时才在黄河中游地区广泛传播、种植，且很快在食用菜蔬中争得一席之地的。回回葱，这一名字始见于元代《析津志·辑佚·物产》，“其形如蒜，层叠若小精葱，甚雅，味如葱等，腌藏生食俱佳”。李时珍认为回回葱就是前代的胡葱，美国学者劳费尔在《中国伊朗编》中持有同样看法。元代《饮膳正要》卷三《菜品》中绘有它的形状，从图像上看，似现在的洋葱。

宋元时期，黄河中游地区所产瓜类除传统的甜瓜之外，还有刚从外地引进的西瓜。西瓜原产北非沙漠地区，后传入中亚。五代时，“契丹破回纥得此种以归”。北宋时，西瓜是否已传入黄河中游地区尚无定论。但金代时，西瓜在黄河中游地区已广为种植了。洪皓《松漠纪闻》云：“西瓜形如扁蒲而圆，色极青翠，经岁则变黄，其瓞类甜瓜，味甘脆，中有汁尤冷。”元代时，西瓜在北方“种者甚多，以供岁计”[②]。

第二节　食物加工与烹饪的完善

宋元时期黄河中游地区的食物品种、主副食结构都有了较大的发展与变化，食物加工、烹饪技术也有了很大提高。

---

① 李时珍：《本草纲目》卷二六《菜部·胡萝卜》，人民卫生出版社，2004年。

② 王祯：《农书》卷八《百谷谱三·西瓜》，四库全书本，商务印书馆，2005年。

一、面食品种的细化

宋元时期黄河中游地区的面食品种非常丰富，“凡以面为食者，皆谓之饼。故火烧而食者呼为烧饼，水瀹而食者呼为汤饼，笼蒸而食者呼为蒸饼。而馒头谓之笼饼”①。宋元时期黄河中游地区的面食大致可分为烤炙、笼蒸、汤煮和油炸四类，各类面食又可细化为许多品种。

1. 烤炙类

烤炙类面食的主要品种有烧饼、煎饼、饆饠等。

烧饼。烧饼又称胡饼，其使用的面团有发酵、油酥、冷水调和等多种。有有馅的，也有无馅的；有荤的，也有素的；有甜的，也有咸的；饼面上有粘芝麻的，也有不粘芝麻的；有手工制作的，也有用模子压成各种花样的。像北宋东京胡饼店出售的品种有“门油、菊花、宽焦、侧厚、油碢（guō，锅）、髓饼、新样满麻”②，夜市和食店还出售有猪胰胡饼、白肉胡饼、茸割肉胡饼等③，宫廷食用的有排炊羊胡饼④。元代有黑子儿烧饼、牛奶子烧饼⑤、白熟饼子、山药胡饼、肉油饼、酥蜜饼等均系用炉烤制而成的⑥。

煎饼。煎饼是用面糊薄摊油煎而成，比较讲究的煎饼还要进行深加工，如佚名《居家必用事类全集·庚集·饮食类》中所记的“七宝卷煎饼”，是用摊好的薄煎饼包裹羊肉炒臊子、蘑菇、熟虾肉等七种馅心，再经油煎而成；“金银卷煎饼”是用鸭蛋（或鸡蛋）清、鸭蛋（或鸡蛋）黄加豆粉分别摊成，然后叠在一起，色呈黄白二色。

---

① 黄朝英：《靖康缃素杂记》卷二《汤饼》，四库全书本，商务印书馆，2005年。
② 孟元老：《东京梦华录》卷四《饼店》，文化艺术出版社，1998年。
③ 孟元老：《东京梦华录》卷三《马行街铺席》，卷四《食店》，卷二《饮食果子》，文化艺术出版社，1998年。
④ 孟元老：《东京梦华录》卷九《宰执亲王宗室百官入内上寿》，文化艺术出版社，1998年。
⑤ 忽思慧：《饮膳正要》卷一《聚珍异馔》，四部丛刊本，上海书店，1985年。
⑥ 佚名：《居家必用事类全集》庚集“饮食类”，京都株式会社中文出版社，1984年。

饆饠。饆饠一作“毕罗”，有人考证它为外包面皮，内装水果或肉类、作料，然后烤熟的一种食品。①

2. 笼蒸类

笼蒸类面食的主要品种有蒸饼、馒头、包子、酸豏（xiàn，馅，特指豆馅）、兜子等。

蒸饼和馒头。北宋时，为避宋仁宗赵祯的名讳，人们把蒸饼改称炊饼。《水浒传》中武大郎所卖的即为炊饼。北宋东京的油饼店也出售有蒸饼、糖饼等，市场上还出售有宿蒸饼。这一时期还有笼饼，笼饼即馒头。炊饼（蒸饼）和馒头（笼饼）都是用蒸汽蒸熟的，二者是否为一物，国内学术界尚有分歧。笔者认为蒸饼起初的含义是蒸制的面食，最初馒头应是蒸饼中的一种，是有馅的蒸饼，后来馒头独树一帜，从蒸饼中脱离出来，蒸饼专指无馅类蒸制面食。这从元代《饮膳正要》卷一《聚珍异馔》中所记蒸饼的制作原料中可以考察：“白面（十斤）、小油（一斤）、小椒（一两，炒去汗）、茴香（一两，炒），右件隔宿用酵子、盐、碱、温水一同和面，次日入面接肥，再和成面，每斤作二个，入笼内蒸。”

图6-3 宋代壁画中的馒头形象（《宋辽西夏金社会生活史》，中国社会科学出版社）

① 夔明：《饆饠考》，《中国烹饪》，1988年第7期。

宋元时馒头都是有馅的，个头较大。北宋的“太学馒头”很有名气，阮葵生《茶余客话》记载：“元丰初，神宗留心学校。一日令取学生所食以进。是日适用馒头。神宗食之曰：‘以此养士，可无愧矣’。”受到皇帝的赞美，太学馒头因此名气很大。太学生们往往带一些回家赠送亲友，也让他们尝尝。元代馒头的品种也很多，有葵花馒头、平坐小馒头、撚（rán）尖馒头、毯漏馒头等。[①]其中撚尖馒头顶部呈开花状。由于文献的阙如，人们对其他馒头的形状已经弄不清楚了。这些馒头的馅料有素的，也有荤的。苏东坡《约吴远游与姜群弼吃蕈（tán，菇类，食用菌）馒头》一诗中有“天下风流笋饼餤，人间济楚蕈馒头”[②]，蕈馒头为素馅；而上文提到的“太学馒头”是用螃蟹肉制成的，岳珂《玉楮（chǔ）集》卷三中有一首《馒头》诗，吟咏的正是太学馒头，“几年太学饱诸儒，余技犹传笋蕨厨。公子彭生红缕肉，将军铁杖白莲肤。”馒头既有物美价廉为普通人所食的，如北宋东京市场上的“万家馒头”“孙好手馒头”和羊肉小馒头[③]，也有极其高级讲究的，如北宋蔡京所命制作的“蟹黄馒头”，价值竟“为钱一千三百余缗（mín，一缗钱又称一贯钱，共一千文）”[④]。

包子。包子这个名称在五代时已出现，大量品种的出现却在宋元时期。宋元时期的包子同现代的包子一样，也是有馅的。它与馒头的区别在于：馒头较大而皮厚，包子较小而皮薄。北宋东京市场上出售有“诸色包子”，即各种品种的包子，最著名的有御街南州桥附近的“王楼山洞梅花包子”、御廊西的“鹿家包子”、州桥南“梅家包子”、鹿家的“鳝鱼包子”。[⑤]元代著名的包子有用天花蕈为馅心主料的“天花包子”和用鲤鱼或鳜（guì）鱼为馅心主料的鱼包子。

---

① 佚名:《居家必用事类全集》庚集“饮食类”，京都株式会社中文出版社，1984年。

② 查慎行:《苏诗补注》卷四八，四库全书本，商务印书馆，2005年。

③ 孟元老:《东京梦华录》卷三《大内西右掖门外街巷》，卷三《大内前州桥东街巷》，卷八《是月巷陌杂卖》，文化艺术出版社，1988年。

④ 曾敏行:《独醒杂志》卷九，四库全书本，商务印书馆，2005年。佚名:《东南纪闻》卷一，四库全书本，商务印书馆，2005年。

⑤ 孟元老:《东京梦华录》卷二《宣德楼前省府宫宇》《州桥夜市》，文化艺术出版社，1998年。

酸豏。酸豏是宋元时期特有的蒸制面食，又名馂（jùn）馅（类似酸豆馅包子，皮厚，馅少）。欧阳修《归田录》卷二载：“京师食店卖酸豏者，皆大书牌榜于通衢。而俚俗昧于字法，转酸从食，豏从臽。有滑稽子谓人曰：‘彼家所卖馂馅（音俊叨），不知为何物也。’”这段话的意思为：京师开封的酸豏专卖店，都在店旁的大路边立有出售酸豏的大字招牌。招牌上“酸豏”两字却写作“馂馅”。之所以如此，是因为民间不清楚“酸豏”两字的构字法，就把“酸”“醸”两字的“酉”字旁换成“饣”字旁，又“醸”字的“兼”换成了“臽”。这样，原本为“酸豏”，现在却写成了“馂馅”，读“俊叨”两字的音。有一位善于说笑话的人说：“我不知道那家卖的‘馂馅’到底是一种什么食物！”

对于酸豏具体什么形状，今天的人们已不太清楚，《居家必用事类全集·庚集·饮食类》“酸豏”条记：“馒头皮同，褶儿较粗”，可见酸豏外形上类似馒头，只是外皮捏的褶儿较粗。周密《齐东野语》中有一则故事也说明了酸豏类似馒头，章丞相招待一位高僧，食品有馒头和酸豏。执事者粗心，把馒头端给了僧人，把酸豏端给了丞相。章丞相一吃，知道不对，马上予以调换，因为酸豏素馅，馒头荤馅，给僧人应送酸豏才对。

兜子。兜子的名称在五代时才出现，具体品种也是宋元时期丰富起来的。《东京梦华录》中载有“决明兜子”“鱼兜子”。元代的《居家必用事类全集》《饮膳正要》等书均记有兜子的详细制法，是将绿豆粉皮铺在盏中，再装上馅料，用粉皮裹好馅料，然后蒸熟。兜子以馅心命名，如《居家必用事类全集》中的鹅兜子、荷莲兜子等。

宋元时期黄河中游地区的其他笼蒸类面食还有烧卖、经卷儿等。烧卖是宋元时期出现的新食品，宋话本《快嘴李翠莲》中，李翠莲在夸耀自己的烹饪手艺时说：“烧卖、匾食有何难，三汤两割我也会。”经卷儿，是元代出现的面食，《饮膳正要》卷一《聚珍异馔》“饪（蒸）饼”条后注有：“经卷儿一同”，可知经卷儿同“饪饼”一样，是将发酵面放入笼中蒸制而成的。

3. 汤煮类

汤煮类面食的主要品种有汤饼、饺子、馄饨、馃子、科斗等。

汤饼。汤饼为汤煮的面食，馎饦、面条等均包括在内。宋元时期黄河中游地区的汤饼有了长足的进步，它们大多以浇头的精致和汤的鲜美取胜，有些甚至是将原料掺在面粉中制成的。北宋时的汤面有生软羊面、桐皮面、寄炉面、插肉面、大燠（ào）面、桐皮熟脍面、菜面等。[①]元代的汤面有水滑面、索面、经带面、托掌面、红丝面、翠缕面等。[②]宋元时期还有类似今天捞面的“冷陶”，冷陶的浇头有素的，如苏东坡制的“槐芽冷陶”；也有荤的，如北宋东京川饭店所售的“大小抹肉淘”[③]。馎饦原名不托、饦饦，汉唐时就已流行，为手搓面片，宋元时人们继续食用，当时社会上有“巧媳妇做不得无面馎饦”的俗语。[④]比较有名的有山芋馎饦、玲珑馎饦等。[⑤]

与汤饼相近的食品还有元代新出现的河漏、拨鱼和回族食品“秃秃麻失”。“河漏”后来又称饸饹（héle）、合落、活饹等，是将调制好的荞麦面团用工具压成细条，直接漏入锅内沸水中煮成的。王祯《农书》卷七《百谷谱二·荞麦》载：“或作汤饼，谓之河漏，滑细如粉，亚于麦面，风俗所尚，供为常食。”元代杂剧中有“糁子面合落儿带葱韭”[⑥]，散曲中也提到“荞麦面的饸饹”[⑦]。“拨鱼”是将调好的面糊用匙或筷子拨入锅内沸水中煮成的，因形状似鱼，故名。《居家必用事类全集·庚集·饮食类》中有山药拨鱼和玲珑拨鱼。回族食品“秃秃麻失”在《居家必用事类全集》《饮膳正要》等书中均有记载，“如水滑面和圆小弹剂，冷水浸，手掌按作小薄饼儿，下锅煮熟，捞出过汁煎炒酸肉，任意食之”。

---

① 孟元老：《东京梦华录》卷四《食店》，文化艺术出版社，1998年。
② 佚名：《居家必用事类全集》庚集“饮食类”，京都株式会社中文出版社，1984年。
③ 孟元老：《东京梦华录》卷四《食店》，文化艺术出版社，1998年。
④ 庄绰：《鸡肋编》卷下，中华书局，1983年。
⑤ 佚名：《居家必用事类全集》庚集“饮食类”，京都株式会社中文出版社，1984年。
⑥ 杨景贤：《西游记》第二本第六折，隋树森：《元曲选外编》，中华书局，1959年。
⑦ 佚名：《粉蝶儿·悭吝》，郭勋辑：《雍熙乐府》卷六，上海出版社、上海书店，1985年。

饺子、馄饨。饺子在唐代已出现实物，但名称到宋代方才出现，初叫“角子”，以后才称饺子。《东京梦华录》中载有水晶角儿、煎角子、双下驼峰角子。《居家必用事类全集·庚集·饮食类》中有驼峰角儿、烙面角儿、馄（shì）锣角儿等。饺子多以馅心、形状、皮子的性质命名，如“水晶角儿”的外皮呈透明状，似水晶莹润；“驼峰角儿”的外形似驼峰；“烙面角儿”的外皮是用烫面做成的。馄饨在北宋东京已有馄饨店，供应多种馄饨。

馎子。馎子在魏晋南北朝时就已经出现了，它是将一种如棋子大小的面块蒸熟，然后汤煮捞出，浇上浇头的一种面食。馎子在宋元时期仍很流行。北宋东京开有“棋子”店（元以前馎子写作“棋子”）。宋元时期馎子的品种也增多了，有玉馎子、米心馎子、鸡头粉雀舌馎子、水龙馎子等。元代的畏兀儿面食“搠（shuò）罗脱因”和馎子类似，只不过前者是直接用面团按成钱样，用浓汤煮成而已。

科斗。陈元靓《岁时广记》卷十一《科斗羹》引宋人吕原明《岁时杂记》载：“京人以绿豆粉为科斗羹。”孟元老《东京梦华录》卷六《十六日》中也提到东京饮食市场上有“科头（斗之误）细粉”。类似科斗的面食还有饦饳（gēda，疙瘩）。

4. 油炸类

包括黄河中游地区在内的广大北方居民十分喜爱油炸食品，沈括《梦溪笔谈》卷二十四《杂志一》载：“今之北方人喜用麻油煎物，不问何物皆用油煎”。宋元时期主要的油炸类食品有馓子、焦饹、油条、春卷等。

馓子。馓子又名环饼，即古之“寒具”，最初为寒食节节令食品，在宋元时已成为普通的市肆食品了。苏轼诗称“碧油煎出嫩黄深”[①]，可见其为油炸面食，色泽嫩黄。当时东京大街小巷均有卖馓子的，吃的人也挺多。金代婚宴上往往要“进大软脂、小软脂，如中国寒具”[②]，可见金代的大小“软脂”也为类似馓子的

① 庄绰：《鸡肋编》卷上，中华书局，1983年。
② 宇文懋昭：《大金国志校正》卷三九《婚姻》，中华书局，1986年。

油炸食品。

焦馅。焦馅又名油馅，是一种油炸的团形面食。焦馅历史悠久，宋元时期已成为正月十五上元节通用的食品了。陈元靓《岁时广记》卷十一《咬焦馅》引昌原明《岁时杂记》载："上元节食焦馅……列街巷处处有之。"孟元老《东京梦华录》卷六《十六日》亦载上元节前后，东京市民买卖焦馅等食品，卖焦馅的很多，"街巷处处有之"。

油条。油条最初在南宋时出现，初名"油炸桧（鬼）"，是街头食贩用面团捏做秦桧夫妇，扭结而炸之得名的，反映了人们对奸臣秦桧的痛恨。元代时油条已为黄河中游地区各阶层人们所喜爱。

春卷。春卷是元代时出现的，当时叫"卷煎饼"，见于《居家必用事类全集·庚集·饮食类》中的"回回食品"，具体制法为"摊薄煎饼，以胡桃仁、松仁、桃仁、榛仁、嫩莲肉、干柿、熟藕、银杏、熟栗、芭榄仁，已上除栗黄片切外，皆细切，用蜜糖霜和，加碎羊肉、姜末、盐、葱调和作馅，卷入煎饼，油炸焦。"这种"卷煎饼"的制法已经和后代"春卷"的制法相似了。

宋元时期有些面食今天已不可考，不能断定其烹制方法，如餶飿（gǔduò）儿、夹儿等，《东京梦华录》中载有"细料餶飿儿""旋切细料餶飿儿""鹌鹑餶飿儿"。由于缺乏更多的文献资料，人们已不清楚"餶飿"为何物了。《水浒传》第一回在描写洪太尉受到大的惊吓后，身上"寒栗子比餶飿儿大小"，用餶飿儿来比喻寒栗子（鸡皮疙瘩），说明餶飿儿为圆形的。"夹儿"又称铗儿、夹子、饵（jiǎ）子，到底是什么食品，目前尚不太清楚。北宋东京市场上出售有煎夹子、白肉夹面子。从"夹"字的含义和这两种夹子的名称上考察，夹儿应是一种有馅的扁平状面食，其中有通过油煎制成的。

二、米食品种的增多

黄河中游地区的居民多以面食为主食，但一些城镇和植稻区的居民，特别是官员，也以大米为主食。大米主要用于煮饭、煮粥，还用来制作糍糕、团、粽之类。

1. 饭、粥

据《东京梦华录》载，饭有羊饭、煎鱼饭、生熟烧饭、随饭、荷包白饭、社饭、水饭等。

宋元时期黄河中游地区的居民早餐多为粥，北宋东京“每日交五更……酒店多点灯烛沽卖，每份不过二十文，并粥饭点心”①。做粥除了用大米外，还有用粟、豆的。北宋时粥的品种很多，如寒食吃的“冬凌粥”、十二月八日吃的“腊八粥”、豌豆大麦粥②、小米粥③、清晨待漏院前卖的“肝夹粉粥”等④。

吃粥可以节约粮食，元军围金朝南京（开封）时，军中乏粮，“专造糜粥，国主亲尝”⑤。贫苦人家为节约粮食常常煮菽、粟杂粮为粥，用以果腹。元杂剧《东堂老劝破家子弟》描写富家子弟扬州奴破产后，一家人住在窑中，饥寒交迫，无奈只好出门，想找旧相识寻些米来，熬粥汤吃。

粥由于熬得很软、很烂，非常利于消化，因而也是老年人和富贵人家的保健养生食品。这样的粥，常加入一些药物或滋补品与米、谷同熬。北宋的《政和圣济总录》卷一八八至一九〇中详细介绍了苁蓉羊肾粥、商陆粥、生姜粥、补虚正气粥、苦楝（liàn）根粥等133种药粥。元代《饮膳正要》卷一《聚珍异馔》记有乞马粥、汤粥、粱米粥、河西米汤粥等一般食用的粥，卷二《食疗诸病》记有众多食疗粥品，有羊骨粥、羊背骨粥、猪肾粥、枸杞羊肾粥、鹿肾粥、山药粥、酸枣粥、生地黄粥、荜拨粥、良姜粥、吴茱萸粥、莲子粥、鸡头粥、桃仁粥、马齿菜粥、荆芥粥、麻子粥。这些粥中有不少在黄河中游地区的民间流行，如猪肾

---

① 孟元老：《东京梦华录》卷三《天晓诸人入市》，文化艺术出版社，1998年。
② 苏轼：《东坡全集》卷二二《过汤阴市得豌豆大麦粥示三儿子一首》，四库全书本，商务印书馆，2005年。
③ 周辉：《清波别志》卷上，四库全书本，商务印书馆，2005年。
④ 丁谓：《丁晋公谈录》，陶宗仪编：《说郛》卷十六下，上海古籍出版社，1988年。
⑤ 宇文懋昭：《大金国志校正》卷二六《义宗皇帝》，中华书局，1986年。

粥、荜拨粥、良姜粥、莲子粥、麻子粥等。

2. 糕、团、粽

除各种饭、粥外，以米为主要原料的食品还有各种糕、团、粽。

糕。宋元时期糕的品种繁多。北宋市场上有糍糕、黄糕麋（mí）、麦糕。每逢社日、重阳时节，人们还要食社糕、重阳糕。金代女真人结婚时进蜜糕，“人各一盘”①。元代时比较著名的糕有柿糕、高丽栗糕，这两种糕均为女真食品，在北方民间广泛流传，也反映出民族之间饮食的互相交流与融合。

团子和圆子。团子和圆子多为米粉制品，因其名有“团圆”之意，比较吉利，因而常作为节令食品。一般来说，团子的体积较大，庄绰《鸡肋编》卷上载：“天长县炒米为粉，和以为团，有大数升者，以胭脂染成花草之状，谓之炒团。”引文中的天长县即今天的安徽天长市，这里所言的炒团并非是黄河中游地区的，但足以说明团子的体积较大。北宋时团子品种很多，有澄沙团子、白团、五色水团、黄冷团子、脂麻团子等。“澄沙团子”是先将赤豆煮烂，去皮控水，然后加油、糖，炒成澄沙，用澄沙作馅制成的。“脂麻团子”估计是先把芝麻捣成泥状，加糖作馅制成的。白团、五色水团、黄冷团子应是以其颜色得名的。元代韩奕《易牙遗意》卷下记有玛瑙团、水团、夹砂团。

元宵（汤圆）在宋元时期叫元子、圆子或浮圆子等，北宋东京市场上已有圆子，品种有小元儿、鹏沙元、冰雪冷元子等。有些团子、圆子不是大米或米粉制成的，如前文提到的“玛瑙团”，用料为砂糖、白面、胡桃（核桃），具体制法为：“先用糖一斤半，水半盏和面炒熟，次用糖二斤，水一盏溶开，入前面在锅内再炒。候糖与面做得丸子，拌胡桃肉，搜匀作剂。”

粽。粽子，“一名角黍”，宋时“市俗置米于新竹筒中，蒸食之”②，称“装筒”或筒粽，其中加枣、栗、胡桃等类，用于端午节。苏轼《端午贴子》词云：“翠

---

① 宇文懋昭：《大金国志校正》卷三九《婚姻》，中华书局，1986年。
② 高承：《事物纪原》卷九《粽》，四库全书本，商务印书馆，2005年。

筒初窒楝，芗黍复缠菰”，记述了端午节在宫中食筒粽的情景。

三、菜肴加工与烹饪的发展

宋元时期黄河中游地区的菜肴品种极其丰富，菜肴的加工与烹饪有了很大的发展，主要表现在三个方面：

（一）菜肴烹饪原料的扩展

宋元时期，黄河中游地区的菜肴烹饪原料比前代有了极大地扩展，前代不用或很少使用的一些食物原料，如动物的内脏、血、头、脚、尾、皮等“杂碎”得到了广泛利用，被烹制成各种美味佳肴。用动物内脏制作菜肴，在唐代已经出现，据李济翁《资暇录》记载：“元和（公元806—820年）中有奸僧鉴虚，以羊之六腑，特造一味，传之于今。”到宋元时期，利用动物“杂碎”制作的菜肴越来越受到人们的欢迎。

据《东京梦华录》记载，东京早市上有卖灌肺、炒肺的[①]；夜市上有卖麻腐鸡皮、旋炙猪皮肉、猪脏、鸡皮、腰肾、鸡碎、抹脏、红丝的[②]；大街小巷里有卖羊头、肚脏、煎肝脏、头肚、腰子、白肠、麻饮鸡皮的[③]；就连高档饭店、酒店也备有用动物“杂碎”烹制的头羹、炙烤腰子、石肚羹、铙齑头羹、血羹[④]等，以供人们选用。平常百姓家，社日所造社饭，除了用猪羊肉之外，也要用腰子、奶房、肚肺之类。[⑤]

① 孟元老：《东京梦华录》卷三《天晓诸人入市》，文化艺术出版社，1988年。

② 孟元老：《东京梦华录》卷二《州桥夜市》，文化艺术出版社，1988年。

③ 孟元老：《东京梦华录》卷二《东角楼街巷》，卷三《马行街铺席》，卷三《诸色杂卖》，卷八《是月巷陌杂卖》，文化艺术出版社，1988年。

④ 孟元老：《东京梦华录》卷四《食店》，卷二《饮食果子》，文化艺术出版社，1988年。

⑤ 孟元老：《东京梦华录》卷八《秋社》，文化艺术出版社，1988年。

元代的许多菜肴也是用动物“杂碎”制成的，如攒羊头、带花羊头、猪头姜豉、攒牛蹄、攒马蹄、河西肺、炙羊腰、肝生、马肚盘、盐肠、红丝等。[1]

宋元时期，烹饪原料的扩展还表现在这一时期瓜果开始进入菜肴。当时已经出现了由水果、坚果制作的菜肴，如煎西京雪梨等。[2]当然，宋元时期黄河中游地区的居民对瓜果仍以直接食用为主。有的则初步加工制成梨条、梨干、梨肉、梨圈、桃圈、枣圈、胶枣、林檎旋乌李、查条、查片、杏片、香药脆梅等果干[3]，这些果子菜人们多作为饮酒品茶的佐物或零食用。

（二）素菜开始成为一个独立的菜系

宋元时期，黄河中游地区素菜的加工与烹饪有了很大发展，市场上开始出现了专卖素食的素分茶（素饭店），“如寺院斋食也”[4]。素菜开始成为一个独立的菜系，大放异彩。宋元时期，促使素菜成为一个独立菜系的因素很多。

第一，炒法的推广普及为素菜的兴起提供了契机。这是因为，“以叶、茎、浆果为主的蔬菜不宜用炸、烤法烹制，至于煮是可以的，但不调味、不加米屑的清汤蔬菜，则不是佐餐的美味”[5]。与其他烹饪方法相比，“炒”法在烹制各种蔬菜方面潜力最大，只有炒法出现后方能烹制出如此多的色香味形俱佳的蔬馔来。

第二，宋元时期的豆腐（及其豆制品）、面筋制作技术日臻完善，并被引入菜肴，为素菜成为一个独立的菜系提供了物质基础。如果没有豆腐、面筋的加盟，并成为素菜的主要赋形原料，素菜仅靠蔬菜支撑门户，那么素菜的发展肯定会大打折扣的。

---

① 忽思慧:《饮膳正要》卷一《聚珍异馔》，四部丛刊本，上海书店，1985年。
② 孟元老:《东京梦华录》卷二《饮食果子》，文化艺术出版社，1988年。
③ 孟元老:《东京梦华录》卷二《饮食果子》，卷七《池苑内纵关扑游戏》，文化艺术出版社，1988年。
④ 孟元老:《东京梦华录》卷四《食店》，文化艺术出版社，1988年。
⑤ 王学泰:《华夏饮食文化》，中华书局，1993年。

第三，宋元时期各种瓜果开始进入菜肴，扩大了素菜的原料来源，丰富了素菜的品种，促进了素菜的发展。

第四，宋代佛教的盛行为素食的兴起提供了广阔的空间。自南朝梁武帝开始，汉传佛教形成了食素的传统，宋代的佛教虽不如唐代那么极盛一时，但"百足之虫，死而不僵"，"从五代以来，在中原地区出现了相当数量的、长期持斋的信徒"①。

第五，宋代文人士大夫的饮食观念也发生了变化，素菜渐被视为美味，宋代士大夫几乎没有不赞美素食的，"士人多就禅刹素食"②。这不仅推动了素菜的发展，而且使素菜作为一种美味得到了整个社会的承认。

宋元时期还出现了素菜用荤菜命名的情况，如把"蒸葫芦"称为"素蒸鸭"。"玉灌肺"是用真粉、油饼、芝麻、柿子、核桃、莳萝六种素食品为原料，加"白糖（饴）、红曲少许为末，拌和入甑蒸熟，切作肺样"③。

宋元时期，代表素菜最高成就的是仿荤素菜，它们往往让人真假难辨。人们用瓠（嫩葫芦）与麸（面筋）为原料制成的"假煎肉"，"瓠与麸不惟如肉，其味亦无辨者"④。据《东京梦华录》卷二《饮食果子》记载，北宋东京市场上的仿荤素菜种类繁多，有假河豚、假元鱼、假蛤蜊、假野狐、假炙獐等。这些仿荤素菜色香味形俱全，深受人们欢迎。就连吃惯了山珍海味的皇亲贵戚、王公大臣们也要品尝一二，北宋宰执亲王宗室百官入皇宫大内给皇帝上寿时，所用的下酒菜肴中即有"假鼋鱼""假沙（鲨）鱼"等仿荤素菜。

（三）菜肴加工、烹饪技艺的提高

宋元时期，黄河中游地区的菜肴加工与烹饪技艺的提高表现在以下四个方面：

---

① 康乐：《素菜与中国佛教》，林富士主编：《礼俗与宗教》，中国大百科全书出版社，2005年。
② 吕希哲：《吕氏杂记》卷下，四库全书本，商务印书馆，2005年。
③ 林洪：《山家清供》卷上，丛书集成初编本，中华书局，2010年。
④ 林洪：《山家清供》卷下，丛书集成初编本，中华书局，2010年。

1. 厨事专业分工的精细

宋元时期，黄河中游地区厨事中的专业分工已非常明确，洗碗、洗菜、烧菜等都有专人负责，这在贵族家庭及大型饮食店肆中尤其如此。北宋著名奸相蔡京，其府第专设有“包子厨”，包子厨中专设的“缕葱丝者”竟不能作包子[①]，足见厨事分工之细。

2. 烹饪方法的多样化

当时，黄河中游地区比较常见的烹饪方法有煮、熬、蒸、炸、炒、煎、爆、炙、烧、燠、脍、腊、脯、鲊、菹等。其中以“煮”和“炒”最为流行。

煮，是一种非常古老的烹饪方式，主要用于加工各种羹类菜肴。宋元时期，羹菜继续在黄河中游地区流行，人们非常喜欢食羹。据《东京梦华录》记载，北宋市场上羹类品种很多，有百味羹、头羹、新法鹌子羹、三脆羹、二色腰子、虾蕈、鸡蕈、浑砲（pào，炮）羹、群仙羹、金丝肚羹、石肚羹、血羹、粉羹、果

图6-4　宋代温县庖厨砖雕（《宋辽西夏金社会生活史》，中国社会科学出版社）

① 罗大经:《鹤林玉露》丙编卷六《缕葱丝》，中华书局，1983年。

十翅羹、石髓羹、饶齑头羹等，这些羹有荤有素，以荤居多，多数物美价廉，像“其馀小酒店，亦卖下酒，如煎鱼、鸭子、炒鸡兔，煎燠肉、梅汁、血羹、粉羹之类。每分不过十五钱”[1]，十分便宜。当然，贵族和官僚们所食用的羹就极其精美，造价也极其昂贵。宰相蔡京喜欢吃鹌鹑，每食一羹即杀数百只。元代的羹类也很多，忽思慧《饮膳正要》中记载有河豚羹、杂羹、荤素羹、葵菜羹、羊脏羹、白羊肾羹、羊肉羹、椒面羹、鸡头粉羹、鲫鱼羹、猯（tuān，野猪）肉羹、青鸭羹、野鸡羹、鹁鸽羹、驴头羹、狐肉羹、熊肉羹、羊肚羹、葛粉羹、獭肝羹等。羹和粥一样，由于食物煮的很烂，利于消化吸收，因而往往也是食疗佳品。

宋元时期，黄河中游地区炒制菜肴的技术得到了快速发展，出现了大量以炒字命名的菜肴，如炒兔、生炒肺、炒蛤蜊、炒蟹、旋炒银杏、炒羊等。[2]在炒的基础上，人们又发明了煎、燠、爆等多种烹饪方法。

3. 调味技术的进步

宋元时期，黄河中游地区的居民对食物的调味主要通过两种方式：一是通过调味品调味。北宋时，这一地区的居民对调味品的使用已经十分普遍。人们在食品烹饪中往往利用酒、盐、酱、醋、糖及葱、蒜、生姜、薄荷等香料，使食品菜肴五味调和，形成鲜美可口、丰富多彩的复合味；二是通过加热调味。食物原料中所含的芳香物质在常温下不易释放出来，在高温加热的情况下，其内部组织被破坏，芳香物质被释放出来，故经过煎、炒、炸等高温烹饪的食物能够香气四溢。

4. 色彩搭配和食品造型技术的广泛运用

宋元时期，黄河中游地区的居民在烹制食品菜肴时已注意到色彩的合理搭配

---

① 孟元老：《东京梦华录》卷二《饮食果子》，文化艺术出版社，1998年。
② 孟元老：《东京梦华录》卷二《饮食果子》，卷四《食店》，文化艺术出版社，1998年。

与运用。《东京梦华录》中就有赤白腰子、二色腰子、五色水团等多色彩食品。[①]这些食品的色彩调制各异，有的利用食物原料的天然色彩调制，有的利用食物色素调色，有的利用食物在加热过程中的颜色变化来调制色彩。色彩悦目的肴馔，引起人们的食欲，提高了饮食的意趣。

食品菜肴的形状之美，不仅能使人赏心悦目，增加食欲，而且能使人产生美的联想、美的享受。因此，追求食品菜肴的形美，对于烹饪技艺的发展、提高，对进一步丰富饮食的花色品种都起着重大的推动作用。宋元时期，黄河中游地区食品菜肴的构形，大致上可以划分为若干类型：其一，是以食物原料的自然形状构成。如整鸡、整鸭、鱼虾等，都具有令人喜爱的形状。利用食物原料的自然形态烹制而成的菜肴，体现了原料本身的面貌特色，具有质朴的自然之美，显得朴素大方；其二，是将食物原料根据需要加工成块、片、条、丝、丁、粒、末等一般形状与花式形状；其三，是通过对食物原料进行装配雕刻。这类食品菜肴属于造型与雕刻相结合的具有艺术特征的象形食品。其形状或为人物，或为花果，或为动物。宋元时期，黄河中游地区的食品菜肴，其造型雕刻水平已经很高，如

图6-5　宋代厨娘画像砖拓图，传河南偃师出土

① 孟元老：《东京梦华录》卷二《东角楼街巷》、卷二《饮食果子》、卷八《端午》，文化艺术出版社，1998年。

《东京梦华录》卷二《东角楼街巷》载，东京市场上出售有“蜜煎雕花”。宋元时期黄河中游地区的这些工艺造型菜，构思新颖奇巧，形象优美高雅，既可观赏，又可食用，对后世中国象形菜的发展方向产生了重要影响。

第三节　蔚为时尚的宋代饮食养生和食疗

宋代的饮食养生和食疗取得了更大的成就。饮食养生的平民化倾向明显，参与者多为士人平民，流行日常饮食养生。如果说唐代的饮食养生尚局限于少数社会上层人士的话，那么宋代的饮食养生则全面走向庶民大众，成为全社会的一种时尚。宋代的食疗也更为普及，“食疗为先”的思想已成为各阶层人们广为信奉的一种普遍社会观念。在食疗配膳所采取的形式和服用方式上，宋代也比前代更加丰富。

一、走向大众的饮食养生学

（一）宋代医学家对饮食养生学的发展

宋代医学家们对饮食在养生中的作用有了更为清楚的认识，如北宋陈直《养老奉亲书·饮食调治》言：“主身者神，养气者精，益精者气，资气者食。食者，生民之天，活人之本也。故饮食进则谷气充，谷气充则气血胜，气血胜则筋力强。”

与前代相比，宋代医学家对饮食养生的论述更为深入，这突出表现在宋代对老人等“弱势”群体饮食调养的关注上。对老人的饮食调养论述最为详细的当数陈直的《养老奉亲书》。陈直认为，之所以要对老人的饮食调养予以特别的关注，是因为老人的身体衰弱，比不得少年人，“若少年之人真元气壮，或失于饥饱，食于生冷，以根本强盛未易为患。其高年之人真气耗竭，五脏衰弱，全仰饮食以资气血，若生冷无节，饥饱失宜，调停无度，动成疾患”。

老人身体衰弱，气候的变化极易诱发各种疾病。陈直特别强调，老人的饮食调养一定要根据四季气候的冷暖变化而有所改变。如“当春之时，其饮食之味，宜减酸益甘，以养脾气。……惟酒不可过饮，春时人家多造冷馔米食等，不令下与。如水团、兼粽，黏冷肥僻之物，多伤脾胃，难得消化，大不益老人”[①]；“其饮食之味，当夏之时，宜减苦、增辛，以养肺气。……饮食温软，不令太饱，畏日长永，但时复进之。渴宜饮粟米温饮、豆蔻熟水，生冷肥腻，尤宜减之。……若须要食瓜果之类，量虚实少为进之。缘老人思食之物，若有违阻，意便不乐。但随意与之，才食之际，以方便之言解之。往往知味便休，不逆其意，自无所损。……细汤名茶，时为进之，晚凉方归”[②]。

陈直所力倡的这些老人饮食调养主张超越了单纯的饮食养生范畴，像子女亲自为父母调制饮食，对于老人想吃但不利于老人养生的食物，子女并非简单地拒绝，而是让其少食，软言承欢相劝，这些做法实际上是把老人的饮食调养同维持老人的心境愉悦结合起来，这些亲情化的做法与饮食调养互相促进，更有利于老人的养生。同时，也包涵了“尊老”的饮食文化思想。

（二）饮食养生之风的盛行

1. 草木养生之法取代了金石养生之术

与唐代社会的饮食养生深受道教服食金石和辟谷的影响不同，宋代社会的饮食养生受到道教的影响较小。

道教在宋代的地位虽然不如唐代那么高，但仍受到统治者的重视。北宋时，官府连续发起尊崇道教的运动。宋真宗时，创造了一个所谓赵家始祖赵元朗来担

---

① 陈直:《养老奉亲书·春时摄养》，四库全书本，商务印书馆，2005年。
② 陈直:《养老奉亲书·夏时摄养》，四库全书本，商务印书馆，2005年。

任道教尊神，下诏封赠为“圣祖上灵高道九天司命保生天尊大帝”。宋徽宗曾延揽了大量的山林道士，甚至正式册封自己为“教主道君皇帝”。但与唐代相比，宋代服食金石丹药之风大减。在宋代皇帝中，没有一位是因服食金石丹药而丧命的。宋代的人们已普遍不再相信服食金石丹药能够长生成仙，服食者多从养生延年的角度出发，采用间接服食法。如孔平仲《谈苑》卷一载：“高若讷能医，以钟乳饲牛，饮其乳。后患血痢卒，或云冷暖相薄使然。”这是先以药喂牛，再取牛乳服食。

由于认识到服食金石丹药无益于养生，宋代的服食养生家把养生的目光投向了草木，刘延世《孙公谈圃》卷中云：“硫黄信有验，殆不可多服。若陆生韭，叶柔脆可菹，则名为‘草钟乳’；水产之芡，其甘滑可食，则名为‘水硫黄’。”朱弁《曲洧旧闻》卷四载：“藜有二种，红心者俗呼为红灰藋。古人食之多以为羹，所谓藜羹不糁是也。而今人少有食者，岂园蔬多品而不顾乎……仙方用之为秘药，或入烧炼药，多取红心者，易名为鹤顶草”。利用草木制成的丹药养生，具有见效快、毒副作用小等优点，受到了宋代服食养生者的广泛欢迎。有学者还把宋代中草药价格出现大幅度攀升的原因归之于当时的草木养生之法取代了金石养生之术。[①]

2. 节制饮食、食粥养生等日常养生方法的流行

宋代时，对世俗大众最具吸引力的养生方式开始转向日常饮食养生。这种转变可以从唐宋文人士大夫对日常饮食养生的不同态度上看出来。唐代的文人士大夫很少关注日常饮食养生，而宋代的许多文人士大夫对日常饮食养生则表现出极大的兴趣。如苏轼认为：“养生者，不过慎起居饮食，节声色而已。节慎在未病之前，而服药于已病之后。”[②]张耒称：“大抵养性命，求安乐，亦无深远难知之

① 李肖：《论唐宋饮食文化的嬗变》，首都师范大学1999届中国古代史专业博士学位论文。
② 苏轼：《东坡志林》卷一《记三养》，中华书局，1981年。

事，正在寝食之间耳。”[1]李之彦《东谷所见·药石》称：“吾辈宜何策，且宜于饮食、衣服上加谨。古人首重食医，春多酸，夏多苦，秋多辛，冬多咸，调以滑甘，平居必节饮食。饭后行三十步，不用开药铺。饮食之加谨者，此也。”

就具体的饮食养生方法而言，节制饮食尤其受到宋人的赞同。在宋代，实行节制饮食以养生的人们遍及社会各阶层，特别是宋代的文人士大夫们更是视节制饮食为养生秘诀。如苏轼提倡“已饥方食，未饱先止”[2]。张耒云：“某见数老人，饮食至少，其说亦有理。内侍张茂则每食不过粗饭一盏许，浓腻之物绝不向口。老而安宁，年八十余卒。茂每劝人必曰：‘旦暮少食，无大饱。’王皙龙图造食物必至精细，食不尽一器，食包子不过一二枚尔，年八十卒。临老尤康强，精神不衰。王为予言：‘食取补气，不饥即已。饱生众疾，至用药物消化，尤伤和也。’刘元秘监食物尤薄，仅饱即止，亦年八十而卒。刘监尤喜饮酒，每饮酒更不食物，啖少果实而已。循州苏侍郎，每见某即劝令节食，言食少则即脏气流通而少疾。苏公贬瘴乡累年，近六十而传闻亦康健无疾，盖得其力也。苏公饮酒而不饮药，每与客食，未饱公已舍匕箸。”[3]张端义甚至说：“人有不节醉饱，不谨寒暑，孰谓人为万物之灵。”[4]这都是主张少食及不吃肥腻的例子。

食粥养生也受到了宋代文人士大夫们的高度重视。张耒《粥记赠邠老》云：“张安定每晨起，食粥一大碗，空腹胃虚，谷气便作，所补不细，又极柔腻，与肠腑相得，最为饮食之良。妙齐和尚说山中僧，每将旦一粥，甚系利害，如或不食，则终日觉脏腑燥渴，盖能畅胃气，生津液也。今劝人每日食粥，以为养生之要，必大笑。”[5]“后又见东坡一帖云：夜坐饥甚，吴子野劝食白粥。云能推陈致新，利膈养胃。僧家五更食粥，良有以也。粥既快美，粥后

---

① 张耒：《柯山集》卷四二《粥记赠邠老》，四库全书本，商务印书馆，2005年。
② 苏轼：《东坡志林》卷一《养生说》，中华书局，1981年。
③ 张杲：《医说》卷七《勿过食》引张太史《明道杂记》，四库全书本，商务印书馆，2005年。
④ 张端义：《贵耳集》卷下，四库全书本，商务印书馆，2005年。
⑤ 张耒：《柯山集》卷四二，四库全书本，商务印书馆，2005年。

一觉尤不可说”[①]。

除节制饮食和食粥外，宋代文人士大夫还热衷于其他的饮食养生方式。如王辟之《渑水燕谈录》卷八《事志》载：“今并、代间士人多以长松参甘草、山药为汤”，认为“服之益人，兼解诸虫毒”。即使饮水，宋代士人亦多讲究，苏轼谓：“时雨降，多置器广庭中，所得甘滑不可名，以泼茶煮药，皆美而有益，正尔食之不辍，可以长生。其次井泉甘冷者，皆良药也”[②]。一些宋代士人在日常饮食小节上也很注意养生保健，如胡瑗判国子监时，经常教导学生：“食饱未可据案，或久坐，皆于气血有伤，当习射投壶游息焉”[③]。

除文人士大夫之外，宋代的普通民众也并非与日常饮食养生无缘，具有养生保健功能的各种汤饮在宋代的盛行，并成为各地待客的通用饮料，从一个侧面反映出宋代社会对饮食养生的广泛参与。

二、日益深入人心的食疗学

（一）“食疗为先”思想的广泛传播

宋代时，食疗为先的思想更加深入人心，得到了越来越多的认同。

1. 医药学界对“食疗为先”原则的继承和发扬

“食疗为先”的治疗原则首先在医药学界得到了继承和发扬，成书于宋太宗淳化三年（公元992年）的王怀隐《太平圣惠方·食治》载：“安人之本，必资于食；救疾之道，乃凭于药，故摄生者先须洞晓病源，知其所犯，以食治之，食疗不愈，然后命药”。陈直《养老奉亲书·饮食调治》称：“若有疾患，且先详食医

① 费衮：《梁溪漫志》卷九《张文潜粥记》，四库全书本，商务印书馆，2005年。
② 苏轼：《东坡志林》卷一《论雨井水》，中华书局，1981年。
③ 朱熹：《五朝名臣言行录》卷十，四库备要本，商务印书馆，2003年。

之法，审其症状以食疗之，食疗未愈，然后命药，贵不伤其脏腑也”；“其水陆之物为饮食者，不啻千品，其五色、五味、冷热、补泻之性，亦皆禀于阴阳五行，与药无殊……人若能知其食性调而用之，则倍胜于药也。缘老人之性，皆厌于药而喜于食，以食治疾，胜于用药。况是老人之疾，慎于吐利，尤宜食以治之。凡老人有患，宜先以食治，食治未愈，然后命药，此养老人之大法也。是以善治病者，不如善慎疾；善治药者，不如善治食”[①]。

除强调有病先以食治外，宋代医药学家们还普遍强调饮食辅助治疗的价值。如王怀隐《太平圣惠方·食治》称：“（产后）若饮食失节，冷热乘理，血气虚损，因此成疾。药饵不和，更增诸病。令宜以饮食调治，庶为良矣。”陈直《养老奉亲书·医药扶持》亦言：“若身有宿疾，或时发动，则随其疾状，用中和汤药顺三朝五日，自然无事。然后调停饮食，依食医之法，随食性变馔治之，此最为良也。”

2. 文人士大夫对“食疗为先”思想的接受

在宋代，不仅具有专门医学知识的医生们信奉“食疗为先”的治疗原则，就连普通的文人士大夫也接受了“食疗为先”的思想，黄庭坚《士大夫食时五观》云：“五谷五蔬以养人，鱼肉以养老。形苦者，饥渴为主病，四百四病为客病，故须食为医药，以自扶持。是故，知足者举箸常如服药。”可以说，黄庭坚对食疗的这种看法代表了宋代文人士大夫的普遍观念。

如果说“食疗为先”的思想在唐代尚局限于医药学界的话，宋代时它已在文人士大夫中广为流传，并通过他们向其他阶层的人们进行广泛、深入的传播，随着越来越多人们的认同，“食疗为先”已成为各阶层人们广为信奉的一种普遍的社会观念。其结果是，在食疗应用的普及程度上，宋代远远超过了前代。

在宋代文献中，上至帝王将相，下至平民百姓都有利用饮食治疗的记载。

---

① 陈直：《养老奉亲书·食治养老序》，四库全书本，商务印书馆，2005年。

如赵溍《养痾漫笔》载："孝宗尝患痢，众医不效，德寿忧之，过宫偶见小药肆，遣中使询之，曰：'汝能治痢否？'对曰：'专科。'遂宣之。至请，问得病之由。语以食湖蟹多，故致此疾。遂令诊脉，曰：'此冷痢也。其法用新采藕节细研，以热酒调服。'如其法，杵细酒调，数服即愈。德寿大喜，就以杵药金杵臼赐之。"这是宋代皇帝食疗的例子。

彭乘《墨客挥犀》卷八载："王文正太尉气羸多病，真宗面赐药酒一瓶，令空腹饮之，可以和气血、辟外邪。文正饮之，大觉安健。因对称谢，上曰：'此苏合香酒也。每一斗酒以苏合香丸一两同煮，极能调五脏、却腹中诸疾。每冒寒，夙兴则饮一杯。'因各出数榼赐近臣，自此臣庶之家皆效为之。"这是宋代王公大臣食疗的例子。

赵葵《行营杂录》载："松阳县民有被殴，经县验伤。翊日引验，了无瘢痕。宰恠（guài）而诘之，乃仇家使人要归，饮以熟麻油酒，卧之，火烧地上，觉而疼肿尽消。"这是宋代普通百姓食疗的例子。

图6-6 《后宫奉食图》，山西洪洞元代广胜寺壁画

（二）食疗方法的继承和发展

宋代的食疗方法在继承前代的基础上又有了进一步发展。宋代不少医药文献都载有食疗方面的内容，如王怀隐《太平圣惠方·食治》中记载了28种疾病的治疗方法，像糖尿病患者宜饮牛乳，水肿病患者要吃鲤鱼粥等；宋徽宗赵佶《圣济总录·食治门》中记载有30种治疗各种疾病的食治方法。北宋陈直《养老奉亲书》对老人的食疗提出了许多重要的、富有创新意义的见解，在“食治老人诸疾方”中，陈直共收录养老益气、眼目、耳聋耳鸣、五劳七伤、虚损羸瘦、脾胃气弱、泻痢、渴热、水气、喘嗽、脚气、腰脚疼痛、诸淋、噎塞、冷气、诸痔、诸风等17种老年病症的食疗方剂162个。

1. 大量采用动物内脏（“杂碎”）或普通食物作为食疗配膳

同唐代一样，宋代亦大量采用动物内脏（“杂碎”）作为食疗配膳。以陈直《养老奉亲书·食治老人诸疾方》为例，所用到的动物“杂碎”有：白羊头蹄、白羊头、水牛头、乌驴头、兔头、鹿头、猪颐、大羊尾骨、大羊脊骨、白羊脊骨、羊脊膑（yín）肉、羊髓、鹿髓、鲤鱼脑髓、水牛皮、猪肚、豮（fén，阉割）猪肚、羊肝、青羊肝、猪肝、豮猪肝、乌鸡肝、猪肾、鹿肾、羊肾、猪脾、羊血、猪肪脂、野驼脂、雁脂、乌鸡脂等。

与唐代不同的是，宋代的食疗配膳常取普通食物为之，特别侧重于食物本身所具有的医疗作用，药物配伍较少或不用，可谓名副其实的食疗，为以前饮食疗法的疗效所难及。如“治胸腹虚冷，下痢赤白”的鲫鱼粥，以“鲫鱼四两切作鲙，粳米三合，右以米和鲙作粥，入盐椒葱白，随性食之”；“治小便多数，瘦损无力，宜食羊肺羹方。羊肺一具细切，右入酱醋五味，作羹食之”[①]；柳叶韭，“韭菜嫩者，用姜丝、酱油、滴醋拌食，能利小水，治淋病”[②]。

---

① 王怀隐：《太平圣惠方》卷九六《食治》，人民卫生出版社，1958年。

② 林洪：《山家清供》卷上，丛书集成初编本，中华书局，2010年。

2. 食疗饮食品种的丰富

宋代食疗的饮食品种也比唐代更为丰富，如林洪《山家清供》一书所列的食疗方剂，“就有诸如饭、粥、面、淘、索饼、馎饦、饨馄、糕、饼、脯、煎、菜、羹、酒、茶等多种食疗的形式与方法”[①]。陈直《养老奉亲书·食治老人诸疾方》中的食疗饮食品种有：粥、索饼、馎饦、饨馄、饭、饼子、煎饼、煮菜、炙菜、蒸菜、煨果、熟脍、生脍、羹、臛、乳、煎、饮、汤、汁、茶、酒、散等。它们中既有各种主食，又有多种菜肴，还有茶、酒、乳、汤等，基本涵盖了宋代日常食品、饮品的种类。

从各种食品、饮品出现的次数来看，宋代食疗最经常采用的形式是粥羹（含臛），其次是汤饮，这说明宋代食疗的形式与唐代相比变化并不太大。同唐代一样，宋代其他形式的食疗饮食也以煮制为主，多制作得十分软烂，利于病人的消化吸收。这些都表明了宋代全面继承了唐代的食疗形式。

3. 食疗服用方式的扩展

同唐代一样，服用食疗饮食时，宋代也多以空腹趁热食用为主，如“食治老人耳聋不差鲤鱼脑髓粥方。鲤鱼脑髓（二两）、粳米三合。右，煮粥以五味调和，空腹食之”[②]。

在前代的基础上，宋人还探索出不少其他更为有效的食疗服用方式。如陈直《养老奉亲书·食治老人诸疾方》载：“食治老人五淋、秘涩、小便禁痛、膈闷不利蒲桃浆方。蒲桃汁（一升）、白蜜（三合）、藕汁（一升）。右相和，微火温，三沸即止。空心服五合，食后服五合，常以服之殊效”。这是空心与食后相配合的服用方式；“食治老人痔病、下血不止、日加羸瘦无力、鸲鸽散方。鸲鸽（五只，治洗令净，曝令干）。右捣为散，空心以白粥饮服。二方寸匕，日二服最验。亦可炙食任性。”这是与粥一起服用的方式。宋人赵溍《养痾漫笔》载：“治嗽方

---

① 陈伟明：《唐宋饮食文化初探》，中国商业出版社，1993年。

② 陈直：《养老奉亲书·食治老人诸疾方》，四库全书本，商务印书馆，2005年。

甚多，余得一方，甚简。但用香橼去核，薄切作细片，以时酒同入砂瓶内，煮令熟烂，自昏至五更为度，用蜜拌匀，当睡中唤起，用匙挑服，甚效。”这是夜间服用的方式。

宋代还发明了两种食疗饮食先后配合的食疗方法，陈直《养老奉亲书·食治老人诸疾方》载：“治老人大虚羸困，极宜服煎猪肪方。猪肪（不中水者半斤）。右入葱白一茎于铫内，煎令葱黄即止，候冷暖如身体，空腹频服之，令尽。暖盖覆卧至日晡，后乃白粥调糜，过三日后宜服羊肝羹。羊肝羹方，羊肝（一具，去筋膜，细切）、羊脊膑肉（二条，细切）、曲末（半两）、枸杞根（五斤，剉，以水一斗五升，煮取四升，去滓）。右用枸杞汁煮前羊肝等，令烂，入豉一小盏，葱白七茎，切，以五味调和作羹，空腹食之。后三日，慎食如上法。”这是先服“猪肪方”，后服“羊肝羹方”的配合疗法。

4. 对因人、因地、因时而膳的继承

宋代也继承了唐代食疗因人、因地、因时而膳的传统。以陈直《养老奉新书》为例，此书是一本专为老年人所写的食疗专著，书中所载的不少食疗方剂也考虑到了地域、季节等因素对食疗效果的影响，如“食治老人膈上风热、头目赤痛、目赤𬇨𬇨竹叶粥方。竹叶（五十片洗净），石膏（三两），沙糖（一两），浙粳米（三合），右以水三大盏，煎石膏等二味，取二盏去滓，澄清，用煮粥，熟入沙糖食之”；“食治老人上气急喘息不得、坐卧不安猪颐酒方。猪颐（三具细切）、青州枣（三十枚），右以酒三升浸之，若秋冬三五日，春夏一二日。密封，头以布绞去滓，空心温任性渐服之，极验。切忌咸热”。

上面两则食疗方剂中的“浙粳米”“青州枣”，就是具体考虑到了不同地域所产食物的质地、性味的差异。其中，“浙粳米”性温，与北方所产性凉的粳米不同（贾铭《饮食须知》载：北粳凉，南粳温）。后则食疗方剂中的“秋冬三五日，春夏一二日”，则具体考虑到了季节因素对食疗效果的影响。

第四节　盛极一时的北宋东京饮食业

东京开封府是北宋的政治、文化中心，它的饮食业极其繁荣，代表了宋元时期中国饮食业的最高成就。东京饮食业的上层为大大小小的固定店肆，它们主要有酒肆、茶坊和食店；东京饮食业的下层为半固定的食摊和流动的食贩。

一、饮食业的新变化

北宋是中国古代饮食业大发展的时期，这一时期饮食业极度繁荣，食品销售业也出现了一些前所未有的新变化。

首先，随着坊市制度的崩溃，食品销售突破了“市”的地域限制。食店开始同民居官署交相混杂，甚至庄重威严的御街两旁，大内禁门之外，也是饮食店肆林立，这是前代难以想象的；城门市井、巷陌路口、汴河沿岸、桥头渡口等热闹繁华之处挤满了半固定的食摊；车推肩挑手提的流动食贩们则走街串巷推销着自

图6-7　北宋张择端的《清明上河图》局部

己的食品。所有这一切都方便了人们就餐，改变了一些人家的生活习惯，“市井经纪之家，往往只于市店旋置饮食，不置家蔬”[①]。

其次，随着传统“日中为市，日落散市”制度的打破，早市、夜市开始出现。在早市、夜市上以饮食业经营为主，这就使饮食业在经营时间上的上下延长，甚至全天候经营，使因“公私荣干”而错过饭时的人们不至于饿肚子。东京“夜市直至三更尽，才五更又复开张。如耍闹去处，通晓不绝。寻常四梢远静去处，夜市亦有燋酸䜺、猪胰、胡饼、和菜饼、獾儿、野狐肉、果木翘羹、灌肠、香糖果子之类。冬月虽大风雪阴雨，亦有夜市：𠞰（dié）子姜豉、抹脏、红丝水晶脍、煎肝脏、蛤蜊、螃蟹、胡桃、泽州饧、奇豆、鹅梨、石榴、查子、榅桲（wēnpo）、糍糕、团子、盐豉汤之类。至三更方有提瓶卖茶者盖都人公私荣干，夜深方归也”[②]。

最后，食品销售业内部开始出现雇佣关系。北宋时期，随着商品经济的繁荣，市场上出现了许多出卖劳动力的雇工。在这些雇工中有一部分是直接服务于人们的饮食生活的，如帮人打水、舂米、荷大斧斫柴、替人杀鸡等。宋人刘斧编的《青琐高议》后集卷三载，宋仁宗庆历年间（公元1041—1048年），东京城内有个叫马吉的，以杀鸡为业，每替人杀一只鸡得佣钱十文。雇工们不仅提供计时、计量的家政饮食服务，而且也走入了食店之中。北宋以前，食店规模较小，多以家庭为单位经营。北宋时，食店的规模越来越大，需要的人手越来越多，家庭成员已不能满足需要，雇工开始走入规模较大的食店中。雇工依靠出卖劳动力为生，他们与店主之间是一种劳动力与货币交换的关系，即雇佣关系。北宋食品销售业内部的这种雇佣关系，一般没有附加强制条件。雇工“一有差错，坐客白之主人，必加叱骂，或罚工价，甚者逐之”[③]。饮食业内部出现雇佣关系，表明

---

① 孟元老:《东京梦华录》卷三《马行街铺席》，文化艺术出版社，1998年。
② 孟元老:《东京梦华录》卷三《马行街铺席》，文化艺术出版社，1998年。
③ 孟元老:《东京梦华录》卷四《食店》，文化艺术出版社，1998年。

北宋饮食业的多种经营特色已经超越了简单商品生产水平，“其给社会经济带来了新的活力因素，有助于以后资本主义生产关系萌芽的发生发展”①。

北宋时，社会上还出现了承办宴会酒席的业务。《东京梦华录·卷四·筵会假赁》载：“凡民间吉凶筵会，椅桌陈设，器皿合盘，酒檐动使之类，自有茶酒司管赁。吃食下酒，自有厨司。以至托盘、下请书、安排坐次、尊前执事、歌说劝酒，谓之‘白席人’。总谓之‘四司人’。欲就园馆亭榭寺院游赏命客之类，举意便办，亦各有地分，承揽排备，自有则例，亦不敢过越取钱。虽百十分，厅馆整肃，主人只出钱而已，不用费力。”

二、饮食店肆的经营特色

北宋时期，中原地区的饮食店肆主要有酒肆、茶坊和食店。这些饮食店肆虽然规模大小各异，但却有一些共同的经营特色：

1. 讲究特色经营

这在规模较大的饮食店肆中表现得更为明显。

第一，在建筑设计上，各饮食店肆风格不尽相同。例如，东京七十二家酒楼正店，有的正店“前有楼子，后有台，都人谓之‘台上’”②；有的正店“三层相高。五楼相向，各有飞桥栏槛，明暗相通”；有的正店“入其门，一直主廊约百余步，南北天井两廊皆小阁（gé，同阁，小房间）子”，③类似今天酒店内的雅间，使酒客饮酒互不干扰；还有些正店具有园林宅院风格，这从它们的名称上可以看出，如中山园子正店、蛮王园子正店、朱宅园子正店、邵宅园子正店、张宅园子正店、方宅园子正店、姜宅园子正店、梁宅园子正店、郭小齐园子正店、杨

① 陈伟明：《唐宋饮食文化初探》，中国商业出版社，1993年。
② 孟元老：《东京梦华录》卷二《宣德楼前省府宫宇》，文化艺术出版社，1998年。
③ 孟元老：《东京梦华录》卷二《酒楼》，文化艺术出版社，1998年。

图6-8 孙羊正店

皇后园子正店等。这些园子正店环境清幽，凭其廊庑掩映、花竹扶疏的风景取胜，吸引了不少人去饮酒。宋话本《金明池吴清逢爱爱》中几个少年到酒楼饮酒，就要寻个“花竹扶疏”的去处。

第二，销售特色饮料、食品。北宋时期，中原地区的不少饮食店肆以特色饮料、食品来吸引客人。酒肆是人们饮酒的场所，有上等佳酿是当时酒店得以生存的重要条件。东京正店都酿有自己的名酒，一些店肆名酒足可以与宫廷大内的御酒相媲美。也有一些酒肆“卖贵细下酒，迎接中贵饮食”①，以美肴佳馔吸引顾客，如东京的第一白厨、州西安州巷张秀、保康门李庆家、东鸡儿巷郭厨、郑皇后宅后宋厨、曹门砖筒李家、寺东骰子李家、黄胖家等。还有些酒肆，如东京州桥炭张家、乳酪张家，不卖“下酒”（下酒菜），只以一色好酒、好腌藏菜蔬来吸引饮徒。

食店更是以经营特色食品来吸引食客。当时出现了一些以重点经营某一种食品而驰名的食店，如北宋东京以经营饼驰名的有御街州桥附近的曹婆婆肉饼店、朱雀门外武成王庙前的海州张家胡饼店、皇建院前郑家胡饼店；以经营馒头闻名

① 孟元老：《东京梦华录》卷二《酒楼》，文化艺术出版社，1998年。

的有尚书省西门外的万家馒头店，其馒头质量“在京第一”[①]，此外，还有州桥西的孙好手馒头店；以经营包子驰名的有御街州桥的王楼山洞梅花包子店、御廊西侧的鹿家包子店；以经营瓠羹闻名的有东角楼街巷的徐家瓠羹店、尚书省西门外的史家瓠羹店、州桥西的贾家瓠羹店等。

北宋时期在中原地区还出现了不少经营地方风味食品的食店。这些食店可分为三类：北食店、南食店和川饭店。其中，北食店供应有熬物、巴子，南食店供应有鱼兜子、桐皮熟脍面、煎鱼饭，川饭店供应有插肉面、大燠面、大小抹肉淘、煎燠肉、杂煎事件、生熟烧饭等地方特色食品。为了满足僧侣和吃斋信佛的人们的需要，还有专门经营素食的“素分茶”。

第三，各饮食店肆在经营方式上也是各显其能，讲究特色。例如，东京州东里仁和酒店、新门里会仙楼正店，“常有百十分厅馆”[②]，以规模宏大吸引顾客；东京的任店有“浓妆妓女数百，聚于主廊槏（xiàn，廊下）面上，以待酒客呼唤，望之宛若神仙”，以色情服务来吸引酒徒；白矾楼酒店，在“初开数日，每先到者赏金旗”[③]，采用先到者有赏的办法吸引顾客。还有些饮食店肆努力提高自己的文化品位，墙上往往挂有名家书画，或备有文房四宝，专辟一墙供骚人墨客在酒酣耳热诗兴大发之际挥毫泼墨。

2. 饮食店肆多兼营他业

一些酒楼正店不仅是豪华的超级大酒店，还是大型的造酒作坊和美酒批发店。中小饮食店肆，由于资本较少，为了赚取更多的钱财，在经营上往往比较灵活，兼营他业。例如，东京有些中小酒肆，除卖酒和下酒菜肴外，还兼卖“粥饭点心”[④]。一些茶坊也广开财源，或兼营澡堂，或兼营旅店，甚至与色情业互相

① 孟元老：《东京梦华录》卷三《大内西右掖门外街巷》，文化艺术出版社，1998年。
② 孟元老：《东京梦华录》卷四《会仙酒楼》，文化艺术出版社，1998年。
③ 孟元老：《东京梦华录》卷二《酒楼》，文化艺术出版社，1998年。
④ 孟元老：《东京梦华录》卷三《天晓诸人入市》，文化艺术出版社，1998年。

渗透，被称为“花茶坊”。处于乡村和交通要道上的店肆，在经营上更具有综合性，不仅卖酒菜食物，还提供住宿，集酒店、饭店、客店于一体。

3. 拥有一套行之有效的管理制度

饮食店肆内部人员分工明确，对顾客服务周到，对出现失误的员工视情况进行处罚，是北宋时期中原饮食店肆管理制度上的一个显著特点。如东京食店，其工作人员分工明确，专司掌勺做菜的称“铛头”，服务人员称“行菜”。“铛头”和“行菜”都经过专门训练，技术高超。“铛头”能烧制“或热或冷，或温或整，或绝冷、精浇、臕（lǔ，卤）浇之类”的各种菜肴。“行菜”不仅要熟记本店所有饭菜名称和客人们各自所点的饭菜，在上饭菜时，还能够“左手杈三碗、右臂自手至肩驮叠约二十碗，散下尽合各人呼索，不容差错”。食店对食客服务周到，客人一到，“行菜”手执箸纸，遍询问坐客所需，报与“铛头”。如果客人食量较小，食店还能够变通，提供“单羹”，即半份服务。若“行菜”服务不周，得罪了客人，“坐客白之主人，必加叱骂，或罚工价，甚者逐之”[①]。

4. 店内讲究装饰，门首及其附近多设有标志物

为了吸引顾客，许多饮食店肆注重店内的装饰，像东京的酒楼多是窗明几净，珠帘绣额，灯烛晃耀，往往还装饰有只有皇家贵胄才可以享用的藻井。有些饮食店肆为了吸引文人士大夫，非常讲究文化品位，墙上往往挂有名家书画。吴自牧《梦粱录·茶肆》载，“汴京熟食店，张挂名画，所以勾引观者，留连食客。”不少文人士大夫也乐于光顾这些饮食店肆，欧阳修《归田录》卷一载，李庶几文思敏速，曾经与举子在饼店作赋，“以一饼熟成一韵者为胜”。就连一些小的饮食店肆也要尽量收拾得干净素雅，以吸引顾客。王明清《摭青杂说》载：“京师矾楼畔，有一小茶肆，甚潇洒清洁，皆一品器皿，椅桌皆济楚，故卖茶极盛。”

许多饮食店肆还在门首及其附近设有标志物。这些标志物或为招牌旗帜，或

---

① 孟元老：《东京梦华录》卷四《食店》，文化艺术出版社，1998年。

图6-9 酒旗

为彩楼欢门，或为杈子栀灯。这些标志物一方面起到说明饮食店肆的名称、种类、经营特色的作用；一方面使饮食店肆非常醒目，吸引过往行人前来消费。

悬挂招牌旗帜是一般店肆常用的手段。招牌一般为木板所制，上书店肆名称或类型。与后世招牌匾额多悬挂店门上方不同，当时的招牌多树立于店门一侧，北宋画家张择端《清明上河图》中就有多个诸如“孙羊正店”“正店”“脚店”的招牌。旗帜多用于酒肆茶坊。其中酒旗又称酒望、望子，“无小无大，一尺之布可缝，或素或青，十室之邑必有”[①]。多悬挂于酒肆附近，有的还上书“酒”字。如宋人俞成《萤雪丛说》载，宋徽宗时画院“尝试‘竹锁桥边卖酒家’，人皆可以形容，无不向酒家上著工夫，惟一善画，但于桥头竹外挂一酒帘，书‘酒’字而已，便见酒家在竹内也”。在《清明上河图》中亦绘有上书“新酒”或“小酒”的酒旗。北宋时，酒肆放下酒旗则意味着酒已卖完，不再营业，《东京梦华录》卷八《中秋》载：“中秋节前，诸店皆卖新酒……市人争饮，至午未间，家家无

① 窦苹：《酒谱》内篇《酒之事》，四库全书本，商务印书馆，2005年。

酒，拽下望子。”

北宋东京饮食店肆的标志物值得一提的是彩楼欢门。彩楼欢门具有后世店肆的门面装潢性质，当时规模较大的饮食店肆门首一般都扎缚彩楼欢门。最吸引人的当属酒楼正店扎缚的彩楼欢门。《东京梦华录》卷二《酒楼》载，“凡京师酒店，门首皆缚彩楼欢门”，“九桥门街市酒店，彩楼相对，绣旆（pèi，旌旗）相招，掩翳（yì，遮盖）天日”。遇到节日时，酒楼更是极尽装饰之能事。在八月中秋佳节前，“诸店皆卖新酒，重新结络门面彩楼花头，画竿醉仙锦旆”①；九月重阳节菊花盛开时，“酒家皆以菊花缚成洞户”②。《清明上河图》中绘有彩楼欢门达七处，有六处为酒楼，其中，孙羊正店的彩楼欢门高两层，装潢华丽，气势非凡。一些食店所结的彩楼欢门也气势非凡，《东京梦华录》卷四《食店》载，东京瓠羹店“门前以枋木及花样沓（qǐ）结缚如山棚，上挂成边猪羊，相间三二十

图6-10 《闸口盘东图》中的欢门
（《宋代市民生活》，中国社会出版社）

① 孟元老：《东京梦华录》卷八《中秋》，文化艺术出版社，1998年。
② 孟元老：《东京梦华录》卷八《重阳》，文化艺术出版社，1998年。

边。近里门面窗户，皆朱绿装饰，谓之‘欢门’”。

有的大型酒肆，还在门首排设杈子及栀子灯等标志物，对此吴自牧解释道：“酒肆门首，排设杈子及栀子灯等，盖因五代时郭高祖游幸汴京，茶楼酒肆俱如此装饰，故至今店家仿效成俗也。”①

三、食摊、食贩的经营特色

除了固定的饮食店肆外，北宋东京还有众多半固定的食摊和车推肩挑手提、走街串巷的流动食贩。他们是食品销售业的下层。由于本小利微，他们往往无力同固定的饮食店肆竞争，而是以下层百姓为经营对象，形成了一套不同于固定店肆的经营特色。

1. 以经营各种熟食小吃、果品和凉饮为主

盛夏六月，东京食摊卖“大小米水饭、炙肉、干脯、莴苣笋、芥辣瓜儿、义塘甜瓜、卫州白桃、南京金桃、水鹅梨、金杏、小瑶李子、红菱、沙角儿、药木瓜、水木瓜、冰雪、凉水荔枝膏，皆用青布伞当街列床凳堆垛”②。车推肩挑手提的流动食贩们到“后街或空闲处、团转盖局屋、向背聚里”等社会下层居住的偏僻之处，“每日卖蒸梨枣、黄糕麋、宿蒸饼、发牙豆之类”③。一些小孩子，“挟白磁缸子卖辣菜。又有托小盘卖干果子，乃旋炒银杏、栗子、河北鸭梨……虾具之类”④。

---

① 吴自牧：《梦粱录》卷一六《酒肆》，文化艺术出版社，1998年。

② 孟元老：《东京梦华录》卷八《是月巷陌杂卖》，文化艺术出版社，1998年。

③ 孟元老：《东京梦华录》卷三《诸色杂卖》，文化艺术出版社，1998年。

④ 孟元老：《东京梦华录》卷二《饮食果子》，文化艺术出版社，1998年。

2. 注意利用廉价原料来降低成本

畜禽的头、爪、皮、尾和内脏等“杂碎”，鹑、兔等各种小野味，螃蟹、螺丝、蛤蜊等水产品都用来加工成食物出售。故食摊和食贩出售的食品，价格一般都很便宜，像“血羹、粉羹之类。每分不过十五钱”①。

3. 注重广告宣传

食摊和食贩非常注重广告宣传自己的食物，以招徕食客，促进销售。当时，食摊和食贩常用的广告宣传方式有三种：

第一种是吆喝叫卖。吆喝叫卖起源很早，到北宋时这种古老的宣传促销形式又有所发展，突出表现在商贩叫卖不同货物时，所采用的声调各异。《东京梦华录·天晓诸人入市》载：“趁早卖药及饮食者，吟叫百端。”高承《事物纪原·吟叫》云：“京师凡卖一物，必有声韵，其吟哦俱不同。故市人采取声调，间以词章，以为戏乐也。”艺人们还把食贩出售各种果子的不同吆喝声编成戏进行演出，称为“叫果子”。北宋东京食贩的叫卖声奇巧悦耳，食贩们的吆喝越是奇异，越能引起人们的注意，生意越是好做。庄绰《鸡肋编》卷上载：“京师凡卖熟食者，必为诡异标表语言，然后收售益广。尝有货环饼者，不言何物，但长叹曰：‘亏便亏我也！’谓价廉不称耳。绍圣（公元1094—1098年）中，昭慈被废，居瑶华宫，而其人每至宫前，必置担太息大言。遂为开封府捕而究之，无他，犹断杖一百罪，自是改曰：‘待我放下歇则个’。人莫不笑之，而买者增多。”

第二种是利用各种器具吹打。吆喝叫卖，既费力气，声音又传之不远。于是有些食贩就拿起了各种器具来吹打，来吸引人们的注意。《东京梦华录·十六日》提到卖焦饳的食贩，“以竹架子出青伞上，装缀梅红缕金小灯笼子，架子前后亦设灯笼，敲鼓应拍，团团转走，谓之‘打旋罗’，街巷处处有之”。同书卷三《诸色杂卖》也提到卖散糖果子的小贩，“动鼓乐于空闲，就坊巷引小儿妇女观看”。

① 孟元老：《东京梦华录》卷二《饮食果子》，文化艺术出版社，1998年。

图6-11 《九流百家街市图》，元代壁画

第三种是利用旗帜和招牌。在摊位或车担上悬挂特种旗帜和招牌，使人一看便知所售是何种食品。张择端《清明上河图》中，绘有二十多个摊位，其中一个摊位上方挂有“饮子”招牌。

4. 重视食品卫生

食品卫生关系到人们的身体健康，因此食摊和食贩销售食物时，都很讲究衣着器具整洁、食品卫生。《东京梦华录·民俗》载，北宋东京城内，“凡百所卖饮食之人，装鲜净盘合器皿，车檐动使奇巧可爱，食味和羹不敢草略。……稍似懈怠，众所不容。”就连卖辣菜的“小儿子”，也要穿得干干净净，“着白虔布衫，青花手巾”，挟着洁净的“白磁缸子”进行叫卖[①]。

相比较而言，食摊比食贩具有更大的资本。食摊采取半固定的经营形式，食贩采取流动的经营形式。因此，食摊和食贩虽同属于饮食业的下层，但在经营上

① 孟元老：《东京梦华录》卷二《饮食果子》，文化艺术出版社，1998年。

他们也显示出各自的独特之处。半固定的食摊常常设在热闹人多的地方，如城门市井、巷陌路口、汴河沿岸、桥头渡口等。当时很多食摊在桥上争占地盘，以致常常引起桥道堵塞，阻碍车马往来，宋仁宗还曾专门下诏，禁止百姓在桥上设摊贩卖。新兴的早市和夜市更是热闹繁华之地，食摊往往到早市和夜市上赶场，方便食客。流动的食贩，由于资本微小，它们一般不到繁华的街巷同食摊竞争，多去“后街或空闲处团转盖房屋，向背聚居”等社会下层居住的偏僻之处进行货卖。有些食贩还提供上门服务，“每日入宅舍宫院前，则有就门卖羊肉、头肚、腰子、白肠、鹑兔、鱼虾、退毛鸡鸭、蛤蜊、螃蟹……香药果子”等[①]。有些食贩去酒肆推销“果实萝卜之类，不问酒客买与不买，散与坐客，然后得钱”[②]。

四、东京饮食业对南宋临安的影响

北宋被金人灭亡后，宋高宗以临安（今浙江杭州）为行宫（皇帝行幸所在）重建宋政权。东京饮食业的一些经营者辗转来到临安，重新开张。因此，北宋东京饮食业对临安饮食业也产生了深远的影响。

南宋初年临安的饮食店肆多由南渡的东京人开设，耐得翁《都城纪胜·食店》云：“都城食店，多是旧京师人开张。”宋孝宗淳熙五年（公元1178年）二月初一日，“太上宣索市食，如李婆婆杂菜羹、贺四酪面、脏三猪胰、胡饼、戈家甜食等数种。太上笑谓史浩曰：‘此皆京师旧人’。”[③]宋孝宗淳熙六年（公元1179年）三月十六日，太上皇赵构游览西湖，“时有卖鱼羹人宋五嫂对御自称：‘东京人氏，随驾到此。’”[④]

南迁的中原人还把东京传统的烹饪技艺带到了临安，周煇《清波别志》卷二

---

① 孟元老：《东京梦华录》卷三《诸色杂卖》，文化艺术出版社，1998年。
② 孟元老：《东京梦华录》卷二《饮食果子》，文化艺术出版社，1998年。
③ 周密：《武林旧事》卷七，浙江人民出版社，1984年。
④ 周密：《武林旧事》卷七，浙江人民出版社，1984年。

载："自过江来，或有思京馔者，命仿效制造，终不如意。今临安所货节物，皆用东都遗风，名色自若，而日趋苟简，图易售故也。"

从装潢陈设到经营管理，临安的饮食店肆几乎全面移植了北宋汴京的传统，使两地饮食店肆的面貌极其相似。如北宋汴京的酒楼门首"皆缚彩楼欢门"①，而南宋临安的酒肆也是"店门首彩画欢门"。临安中瓦子前三元楼酒肆，"入其门，一直主廊，约一二十步，分南北两廊，皆济楚阁儿，稳便坐席，向晚灯烛荧煌，上下相照，浓妆妓女数十，聚于主廊槏面上，以待酒客呼唤，望之宛如神仙"②。该酒肆的这种经营布局简直和北宋东京任店一模一样，只不过是规模稍小而已。③ "杭城食店，多是效学京师人，开张亦效御厨体式，贵官家品件"④。"其门首，以枋木及花样沓结缚如山棚，上挂半边猪羊，一带近里门面窗牖（yǒu），皆朱绿五彩装饰，谓之'欢门'。每店各有厅院，东西廊庑，称呼坐次。客至坐定，则一过卖执箸遍问坐客。杭人侈甚，百端呼索取覆。或热，或冷，或温，或绝冷，精浇燥烧，呼客随意索唤。各卓或三样皆不同名，行菜得之。走迎厨局前，从头唱念，报与当局者，谓之'铛头'，又曰'着案'。讫行菜，行菜诣灶头托盘前去，从头散下，尽合诸客呼索，指挥不致错误。"⑤临安食店的门面装潢及待客、经营管理方式和北宋汴京的瓠羹店又是何其相似！

在饮食店肆的室内陈设上，"汴京熟食店，张挂名画，所以勾引观者，留连食客。今杭城茶肆亦如之，插四时花，挂名人画，装点店面"⑥。北宋汴京食贩非常重视食具的整洁卫生，这种传统也被南宋临安食贩所继承，吴自牧《梦粱录》卷十三《天晓诸人出市》载："和宁门红杈子前买卖细色异品菜蔬，诸般嗄饭，

---

① 孟元老撰，伊永文笺注：《东京梦华录笺注》卷二《酒楼》，文化艺术出版社，1998年。

② 吴自牧：《梦粱录》卷十六《酒肆》，文化艺术出版社，1998年。

③ 三元楼酒肆仅及东京任店的十分之一，据孟元老《东京梦华录·酒楼》记载，任店的主廊约百余步，供酒客呼唤的浓妆妓女多达数百个。

④ 吴自牧：《梦粱录》卷十六《分茶酒店》，文化艺术出版社，1998年。

⑤ 吴自牧：《梦粱录》卷十六《面食店》，文化艺术出版社，1998年。

⑥ 吴自牧：《梦粱录》卷十六《茶肆》，文化艺术出版社，1998年。

及酒醋时新果子，进纳海鲜品件等物，填塞街市，吟叫百端，如汴京气象，殊可人意。”同书卷十八《民俗》亦载：“杭城风俗，凡百货卖饮食之人，多是装饰车盖担儿，盘盒器皿新洁精巧，以炫耀人耳目。盖效学汴京气象。”

第五节　转折革新的酒文化

宋元时期，黄河中游地区饮酒之风盛行。北宋朱翼中《北山酒经》云：“酒之于世也……上自缙绅，下逮闾里，诗人墨客，樵夫渔人，无一可以缺此。”这一时期，黄河中游地区酒的生产、销售、酒俗和酒器等方面都有了发展。

一、日趋完善的榷酤制度

宋金时期酒可分为米酒、果酒和配制酒三类。米酒又称煮酒，它以谷物为原料，以自然发酵酿制而成，酒精度数不高。米酒是当时黄河中游居民饮用最多的酒；果酒是以各种瓜果为原料酿制而成的，包括葡萄酒、梨酒、枣酒、葚子酒等；配制酒多是滋补性的药酒，如菊花酒、蝮蛇酒、地黄酒、麝香酒、羊羔酒等。元代时蒸馏白酒（烧酒）开始出现并日益受到人们的喜爱。宋元时期的各政权沿袭前代的榷酤制度，对酒的生产和销售严格管理。在榷酤制度实施的过程中，又创新出垄断酒曲生产的榷曲制度和垄断酒类生产榷酒制度，使中国古代的榷酤制度进一步完善起来。

1. 北宋对榷酤制度的完善

北宋时期，政府严格控制酒的生产，在黄河中游地区实行榷曲、榷酒等形式的酒类专卖制度。

榷曲，是对酒类的间接专卖，是通过垄断酒曲的生产和销售来攫取利润的。

图6-12 “白矾楼”复原图

北宋榷曲制度实行的范围主要是“四京”——东京开封府（今河南开封）、西京河南府（今河南洛阳）、南京应天府（今河南商丘）、北京大名府（今河北大名）。“四京”榷曲，意味着并非任何人都可以购买官曲酿酒，有资格购曲酿酒的只有两类人：一是正户酒店（即正店）；二是宗室、戚里和品官。

正店酿酒用于出售，酿酒量很大。宋神宗熙宁七年（公元1074年），“在京酒户，岁用糯三十万石”[①]，据李春棠先生估计，可酿酒4000万斤上下。[②]仅东京白矾楼一家就“岁市官曲五万（斤）”[③]，足见正店酿酒量之大。有上等佳酿是当时酒店得以生存的一个重要条件，因此正店都酿有自己的名酒，如白矾楼的眉寿、和旨，遇仙楼的玉液，仁和楼的琼浆，任店的仙醪，高阳店的流霞等。这些店肆名酒足可以与宫廷大内的御酒相媲美。据文莹《玉壶清话》卷一载，宋真宗一次大宴群臣于太清楼，问城中“廛沽（chángū，卖酒之处，酒店）尤佳者何处？”中贵人（宦官）回答：南仁和店。宋真宗便命人买酒来尝，尝过后，“亦颇爱”。

① 脱脱等：《宋史·食货志》，中华书局，1985年。

② 李春棠：《从宋代酒店茶坊看商品经济发展》，《湖南师院学报》，1984年第3期。

③ 徐松辑：《宋会要辑稿》食货二〇之五，国立北平图书馆，1936年。

在北宋时期，宗室、戚里、品官有资格买曲酿酒，但所酿之酒只能供自家饮用，不得沽卖。苏辙《栾城集·卷四六·论禁宫酒札子》言："臣窃见有司近以在京酒户亏失元额，改定宗室、外戚之家卖酒禁约，大率从重。谨按嘉祐（公元1056—1063年）旧法，亲事官等卖酒四瓶以上，并从违制断遣刺配五百里外，本城其余以次定罪，皇亲临时取旨仍许人告捉，两瓶以上赏钱十贯止。"

北宋"四京"之外的州县城镇及其附近区域（州城二十里，县镇十里），实行榷酒制度。榷酒是酒类的直接专卖。北宋政府在"诸州城内皆置务酿酒"[①]，由各地酒务直接垄断酒的生产与销售，禁止私人酿造沽卖。不少地方官酒务酿制的酒也很著名，如滑州的冰堂、郑州的金泉、卫州的柏泉、相州的银光、汝州的拣米等。陆游曾夸赞："承平时，滑州冰堂酒天下第一，方务德家有其法"[②]。

在远离城镇的广大乡村，政府又实行榷曲制度，允许农家自酿自饮。农家酿酒的时间多集中在丰收之后。宋代的许多田园诗反映了这种情况，如吕南公《初酿》云：

"岁稔谷价卑，家家有新酿。

诸邻皆屡醉，吾舍只空盎。"[③]

又如李纲《田家》四首之二云：

"场圃事方毕，稻粱成已勤。

儿童自逐逐，鸡犬亦欢欢。

……

田夫乐岁稔，斗酒共醺醺。"[④]

农家酿酒的方法极为简便，与现今自制醪糟差不多，这种方法酿制出来的酒，

① 脱脱等：《宋史·食货志》，中华书局，1985年。

② 陆游：《老学庵笔记》卷二，中华书局，1979年。

③ 吕南公：《灌园集》卷一，四库全书本，商务印书馆，2005年。

④ 李纲：《梁溪集》卷五，四库全书本，商务印书馆，2005年。

酒味淡薄，这在诗歌中也屡有反映，如“官沽味浓村酒薄”[①]，“家酿再投犹恨薄”[②]。

北宋政府之所以在不同区域实行不同形式的酒类专卖制度，目的是为了攫取更多的酒利。北宋“四京”的人口众多，酒类的消费量极大。如果榷酒，政府不仅在生产上不能满足需要，在酒的销售上也需要大量人手，这无疑会增加酒的生产成本。故不如榷曲，既简便可行，又能获得巨额利润。据专家估算，北宋政府榷曲的利润率高达600%[③]，令人咂舌。故当时的人们就已经指出榷曲为“虽不榷（指榷酤）亦榷也”[④]。同时，“四京”集中了大量的官僚、贵族等特权阶层，如果实行榷酒，让他们出钱买酒，势必会引起他们的不满，动摇统治基础。榷曲制度从这一意义上说，也是北宋王室推恩于臣僚，保障特权阶层利益的措施。各地州县城镇，人口较集中，同时规模又不甚大，官方酒务不仅在生产上能满足消费，亦能控制销售。生产、销售互相衔接，能根据市场销售调节生产，保证酿酒原料、劳力的最佳配置，获得最大利润。故在各地州县城镇实行榷酒制度。而在广大乡村，人们分散居住，农民大多贫困，酒的消费量不大。实行榷酤势必会在酒的运输、销售网点等问题上费尽周折，得不偿失。故在广大乡村实行榷曲是政府的最佳选择。

2. 金代对榷酤制度的继承

金初，受辽、宋影响实行榷酤制度，在京城中都府（今北京）设曲院制曲，在各地设官酒务。只有官酒务才有权酿酒、卖酒，即使宗室也不得私酿。金世宗大定三年（公元1163年），“诏宗室私酿者，从转运司鞫（jū，审问）治”，“虽权要家亦许搜索。奴婢犯禁，杖其主百”。大定二十七年（公元1187年），“改收曲

---

① 欧阳修：《文忠集》卷四《食糟民》，四库全书本，商务印书馆，2005年。
② 苏辙：《栾城集》卷三《冬至雪》二首之一，四库全书本，商务印书馆，2005年。
③ 李华瑞、张景芝：《宋代榷曲、特许酒户和万户酒制度简论》，《河北大学学报》，1990年第3期。
④ 方勺：《泊宅编》卷二，中华书局，1983年。

课，而听民酤”，由榷酒转向榷曲，除官酒务可以酿酒外，民间也可以购买官曲酿酒。同时在南京路新息、虞城等七处试行“除税课外，愿自承课卖酒”，即试点之地民间也可以出钱承包酒的酿造经营。[①]

3. 元代对榷酤制度的调整

元代仍沿袭前代实行榷酤制度，在黄河中游地区有权酿酒的为酒户。酒户由官府所设的槽房管理，所造之酒由官府榷卖。元政府多次下令严禁私造酒曲，如元太宗甲午年（公元1234年），“颁酒、曲、醋货条禁，私造者依条治罪”[②]。元世祖至元二十二年（公元1285年）正月、二月、二十四年（公元1287年）四月都曾严申酒禁。二十五年（公元1288年）三月，“钦奉圣旨条画内一款，犯私酒曲者，科徒二年、决杖七十，财产一半没官，于官内一半付告人充偿”。在乡村元政府允许农民酿酒自饮，但如果出售则需交纳酒税，“其造发卖而不税者是与匿税无异”。

对于葡萄酒，元政府认为葡萄酒浆“虽以酒为名，其实不用米曲，难同酿造白酒一体办课”，因此允许民间自由酿造。[③]河东区域生产的葡萄酒数量较大，质量上乘，长期作为贡品入贡京师，元世祖中统二年（公元1161年），“敕平阳路安邑县蒲萄酒自今毋贡”[④]。但“毋贡”的命令并未真正执行，依旧入贡，于是成宗元贞二年（公元1296年）又“罢太原、平阳路酿进蒲萄酒”[⑤]。

二、丰富多彩的酒俗

宋元时期，黄河中游地区人们饮酒非常普遍，皇帝恩赐、出征庆功、祭祀安葬、男婚女嫁、喜庆丰收、聚朋会友、佳节娱乐等许多场合都要饮酒，饮酒方式

① 脱脱等：《金史·食货四》，中华书局，1975年。
② 宋濂等：《元史·食货二》，中华书局，1976年。
③ 官修：《元典章》卷二二《酒课》，台湾“故宫博物院”，1972年。
④ 宋濂等：《元史·世祖纪》，中华书局，1976年。
⑤ 宋濂等：《元史·成宗纪》，中华书局，1976年。

图6-13 《献酒图》，陕西蒲城元墓壁画

五花八门，有所谓囚饮、巢饮、鳖饮、了饮、鹤饮、鬼饮、牛饮，又有对饮、豪饮、夜饮、晨饮、轰饮、剧饮、痛饮、昼夜酣饮等名目。“鬼饮者，夜不烧烛；了饮者，饮次挽歌哭泣而饮；囚饮者，露头围坐；鳖饮者，以毛席自裹其身，伸头出饮，毕复缩之；鹤饮者，一杯复登树，下再饮耳。”①饮酒习俗也日益丰富多彩。宋金时期温酒习俗有了新发展，但到了元代温酒之风便衰落了；酒令向文字令方向发展；劝酒和女伎助酒的习俗在前代基础上继续流行。

1. 温酒之风的衰落

元代之前，中国人饮用的酒是酒精度数较低的发酵酒。发酵酒往往有许多细菌，生吞这样的酒浆会令身体不适，所以人们在饮酒前，要把酒预先加热，称之为温酒。陶宗仪《南村辍耕录》卷七载，宋朝一官员，“求一容貌才艺兼全之妾。经旬余，未能惬意。忽有奚奴者至，姿色固美，问其艺，则曰：‘能温酒。’左右皆失笑。”可见当时的人们几乎人人都会温酒，否则大家听到奚奴说自己有温酒

① 张舜民：《画墁录》，四库全书本，商务印书馆，2005年。

技艺时就不会失笑了。

元朝时，蒸馏酒开始盛行。蒸馏酒是经过加热杀菌处理、酒精度数较高的白酒，人们饮用时一般不再预先加热，而是直接饮用，这样流行已久的温酒习俗便慢慢衰落了。但温酒习俗并非消失得干干净净，后世屡可看到温酒的遗风。明朝唐寅《陶穀赠词图》中绘有将酒壶浸入炉上之水铫内温酒的情景；清代曹雪芹《红楼梦》第八回薛宝钗对贾宝玉说："酒性最热，若热吃下去，发散的就快；若冷吃下去，便凝结在内，以五脏去暖它，岂不受害！"

2. 酒令向文字令方向发展

宋元文字令的盛行与这一时期文人群体的迅速壮大密切相关。宋代时，统治者吸取了中唐以后武人跋扈的历史教训，采用重文轻武的政策，加大科举取士的力度，每科录取常十倍于唐代，大大刺激了文化教育事业，使文人群体日益扩大，整个社会的文化水平有了较大提高，人们进行文字游戏的技巧也比较娴熟，酒酣耳热之际宋人也为后人留下了不少高水平的文字令。文字令需要的是才思敏捷和口齿清晰地吐字讲谈，而不是如狂似癫地大呼小叫，因此行文字令时酒客显得谦和、随意和文雅。

3. 劝酒习俗的传承

饮酒时，主人都希望客人酒喝好、酒喝足，为显示好客之道，主人对客人都要进行劝酒，这种习俗由来已久。西晋石崇在宴客时令美人劝酒，若客人不把酒喝干，便令军士将美人行斩。宋元时期，劝酒之风继续在黄河中游地区盛行。北宋不少诗人写有劝酒的诗词佳句，如欧阳修的"盏到莫辞频举手""我歌君当和，我酌君勿辞"[①]；黄庭坚的"杯行到手莫留残，不道月斜人散"等[②]。对于不胜酒力者，饮酒是一种负担。这时，面对劝酒，则有人强饮之，有人拒绝之。邵伯温

---

① 欧阳修：《文忠集》卷八《小饮坐中赠别祖择之赴陕府》、卷九《奉答原甫九月八日过会饮之作》，四库全书本，商务印书馆，2005年。

② 黄庭坚：《西江月·劝酒》，胡山源编：《古今酒事》，上海书店，1987年。

《邵氏闻见录》卷十载，一次包公宴请司马光与王安石，“（包）公举酒相劝，某（指司马光）素不喜酒，亦强饮，介甫终席不饮，包公不能强也”。

大多数人劝酒并无恶意，无非是想让客人多饮尽欢，但也有恶意劝酒以观醉态者。刘祁《归潜志》卷六载，金朝将领赫舍哩雅尔呼达喜欢凌侮使者，“凡朝廷遣使者来，必以酒食困之，或辞不饮，因併（bìng，并，连，一起）食不给，使饿而去”。

4. 女伎助酒的盛行

以女伎助酒之风在宋元时期很是盛行。北宋时官营酒库用女伎卖酒，称为“设法”卖酒。王栐《燕翼贻谋录》卷三对此有详细的描述：“新法既行，悉归于公，上散青苗钱于设厅，而置酒肆于谯门，民持钱而出者，诱之使饮，十费其二三矣。又恐其不顾也，则命娼女坐肆作乐以蛊惑之。”一些著名酒肆大量雇佣女伎助酒，“更有街坊妇人，腰系青花布手巾，绾危髻，为酒客换汤斟酒，俗谓之‘焌（qū）糟’……又有下等妓女，不呼自来，筵前歌唱，临时以些小钱物赠之而去，谓之‘札客’，亦谓之‘打酒坐’。”①

宋元时期人们饮酒非常讲究环境的选择，良辰美景、歌舞音乐都是酒徒们极力追求的。特别是以能歌善舞的女伎助酒，更是社会的时尚。贵族士大夫们更喜欢以美女佐酒，以增其乐。《宋史·王韶传》载，一次王韶宴客，“出家姬奏乐，客张绩醉挽一姬，不前，将拥之。姬泣以告，韶徐曰：‘本出汝曹娱客，而令失欢如此！’命酌大杯罚之，谈笑如故。”北宋时，还出现了“软盘酒”的饮酒方式。所谓“软盘酒”，是一种更高雅的女伎助酒形式，饮宴时不摆放桌子，而让女伎们手捧酒肴果食以助饮酒。彭乘《墨客挥犀》卷八载，宋真宗时，东京一青年财主以“软盘酒”的方式宴请石曼卿，“一伎酌酒以进，酒罢乐作；群伎执果肴者萃立于前。食罢则分列其左右，京师人谓之软盘”。品美酒佳酿，观人面桃

---

① 孟元老：《东京梦华录》卷二《酒楼》《饮食果子》，文化艺术出版社，1998年。

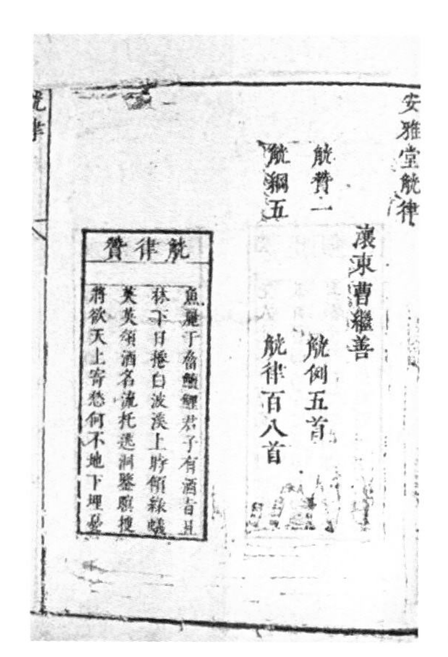
安雅堂觥律
觥贊一
觥綱五
廣東曹繼善
觥例五首
觥律百八首
觥律贊
魚麗于罶鰋鯉君子有酒旨且
林下日捲白波溪上貯傾綠蟻
英英領酒名流托遥洞鑒願捜
將欲天上寄愁何不地下埋憂

图6-14　宋代《安雅堂觥律》书影

花，在轻歌曼舞中，使饮酒者得到美的享受，无怪乎许多文人士大夫都乐于此道。金朝时翰林王从之甚至达到“无花不饮”的地步。①

不过宋元时期也有一些贵族士大夫品位不高，席间以玩弄妇女为乐。这一时期一些饮客喜用“金莲杯”即为反映。陶宗仪《南村辍耕录》卷二三载：“杨铁崖耽好声色，每于筵间见歌儿舞女有缠足纤小者，则脱其鞋，载盏以行酒，谓之金莲杯。”可见所谓“金莲杯”，实际上是舞女穿的鞋子，故又名“鞋杯”“双凫杯”。不少好色之徒乐此不疲，喝得酩酊大醉。这等娱乐也为当时许多人不齿，元代倪瓒认为“鞋杯”污秽，“每见之，辄大怒，避席去”。元代陶宗仪对此也“怪其可厌”②

① 刘祁：《归潜志》卷九，四库全书本，中华书局，1980年。
② 陶宗仪：《南村辍耕录》卷二三，中华书局，1997年。

三、饮酒器具的变革

（一）酒具种类的新变化

宋元时期，黄河中游地区的酒具主要有盛酒的经瓶、斟酒的酒注（酒壶）、温酒的注碗和饮酒的酒盏。

1. 盛酒的经瓶

宋元时期是中国古代商品经济较为发达的时期，随着造酒技术的不断进步和酒产量的逐步增加，越来越多的名酒佳酿成为商品进入市场。传统的盛酒器皿如酒瓮、酒樽、酒坛，由于体大笨重越来越难以适应酒类大量流通的需要。经瓶因盛酒量小（在1～3升之间），易于携带，非常适于酒类流通的需要，因而宋元时期，经瓶备受人们青睐，广为使用。经瓶的大量使用反过来促进了酒的流通，它使宋元时期许多名酒得以运往外地，从而扩大了影响，提高了声誉，这也是宋元时期名酒众多的原因之一。

经瓶是宋代开始出现的酒瓶，它的样式一般为小口、细短颈、丰肩、修腹、平底，高约40厘米，整个瓶形显得修长，由于南北为经，“经”可以训为“修长”，因此当时的人们把这种身形修长的酒瓶称之为“经瓶”。在考古发掘中常有宋元经瓶出土，最著名的有北宋登封窑的“醉翁图经瓶”和磁州窑的“缠枝牡丹经瓶”①。在宋元时期的墓室壁画中也多有经瓶的描绘，如河南禹县白沙1号宋墓壁画“开芳宴”中，桌下绘有一个放在瓶架上的经瓶②。白沙1号宋墓壁画中还绘有一幅男仆双手捧持经瓶图，榜书“昼上崔大郎酒”③。又如，河南郑州南关外宋墓墓室西壁用砖雕出一桌二椅，桌下也有一经瓶。④山西长治李村沟金墓南壁西侧

①“醉翁图经瓶”与“缠枝牡丹经瓶”现藏上海博物馆。参见杜金鹏等编：《中国古代酒具》，上海文化出版社，1995年。

② 宿白：《白沙宋墓》，文物出版社，1957年。

③ 宿白：《白沙宋墓》，文物出版社，1957年。

④ 河南省文化局文物工作队一队：《郑州南关外北宋砖室墓》，《文物考古资料》，1958年第5期。

图6-15 《醉翁图》经瓶手绘图（《中国古代酒具》，上海文化出版社）

龛内壁画“酒具图”中亦绘有经瓶。①

经瓶在北宋时又被称为“京瓶”。袁文《瓮牖闲评》卷六云：“今人盛酒大瓶谓之京瓶，乃用京师‘京’字，意谓此瓶出京师，误也。‘京’字当用经籍之‘经’字。晋安人以瓦壶小颈、环口、修腹，受一斗，可以盛酒者，名曰经，则知经瓶者，当用此‘经’字也。”可见京瓶之称，系当时人们不理解经瓶之意的误用，同时也反映了京师是当时各种瓶装名酒的聚集之地，酒瓶的使用很多。宋神宗时，每次做道场斋醮（jiào），人们喝光酒后，留下大量空瓶，派人去“勾收空瓶，动经月余”②。足见北宋京师所用酒瓶数量之多，也难怪当时的人们误把“经瓶”当作“京瓶”了。

经瓶的样式随着时间的推移也在发生着变化，为了更利于装酒而不使酒泼出来，瓶的口部变小，并且加上了瓶盖，瓶的肩部变得宽广，腹部变得瘦削，整个瓶形呈橄榄状，如在山西文水北峪口元墓东北壁绘有一幅“男侍进酒图”，图中桌上有一橄榄状经瓶。③元代以后，经瓶被称为“梅瓶”。

① 王秀生：《山西长治李村沟壁画墓清理》，《考古》，1965年第7期。
② 徐松辑：《宋会要辑稿》职官二一之三，国立北平图书馆，1936年。
③ 山西省文管会、山西考古所：《山西文水北峪口的一座古墓》，《考古》，1961年第3期。

北宋时期，经瓶的大量使用并不意味着其他盛酒器如酒瓮、酒樽、酒坛的消失，而是使盛酒器有了一些分工。大型的盛酒器如酒瓮、酒坛之类，多用在造酒作坊和酒肆中。经瓶因其轻便而在酒的运输、销售中大量使用。当然，人们大量运酒时也有用酒瓮、酒桶的，如《东京梦华录》卷三《般载杂卖》载，北宋东京酒店正户运送散酒的器具为平头车和梢桶，“梢桶如长水桶，面安靥（yè）口，每梢三斗许”。人们到酒肆沽酒，除了买瓶装酒外，也习惯带一酒葫芦去买散装酒。这在北宋时期的绘画和话本小说中多有反映，如前文提到的“醉翁图经瓶”，图中醉翁肩上背的就是一酒葫芦。

2. 斟酒的酒注

酒注又称酒壶，唐朝中后期开始出现。酒注后世又称酒壶。用酒注斟酒比樽杓斟酒方便，所以酒注出现后，广为流行，其形状也变得多姿多彩。在出土的唐代酒注中，多半是大盘口、短颈、鼓腹，酒注的注嘴较短，显得古朴，而北宋时的酒注注身增高，注嘴和注柄伸长，酒注多显得洒脱、轻盈、别致。

图6-16　宋代影青刻花注子注碗

3. 温酒的注碗

宋金时期，人们已广泛认识到注碗温酒的诸多优点，注碗在黄河中游地区广为流行，取代了酒铛成为主要的温酒器。在河南禹县白沙2号宋墓壁画、河南洛阳涧西宋墓砖刻、河南宣阳北宋画像石棺前档图案中，均绘有与酒注相配的注碗。在出土的宋代文物中，酒注与注碗二者也往往相配，把酒注置于注碗之中。

元代时，人们开始普遍饮用酒精度数较高的蒸馏白酒，温酒之风日衰，因而温酒的注碗便丧失了存在的价值，慢慢在人们的生活中消失了，这也正是元代出土的许多酒注没有配注碗的原因。注碗的消失，使酒注在外形设计上更加自由，不受约束。用酒注斟酒固然很方便，但用樽勺亦不碍宴饮，因而宋元时期，樽、勺并未退出人们的生活，用樽勺饮酒的情景还是常常可以见到，如在山西长治李村金墓南壁西侧龛内壁画“酒具图”[①]和山西文水北峪口元墓东北壁壁画“男侍进酒图”中均绘有樽勺，而没有酒注。[②]

4. 饮酒的酒盏

酒盏亦称酒杯，是宋元时期人们最基本的饮酒器具。北宋时期的酒盏和茶盏在形制上基本相同。在出土的一些北宋圈足瓷盏中，形制虽然相同，但有的盏心印“酒”字，有的盏心却印“茶”字。宋金时的酒盏往往与盏托相配。这是由于当时的人们有温酒习俗，喝的是热酒，而酒盏又无可供把持的柄、耳、足，很容易烫手，所以需要有一个承托物，这个承托物即是盏托。当时的盏托有两种：一是酒台；二是酒盘。

酒台与酒盏相配谓之“台盏”。宋初的酒台较低，如《韩熙载夜宴图》中所绘酒台。北宋中后期的酒台较高，承酒盏的盏台远远高出盘子的口沿，如河南白沙2号宋墓壁画所绘的酒台、河南洛阳涧西115号宋墓出土的酒台和山西忻县北宋墓出土的铜酒台等。元代时随着饮用蒸馏白酒之风的盛行，酒台逐渐消失了。

---

① 王秀生：《山西长治李村沟壁画墓清理》，《考古》，1965年第7期。

② 山西省文管会、山西考古所：《山西文水北峪口的一座古墓》，《考古》，1961年第3期。

酒盘与酒盏相配谓之"盘盏"。宋高慥（zào）《高斋漫录》云："欧公作王文正墓碑，其子仲仪谏议送金酒盘盏十副、注子二把，作润笔资。"在郑州南关外宋墓墓室西壁砖雕上也绘有盘盏。在前文提到的郑州南关外宋墓墓室西壁砖雕上、山西长治李村沟金墓墓室南壁西龛内绘的"酒具图"和山西文水北峪口元墓东北壁"男侍进酒图"中，均绘有盘盏。盘盏与台盏的命运不同，元代以后，人们虽不再使用酒台了，但酒盘却继续流行。酒盘之所以得以继续流行，应归功于它美观、轻便、实用。

（二）金银酒具为社会所崇尚

宋元时期，黄河中游地区的酒具多为价廉易制的陶瓷制品，但金银酒具也不少，并为社会所崇尚。《东京梦华录・卷四・会仙酒楼》载："大抵都人风俗奢侈，度量稍宽，凡酒店中不问何人，止两人对坐饮酒，亦须用注碗一副，盘盏两副，果菜碟各五片，水菜碗三五只，即银近百两矣。"同书卷五《民俗》又载："其正酒店户，见脚店三两次打酒，便敢借与三五百两银器。以至贫下人家，就店呼酒，亦用银器供送。有连夜饮者，次日取之。诸妓馆只就店呼酒而已，银器供送，亦复如是。"

金银酒器之所以在饮食店肆中广为使用，一方面，金银酒器能提高饮食店肆的规格档次，使其显得雍容华贵；另一方面，金银酒器遇毒而变色，有检验毒酒的功能，使饮酒之人在饮食店肆饮酒更有安全感。

金国婚宴时，"饮客佳酒，则以金银器贮之，其次以瓦器。列于前，以百数，宾退则分饷焉。男女异行而坐，先以乌金银杯酌饮"[①]。在考古发掘中亦多次出土宋元时期的金银酒器。

---

① 洪皓：《松漠纪闻》卷一，四库全书本，商务印书馆，2005年。

第六节　登峰造极的饼茶文化

宋元时期是中国饮茶史上的重要时期。黄河中游地区虽然不产茶叶，但宋元时期这一地区的饮茶之风却很兴盛。北宋蔡絛（tāo）的《铁围山丛谈》卷六云："茶之尚，盖自唐人始，至本朝为盛。而本朝又至佑陵（指宋徽宗）时益穷极新出而无以加矣。"北宋茶叶的"采择之精、制作之工、品第之胜、烹点之妙，莫不咸造其极"[①]。北宋时，茶开始成为黄河中游地区人们日常生活不可缺少的东西，"夫茶之为民用等于米盐，不可一日以无"[②]。北宋灭亡后，黄河中游地区成为金朝的统治区域，饮茶之风在金朝各阶层中都很盛行，"上下竞啜，农民尤甚，市井茶肆相属"[③]。据《金史·食货志》记载，金宣宗元光二年（公元1223年）"河南、陕西凡五十余郡，郡日食茶率二十袋，袋直银二两，是一岁之中妄费民银三十余万也"。金代的饮茶之风甚至影响到国计民生，以至金代统治者屡次下令禁止民间饮茶。"……遂命七品以上官，其家方许食茶，仍不得卖及馈献。不得留者，以斤两立罪赏。"元代饮茶之风更加普及，王祯《农书·百谷谱十》"茶"条载："夫茶，灵草也。种之则利博，饮之则神清。上至王公贵人之所尚，下而小夫贱隶之所不可阙。诚生民日用之所资，国家课利之助也。"从这段话中，我们可以看出元代饮茶之风的盛况。元杂剧常有"早晨起来七件事，柴米油盐酱醋茶"的唱词，说明茶在元代家庭饮食生活中有着不可缺少的地位。

一、茶叶来源和类别的演变

1. 茶叶从南方产茶区以榷茶的形式输入

黄河中游地区的大多数地区是不产茶叶的，这一地区所消费的茶叶来自秦岭

① 赵佶：《大观茶论》，陈祖槼、朱自振编：《中国茶叶历史资料选辑》，农业出版社，1981年。
② 王安石：《临川集》卷七〇《议茶法》，四库全书本，商务印书馆，2005年。
③ 脱脱等：《金史·食货四志》，中华书局，1975年。

淮河以南的产茶区。北宋在东南区域和川陕区域先后实行榷茶制度。北宋榷茶的基本特征是：官府首先严密控制茶叶生产，几乎完全垄断茶叶资源，然后高价把茶叶批发给商人，再由商人转运到各地销售。东南区域榷茶实行至宋仁宗嘉祐四年（公元1059年）之前，川陕区域榷茶开始于宋神宗熙宁七年（公元1074年）之后。北宋时期黄河中游地区的陕西和汴京等大中城镇是茶叶的重要销售市场。

陕西茶叶市场的茶叶主要来自四川，在这里宋政府同西北少数民族进行茶马交易。川茶是从成都府北行，经绵州、剑州、利州至兴州、兴元府进入陕西的。运输的办法起初是沿途设搬茶铺，由当地厢军充役，在人烟稀少难以置铺的地方，就雇百姓以牲口驮运。蜀道自古艰险，因此川茶入陕在当时极为困难，在沉重的劳役下，"其铺兵递马皆增於旧，又卒亡马死相寻"①，出现"搬运不逮，糜（mí，浪费）费步乘，堆积日久，风雨损烂，弃置道左，同于粪壤"的严重情形。②宋哲宗元祐（公元1086—1094年）之后，川茶搬运制度有了很大改进，在成都府设排岸司，在兴州长举县设装卸库，两地之间设有多处转搬库。

运往汴京等大中城镇的茶主要来自东南产茶区，主要是靠经济实力雄厚的大商人进行长途贩运。北宋政府在各产茶区和交通要地设六个榷货务和十三个山场，专管茶的生产和贸易。规定茶农采茶加工以后，要把茶全部卖给政府，交榷货务或山场。商人贩茶时，要先向榷货务交纳钱帛，由榷货务按款给付茶引（提茶凭证），茶商凭茶引到指定的山场和榷货务领茶进行贩运。

北宋灭亡后，黄河中游地区并入金朝的版图，该区域所需茶叶"自宋人岁供之外，皆贸易于宋界之榷场"③，即主要来自与南宋的贸易。元朝统一全国后继续实行榷茶制度，让商人买引贩茶，并在包括黄河中游地区的北方非产茶区征收茶税。

---

① 李焘：《续资治通鉴长编》卷二九四，上海古籍出版社，1986年。
② 李焘：《续资治通鉴长编》卷二八四，上海古籍出版社，1986年。
③ 脱脱等：《金史·食货志》，中华书局，1975年。

2. 饼茶生产技术的重大革新

从制作方法上看，宋元时期的茶可分草茶、末茶和饼茶三类。“草茶”又称茗茶、叶茶，实际上就是现在通用的散条形茶叶，宋元时期的草茶是通过“蒸青”的方法制成的。“末茶”是草茶的继续加工品，是将蒸过的茶叶捣碎制成的茶末。草茶和末茶在当时又合称散茶。“饼茶”又称团茶、饼片茶，是将末茶继续加工，压制成饼即成。由于“饼茶多以珍膏油其面”[①]，所以这种茶的表面光滑如腊，又被称为腊茶或腊面茶。北宋时期的茶叶生产以饼茶为主，最有名的饼茶是建州建安的北苑茶，为北宋的贡茶。

北宋的饼茶制作技术比前代有了不少改进与发展。就碎茶而言，唐朝主要用杵臼手工操作。北宋时，杵臼普遍改为碾，有的地方还用水磨加工茶叶。水磨用于茶叶加工，是茶叶加工工具的重大革新，它极大地提高了劳动生产率，降低了茶叶的生产成本，使茶叶的质量更有了保证[②]。黄河中游地区是北宋最早使用水磨加工茶叶的区域，《宋史·食货志》载：“元丰（公元1078—1085年）中修置水磨，止于在京及开封府界诸县，未始行于外路。及绍圣（公元1094—1098年）复置；其后遂于京西郑、滑、颖昌府、河北澶州皆行之。”“四年（公元1097年），于长葛等处京、索、溴（yì）水河增修磨二百六十余所。”再如拍制工艺，北宋的饼茶在“饰面”上有了突出发展。特别是贡茶，茶面上龙腾凤翔，栩栩如生。生产饼茶的工艺复杂，制作极精，特别是北宋北苑焙所所制的大小“龙团”更是追精求细，当时就有“黄金易求，龙团难得”的说法。宋徽宗大观年间（公元1107—1110年）所制的贡茶，“每胯计工价近三十千”[③]。这些极品茶只供极少数统治者享用，普通百姓难得一见。由于饼茶走向极品化道路，脱离了大众消费。物极必反，到了宋朝后期，饼茶的主导地位便被散茶取代。元朝时，饼茶虽仍保留，但

---

① 蔡襄：《茶录》，丛书集成初编本，中华书局，1985年。
② 周荔：《宋代的茶叶生产》，《历史研究》，1985年第6期。
③ 姚宽：《西溪丛语》卷上，中华书局，1993年。

数量已大大减少，“此品惟充贡献，民间罕见之”[1]。

宋代散茶主要产区是淮南、荆湖归州（湖北秭归）等处。元朝由于统治时间较短，茶叶生产情况基本上和宋朝差不多。

二、以点茶为主的饮茶方式

宋元时期的饮茶方式有煎茶和点茶两种，但后者更为流行，是当时主要的饮茶方式。

1. 煎茶的传承

煎茶又分煎茶末和煎茶芽两种。

煎茶末，创自于唐代的陆羽，唐代人饮茶多用这种方式。到了宋元时期，煎煮茶末的饮茶方式在黄河中游地区逐渐衰落，但还是有一些文人士大夫为怀古计，偶一为之。

煎茶芽，是把散条形茶叶放入沸水中煎煮的一种饮茶方式，这和明以后的开水泡茶不同。北宋时，人们发明了通过蒸青制作草茶的方法，饮用草茶时，不碾成碎末，全叶烹煮，不用盐姜调味，重视茶叶原有的香味。到了元代，煎茶芽这种饮茶方式就愈来愈普及了。

2. 点茶的创新

宋元时期，黄河中游地区最为流行的饮茶方式为点茶。点茶始于晚唐五代，唐末苏廙（yì）的《十六汤品》所叙制茶汤的方法即为“点茶”法。点茶与煎茶不同的是水沸时不再将茶末投入水中，而是事先将茶末置于茶盏中“调膏”，待水沸后将水注入茶盏内，同时用竹片制成的茶筅（xiǎn）击拂茶盏中的茶，边点边搅，令茶沫泛起。

① 王祯：《农书》卷十《百谷谱十·茶》，四库全书本，商务印书馆，2005年。

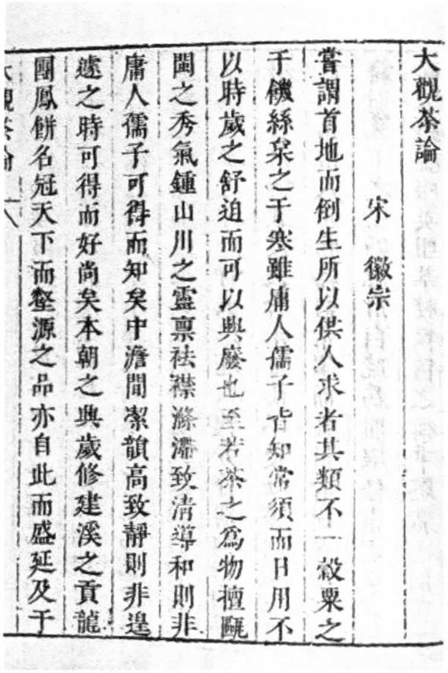

大觀茶論
宋 徽宗
嘗謂首地而倒生所以供人求者其類不一穀粟之于饑絲枲之于寒雖庸人儒子皆知常須而日用不以時歲之舒迫而可以興廢也至若茶之爲物擅甌閩之秀氣鍾山川之靈禀祛襟滌滯致清導和則非庸人儒子可得而知矣中澹閒潔韻高致靜則非遑遽之時可得而好尚矣本朝之興歲修建溪之貢龍團鳳餅名冠天下而壑源之品亦自此而盛延及于

图6-17 宋代赵佶的《大观茶论》书影

点茶时茶和水的比例要适当，蔡襄《茶录》中说，“茶少汤多，则云脚散；汤少茶多，则粥面聚”。“云脚散”是指茶与水分散，未做到水乳交融，茶的表面未形成白色的茶沫，或形成的茶沫较少不能持久；“粥面聚”是指茶汤表面浓稠如粥，难以形成茶沫。点茶的关键在于用茶筅击拂茶盏中的茶，使茶与水均匀地混合，成为乳状茶液，茶的表面形成白色茶沫布满盏面，茶沫多而持久方为点茶成功。

宋徽宗赵佶《大观茶论》把点茶注水的过程分为七步，分别称第一汤至第七汤。对每一汤的击拂都作了细致的描述。其中第一汤为点茶成功的关键，要做到茶量适中，调膏后注水要环盏而注，水势要细而缓，一手轻轻搅动茶膏，腕指环动，上下搅透，使茶面的汤花“疏星皎月灿然而生”；第二汤沿汤面四周注水，使汤花泛出光泽；第三汤仍沿汤面四周注水，击拂要轻而匀，使汤花形成“粟文蟹眼”；第四汤注水要少，击拂要大要慢，使茶面上生起云雾；第五汤注水稍多，击拂要匀，使茶面如霜如雪，使茶色完全显露；第六汤只点在汤花郁结之处，使之均匀；第七汤视茶稀稠决定是否加水。如果稀稠正好，则停止加水，这时汤花倍生，紧紧地附在茶盏的边缘，久而不散，称为“咬盏”，说明点茶已成功了。

三、饮茶习俗的丰富

1. 斗茶之风的盛行

宋元时期黄河中游地区十分盛行斗茶。上至帝王将相，下至黎民百姓都乐于此道。斗茶始于唐朝，最初只流行于茶叶产地，目的是比赛茶叶的质量。北宋范仲淹《斗茶歌》中云：“北苑将期献天子，林下雄豪先斗美。鼎磨云外首先铜，瓶携江上中泠水。黄金碾畔绿尘飞，紫玉瓯心雪涛起。斗茶味兮轻醍醐，斗茶香兮薄兰芷。其间品第胡能欺，十目视而十手指。胜若登仙不可攀，输同降将无穷耻。”诗中把斗茶的原因和现场情景都描述得十分清楚。斗茶后来从制茶者走向卖茶者，走向市井百姓。宋人刘松年《茗园赌市图》便描写了市井斗茶的情景。

图6-18　元代赵孟頫的《斗茶图》

图6-19　宋代《斗茶图》

图中有老人，有妇女，有儿童，也有挑夫贩夫。民间斗茶既起，文人学士也不甘落后，书斋、亭园也成了斗茶的场所，最后连宋徽宗赵佶也加入了斗茶行列，亲自与群臣斗茶，非把大家斗败才痛快。到了元代，斗茶仍很盛行，元代著名画家赵孟頫《斗茶图》描写了民间斗茶的情况。

斗茶使用的是片茶，除了有高超的点茶技艺外，茶、水、器都十分考究，四者缺一不可。斗茶最后决定胜负的是茶汤的颜色与汤花。汤色主要由茶质决定，也与水质有关。茶汤以纯白为上，青白、灰白次之，黄白乃至泛红为下。汤花主要由点茶的技艺决定，以白者为上，其次看“水痕”（茶沫与水离散的痕迹）出现的早晚，以水痕先退者为负，持久者为胜。

2. 神奇幻化的“茶百戏”

宋代人饮茶到了出神入化的地步，当时社会上下流行一种泡茶游戏叫“茶百戏”，也叫“分茶”，从帝王到庶民无不钟爱，宋徽宗更是游戏高手。玩“茶百戏”时，先碾茶为末，再注之以汤，以筅击拂，使茶乳幻变成图形或字迹。“近世有下汤运匕别施妙诀，使汤纹水脉成物象者，禽兽、虫鱼、花草之属，纤巧如画，但须臾即就散灭。此茶之变也，时人谓之茶百戏”[1]。玩“茶百戏”的高手甚至能在茶面上点成文字，联字成诗。据北宋陶穀《清异录》卷下载：“沙门福全，生于金乡，长于茶海，能注汤幻茶成一句诗，并点四瓯，共一绝句，泛乎汤表。小小物类，唾手办耳。”真是匪夷所思，神乎其神，令人难以想象。

3. 添加料物的风气

宋元时期，饮茶时有加盐、姜、香药等作料的风气，此风在黄河中游地区的中下层居民中更是如此。因为茶叶产自南方，黄河中游地区的中下层居民不容易得到茶叶，一旦得到茶叶，又以为茶叶味道不好，所以爱在茶叶里放入许多调料煎点。正如苏辙所云：“又不见北方俚人茗饮无不有，盐酪椒姜夸满口”[2]。北宋苏轼《和蒋夔寄茶》一诗中记，蒋夔寄给苏轼“紫金百饼费万钱”的上等好茶，苏轼引为奇货，觉得“吟哦烹噍两奇绝”“只恐偷乞烦封缠”，不料“老妻稚子不知爱，一半已入姜盐煎”[3]。北宋话本《快嘴李翠莲》中所煎的“阿婆茶”，里面加了“两个初煨黄栗子，半抄新炒白芝麻。江南橄榄连皮核，塞北胡桃去壳柤（jiá，荚）。”王巩《甲申杂记》载，仁宗时“出七宝茶以赐考官”。梅尧臣有诗咏其事云：

“七物甘香杂蕊茶，浮花泛绿乱为霞。

啜之始觉君恩重，休作寻常一等夸。”[4]

可见七宝茶是加了多种料物制作的香茶。元代忽思慧《饮膳正要》卷二《诸般汤饮》载有“香茶”的配方：“白茶（一袋）、龙脑成片者（二钱）、百药煎（半钱）、麝香（二钱），同研细，用香粳米熬成粥，和成剂，印作饼”，显然，这是一种用多种药物作料配制而成的茶。

---

① 陶穀：《清异录·饮食部分》，中国商业出版社，1985年。

② 苏辙：《栾城集》卷四《和子瞻煎茶》，四库全书本，商务印书馆，2005年。

③ 苏轼：《苏轼集》卷七，国际文化出版公司，1997年。

④ 朱东润：《梅尧臣集编年校注》卷二九，上海古籍出版社，2006年。

4. 茶之社会价值的形成

宋元时期饮茶之风的普及对社会风俗也产生一定的影响。普通百姓开始把饮茶作为增进友谊，进行社会交际的手段。据孟元老《东京梦华录》卷五《民俗》记载："或有从外新来，邻左居住，则相借借（cuò）动使，献遗汤茶，指引买卖之类。更有提茶瓶之人，每日邻里互相支茶，相问动静。"

来客献茶的礼俗在这一时期也形成了。宋佚名《南窗纪谈》载："客至则设茶，欲去则设汤，不知起于何时，然上至官府，下至里闾，莫之或废。"金朝由于不产茶叶，又曾禁止饮茶，因而更显得茶叶可贵，与北宋客至则设茶不同，金人富者才能喝茶。金人婚嫁时"宴罢，富者瀹建茗，留上客数人啜之，或以粗者煎乳酪"[①]。

帝王更是通过赐臣下茶来显示皇恩浩荡。帝王赐臣下茶在唐代已经出现，北宋时这种情况越来越普遍。北宋不少朝臣都曾写过皇帝赐茶于己的诗句，如欧阳修仁宗朝作学士，其《感事诗》注云："仁宗因幸天章，……亟命赐黄封酒一瓶，果子一合，凤团茶一斤"[②]。苏轼《用前韵答两掖诸公见和》一诗中有"赐茗时时开小凤"[③]；韩琦《芎藭（qióng）》一诗中有"时摘嫩苗烹赐茗，更从云脚发清香"等[④]。皇帝赐茶臣下，不仅赐以饼茶，有时也赐以茶汤，欧阳修《归田录》卷一载："（杨亿）大年在学士院，忽夜召见于一小阁，深在禁中。既见，赐茶，从容顾问。"

茶除了用以表示礼敬外，还用于婚俗。当时，人们认为茶只能直播，移栽则不能成活，所以称茶为"不迁"，表示爱情的坚定不移。在宋代茶便用于婚礼了，"东村定婚来送茶"，而田舍女的"翁媪"却"吃茶不肯嫁"[⑤]之俗已见于文字记

---

① 洪皓：《松漠纪闻》卷一，四库全书本，1915年。
② 欧阳修：《文忠集》卷十四，四库全书本，商务印书馆，2005年。
③ 苏轼：《苏轼全集》卷一六，四库全书本，商务印书馆，2005年。
④ 韩琦著，李之亮、徐正英笺注：《安阳集编年笺注》卷九《中书东厅十咏》，巴蜀书社，2000年。
⑤ 李纲：《济南集》卷三《田舍女》，四库全书本，商务印书馆，2005年。

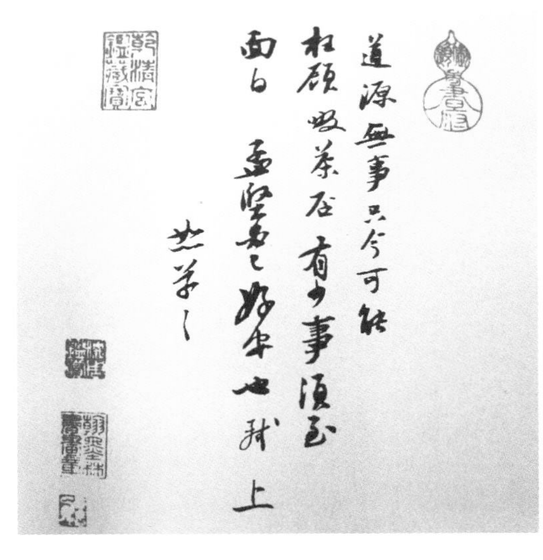
道源無事只今可能
枉顧啜茶否有少事須至
面白孟堅必已好安也軾上
恕草々

图6-20　宋代苏轼的《啜茶贴》

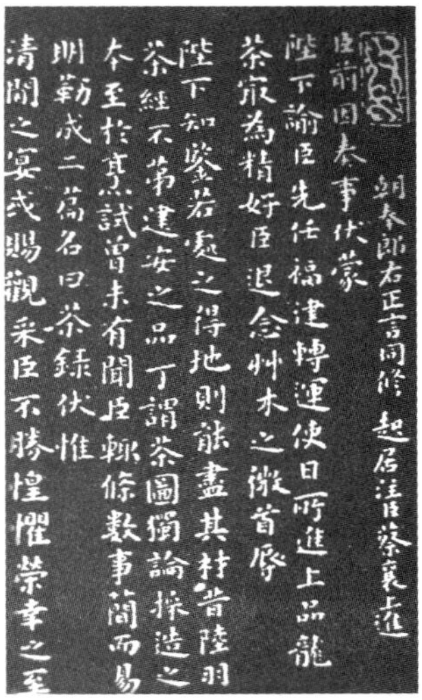

朝奉郎右正言同修 起居注臣蔡襄上進
臣前因奏事伏蒙
陛下諭臣先任福建轉運使日所進上品龍
茶最為精好臣退念艸木之微首辱
陛下知鑒若處之得地則能盡其材昔陸羽
茶經不第建安之品丁謂茶圖獨論採造之
本至於烹試曾未有聞臣輒條數事簡而易
明勒成二篇名曰茶錄伏惟
清閒之宴或賜觀采臣不勝惶懼榮幸之至

图6-21　宋代蔡襄的《茶录》拓片

载。当时的媒人又称“提茶瓶人”。人们在结婚前一日，“女家先来挂帐，铺设房卧，谓之‘铺房’。女家亲人有茶酒利市之类”①。

茶会是文人品茗论诗谈文的聚会，亦称会茶、汤社、茗酌。唐代时茶会已屡见不鲜。宋元时文人举行茶会更是蔚然成风。钱愐《钱氏私志》载，宰相王岐公设斋宴请，饭后“岐公会茶”。宋僧人希昼《留题承旨宋侍郎林亭》记士人与方外僧人会茶：“会茶多野客，啼竹半沙禽。”北宋的太学生经常以茶会的方式交流信息，指斥时政，朱彧（yù）《萍州可谈》卷一载：“太学生每路有茶会，轮日于讲堂集茶，无不毕至者，因以询问乡里消息。”

四、饮茶器具的变革

同唐代相比，宋元时期人们在饮茶、烹茶方式上都有了很大变化。这种变

① 孟元老：《东京梦华录》卷五《娶妇》，文化艺术出版社，1998年。

化又引起茶具的相应变化。宋元时期的茶具选料考究，综合考虑到原料属性与茶性是否相配、原料属性能否最佳发挥茶具的功能等。如果茶具的制作样式与茶具的功能十分相配，则能保证茶具发挥最佳作用。宋元时期的烹茶、饮茶器具在不同书籍中记叙略有不同。北宋蔡襄《茶录》下篇《论茶器》中列有：茶焙、茶笼、砧椎（niǎnduì，碾碓）、茶钤（qián）、茶碾、茶罗、茶盏、茶匙、汤瓶9种；稍后成书的宋徽宗赵佶《大观茶论》中列有罗、碾、盏、筅、瓶、杓6种。如果考虑到有些是增加或省略了烹茶的某些器具，则这些茶具是基本相同的。最能体现这一时期茶文化特色的茶具是汤瓶、茶匙（茶筅）、茶盏和茶托。

1. 煮水点茶的汤瓶

汤瓶，为煮水、点茶器。汤瓶"黄金为上，人间以银铁或瓷石为之"[①]，汤瓶多用金属制成，易于加热煮水。据《茶录》讲，汤瓶要小，这样"易候汤，又点茶注汤有准"。《大观茶论》提出"瓶宜金银，大小之制，惟所裁给，注汤害利，独瓶之口嘴而已"，即大小视具体情况而定。汤瓶的最关键部位是流子（瓶嘴），"嘴之口差大而宛直，则注汤力紧而不散；嘴之末欲圆小而峻削，则用汤有节而不滴沥。盖汤力紧则发速有节，不滴沥，则茶面不破"[②]。从中不难看出汤瓶在点茶过程中的重要性。在宋元时期汤瓶外形的发展趋势是：汤瓶的腹身由饱满走向瘦长，汤瓶的流嘴由肩部下降至壶腹部。

2. 击拂茶汤的茶匙、茶筅

茶匙、茶筅是点茶工具，其作用是击拂茶盏中的茶汤，令茶乳泛起。"茶匙要重，击拂有力，黄金为上，人间以银铁为之，竹者轻，建茶不取"[③]，因为金银

① 蔡襄：《茶录》，中华书局，1985年。
② 赵佶：《大观茶论》，四库全书本，商务印书馆，2005年。
③ 蔡襄：《茶录》，中华书局，1985年。

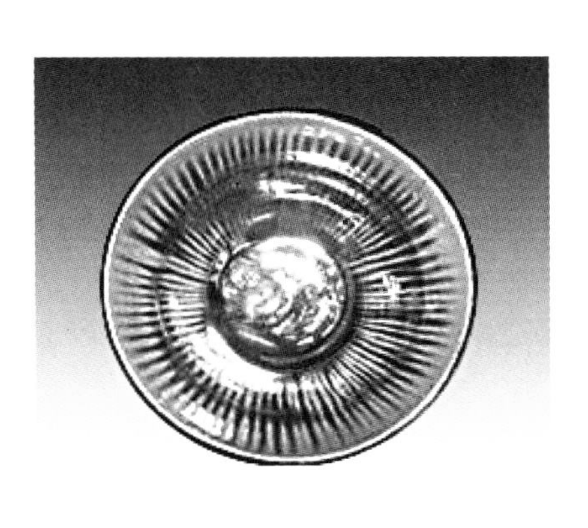

图6-22 宋代兔毫茶盏的俯视图

铁等金属密度大，制成的茶匙比较重，击拂有力，便于点茶。茶匙在北宋末期被茶筅取代，茶筅以比较厚重的老竹制成，“盖身厚重，则操之有力而易运用”①。

3. 盛汤饮茶的茶盏

茶盏，又名茶瓯，是饮茶器。北宋的茶盏虽有黑、酱、青、青白、白五种釉色，但以黑釉茶盏便于衬托白色的茶沫、观察茶色而受到斗茶者的珍视。黑釉茶盏从釉色上说不上美丽，但到了有才智的制瓷工匠手中，在黑釉釉面上能烧出丰富多彩的装饰，有的呈现出兔毫或圆点等不同形式的结晶，有的釉面色泽变化万千，有的又剔刻出线条流畅的各种纹饰。这些精美的黑釉茶盏为人们所喜爱。蔡絛《铁围山丛谈》卷六载：“伯父君谟（蔡襄）尝得……，茶瓯十，兔毫四，散其中，凝然作双蛱蝶状，熟视若舞动，尝宝惜之。”

除颜色外，对盏的要求有二：一是“其坯微厚”。因为“凡欲点茶，先须熁（xíé，烧，烤）盏令热，冷则茶不浮”，茶盏的坯微厚就能够“熁之久难冷”②；二是“底必差深而微宽”。因为“底深茶宜立而易于取乳，宽则运筅旋撤不碍击

① 赵佶：《大观茶论》，四库全书本，商务印书馆，2005年。
② 蔡襄：《茶录》，中华书局，1985年。

图6-23 《童子侍茶图》，元代冯道真壁画

拂”[①]。元代时，随着团茶的衰落，人们饮用散条形茶叶的兴起，备受宋人珍视的黑釉茶盏风光不再，南方景德镇的青花茶具因便于观察茶汤的颜色，不仅为国内所共珍，还远销国外。

4. 承载茶盏的茶托

茶托，为茶盏的附件，作用是承托茶盏。茶托出现于唐代中后期，民间相传为唐代西川节度使崔宁之女所造，始为木托，后以漆制。唐李济翁《资暇集》记叙其事，“始建中（公元780—783年），蜀相崔宁之女以茶杯无衬，病其熨指，取楪子承之，既啜而杯倾，乃以蜡环楪子之央，其杯遂定，即命匠以漆环代蜡，进于蜀相，蜀相奇之，为制名而话于宾亲，人人为便，用于代。是后，传者更环其底，愈新其制，以至百状焉”。实际上盏托的出现要早得多，崔宁相蜀在唐德宗建中时，而陕西西安大历元年（公元766年）曹惠林墓已出土白瓷盏托，足以说明之前已有盏托。

北宋时的茶托比唐朝的要精细多样，托口突起，远远高出下面的托盘，有些

① 赵佶：《大观茶论》，四库全书本，商务印书馆，2005年。

茶托本身就像一个盘子上又加了一只小碗。茶托的托沿多作莲瓣形，托底中凹。

根据考古发掘，宋元时，黄河中游地区的茶托除了瓷、银制品外，还有漆制品。实际上，当时茶托多为漆器，因为茶盏在点茶之前已经加热，茶末用沸水冲点后，茶盏更烫，茶盏因没有把手，故用茶托以方便拿取，而漆器的隔热性能比金属和瓷器要好，故漆器作茶托最为合适。但由于漆托不易保存，所以在出土文物中，漆托反而出土较少。不过许多绘画中把茶托画成漆器，如河南白沙2号宋墓墓室东南壁所画的送茶者，端的即是朱红漆托，上放白瓷盏。①

由于漆托一般为红色，中国古代有举丧不用朱红的传统，因而在北宋时期还形成了举丧不用茶托的习俗。周密《齐东野语·有丧不举茶托》转引宋景文（祁）《杂记》云："夏侍中（夏竦，仁宗时大臣）薨（hōng，诸侯或大臣去世）于京师，子安期他日至馆中，同舍谒见，举茶托如平日，众颇讶之。"又云："平园《思陵记》载，阜陵居高宗丧，宣坐、赐茶，亦不用托。始知此事流传已久矣。"

第七节　不同阶层人们饮食生活的差异

不同阶层的人们，因其社会、经济地位不同，文化教养和宗教信仰各异，因而在饮食生活上呈现出明显的差异。

一、北宋宫廷饮食的显著特点

1. 主食以面食为主

北宋宫廷的饮食结构极具特色。据《宋会要辑稿 · 御厨》中说：御厨所用面

① 宿白：《白沙宋墓》，文化出版社，1995年。

和米的比例是二比一，这说明北宋宫廷在主食上以面食为主。这种情况正好与东京普通市民的主食结构相反。东京市民在主食上以米食为主，这种主食结构并不是东京市民主动选择的结果，而是形势所迫——面食不能满足东京广大市民的需要。作为北宋最高统治者，皇室的宫廷当然不愁没有麦面。从社会学角度讲，人们若非迫不得已，一般不会主动改变自己的生活习惯。北宋宫廷既然没有外来压力迫使自己改变原来的饮食习惯，他们也就仍然以面食为主食。

2. 肉食以羊肉为主

在副食上，北宋宫廷以羊肉为主，其原因除了传统习惯、受外族影响和人们已认识到羊肉具有滋补作用之外，与宋初皇帝们体恤民情，“祖宗旧制不得取食味于四方”也有一定关系。[①]羊肉是北方主要的肉食品种之一，北宋宫廷就地取材，副食以羊肉为主便是理所当然的事情了。北宋帝王们对羊肉也是百吃不厌，非常喜爱。北宋建立不久，南方的吴越国王钱俶来东京朝拜宋太祖，宋太祖命令御厨烹制南方菜肴招待，御厨仓促上阵，“取羊为醢”一夕腌制而成，因而称为“旋鲊”，深受宋太祖和客人们的欢迎。因此，宋代宫廷大宴，“首荐是味，为本朝故事”[②]。宋仁宗特别爱吃烧羊，甚至达到了一日不吃烧羊便睡不着觉的地步。宋仁宗时，北宋宫廷的羊肉消费达到最高量，竟日宰羊380只，一年即10万只，食用量之大很是惊人。

3. 常向宫外店肆购买酒食

北宋宫廷饮食生活的另一个显著特点是宫内饮食常常取之于宫外酒店和饮食店。阮阅《诗话总龟》记载，宋真宗曾派人到酒店沽酒大宴群臣。邵博《邵氏闻见后录》载，宋仁宗赐宴群臣也是从汴京饮食店买来佳肴珍馔。北宋宫廷饮食生活的这一特点，一方面反映了传统礼制对北宋宫廷饮食的控制并不十分严格；另

① 邵伯温：《邵氏闻见录》卷八，中华书局，1983年。
② 蔡絛：《铁围山丛谈》卷六，中华书局，1983年。

一方面也反映了北宋市井饮食业的高度发达。

4. 前中期简约，后期奢华

北宋宫廷饮食生活的奢侈程度，前后有很大差别。北宋中叶以前，社会经济还不太发达，帝王们大多注意节俭，在饮食上比较简约。据陈师道《后山丛谈》卷四记载，宋太祖一次在福宁殿设宴宴请平蜀归来的曹彬、潘美等将领，所用酒肴甚为简单。邵博《邵氏闻见后录》卷一载，宋仁宗有一次设宴，席上有人敬献蛤蜊一品共28枚，当时蛤蜊每枚千钱，皇帝感到太侈靡而拒食。这些都说明北宋中期以前，宫廷饮食是比较简约的。

北宋后期，社会经济繁荣，宫廷饮食奢侈之风渐盛。如宋神宗，晚年沉溺于深宫宴饮享乐；宋徽宗在蔡京“丰亨豫大”之说怂恿下，饮食上更是追求奢侈豪华，尽情享受，挥霍民脂民膏。庄绰《鸡肋编》卷下载，渊圣皇帝（宋徽宗）《以星变责躬诏》云：“尝膳百品十减其七。”可见宋徽宗平日所食有百种之多。宴庆之时，宋徽宗的饮食更是豪华。政和二年（公元1112年），宋徽宗在太清楼宴请蔡京等九名大臣，席上山珍海味堆积如山，令人瞠目。宴后，蔡京作记云：“出内府酒尊、宝器、琉璃、玛瑙、水精、玻璃、翡翠、玉，曰：‘以此加爵，致四方美味。’螺蛤虾鳜白、南海琼枝、东陵玉蕊与海物惟错，曰：‘以此加笾’。”①

二、多以奢靡为尚的贵族饮食

宋元时期，黄河中游地区的权臣贵族们在饮食上多以奢靡为尚。司马光曾发议论道：“宗戚贵臣之家，第宅园囿，服食器用，穷天下之珍怪，极一时之鲜明。惟意所欲，无复分限。以豪华相尚，以俭陋相訾（zǐ，骂）。恶常而好新，

① 王明清：《挥麈后录余话》卷一，上海书店出版社，2001年。

图6-24 《事林广记》中元代贵族的宴饮场面

月异而岁殊。”[1]市场上一旦有新奇食品，权贵们更是不惜重金争购。《东京梦华录·卷一·大内》载：“其岁时果瓜，蔬茹新上市，并茄瓠之类新出，每对可直三五十千，诸合分争以贵价取之。”

北宋时期，几乎每一朝都有一些以饮食奢靡而闻名的权臣贵族。如宋真宗时，宰相吕蒙正喜食鸡舌汤，每朝必用，以至鸡毛堆积成山。[2]宋仁宗时，宰相宋庠之弟宋祁好客，“会饮于广厦中，外设重幕，内列宝炬，歌舞相继，坐客忘疲，但觉漏长，启幕视之，已是二昼，名曰‘不晓天’”[3]。

到了北宋末年宋徽宗时，权臣之家的饮食生活更是豪华奢靡，甚至连宫廷也无法与之相比。如蔡京喜欢吃鹌鹑，烹杀过当，以至一夕竟梦见数千只鹌鹑控诉他：“一羹数百命，下箸犹未足”[4]。曾敏行《独醒杂志》卷九载，蔡京一日召集僚属会议，会后留他们吃饭，其中仅蟹黄馒头一味，就费钱1300余缗。又曾在家招

① 李焘：《续资治通鉴长编》卷一九六，上海古籍出版社，1986年。
② 丁传靖：《宋人轶事汇编》卷四《吕蒙正》，中华书局，2003年。
③ 丁传靖：《宋人轶事汇编》卷七《二宋》，中华书局，2003年。
④ 陈岩肖：《庚溪诗话》卷上，四库全书本，商务印书馆，2005年。

客饮宴，命府吏“取江西官员所送咸豉来”，府吏取出十瓶呈上，客分食之，原来竟是当时极为名贵的食品“黄雀肫”。蔡京问库吏：“尚有几何？”吏对曰：“犹余八十有奇。”蔡京被抄家时，政府从其库中“点检蜂儿见在数目，得三十七秤；黄雀鲊自地积至栋者满三楹，他物称是”[①]。

同一时期的王黼、童贯、梁师成等权臣在饮食生活上也是极其豪华。如王黼，“凡入目之色，适口之味，难致之瑰，违时之物，毕萃于燕私”[②]。据赵溍《养疴（kē，病）漫笔》载：“王黼宅与一寺为邻。有一僧每日于黼宅旁沟中漉取流出雪色饭，洗净晒干，数年积成一囤。”又如童贯，其家“服食逼乘舆”[③]，吃的穿的简直和皇帝一样；童贯被抄家时，“得剂成理中圆几千斤”[④]。

当然也有一些官僚贵族在饮食上非常俭朴，如金代的翰林崔伯善，“家居止蔬食为常”，但崔伯善之所以如此是因为他“性俭啬”，天生是个吝啬鬼，被翰林院讥讽为“崔伯善有肉不餐，要餐也没”[⑤]。

三、崇尚节俭、倡导素食的北宋文人士大夫饮食

宋代是文人士大夫数量猛增和士大夫意识转变的时期。这一时期的文人士大夫多不愁衣食，有充裕的精力和时间研究生活艺术。他们有较高的文化修养、敏锐的审美感受，并对丰富的精神生活有所追求。文人士大夫们的这些特点使得他们在饮食生活上，大多注重食物的精致卫生，注重食物的滋味，讲究进餐时的环境气氛等。

大致说来，北宋前期的文人士大夫们在饮食生活上多很简朴。北宋中后期，随着社会经济的繁荣，宫廷和权臣贵族们的侈靡生活方式对文人士大夫群体产生

① 周辉：《清波杂志》卷五；朱弁：《曲洧旧闻》卷八；袁文：《瓮牖闲评》卷六；周密：《齐东野语》卷十六；《多藏之戒》均称藏鲊者为王黼。

② 王禹偁：《东都事略》卷一〇六《王黼传》，四库全书本，商务印书馆，2005年。

③ 王禹偁：《东都事略》卷一二一《童贯传》，四库全书本，商务印书馆，2005年。

④ 周辉：《清波杂志》卷五，四库全书本，商务印书馆，2005年。

⑤ 刘祁：《归潜志》卷九，四库全书本，商务印书馆，2005年。

图6-25 《夫妇宴饮图》，河南白沙宋墓第一号墓壁画（《饮食与中国文化》，人民出版社）

了冲击，一些文人士大夫随俗竞侈。对此，北宋司马光描述道："吾记天圣（公元1023—1032年）中，先公为群牧判官，客至未尝不置酒，或三行五行，多不过七行。酒酤于市，果止于梨、栗、枣、柿之类，肴止于脯、醢、菜羹，器用瓷、漆。当时士大夫家皆然，人不相非也。会数而礼勤，物薄而情厚。近日士大夫家，酒非内法，果肴非远方珍异，食非多品，器皿非满案，不敢会宾友；常数月营聚，然后敢发书。苟或不然，人争非之，以为鄙吝。故不随俗靡者盖鲜矣。"①

一些文人士大夫对当时侈靡的社会风气提出批评，在饮食生活上提倡俭朴。一些高居相位的文人士大夫也能以节俭为尚，为社会做出了表率。如司马光在洛阳居住时与文彦博、范纯仁等相约为"真率会"，不过"脱粟一饭，酒数行"②，以俭朴为荣。

一些士大夫还提倡节制饮食，认为节制饮食，食不过饱有利于养生。如苏轼《东坡志林·修养》云："已饥方食，未饱先止"，早晚饮食，"不过一爵一肉。有

① 司马光：《温国文正司马公文集》卷六九《训俭示康》，四部丛刊本，上海书店，1985年。
② 脱脱等：《宋史·范纯仁传》，中华书局，1985年。

图6-26 《宴饮杂剧图》，河南荥阳北宋石棺左侧（《宋代市民生活》，中国社会出版社）

尊客，盛馔则三之，可损不可增。有招我者，预以此告之，主人不从而过是者，乃止。一曰安分以养福，二曰宽胃以养气，三曰省费以养财"。南宋沈作喆也主张食不过饱，他在《寓简》中说："以饥为饱，如以退为进乎！饥未馁也，不及饱耳。已饥而食，未饱而止，极有味，且安乐法也。"张耒也反对饱食，所著《续明道杂志》一书列举了当时少食而得长生的几个例子，如内侍张茂、翰林学士王晰、秘监刘几等。

注重素菜是宋代文人士大夫饮食的一个重要特点，同时也是文人士大夫饮食提倡节俭的重要体现。唐代以前，人们皆以肉食为美。周代的"八珍"全是肉食，战国时的《招魂》《大招》，汉代的《盐铁论·散不足》中所叙述的美食也很少涉及蔬菜。唐代时，人们开始注意到素菜，一些诗人写诗赞美笋、莼菜、葵菜、春韭等。到北宋时，文人士大夫普遍以素菜为美味，并把素菜同安贫乐道的文士风骨相联系。他们留下了许多歌咏素菜的作品，如苏轼的《菜羹赋》、黄庭坚的《食笋十韵》《次韵子瞻春菜》、韩驹的《食煮菜简吕居仁》等。正是由于文人士大夫们的提倡，素菜在宋代时才得以成为一种独立的菜系。素食同肉食一样被人们视为美肴。在重视素食风气的影响下，宋代出现了一批有关素食的书籍，如林洪的《山家清供》和《茹草记事》、陈达叟的《本心斋疏食谱》、赞宁的《笋谱》和陈仁玉的《菌谱》等。

四、其他阶层人们的饮食状况

1. 食不果腹的农民饮食

宋元时期，黄河中游地区的农民饮食多很艰苦，由于受统治阶级的残酷剥削，常常是吃了上顿没有下顿。“幸而收成，公私之债交争互夺，谷未离场，帛未下机，已非己有矣。所食者糠籺（hé，米麦的碎屑）而不足，所衣绨褐（tì hè，粗布）而不完。”①乡村之民，少有半年之食。欧阳修说：农民“一岁之耕，供公仅足，而民食不过数月。甚者，场功甫毕，簸糠麸（kāngfū，米麦之皮）而食秕（bǐ，子实不饱满者）稗（bài，一种野草），或采橡实、畜菜根以延冬春”②。为了生存下去，有些贫农广开食物来源，将草籽、蝗虫等列入自己的食单。范仲淹《封进草子乞抑奢侈》奏道：“贫民多食草子，名曰‘乌味’，并取蝗虫曝干，摘去翅足，和野菜合煮食，别无虚妄者。”③

一遇天灾人祸，糠麸、秕稗、橡实、菜根、草籽、蝗虫等也有吃完的时候，大量饥民走上绝路。在有些地方出现了“闭门绝食、枕藉而死，不可胜数。甚者路旁亦多倒毙，弃子于道，莫有顾者”的悲惨局面。④灾荒年代，食人之风也在一些地方沉渣泛起，据庄绰《鸡肋编》卷上云：“宣和（公元1119—1125年）中，京西大歉，人相食，炼脑为油以食，贩于四方，莫能辨也。”在天子脚下的京师及其附近区域，饥民饿死的现象也屡有发生。袁燮《絜斋集》卷一《轮对陈人君宜达民隐札子》言：“近而京辇，米斗千钱，民无可籴之资，何所得食，固有饿而死者，有一家而数人毙者。”

---

① 脱脱等：《宋史·食货志》，中华书局，1985年。
② 欧阳修：《文忠集》卷五九《原弊》，四库全书本，商务印书馆，2005年。
③ 范仲淹：《范文正公集补编》卷一，四库全书本，商务印书馆，2005年。
④ 徐松辑：《宋会要辑稿》食货六八之一〇六，国立北平图书馆，1936年。

图6-27　夫妻“开芳宴”壁画，发现于河南北宋赵大翁墓

2. 追求享乐的高级僧侣饮食

宋元时期，由于统治者认为“浮屠氏之教有裨政治”①，因而对佛道二教大力提倡，从而使佛道二教在宋元时期盛极一时。郑獬（xiè）道：“**而今之浮屠之居，包山林，跨阡陌，无有裁限，穹桀鲜巧，穷民精髓，侈大过于天子之宫殿数十百倍。**”②一些僧人道士的饮食生活也达到了很高的水平。如道士林灵素，“其徒美衣玉食，几二万人”③。大多数僧人道士遵守素食的规定，但也有一些僧人道士追求享乐，不惜破戒。名僧真净露骨地说：“事事无碍，如意自在。手把猪头，口诵净戒。趁出淫坊，未还酒债”④，把荤戒、色戒、酒戒统统破坏了。更有甚者，开封相国寺僧人惠明竟开起了专做猪肉佳肴的餐馆，人称“烧猪院”⑤。

---

① 李焘：《续资治通鉴长编》卷二四，上海古籍出版社，1986年。
② 郑獬：《郧溪集续补·礼法》，四库全书本，商务印书馆，2005年。
③ 脱脱等：《宋史·林灵素传》，中华书局，1985年。
④ 释晓莹：《罗湖野录》卷一，四库全书本，商务印书馆，2005年。
⑤ 张舜民：《画墁录》，四库全书本，商务印书馆，2005年。

3. 清苦异常的普通士兵饮食

为拱卫京畿安全，宋金政府在黄河中游地区驻扎着上百万的庞大军队。除将帅外，普通士兵的饮食生活非常清苦，如北宋军队中最下等的厢兵每月仅给酱菜钱或食盐而已。平时，“买鱼肉及酒入营门者皆有罪”[①]。

① 沈括：《梦溪笔谈》卷二五《杂志》，上海出版公司，1956年。

第七章　明清民国时期

明清民国时期，黄河中游地区的饮食文化对过去有继承，更有创新与发展。在食材方面，生产能力有所提高，食源更加广泛，既有本土生产的，又有从外国引进的玉米、番茄、马铃薯、辣椒等新作物。在食品加工与烹饪上，面食品种极大丰富，肉类菜肴以鸡、猪、羊原料为主，注意制作腌菜和利用各种豆制品来弥补新鲜蔬菜的不足，各具特色的地方菜肴逐渐形成。在酒文化方面，黄河中游地区成为全国的白酒生产中心，名酒众多，饮酒习俗在传承前代的基础上有了新发展。在茶文化方面，炒青、瀹饮的兴起和花茶的普及，使黄河中游地区形成了别开生面的泡茶文化。这一时期，茶文化世俗化的倾向明显，流行返璞归真的陶瓷茶具。在饮食习俗方面，节日饮食习俗多姿多彩，人生礼仪食俗发展得相当成熟，各种饮食的寓意深刻。

第一节　食物原料生产的新变化

明清民国时期，黄河中游地区人口增长较快，生态环境遭到严重破坏，人地矛盾加剧。传统的粮食生产越来越难以养活日益增多的人口，这一时期，原产美洲的高产作物玉米、甘薯等得到了广泛种植，在一定程度上缓和了由于人口过量增长、环境恶化所造成的粮食危机。同时，副食原料生产也发生了很大变化。

一、美洲高产农作物的引进

明清民国时期是中国继西汉张骞通西域以来又一次大规模引进外来农作物的时期。玉米、番薯、马铃薯等原产美洲的高产作物相继引入中国，并在黄河流域广泛种植。这不仅丰富了粮食作物的品种，使粮食作物的构成发生了重大变化，而且对于缓解人口迅速增加而出现的粮荒问题具有重大意义。

（一）玉米

玉米又称苞谷、玉蜀黍、玉茭等，原产墨西哥和秘鲁，1492年哥伦布到达美洲后陆续传播到世界各地。明嘉靖年间（公元1522—1566年），玉米沿海路和陆路，分别从东南、西南和西北三个方向传入中国，随后又相继传入黄河中游地区。黄河中游地区引种玉米，大体经历了三个阶段。

1. 玉米的初步引种

从明嘉靖年间到清康熙年间，是玉米初步引种的时期。这一时期，引种最早、最普遍的是河南省。嘉靖十四年（公元1535年）成书的《鄢陵县志》中就有玉米的记载。康熙以前，河南有10府县已引种了玉米。这一时期，陕西的山阳县和子长县、山西的河津县也引种了玉米。河南引种玉米之所以能较陕西、山西普遍，是因为该省地处中州，是东西南北交通要冲。河南引种玉米的诸县都是位于黄河两岸或淮河上游的交通便捷之地。但这一时期玉米引种的广度和深度都不够，一般仅限于平原河谷地带种植。这是由于明清之际社会动荡不安，农业生产受到战争的严重破坏，人们面临的问题是如何恢复生产，而无暇顾及新作物品种的引种问题，加之受到传统习惯的影响，人们尚未认识到玉米耐旱涝、适于在山地沙砾土壤种植的优点。

2. 玉米的较快推广

从清雍正年间到道光年间，是玉米较快推广的时期。这一时期社会相对稳定，便于新的农作物品种的推广。同时，土地兼并日益严重，大批失去土地的流民，为了寻求生活出路，流入人口稀少的山区进行垦荒，而山区丘陵正适合种植玉米，这样玉米得到了较快推广。据有关县志统计，这一时期河南又有21府县引种了玉米，玉米基本上遍布河南全省。陕西这一时期又有33府州县种植玉米，其中陕南山区种植最多。陕南玉米的种植推动了属于黄河中游地区的关中平原和陕北高原的玉米种植。嘉庆二十三年（公元1818年）成书的《扶风县志》称："近者瘠山皆种包谷，盖南山客民皆植之，近更浸及平原矣。"延安府延长县，民间向无玉米，乾隆二十七年（公元1762年），邑令王崇礼专门出示，列举玉米"十便五利"，要求百姓效仿"近来南方种山原"的做法，进行"深耕试种"[①]。山西的玉米推广在道光以前一直很缓慢，玉米种植区只增加了太原、大同、繁峙三县，落后于同一时期的河南、陕西。

3. 玉米的普遍推广

从清咸丰年间到中华民国时期，是玉米在黄河中游地区普遍推广的时期，玉米成为当地居民的一种主要粮食。

山西在清后期，玉米种植得到了广泛推广，方志中大多有了玉米的记载。光绪年间玉米在山西已是处处有之，相当普遍了，表明玉米已成为山西较为主要的粮食作物。清末、民国时期，晋东、晋南山区是山西玉米的主要种植区，如五台山一带，玉米是农作物的大宗；阳城县山地也多种，所产玉米质量颇好；地处太行山区的潞安府各属，玉米种植更为广泛，并成为当地居民最为主要的粮食，"每炊必需，团为饼与粥同煮，谓之圪塔，屑榆皮和之，切为条子，谓之拨子"[②]，足见玉米在日常饮食中的重要地位。

这一时期，河南的玉米以豫西伏牛山区种植最多，如陕县的玉米种植占到秋粮的一半还多；阌（wén）乡县（今属灵宝境内）人多地少，即使小麦丰收也不

---

① 乾隆《延长县志·艺文志·和谕》，陕西人民出版社，1991年。
② 光绪《山西通志·风土记》，中华书局，1997年。

够半年口粮，因而农家多种玉米，赖以食之[1]。豫北和豫东平原玉米种植也不少，如豫北的林县（现为林州），玉米向为百姓的“恒食品”，豫东平原的阳武县（今原阳东南）种玉米者“颇多”，荥阳县玉米在秋粮种植中“最为普遍”[2]；鹿邑、考城（今兰考张君墓镇周围地区）、许昌、汜水等县玉米种植都占很大比重。豫西南的南阳盆地和豫南的信阳区域，玉米种植较其他地区为少。

（二）番薯

番薯，又称甘薯、红薯、白薯、金薯、红芋、红苕、地瓜等，原产于墨西哥和哥伦比亚，明朝万历年间（公元1573—1620年）分两条路线传入中国：一是沿海路自吕宋传入福建；二是沿陆路通过印度、缅甸，传入云南。

番薯是一种适应性极强的作物，耐旱耐瘠，还可以在沙碱荒滩上栽种，而且产量特别高，清人陆耀《甘薯录》称：“亩可得数千斤，胜种五谷几倍。”特别突出的是番薯灾后极好的救荒作用，“若旱年得水、涝年水退，在七月中气后，其田遂不及艺五谷；荞麦可种，又寡收而无益于人。计惟剪藤种薯，易生而多收。”如遇“蝻蝗为害，草木无遗。”“唯有薯根在地，荐食不及，纵令茎叶皆尽，尚能发生，不妨收入”[3]。番薯的这些优良特性使其受到广泛欢迎。但清乾隆以前，番薯的种植主要限于长江以南各省，主要由于北方冬季寒冷，在技术上尚未解决薯种越冬的难题。这一技术难题直到乾隆初年才利用窖藏法加以解决，为黄河中游地区引种番薯提供了技术保证。

1. 番薯种植在河南发展较快

黄河中游地区的番薯种植主要分布在河南省。河南番薯的种植最早是在清乾隆初年，在北方各省中引种最早。河南番薯引种是从豫西伏牛山区逐渐推广的，

① 民国《陕县志·物产》，民国《新修阌乡县志·物产》，河南人民出版社，1988年。
② 民国《林县志·风土》，民国《阳武县志·物产》，民国《续荥阳县志·物产》，石刻本，1932年。
③ 徐光启：《农政全书》卷二七，四库全书本，商务印书馆，2005年。

乾隆五年（公元1740年），汝州知府宋名立“觅种教艺，人获其利，种者寝多”；鲁山县，番薯已“蔓延邑境”；洛阳县，“近种红薯亦佳”。豫西南南召县的番薯传播到了陕南。豫北的汲县（今卫辉）番薯“传种于怀庆”。豫东的通许县此时也成为番薯产地[①]。乾隆二十一年（公元1756年），陈世元长子陈云、次子陈燮又将番薯移种河南朱仙镇[②]。到乾隆中期，番薯已成为重要的粮食作物，开始遍及全省，特别是中北部各州县。林龙友《金薯咏》曰：“孰导薯充谷，南邦文献存。种先来外国，栽已遍中原。”[③]

乾隆后期，河南番薯种植又有较快发展。当时河南旱灾严重，连年歉收。乾隆帝令闽浙总督雅德“将番薯藤种采寄河南”。乾隆五十年（公元1785年）七月，又令河南巡抚毕沅，“劝谕民人仿照怀庆……广为栽植，接济民食”，又将陆耀《甘薯录》广为传抄、散发。毕沅又聘请陈世元“赴豫省教种番薯”，“陈世元因熟悉树艺之法，情愿赴豫教种”[④]。由于各方努力，河南番薯种植迅速推广。

清末民国时期，河南番薯种植有增无减。豫东的淮阳县，番薯为主要的佐食之品，太康县“境内外多栽种”，是农家冬春季节的主食。禹县（今禹州）、考城等县除食用外，还用其制粉，做粉皮、粉条等，取代了绿豆的制粉地位。鹿邑县番薯每亩可收2320多斤，救荒倍于种粮[⑤]。豫西的偃师、巩县、新安、阌乡、陕县都栽种很多红薯。豫北新乡县番薯“遍地皆种，用以佐秋粟，无饥饿之虞”。豫西南南阳区域平均每县大约可种5000亩左右。豫南的正阳县“种者益多”；光州“凡隙地数尺，目可仰见天日者，皆可栽种红薯”，种番薯被列为救荒的主要措施[⑥]。

---

① 乾隆《汝州续志·物产》，乾隆《鲁山县志·物产》，乾隆《洛阳县志·物产》，乾隆《商南县志·物产》，乾隆《汲县志·物产》，乾隆《通许县志·物产》。

② 陈世元：《金薯传习录》卷上，农业出版社，1982年。

③ 陈世元：《金薯传习录》卷下，农业出版社，1982年。

④ 王先谦：《东华续录》，乾隆卷一〇二，上海古籍出版社，2008年。

⑤ 民国《淮阳县志·物产》，民国《太康县志·物产》，民国《禹县志·物产》，民国《考城县志·物产》，光绪《鹿邑县志·物产》。

⑥ 民国《续新乡县志·物产》，民国《重修正阳县志·农业》，光绪《光州志·物产》。

2. 番薯在山西传播较慢

山西的番薯传播比较缓慢。乾隆二十一年（公元1756年）陈云、陈燮兄弟将番薯移植河南朱仙镇不久，又将番薯移植于晋西南解州府一带。但直到鸦片战争前，山西只有解州、大同少数地方有所种植。新绛县“光绪三年尚无此种”，直到民国间种植才渐多[①]。山西许多县直到民国年间仍未见有番薯的记载。山西番薯的分布范围也很有限，主要集中在晋东南、西南山地。番薯在山西传播缓慢和分布不广的原因是山西大多数地方气温较低、热量不足，不利于番薯生长，而代以种植马铃薯。

3. 陕西番薯主要分布在关中平原

陕西种植番薯始于乾隆九年到十一年间（公元1744—1746年），陕西巡抚陈宏谋曾令有司印刷番薯种植法2000张，分发各府州县。据民国《周至县志》卷三载，“陈榕门先生抚关中日，从闽中得此种，散给州县分种”。陈宏谋不仅设法弄到薯种，而且在推广方面颇有成绩，不少州县地方官遵照陈宏谋的饬令在当地劝民种植，如咸阳县，“奉发甘薯一种，……利源已开，种类不绝，旧时土产之外，又增一利生之物矣。”鄠（hù，户）县“红薯亦宜，此抚军桂林陈公（陈宏谋，广西临桂人）遗者”[②]。陕西的番薯主要分布在关中平原。陕北高原传种较晚种植不多，原因同山西一样为气温较低，热量不足。

（三）马铃薯

马铃薯又名土豆，原产于南美洲。中国最早引种马铃薯是在18世纪。马铃薯在中国传播和推广远比番薯为慢，这主要由于马铃薯味淡，不如番薯好吃。虽可以佐食，有救荒功能，但在番薯普遍栽种以后，这种作用根本无法发挥。

---

① 民国《新绛县志·物产》，陕西人民出版社，1997年。

② 乾隆《咸阳县志》卷一，乾隆《鄠县志》卷三，上海书店、巴蜀书社、江苏古籍出版社，2007年。

黄河中游地区的马铃薯主要分布在山西。马铃薯传入山西较晚，大约在清嘉庆后期，由于山西多山、地势高寒，较为适宜马铃薯生长，所以山西的马铃薯块大质优，且没有出现其他地方常见的薯块退化现象，因此马铃薯在山西传播得很快，迅速成为当地居民的重要食粮。道光二十五年（公元1845年）出任山西巡抚的吴其濬称之为“阳芋”，曰“山西种之为田，俗呼‘山药蛋’”[①]。山西的马铃薯自嘉庆后期传入，到道光时即已成为大田作物，足见其扩展之快。山西马铃薯又主要分布在晋北和晋东、晋西山区。晋北的天镇县以马铃薯和莜麦为最主要的粮食；马邑县居民“赖以为养命之源”[②]。晋南的平川河谷，马铃薯种植面积一般不大，主要作为蔬菜来种植。

河南、陕西两省马铃薯种植较山西少，一般作为蔬菜种植在园圃中，大面积种植的则不多。

二、副食原料生产的新变化

明清民国时期，黄河中游地区的副食原料生产大致可分为肉蛋、蔬菜、瓜果三类。与前代相比，变化较大的是肉蛋和蔬菜的生产。

（一）肉蛋生产的变化

明清民国时期，黄河中游地区肉蛋生产的变化主要体现在以下两个方面：

1. 猪肉地位的上升和养猪技术的进步

在家畜中，猪、羊是肉类的主要来源。宋元时期，统治阶级崇尚羊肉，人们多以羊肉为美味。明清民国时期，这种观念在黄河中游地区发生了变化。猪肉受到人们的普遍重视，地位上升，被称为“大肉”。河南和陕西的关中平

① 吴其濬:《植物名实图考》卷六，商务印书馆，1957年。

② 光绪《天镇县志·风土》，民国《马邑县志·舆地》，成文出版社，1935年。

原民户普遍以养猪为家庭副业，猪肉是这些地区人们最常食用的肉类。

这一时期猪肉地位的上升还表现在大量养猪著述的出现上。明人张履祥的《补农书》卷上、徐光启的《农政全书》卷四一、涟川的《沈氏农书》卷上、邝璠的《便民图纂》卷十四、清人杨屾的《豳风广义》、张宗法的《三农记》等著作中均有如何养猪的记载。

这一时期的养猪技术有了长足的进步。特别是清乾隆时期，民间出现并实施的“七宜八忌”养猪法和雄猪去势、母猪劁蕊（qiāoruǐ，割去卵巢及输卵管）的阉割技术[①]，对于生猪饲养，提高产肉率有着十分重要的意义。人们还开始根据猪的长相来鉴定肉猪的优劣，指出“喙短扁、鼻孔大、耳根急、额平正、腰背长、膁（qiǎn，身体两旁肋骨和胯骨之间的部分）堂小、尾直垂、四蹄齐、后乳宽、毛稀者易养”，“作种者生门向上易孕，乳头匀者产子匀，产后两月而思孕，不失其时，一岁二生其豚”[②]。

这一时期，羊肉在肉食中仍占有重要地位。特别是山西和陕北，地势高寒，接近牧区，养羊业很盛，羊肉是当地最主要的肉类。如清代山西隰州“豕少羊多，宴客每有羊而无豕”。山西临晋县羊肉的地位也在猪肉之前。[③]河南和陕西关中平原，羊肉的地位往往次于猪肉。如民国时豫西洛阳县“肉类以猪肉、羊肉、牛肉为多”[④]。羊肉因其性热，故“冬日食者较多，夏日较少”[⑤]。

牛、马、驴、骡仍被人们大量饲养，不过主要用作畜力，只有丧失畜力的牲畜才被人们宰杀。病死的牲畜也往往很少被掩埋处理，而是被加工食用。

---

① 杨屾:《豳风广义·养猪有七宜八忌》，农业出版社，1962年。

② 张宗法:《三农记·豕相法》，任继愈主编:《中国科学技术典籍通汇·农学卷（四）》，河南教育出版社，1993年。

③ 康熙《隰州志·生活民俗》，乾隆《临晋县志·生活民俗》。引自丁世良、赵放主编，《中国地方志民俗资料汇编·华北卷》，书目文献出版社，1989年。本章中凡山西各县之生活民俗、岁时民俗、礼仪民俗，均引自是书。

④ 民国《洛阳县志略·生活民俗》，丁世良、赵放主编，《中国地方志民俗资料汇编·中南卷》，书目文献出版社，1991年。本章中凡河南各县之生活民俗、岁时民俗、礼仪民俗，均引自是书。

⑤ 民国《西平县志·生活民俗》，中州古籍出版社，2005年。

2. 家禽饲养技术的进步

鸡、鸭、鹅等家禽不仅为人们提供肉，而且还提供蛋。虽然蓄养“鸡鸭利极微，但鸡以供祭祀、待宾客，鸭以取蛋，田家不可无”[①]。黄河中游地区因水域面积少，故鸡多鸭少，在价格上鸡贱鸭贵。有些地方“鸭产稍稀，非盛馔不设”[②]。

这一时期禽蛋孵化、运输和家禽饲养技术都有一些进步，其中照蛋法和嘌蛋技术尤其令人瞩目。

“照蛋法”是清康熙元年（公元1662年）之前即已形成的家禽人工孵化看胎施温技术，这一技术在后世得到了广泛实施。清人王百家《哺记》记述此技术时称：“其始必择卵，择其状之圆者、大者，盖牧人贵雌而贱雄，以圆者雌而长者雄也。其灶编稿为之，泥涂其内而置火焉，置缸其上为釜，又编稿为门以闭火气，惧其过于烈也，则釜内藉以糠秕，置筐其中，实以卵，上复编稿以盖之，惧其火候不匀也。又以一筐，上其下，下其上以易之，如是者日五，十五日上摊，摊状如床，设荐席焉，列卵其上，絮以绵，覆以被，日转八次而不用火，盖十五日以前，内未生毛，必藉温于火，十五日以后，毛自能温，但转之覆之而已。卵虽外包以壳，而老于哺者其壳中之情形纤悉，时刻先后，历历不爽，问其何以知之，则皆由于照也。”

“嘌蛋”是家禽种蛋孵化后期的运输方法，清人罗天尺《五山志林·火焙鸭》中称：“其法巧妙，几夺造化，所鬻贩有远近，计其地里而予之，或三四日，或十数日，必俟到其地，乃破壳出，真神巧也。”

（二）蔬菜生产的变化

1. 蔬菜种类增多

中国早期栽培的蔬菜品种较少。北魏贾思勰《齐民要术》中记载有35种蔬菜

① 张履祥辑补：《补农书》，续四库全书本，上海古籍出版社，2002年。
② 民国《西平县志·生活民俗》。

的栽培方法。唐宋金元时期，蔬菜种类增加，但总的来说，数量增加有限。明清民国时期的蔬菜品种却增加了不少，清末杨巩编的《农学合编》汇集有57种蔬菜的栽培方法。促使这一时期蔬菜品种增多的原因有三：

第一，豆类从粮食转化为蔬菜。明代宋应星《天工开物》卷上称“麻、菽二者，功用已全入蔬饵膏馔之中”。豆类从粮食转化为蔬菜，对新鲜蔬菜不能满足需求的黄河中游地区来说意义重大。人们选用豆类制作豆芽、豆油、豆腐、豆酱、豆豉等各种豆制品，极大地丰富了人们的副食品种。

第二，这一时期黄河中游地区开始了对新蔬菜品种的培育，如甘蓝、菜豆等。甘蓝当时称为“葵花白菜”，清代吴其浚《植物名实图考·蔬菜》“葵花白菜”条称：“葵花白菜生山西，大叶青蓝如劈蓝，四面披离，中心叶白，如黄芽白菜，层层紧抱如覆碗，肥绝可爱，汾沁之间菜之美者，为齑为羹无不宜之。”菜豆在清人张宗法《三农记·蔬属》中即有记载，“时季豆，乃菽属也”。

第三，海外蔬菜的引进。随着中国与海外诸国联系的加强，在引进玉米、番薯的同时，也引进了不少外国蔬菜，如原产于美洲大陆的辣椒、南瓜、番茄（西红柿）等。

辣椒最初传入中国时称“番椒”，16世纪末高濂《遵生八笺·燕间清赏笺》对其描述道：“番椒，白花，子俨秃笔头，味辣色红，甚可观。子种。”辣椒传入中国后得到了迅速传播，黄河中游地区的辣椒种植虽没有南方多，但也很普遍。从辣椒的别名“秦椒”及关中“八大怪”之一的“油泼辣子是道菜”，可以看出陕西人是如何喜食辣椒了。山区居民往往由于地高井深，缺少园蔬，更是“秦椒尤食不厌”[①]。平民百姓也多因饭食粗粝，多食辣椒，“借其激刺以健胃力”[②]。

番茄在明代后期已引种至中国。万历四十一年（公元1613年）的《猗氏县志》在《物产·果类》中记有西番柿，该志中只存一名，并无性状描述。雍正

① 乾隆《临晋县志·生活民俗》，成文出版社，1976年。
② 民国《汲县今志·生活民俗》，汉文正楷印书局，1935年。

十三年（公元1735年）的《泽州府志》对西番柿描述道："西番柿似柿而小、草本、蔓生、味涩。"清代吴其浚在《植物名实图考》中将其称为"小金瓜"，并描述其性状："蔓生，叶似苦瓜而小，亦少花杈。秋结实，如金瓜，累累成簇，如鸡心柿而更小，亦不正圆"，其果实"红润然不过三五日即腐"，"其青脆时，以盐醋炒之可食"。但番茄长期以来没有正式进入菜圃，只停留在作为观赏植物的阶段。作为蔬菜大量栽培，只是近几十年的事。

2. 夏季蔬菜品种较少、比重过低的状况得到改变

中国早期栽培的蔬菜品种较少，其中夏季蔬菜的品种更少。北魏贾思勰《齐民要术》记述35种栽培蔬菜，其中能在夏季栽培供应的只有甜瓜、冬瓜、瓠、黄瓜、越瓜和茄子六种，约占当时栽培蔬菜种类的17.14%。唐宋金元时期，蔬菜品种的数量增长不多，夏季栽培的蔬菜品种增加得更少。从明代起，这种状况有了较明显的改变，清末《农学合编》汇集的57种栽培蔬菜中，能在夏季栽培的有17种，它们是白菜、菜瓜、南瓜、黄瓜、冬瓜、西瓜、越瓜、甜瓜、瓠、苋、蕹菜、辣椒、茄子、刀豆、豇豆、菜豆和扁豆，约占全部栽培蔬菜种类的29.81%，初步形成了今天这种以茄果瓜豆为主的夏季蔬菜结构。[①]

3. 在传统的秋冬季蔬菜中，白菜、萝卜的地位上升

明清民国时期，白菜、萝卜在人们蔬食结构中的地位上升，成为黄河中游地区居民冬季的当家菜。如河南获嘉县，"菜蔬以红白萝菔（卜）、蔓菁及白菜为最多"[②]。白菜、萝卜地位上升是有其原因的。黄河中游地区冬季寒冷而较长，新鲜蔬菜供应期较短，冬春两季往往缺乏新鲜蔬菜，白菜、萝卜为秋季收获的蔬菜，具有耐储存、可腌制等优点，因而白菜、萝卜被人们大量种植储存，成为黄河中游地区居民过冬的当家菜。

---

① 闵宗殿：《海外农作物的传入和对我国农业生产的影响》，《古今农业》，1991年第1期。
② 民国《获嘉县志 · 生活民俗》，三联书店，1991年。

4. 辛辣类蔬菜被广为种植

明清民国时期，葱、姜、蒜、辣椒、韭、芥等辛辣类蔬菜在黄河中游地区的广为种植。辛辣类蔬菜有刺激血液循环以保暖御寒及增加食欲等功能，黄河中游地区的居民对此类蔬菜十分喜食。清人徐珂《清稗类钞·饮食类》载："北人好食葱蒜，而葱蒜亦以北产为胜。直隶、甘肃、河南、山西、陕西等省，无论富贵贫贱之家，每饭必具。"不少县志对此也多有反映，如民国十二年（公元1923年）《临晋县志·生活民俗》载："蔬菜喜食葱、蒜、秦椒"；民国二十七年（公元1938年）《汝南县志·生活民俗》载："助食之品有用咸菜及白菜、萝葡（卜）、韭、葱、芥、蒜等青菜并种种野菜"。

第二节　食品加工与烹饪的改进

明清民国时期，随着食物原料的不断丰富增多，与其他地区经济文化交流的不断加强，黄河中游地区的食品，无论是主食饼饭，还是副食菜肴，都出现了不少新的花色、品种，原有的食品加工、烹饪技艺也有了不少改进。

一、面食品种的极大丰富

明清民国时期，黄河中游地区居民在日常饮食生活上，普遍重主食轻副食。人们多以面食为主食，明清民国时期该区域的面食种类极其丰富，不能尽数。

（一）饼馍类面食的发展

1. 花样繁多的饼馍制作方法

饼馍类面食是黄河中游地区人们几乎餐餐必食的食品。明清民国时期，饼馍类食品的制作技艺已达到相当高的水平。制作前，视不同品种而灵活运用发酵面团、油酥面团、冷水面团、温水面团或烫面团。制成的饼、馍形状各异，味道有别。针对不同的品种，运用擀、切、包、裹、卷、叠、压、捻、搓、扭、推等技法成形。饼馍成熟的方法也多种多样，蒸、烙、烤、油煎、水煎、油炸，不拘一格。生于晚清、民国时期的陕西人薛宝辰对饼馍类食品的制法作了归纳：

饼为北人日用所必需，无人不知作法，似可无庸缕述。然未可略也。姑列其作法如左。

其蒸食之法有七：以发面蒸之，曰蒸馍，俗呼馒头；以油润面糁以姜米、椒盐作盘旋之形，曰油榻；以发面实蔬菜其中蒸之，曰包子，古称饽饦，有呼馒头；以生面捻饼，置豆粉上，以碗推其边使薄，实以发菜、蔬笋，撮合蒸之，曰捎美；生面，以滚水汤（烫）之，扦圆片，一二寸大，实以蔬菜摺合蒸之，曰汤（烫）面饺；以发面扦薄，涂以油，反复摺叠，以手匀按，愈按愈薄，约四五寸大，蒸熟，切去四边，拆开卷菜食之，曰薄饼；以汤（烫）面薄糁以姜、盐，涂以香油，卷而蒸之，曰汤面卷。

其烙之法十有一：以生面或发面团作饼烙之，曰烙饼，曰烧饼，曰火烧；视锅大小为之，曰锅规（盔）；以生面扦薄涂油，摺叠环转为之，曰油旋，《随园食单》所谓蓑衣饼也；以酥面实馅作饼，曰馅儿火烧；以生面实馅作饼，曰馅儿饼；酥而不实馅，曰酥饼；酥面不加皮面，曰自来酥；以面糊入锅摇之使薄，曰煎饼；以小勺挹之，注入锅，一勺一饼，曰淋饼，和以花片及菜，曰托面；置有馅生饼于锅，灌以水烙之，京师曰锅贴，陕西名曰水津包子；作极薄饼先烙而后蒸之，曰春饼。

其油炸之法有五：以发面作饼炸之，曰油饼；搓为细缕，折合炸之，曰馓子；扭如绳状炸之，曰麦花，一曰麻花；以汤面实以糖馅，作圆饼炸之，曰油糕；以碱、白矾发面搓长条炸之，曰油果，陕西名曰油炸鬼，京师名曰炙鬼。

以上作法，容有未备，然大略不外是矣。[①]

① 薛宝辰：《素食说略》卷四，中国商业出版社，1984年。

薛宝辰对饼的归纳大致上是符合明清民国时期黄河中游地区面食品种的实际情况的。

2. 彰显地方特色的饼馍名食

各地因食品原料、传统习惯等不同，对某一种或某几种饼馍的制作方法会有所偏好，逐渐形成了各地特色，在技术精益求精的基础上，一些地方的饼馍食品脱颖而出，成为名食。

陕西饼馍名食。主要有西安饦饦馍、渭北石子馍、蒲城椽头蒸馍、兴平云云馍、罐罐馍、合阳面花、乾县锅盔、泾阳天然饼、富平太后饼、临潼黄桂柿子饼、宁强王家核桃烧饼、延安火烧、三原泡泡油糕、马鞍桥油糕、黄米糕、甑糕、定边糖馓子等。其中，饦饦馍是一种特制的烙馍，主要用于"羊肉泡"。在陕西，特别是关中地区，羊肉泡馍是最为流行的面食之一，有"天下第一泡"之称。羊肉泡馍的吃法有四："口汤""干泡""水围城""单做"。"口汤"是吃到见底时，碗里只剩下一口汤；"干泡"是碗内无汤；"水围城"是中间馍、周围汤；"单做"是汤中不泡馍，就汤吃馍。

山西饼馍名食。主要有面塑、莜面栲栳（kāolao）、高粱面鱼鱼、闻喜煮饼、上党甩饼、大谷饼、孟封饼、五寨一窝酥烙油饼、稷山麻花、宁乡油糕等。其中的面塑很有特点，面塑，民间俗称"面人""面羊""羊羔馍""花馍"等，是用

图7-1　清明面燕

图7-2　开封灌汤包子

面粉蒸制的人物、动物、花卉、翎毛、瓜果等花样的面点。山西民间面塑主要包括花馍和礼馍两类，"花馍"是配合岁时节令祭礼或上供的馍，如祭祀神灵的"枣山"、清明节"飞燕"花馍等；"礼馍"则是伴随诞生、婚嫁、寿筵、丧葬等人生仪礼而制作的馈赠物品。

河南饼馍名食。主要有开封灌汤包子、水煎包、锅贴、蒸饺、烫面角、花生糕、江米糕、龙须糕、糖糕、博望锅盔、双麻火烧、息县油酥火烧、信阳勺子馍、商丘水激馍、沈丘顾家馍、坛子肉焖饼、萝卜丝饼、高炉烧饼、油酥烧饼、油旋、豫东四批油条、八批油条、陕县大营麻花、虞城陈店麻花、柘城鸡爪麻花等。其中，"开封灌汤包子"又称开封灌汤小笼包子，有"提起像灯笼，放下似菊花"之说，以小巧玲珑、皮薄馅多、灌汤流油、鲜香利口而驰名。

（二）面条类食品的创新

1. 有味面条品种的增多

一些旧有的面条类食品也得到了发展。如加动植物原料和各种调料于面粉之中，制成有味面条在前代已经出现，这一时期更加普遍，明代出现的"红丝面"、"萝卜面"就属于此类有味面条。[①]清代的"五香面"和"八珍面"等有味面条更是构思奇巧，风味别具。五香面，是用酱、醋、椒末、芝麻屑、鲜汤汁（笋汤、蕈汤、虾汤都可）加入面粉中制成的；八珍面，是用鸡肉干、鱼肉干、虾肉干、鲜笋末、香蕈末、芝麻屑、花椒末、鲜汤汁等八种配料和调料加入面粉中制成的。对这两种有味面条，清人李渔《闲情偶寄》和袁枚《随园食单》都有介绍。

2. 面条品种的创新

这一时期黄河中游地区出现了一些新的面条类食品的制作方法，如拉面、削面、托面等。

---

① 刘基：《多能鄙事》卷二《饼饵米面食法》，上海古籍出版社，1995年。

拉面。拉面又称扯面、抻面、桢条面、振条面。明代宋诩《宋氏养生部》卷二中始有记载："用少盐入水和面，一斤为率，既匀，沃香油少许。夏月以油单纸微覆一时，冬月则覆一宿余，分切如巨擘，渐以两手扯长，缠络于直指、将指、无名指间，为细条。先作沸汤，随扯随煮，视其熟而浮者，先取之。齑汤同煎制。"

清代时，拉面技术更加成熟，"其以水和面，入盐、碱、清油揉匀，覆以湿布，俟其融和，扯为细条，煮之，名为桢面条。作法以山西太原平定州、陕西朝邑、同州为最佳。其薄等于韭菜，其细比于挂面。可以成三棱之形，可以成中空之形，耐煮不断，柔而能韧，真妙手也"。①

削面。即刀削面。其制法为："面和硬，须多揉，愈揉愈佳，作长块置掌中，以快刀削细长薄片，用汤或卤浇食，甚有别趣。平遥、介休等处，作法甚佳。"②

托面。"秦人以花瓣或菜之嫩者，裹以面糊，入油锅炸之，谓之托面。朱藤花、玉兰花、牡丹花、木槿花、荷花、戎葵花、蜜萱花、倭瓜花皆可作。"③

3. 具有地方特色的面条名食

陕西面条名食。陕西人嗜食面条，其种类很多，比较有特色的有岐山臊子面、𰻞𰻞（biangbiang）面、杨凌蘸水面、户县摆汤面、蒜蘸面、荞麦面、蓝田饸饹面、宫廷罐罐面、韩城羊肉糊卜面、礼泉烙面、油泼面、酸汤面、西府干拌面、韩城大刀面、翡翠面、撕饦饦、夹老鸹膣（sà）、荞面圪凸等。其中，岐山臊子面以"薄、盘、光、酸、辣、香、煎、稀、汪"的特点而闻名遐迩。吃臊子面时，当地人还有只吃面不喝汤的习俗。

陕西的𰻞𰻞面是一种介于"干捞面"和"汤面"之间的面条，是用炒锅炒好肉丁或肉片及辣子、笋片、菜瓜等与面条共同翻炒而成，其面具有"筋、光、

① 薛宝辰：《素食说略》，中国商业出版社，1984年。
② 薛宝辰：《素食说略》，中国商业出版社，1984年。
③ 薛宝辰：《素食说略》卷四，中国商业出版社，1984年。

图7-3　山西刀削面

香”的特点，吃起来十分柔韧且有弹性。其biang字号称是中国笔画最多的汉字，有儿歌述其笔画为：“一点上了天，黄河两道湾；八字大张口，言字往里走；你一扭，我一扭；你一长，我一长，当中加个马大王；心字底，月字旁；挂个丁丁叫马杠，坐着车车逛咸阳。”之所以叫biang-biang面，是因为此面在制作的擀制和拉扯过程中，在案板上会发出biang-biang的声音；面在下锅时，在锅沿上会发出biang-biang的声音；面在捞出和调味搅拌过程中，发出biang-biang的声音；面在入口时，在嘴边会发出biang-biang的声音。①

山西面条名食。山西汤煮类面食制作方法多样，有擀、拉、拨、削、压、擦、揪、抿等几十种，所用原料除小麦面外，还有高粱面、豆面、玉米面、荞麦面、莜麦面等，调料上至鸡、鸭、鱼肉、海鲜，下至油、盐、酱、醋，不一而足。比较有名的山西特色面食有刀削面、包皮面、拉面、龙须面、揪片、拨姑、剔尖、“猫耳朵”、饸饹等。其中“刀削面”是山西最负盛名的煮面，它内虚、外筋、柔软、光滑，深受人们的喜爱。

河南面条名食。河南比较有名的面条主要有洛阳酸浆面条、郑州烩面等。其中，洛阳酸浆面条又称“浆面条”，其制法为：“以粉制成浆，下面条其中”。因

① 逸空：《笔画最多的汉字和关中biang-biang面》，《中华饮食文化基金会会讯》，2009年第1期。

为当地居民“无不嗜之者，故外人号之谓‘浆面嘴’云”[1]。郑州烩面形成于民国时期，其面条用面坯拉扯而成，既宽又厚，筋道十足。烩面集面、汤、肉、菜于一身，量大实惠，深受河南人的欢迎，有“河南第一面”之称。

二、副食菜肴烹饪的发展

明清民国时期，黄河中游地区的肉类菜肴多以鸡、猪、羊为原料制作而成。由于很多地方“肉类除富裕者外，小康之家亦只于岁时令节始尝肉味”[2]，普通百姓“下饭惟用菜蔬，且极简单”[3]，多以咸菜、酸菜、豆腐佐餐。因此，这一时期黄河中游地区的咸菜、酸菜等腌菜生产十分普遍，腌菜、豆腐及各种豆制品的生产技术也获得了很大的发展。同时，因物产、气候、风俗习惯的不同，黄河中游各地区在饮食生活上也表现出明显的差异性，形成了各具特色的地方菜肴风味。

（一）以鸡、猪、羊原料为主的肉类菜肴

由于“北方鸡贱，猪羊亦不昂，鸭贵，鱼虾亦贵”[4]，故黄河中游地区的肉类菜肴以鸡、猪、羊肉为原料的比较多。仅在《清稗类钞·饮食类》中，就出现数百种肉类菜肴。

1. 以鸡肉、鸡蛋为原料的菜肴

以鸡肉为原料的菜肴有：煨鸡、蘑菇煨鸡、焖鸡、酱鸡、灼八块、炒鸡片、炒生鸡丝、炒鸡丁、栗子炒鸡、梨炒鸡、黄芽菜炒鸡、蘑菇炒鸡腿、西瓜蒸鸡、

① 民国《洛阳县志略·生活民俗》，国家图书馆出版社，2011年。
②《汲县志·生活民俗》，清乾隆二十年刻本，1755年。
③ 民国《孟县志·生活民俗》，成文出版社，1932年。
④ 徐珂：《清稗类钞》第十三册《饮食类·肴馔》，中华书局，1984年。

焦鸡、炉焙鸡、蒸小鸡、爆鸡、生炮鸡、松子鸡、鸡圆、烧野鸡、拌野鸡丝等。

以鸡蛋为原料的菜肴有：燉蛋、三鲜蛋、跑蛋、蛋皮拌鸡丝、蛋饺、芙蓉蛋、白煮鸡蛋、煮茶叶蛋、混套、八珍蛋、鸡蛋肉圆等。其中混套、八珍蛋、鸡蛋肉圆的制作方法尤其别具一格：

混套。“混套者，以鸡蛋外壳凿一小孔，去黄用清，加入煨就浓鸡滷打融，仍装入壳中，用皮纸封固，饭上蒸熟，去外壳，仍浑然一蛋，味亦极鲜。”①

八珍蛋。“八珍蛋者，鸡蛋外壳凿小孔，使黄白流入碗中，调和，约七八枚，再将煨熟之火腿屑、笋屑、鸡屑、虾仁屑、蘑菇屑、香蕈屑、松子仁屑及盐少许，同入蛋中调匀，装入蛋壳中，用纸封口，饭锅蒸熟，剥食之。”②

鸡蛋肉圆。“鸡蛋肉圆者，于生鸡蛋之一端凿一孔，倾出其黄白，乃以已和糖、酒、酱、油之猪肉屑纳入壳中，将蛋白灌入，以皮纸封口而摇之，投沸水中，沸二十分钟，即成鸡蛋肉圆。”③

2. 以猪、羊肉为原料的菜肴

以猪为原料的菜肴有：煨猪里肉、煨猪肉丝、煨猪爪、煨猪蹄筋、煨猪肺、煨猪腰、红煨猪肉、白煨猪肉、薰煨猪肉、菜花煨猪肉、笋煨火腿、西瓜皮煨火腿、火腿煨猪肉、火腿煨猪爪、干锅蒸肉、粉蒸肉、荷叶粉蒸肉、蒸糟肉、蒸煮腌猪肉、蒸煮暴腌猪肉、蒸煮风肉、煮腊肉、薹菜心煮猪肉、西瓜煮猪肉、煮鲜猪蹄、炒猪肉片、炒猪肉丝、炒排骨、韭黄炒猪肉丝、瓜姜炒猪肉丝、炖猪肉、生炙肉、蜜炙火蹄、蜜炙火方、八宝肉、东坡肉、芙蓉肉、荔枝肉、梅菜肉、神仙肉、狮子头、走油猪蹄、水晶蹄肴、火腿酱等。

以羊为原料的菜肴有烧羊肉、红煨羊肉、炒羊肉丝、煮羊头、煨羊蹄等。

---

① 徐珂:《清稗类钞》第十三册《饮食类·混套》，中华书局，1984年。
② 徐珂:《清稗类钞》第十三册《饮食类·八珍蛋》，中华书局，1984年。
③ 徐珂:《清稗类钞》第十三册《饮食类·鸡蛋肉圆》，中华书局，1984年。

（二）注意制作腌菜以弥补新鲜蔬菜的不足

1. 在蔬菜丰收的秋季制作腌菜

黄河中游地区的大部分地区属于暖温带气候，蔬菜生长季节短，人们非常注意制作咸菜、酸菜等腌菜，以弥补新鲜蔬菜的不足。

人们一般在蔬菜旺盛的秋季制作腌菜，如山西隰州“九月制酸菜，溪内洗净，藏之瓮中，味变为酸，蓄之供一年之用”①。河南林县居民，“常食之菜亦有三菜：一、蔓菁、萝卜叶，二、豆叶，三、红薯叶。三种皆秋间煮熟淘净，搀蔓菁丝入缸，备常年调汤佐餐，一名‘老缸菜’”②。

2. 制作腌菜的技术精湛

黄河中游地区人们制作腌菜的技术十分精湛。清人薛宝辰在《素食说略》一书中，记述了北方腌制大白菜、五香咸菜以及山西太原人腌制醋浸菜（即醋泡菜）的加工技术与方法，从中可见一斑：

腌菜。“白菜拣上好者，每菜一百斤，用盐八斤。多则味咸，少则味淡。腌一昼夜，反覆贮缸内，用大石压定，腌三四日，打稿装坛。”

腌五香咸菜。“好肥菜，削去根，摘去黄叶；洗净，晾干水气。每菜十斤，用盐十两，甘草六两，以净缸盛之，将盐撒入菜桠（即菜叉）内，排于缸中。入大香、莳萝（即土茴香）、花椒，以手按实。至半缸，再入甘草茎。俟缸满用大石压定。腌三日后，将菜倒过，扭去卤水，于干净器内另放。忌生水，却将卤水浇菜内。候七日，依前法再倒，仍用大石压之。其菜味最香脆。若至春间食不尽者，于沸汤内瀹过，晒干，收贮。或蒸过晒干亦可。夏日用温水浸过压干，香油拌匀，盛以瓷碗，于饭上蒸食最佳，或煎豆腐面筋，俱清永。”

醋浸菜。“好醋若干，入锅中，加花椒、八角、莳萝草果及盐烧滚。俟水气

① 康熙《隰州志·生活民俗》，山西省隰县县志编纂委员会刊印，1982年。
② 民国《林县志·生活民俗》，石刻本，1932年。

略尽，候冷，放坛中，浸入莱菔、胡莱菔、生姜、王瓜（即土瓜）、豇豆、刀豆、茄子、辣椒等，愈久愈佳。太原人作法甚佳。”

（三）豆制品极大地丰富了人们的副食生活

明清民国时期，豆类加工技术有了更大的进步，人们把豆类加工成种类繁多的豆制品，极大地丰富了人们的副食生活。这些豆制品主要有各种豆腐、酱油、豆酱、豆豉、腐竹、粉皮、粉丝等。

1. 豆腐

明代李时珍《本草纲目》卷二五云：“豆腐之法，始于汉淮南王刘安。凡黑豆、黄豆及白豆、泥豆、豌豆、绿豆之类，皆可为之。造法：水浸，硙碎，滤去渣，煎成，以盐卤汁或山矾叶或酸浆、醋淀，就釜收之。又有入缸内，以石膏末收者。大抵得咸苦酸辛之物，皆可收敛尔。其面上凝结者，揭取晾干，名豆腐皮，入馔甚佳也。”

李时珍《本草纲目》中的豆腐加工流程图大致如下：

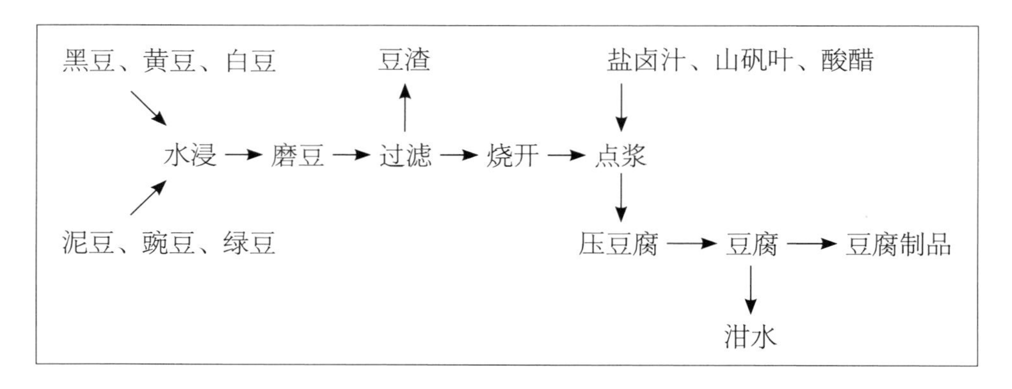

从这个生产流程图中，我们可以很清楚地看到磨豆、过滤、点浆这三个工序是制作豆腐的最重要环节。豆腐制成后，还可以将其进一步加工成豆腐乳、腐竹、豆腐干、冻豆腐、熏豆腐等。

2. 酱油与豆酱

食品史上，中国人用大豆制作酱油和豆酱的发明，无疑是对人类饮食的一大贡献。酱油和豆酱，在明清民国时期深受黄河中游地区居民的喜爱。每年“伏日”，晒制豆面酱成为该区域居民的风俗习惯。

酱油在汉代就已出现了。明代时酱油生产技术已非常成熟，在明代李时珍《本草纲目》卷二五“酱”字条下有“豆油法”，这是中国有关酱油制法中记录较完整的文献之一。书中云：“豆油法：用大豆三斗，水煮糜，以面二十四斤，拌腌成黄，每十斤（黄），入盐八斤，井水四十斤，搅晒成油收取之。”

《本草纲目》中的“豆油法”可以用以下流程图来表示：

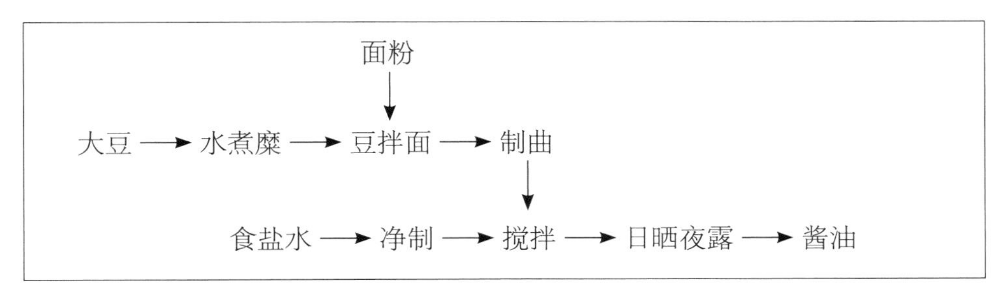

从这个生产流程上看，明代的制酱方法与西汉史游《急就篇》中的做酱法很相似。这里，大豆煮烂可以破坏大豆的坚实颗粒，使霉菌容易侵入到内部去，煮烂还可以初步分解一些蛋白质和使淀粉糊化，让霉菌食用后“容易消化”。但是煮烂的大豆含水分太多又不容易干燥和松散，所以加入干面粉就可以一举两得，煮烂的大豆拌上面粉就松散了，面粉吸水膨胀，它们都成了霉菌的“佳肴”。从技术效果方面看，加面粉制豆酱的方法是一种混合法，它使豆、面酱的风味溶为一体，从而产生了中国首创“酱香味”的产品，这是世界食品史上的奇迹。

（四）各具特色的地方菜肴风味

1. 尚和适中的河南菜肴

河南菜尚和，由于调味适中，所以适应性强，四面八方咸宜，男女老少适口。为了照顾人们的不同口味，河南菜有“另备调料，请君自便”的传统。餐馆的饭桌上往往放有一些瓶、壶、盏之类，盛放辣椒油、花椒盐、酱油、醋、大蒜等调料，供食客选用。河南菜素油低盐烹制，调味适中，鲜香清淡，显得淳朴敦厚，方正和美。

河南菜具有明显的四季特色。在肴馔口味上，春天酸味初露，炎夏清淡稍苦，秋季适中微辣，严冬味浓偏咸；在肴馔色泽上，春季青翠艳丽，夏季绚亮淡雅，三秋七色调和，严冬赤橙紫黄。

河南菜善于制汤，河南俗语“唱戏要腔，做菜要汤”即反映于此。河南厨师制的汤，种类有“清汤”“白汤”“套汤”“追汤”等。“清汤”用肥鸡、肥鸭、猪肘子为主料，急火沸煮，撇去浮沫，鲜味溶于汤中，汤清见底，味道鲜美。“白汤”，又称“奶汤”，因汤浓白似奶故名。白汤用大火烧开，慢火缓煮，纱布滤过，待汤为乳白色即成。“套汤”是清汤用鸡胸肉剁泥，再套清一次。“追汤”是制好的清汤再加入鸡、鸭，微火慢煮，以补追其鲜味。烹制菜肴时，许多厨师喜欢用熬制的鸡汤提味。以浓汤制味美清醇的扒菜是河南菜的一绝，所谓“扒菜不勾芡，汤汁自来黏”。

河南菜在选料上也十分讲究，如“鲤吃一尺，鲫吃八寸。”“鞭杆鳝鱼，马蹄鳖”等，已成为饮食谚语广为流传。在刀工上，河南菜也独具一格，如对厨刀的应用上有“前切后剁中间片，刀背砸泥把捣蒜”之说。

河南各地所制菜肴特色也不尽相同。

豫东的开封菜。开封菜讲究清淡，调味适中，素油低盐，以制作鱼肴、鸡肴和鸡汤闻名，代表菜肴有“糖醋熘鲤鱼焙面”“套四禽（宝）”“黄焖鱼”“煎扒鲭鱼头尾”“汴京烤鸭”“炸八块”（全鸡切为八块）“葱扒羊肉”“清汤鲍鱼”“扒广肚”“大葱烧海参”“清汤东坡肉”“陆稿荐卤肉”“炸紫酥肉”“杞忧烘皮肘”“羊双肠汤”“琥珀冬瓜”“红薯泥”等。其中，“糖醋熘鲤鱼焙面”是“糖醋熘鲤鱼”和“焙面”两种菜肴的合称。制成的鲤鱼色泽柿红而明亮，油重而融和，利口不腻，甜中透酸，酸中有咸，鱼肉软嫩；

焙面，是油炸的“龙须面”，其面细若发丝，色泽金黄，蓬松酥脆、入口即化。人们食鲤鱼焙面时，先食糖醋熘鲤鱼，后将鱼骨带汁重新烘过，把焙面倒在新烘过的汁上拌着吃，有“先食龙肉，后食龙须”之称。“套四禽”这道菜是把四种禽层层套叠，全鸭肚内有全鸡，全鸡肚内有全鸽，全鸽肚内有鹌鹑，鹌鹑腹内填满海参、香菇、竹笋，集浓香鲜野四味于一体，鸡鸭鸽鹑相得益彰。开封菜是河南菜的主流，除盛行于开封外，也遍及整个豫东、豫中、豫北、豫西南等地。

豫东的鹿邑菜。鹿邑以善于烹制各种山珍著称。民国初，鹿邑人开办“厚德福”，在全国许多地方设有分号，享有盛名。“厚德福”创制的名菜众多，如“铁锅蛋”“核桃腰”等。其中，烹制“铁锅蛋”时，要用专门的铁锅上烤下烘使蛋浆凝结，然后掀开锅盖淋上芝麻香油再盖上。当烤至表皮发亮呈红黄色时移开锅盖，将铁锅蛋放入铺好香菜叶并倒有香醋的鱼盘上。食时泼上姜米、香醋。铁锅蛋菜色红亮，食之软嫩鲜香，有蟹黄的味道。烹制“核桃腰”时，要先将腰子切成长方形的小厚块，表面上纵横划纹，下油锅炸，火候必须适当，油要热而不沸，炸到变黄，取出蘸花椒盐吃。吃起来不软不硬，有核桃滋味，故名“核桃腰”。

豫西的洛阳菜。洛阳以“水席燕菜”而闻名。水席的大部分菜肴都离不开汤水，例如连汤肉片、水漂肉丸、生氽丸子、木须汤（鸡蛋汤）等。这里的“水”又有另一重含义，即上菜似流水，二十四个菜的水席，以三个菜为一组，一大二小，依次上席；“燕菜”系用萝卜等原料做成的一道具有燕窝菜风味的美馔，一般列为洛阳水席的首道大菜。

豫南的素斋。豫南的信阳菜肴接近南方湖北风味，擅长蒸煨菜，代表菜肴有“信阳三蒸”“煨汤烤草鱼”等。此外，清代河南南阳元妙观斋菜烹调技艺精湛，花色品类繁多，色、香、味、形俱佳。在当时，以元妙观斋菜为代表的寺观菜，完全可与宫廷菜、地方菜和少数民族菜相媲美。该观的斋菜，主要有如下特色：第一，斋菜选料广泛，道观斋菜历史悠久，选料严谨而广泛。尽管斋菜的主料、辅料都是素的，汤菜也只用黄豆芽汤而不用荤汤，但经观中道厨们的扒、熘、炒、炸、烩、蒸等细工烹制，各种肴馔不但味道鲜美，且多具保健养身的食疗价值。此外，值得一提的是，观中还根据饮膳需要，雇用一批专门技术人员，开设有油坊、磨坊、碾坊、豆腐坊等，并腌制各种咸菜、酱菜，自制各种调料酱油、醋等，还种植各种蔬菜，从而使许多原料均能自给。第二，斋菜均呈“素质荤形”。清代南阳元妙观素斋斋菜除注重色、香、味外，还特别讲究“象形”，即利用蔬菜、瓜果、花卉加工造型，调配色彩，从而使斋菜以素质而拟荤，且十分逼真。如用山药等烹制的“熘素鱼片”，似鱼片状，食时软润咸香；用豆腐皮等制作的“扒素鸡”，形似鸡块，嫩脆辣香；以净山药、胡萝卜压制而成的“咸鸭蛋”，切成圆块，摆在盘中，白如蛋清，红似蛋黄，软嫩咸黄；至于“素鱼翅”“素燕窝”“素鸽蛋”“卤大肠”等，亦均是形荤实素。烹制加工技艺精妙绝伦，食时引人入胜。第三，斋菜烹制时，还根据“时令吃鲜”的原则，烹制出各种时令斋菜。道观道厨们为了让住持、宾客能应时吃鲜，还根据季节的变化，就地取材，因地制宜，加工烹制各种异样珍馐和时令斋菜。例如，每当夏秋荷花盛开之时，在观中池塘内采摘，挂糊油炸后，撒上白糖、山楂糕的“炸荷花”；秋季用北瓜秧尖加香菇、口蘑炸制的“龙须菜”；用嫩玉米棒尖加玉兰片、香菇烧出的“珍珠笋”；用小冬瓜装进玉兰片、花生米、香菇、口蘑、南荠、猴头、糯米和调味品油炸的“八宝冬瓜”；用红薯切成块油炸后，将白糖在锅中化开，红薯条放入搅拌，烹制的“拔丝红薯”等，均色、香、味、形俱佳又风味独特，鲜美爽口。①

2. 料重味浓的陕西菜肴

陕西菜又称秦菜。市肆菜是秦菜的主体，著名的菜肴如“奶汤锅子鱼”“氽双脆”“温拌腰丝”“葫芦鸡”等，都是颇有影响的名菜。除市肆菜外，官府菜、商贾菜、民间菜、清真菜等亦是秦菜的组成部分。其中，“官府菜”的代表菜肴

① 刘琰：《南阳元妙观暨其斋菜》，《中国烹饪》，1986年第1期。

图7-4　明代《市肆筵饮图》

有“带把肘子”“八卦鱼肚”“金边白菜”等；“商贾菜”的代表菜肴有“煨鱿鱼丝”“金钱发菜”等；“民间菜”乡土风味浓郁、经济实惠，代表菜肴有“水磨丝”“莲菜炒肉片”；“清真菜”用料讲究，代表菜肴有清蒸羊肉、烤羊肉串等。

在调味上，陕西菜料重味浓，以咸定味，以酸辣见长，故常用辣椒、大蒜、花椒、陈醋等芳香辛辣调味品提味。陕西的烹调技法，无论酿、汆、炸、炖、炒、烧、烤、烩、蒸、煮，还是煎、扒、涮、爆等都特别讲究火功，陕西菜尤其擅长飞火炒菜，它与山东的爆炒不同，主要是不过油不换锅，菜肴质地脆嫩。在菜肴色泽方面，陕西菜能保持原料的原有色泽，如“奶汤锅子鱼”“红烧肉”“枸杞炖银耳”等陕西名菜，都能保持原鱼、原肉、原枸杞的本色；在食品原料的选择上，一般采用地方特产的优质品种。同样是鸡、鱼、鸭，由于品种不同、产地不同，烹调出来的菜肴味道也迥然不同。如非三爻村的倭倭鸡不做“葫芦鸡”，非黄河鲤鱼不做“锅子鱼”。在秦菜中，以野菜为主原料制成菜肴者不多，然而陕西商洛地区却有一传统名肴——“商芝肉”。商芝即蕨菜，是商洛地区商山（又名商洛山）的特产，商芝肉即是将猪肉经煮、炸、切片加蕨菜蒸制而成的。另外陕西菜肴还讲究精选时鲜，粗料细做，如“金边白菜”“油炸香椿鱼”，就是用极普通的白菜、香椿芽制成的。

3. 崇尚酸味的山西菜肴

从明代中期直到清代，山西商人十分活跃。沈思孝的《晋录》载：“平阳泽潞豪商大贾甲天下，非数十万不称富。”晋商的足迹遍及长江流域和沿海各大商埠。尤其是平遥、祁县、太谷商人票号，有的经营活动扩大到莫斯科及日本、南洋各地。因此，外区域及至外国的饮食文化也通过这些商人传到了山西。

山西菜中以太原菜为主，注重火候，油大色重，技法上多用烧、熘、焖、熻、煨，故质地以软、烂、酥、嫩较多。晋南地区的菜肴多用熘、炒、烩等烹饪方法，著名的菜肴有“蜜汁葫芦”“油纳肝”。以长治为中心的上党菜多用烧、卤等，著名菜肴有“腊驴肉”“烧大葱”“肚肺汤”等。其中，“腊驴肉”是全国腊肉中的少有品种，成品色泽红润，香甜酥软而不腻。以大同、忻州为主的晋北菜因历史上多为半农半牧地区，故烹饪方法上多用涮、炖、烤，著名菜肴有“涮羊肉”“全家福”等。

山西菜擅长烹制羊肉，如晋西北岢岚、神池、五寨等地的炖羊肉，酥烂香浓，肥而不腻，是乡人冬天的佳肴。又如流行于晋西北一带的羊杂割（稀汤），它是将羊的软硬下水（羊头、蹄、心、肝、胃、肠等）洗净煮熟，捞出晾凉后切成丝状或块状，吃时放入开水稀释的原汤，加入熟粉条、杂碎肉、馍、饼及醋、辣椒等调味品，吃起来醇香味浓。在晋东南的壶关一带，则有远近驰名的“壶头羊汤”，它以羊肉为原料，配以各种调味品，工艺考究，工序独特，可用来泡吃各种馍、饼、面条等。

山西药用植物很多，上党党参、雁北黄芪全国闻名。以中药入膳在山西较为突出，如太原的“头脑”“沙棘菊花鱼”“枸杞鸡仁”“黄花煨羊肉”“十全大补汤菜”等。其中，“头脑”是山西太原市的一道古典食疗名食。据说是明末清初爱国诗人兼医学家傅山所创制。傅山的母亲年迈多病，进食很少，傅山便为其母创制出八珍汤，傅母食后果然康复了，当地人亦称此品为“名医孝母剂”。傅山后来把八珍汤的配制方法交给一家饭店制作出售，汤名改为“头脑”，饭店易名为“清和元”。每当傅山给需要滋补的病人看病时，便告诉他们去吃“清和元的头脑”，意为吃清朝和元朝统治者的头脑。头脑的制法是在一碗面糊汤里放上三大块羊腰窝肉、一块鲜藕、一条长山药及黄花、黄酒、高曲等，上面撒些腌韭菜末。吃时要佐食一种叫“帽盒”的炉烤面饼，把它掰成小块泡在头脑中，入口咸香耐嚼。

在口味上，山西菜肴多酸，醋是山西城乡日常生活必备的调料，除菜肴中要放醋外，吃各种面食都把醋作为主要调料佐食，或用醋稀释的蒜泥佐食。“久在山西住，哪有不吃醋”的俗语，反映了山西饮食的这一特点。

山西境内名特肴馔除太原的“头脑”外，还有平遥的“碗脱子”、长治的“五香酱驴肉”等。平遥“碗脱子”为清代平遥城南堡村厨师董宣所创，其色白亮、质嫩，是山西区域酒席宴上下酒必备的上等冷菜。做法是取高粱或荞麦面，加熟油、少量盐水及大料粉，和成硬面，再加水调成软面糊，分放到直径为几厘米长的小碟子内，用急火蒸至半熟，用筷子搅搅，以防沉淀，蒸熟后冷却切片，佐以醋蒜食用。长治“五香酱驴肉”是全国腊肉中的少有品种。成品色泽红润，香甜酥软而不腻。

第三节　蓬勃发展的白酒文化

明清民国时期是黄河中游地区酒文化发展的重要时期。这一时期，政府对酿酒业开放民营，促进了民间酿酒业的发展和酒文化的繁荣；元代中后期开始兴起的烧（白）酒，在这一时期备受青睐，成为黄河中游地区人们最喜爱饮用的酒，同时也出现了许多全国闻名的白酒。酒令自唐代出现以后，经过五代宋元的不断丰富发展，到明清民国时期呈现绚丽多彩的局面，酒令向世俗化方向发展，许多通俗易懂的酒令被下层百姓接受，对这一时期的饮酒风尚起到了推进的作用。

一、明代的酒文化

明代对酒的控制大大放松，政府将酒视为一种普通商品，对酒只征收普通商税（三十税一），而不再像前代那样征收高额的酒税。同时，明政府也没有颁布关于饮酒的禁令，酒成为民间日常生活必需品。

（一）黄河中游地区成为白酒的主产区之一

明代是黄河中游地区白酒发展的重要时期，此时白酒的品种众多，产量很大，质量上乘，出现了许多闻名全国的白酒，成为全国主要的白酒产区之一。“南茶北酒”成为人们的口头语。

明代王世贞曾写《酒品前后二十绝》组诗20首，以清新隽永的文字描述了他认为具有价值的20种白酒的色泽、风味和对人体的作用。在这20种白酒中，黄河中游地区占了6种，他们是：关中桑落酒、山西平阳襄陵酒、汾州羊羔酒、蒲州酒、太原酒、潞州鲜红酒。此外，还有山西的河津酒、河南大名的刁酒、焦酒、河南的清丰酒等也驰名全国。

这一时期，黄河中游地区白酒的质量被时人公认为最佳。《四友斋丛说》引顾清《傍秋亭杂记》曰：“天下名酒……皆不若广西之藤县、山西之襄陵为最。……襄陵十年前始入京，据所见当为第一。……予尝以乡法酿于京师，味佳甚，人以为类襄陵云。”大名的刁酒、焦酒、汾州的羊羔酒被人们认为是“色味冠绝者”[1]。明代的薛冈认为北酒胜于南酒，北方五省，“所至咸有佳酿”，“至清丰吕氏所酿，又北酒之最上”。而南方著名的姑苏三白酒只是“庶几可饮”，其他

[1] 顾起元：《客座赘语》卷九，中华书局，1997年。

图7-5 《漉酒图》局部，明代丁云鹏作

酒类“几乎吞刀，可刮肠胃”[①]。

明代，黄河中游地区的果酒也有很多品种，如“关中之蒲桃酒，中州之西瓜酒、柿酒、枣酒”等[②]。

（二）与南方迥异的饮酒风尚

明代饮食文化中，酒文化是其重要的一个分支。民间饮酒极为普遍，酒已渗透到上至士大夫下至普通百姓生活的每一个角落，成为人们省亲会友、红白喜事、岁时节令不可缺少的必备饮料。明代黄河中游地区人们多嗜白酒，这与南方人多嗜黄酒形成鲜明对照。人们饮用白酒时不需加温，直接饮用。

1. 喜豪饮，以酒令、游戏助兴

黄河中游地区人们多喜豪饮。为了使饮酒更富情趣，往往要有一些助兴的游戏。以伎乐助酒是士大夫们常为之事。明代黄河中游地区的士大夫们也如江南风

① 薛冈：《天爵堂文集笔余》卷二，《明史研究论丛》（第5辑），江苏古籍出版社，1991年。
② 顾起元：《客座赘语》卷九，中华书局，1997年。

图7-6　明代荔枝纹青玉杯

图7-7　明代荷叶形琥珀杯

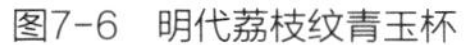

流才子一样“饮酒皆用伎乐”①。据王当世《梅花书屋文集·范御史传》载：虞城范良彦，“买歌姬，后房不下数百人，弹丝吹竹，日开舞宴，用是娱悦耳”。侯朝宗曾到苏州招揽昆曲演员，“买单子吴阊，延名师教之”。黄宗羲谈到他的生活习惯时称：“朝宗侑酒，必以红裙”②。社会上层在酒园里举行宴饮时，也往往有清唱歌伎伺候。③

普通大众喜欢以酒令助兴。明代的酒令繁多，出现了一批总结、推广酒令的书籍，如《安雅堂酒令》《觞政》《醉乡律令》《文字饮》《嘉宾心令》《狂夫酒语》《酒家佣》《曲部觥述》《小酒令》等。所介绍的酒令可分八大类：律令、文字令、口语令、筹令、博令、占卜令、歌舞令和其他。在不必赁借器具的酒令中，应用得最为广泛的首推猜拳，行令之时“攘臂张拳，殊为不雅”④。这种不雅的猜拳最为流行，反映出酒令的市俗化趋向。它是明代城市经济的商品化、市民阶层的形成并日趋活跃的产物。明代酒令的市俗化还表现出人们反对苛令，主张任性而行。人们认为行令是为了劝酒，令官恣行严罚，势必会使同席之人望而生畏，焉能使人体会到饮酒的妙处。

---

① 何良俊：《四友斋丛说》卷一八，中华书局，1959年。
② 黄宗羲：《思旧录》，刻本，1910年。
③ 佚名：《如梦录》，《街市纪》第六，中州古籍出版社，1984年。
④ 何良俊：《四友斋丛说》卷二三，中华书局，1959年。

2. 节日饮酒习俗

和全国其他区域一样，明代黄河中游地区的人们也多在节日饮酒。如豫东尉氏县民人“元旦”之日要先吃茶酒，然后出门，“是日间有设酒肴待宾客者，是后各为春酒召饮，迭为主宾，至二月、三月”；春分日造酒；清明节“或携酒游春”；端午节则“饮菖蒲酒”；秋分日造酒；腊月二十四“设饧糖、牲醴祀灶”；除夕夜“有邀饮过夜者，谓之‘守岁’”。[①]可见明朝黄河中游地区的人们一年四季节令时分饮酒不断。

3. 重要仪典酒俗

明代黄河中游地区的人们在祭祖时，也要摆酒供果以示对祖先的怀念。元旦之日，河南光山区域民间习惯“男女夙兴盛服，具香烛、茶果，焚楮拜天地、神祇（祇），拜祖先”；清明节时，“此日诣祖先墓所设酒肴焚楮钱祭扫”；中元日“亦设酒肴祭祖先于其家”；除岁“具节食酒果以祀祖先”。[②]人们在成年冠礼、婚丧嫁娶、生儿育女、生日庆典等场合多举行酒宴。如豫东尉氏县举行成年冠礼时，“亲朋来贺，设席款之”；举行婚礼时要先过聘礼，“男家延请贵重亲朋往女家求庚贴，女家设席，返则男家复设席以待。数日后行谢亲礼，具筵席羊酒送至女家。过此乃行小定礼。具筵席、猪羊、币帛、粮食等仪物，两家各延其亲朋来会，谓之‘小定筵席’。娶时，具仪如前……毕之日，女家设席于婿家酬诸亲党，谓之‘完饭’”。[③]

（三）各种瓷酒器的广为流行

明代黄河中游地区的酒器种类与元代中后期基本相同。盛酒器有酒瓮、酒坛、酒瓶等，注酒器有执壶，饮酒器有酒杯、酒盅、酒盏等。其中，瓷酒器在普

① 嘉靖《尉氏县志·岁时民俗》，中州古籍出版社，1993年。
② 嘉靖《光山县志·岁时民俗》，中州古籍出版社，1991年。
③ 嘉靖《尉氏县志·礼仪民俗》，中州古籍出版社，1993年。

图7-8　明代青花酒执壶

通民众中极为流行。除本地生产的各种瓷酒器外，著名的江西景德镇青花瓷酒器和金彩瓷酒器也广为流行。

二、清代前期的酒文化

1. 白酒生产中心地位的巩固①

清代前期是中国人口增长较快的时期，酒的生产与消费也大量增加，“用酒之人比户皆然”②。造酒消耗了大量粮食，加重了清朝日益突出的粮食问题。因此，至少从康熙时，政府就采取了禁酒政策。但由于官员们对这一政策一直有所争议，禁酒政策的执行时紧时松。而且，禁酒只是禁止曲坊、烧坊大量采曲烧造，而不禁止酒店、民户自造自用。这一切都为人们大量酿酒提供了条件。

清代前期黄河中游地区处在全国的酿酒中心区。当时的北方五省（河南、山

① 本部分参考了徐建青：《清代前期的酿酒业》，《清史研究》，1994年第3期。
② 乾隆三年八月十三日孙国玺奏，载《历史档案》，1987年第1期。

西、陕西、直隶、山东）酿酒极为繁盛。乾隆时有人说北方五省“烧坊多至每县至百余，其余三斗两斗之谷则比户能烧”[①]，反映出北方酿酒业的普遍。

北方多以麦类制曲，以高粱造酒。河南是大小麦、高粱的主产区，踏曲造酒很盛，“每年二麦登场后，富商巨贾在水陆码头，有名镇集，广收麦石，开坊踩曲，耗麦奚啻（xīchì，何止）数千万石。”“凡直隶山陕等省需用酒曲，类皆取资于豫”。[②]山西土地适宜种植高粱，造酒也很盛行，特别是汾州一带更是如此，“晋省烧锅，惟汾州府属为最，四远驰名，所谓汾酒是也”，“民间烧造，视同世业”[③]。陕西的关中平原为产麦区，“民间每于麦收之后，不以积贮为急务，而以踩曲为生涯，所费之麦，不可数计”，三原、泾阳、咸阳、渭南、富平等县，“烧锅各以千计，其余州县亦皆有之”[④]。

清前期酿酒仍沿袭传统方法，设备简单，只要有锅、灶、桶、缸即可。

清前期的酿酒组织方式有三：一是作为家庭副业酿造。这种形式普遍存在于各地乡村，特点是：农民利用自产的粮食，自酿自饮，有余出售；二是城乡酒店自踩自酿，零星沽卖。按清朝的政策，这也属于自造自用，不是兴贩图利，因而不在禁止之列；三是曲坊、酒坊造酒，它们专门从事踩曲、酿酒事业，是政府禁曲禁酒政策的对象。但由于造酒利润很高，“利之所在，人所必趋”，常常此伏彼起，官府“虽经严禁，终莫能断绝也”[⑤]。

2. 酒的种类和饮酒习俗

清代前期，黄河中游地区酒类品种齐全，白酒（烧酒）、黄酒、果酒、药酒都有生产，但白酒生产和消费量占绝对优势。

---

① 光绪《畿辅通志》卷一〇七，胡聘之、方苞、方观承、黄体芳、李鸿章疏，河北人民出版社，1985年。

② 乾隆二年七月十七日尹会一奏，载《历史档案》，1987年第3期。

③ 乾隆七年十二月十八日严瑞龙奏，载《历史档案》，1987年第4期。

④《皇朝名臣奏议》卷三一，雍正十一年史贻直奏。转引自徐建青《清代前期的酿酒业》，《清史研究》，1994年第3期。

⑤ 乾隆二年八月五日德沛奏，载《历史档案》，1987年第3期。

图7-9 清代《制酒图》

清人袁枚称烧酒为“光棍”“县中之酷吏”，认为烧酒有“驱风寒、消积滞”的奇效，而山西汾州的汾酒“乃烧酒之至狠者”[①]。山西汾酒大约从康熙年间起开始成为北酒的排头兵。梁绍壬《两般秋雨庵笔记》中曾排列清朝的名酒，说：“不得不推山西之汾酒、潞酒”；王士雄《随息居饮食谱》云：“烧酒……汾州造者最胜”；《申明亭酒泉记碑》亦云：“汾酒之名甲天下”；李汝珍《镜花缘》第九十六回列举了清代55种名酒，第一种就是山西汾酒。陕西灌酒、河南柿子酒也名列其中。

这一时期，黄河中游地区闻名全国的白酒还有陕西的“柳林酒”（今西凤酒的前身）和河南的“杜康酒”。河南濮阳的“状元红”酒也很驰名，乾隆时皇帝特赐黄马褂。河南温县所产的“温酒”、鹿邑县所产的“鹿邑酒”、卫辉府所产的“明流酒”、泌阳所产的“郭集酒”也曾号称佳酿，在北酒中小有名气。山西孝义县，人们“多造美酒而善饮，隆冬严寒时则不能少缺，所产酒之名色甚多”，其

① 袁枚：《随园食单·茶酒单·山西汾酒》，广陵书社，1998年。

中“羊羔儿”酒，“名重海内”[①]。

黄河中游地区黄酒产量不多，但亦有之。如山西临晋“饮无佳酿，俗所谓火酒、黄酒、柿酒而已”[②]。亦贩入一些南方的黄酒，绍兴黄酒尤其受到人们的喜爱。康熙时有绍兴人沈载华在河南开封开设酱倮店，专门贩运绍兴酒等南货。黄河中游地区人们饮用黄酒时多不温酒，而是像饮用白酒那样直接饮用，“多冷呷，据云可得酒之真味”[③]。这一饮酒方式与南方不同，显然是受白酒饮用方式的影响所致。

清代前期黄河中游地区的果酒种类很多，主要有葡萄酒和柿酒、梨酒等。其中山西有专种葡萄用来酿酒的，解州安邑北部一些村庄大量种植葡萄，“土人种葡萄如种田，架不及肩，青虬元珠应接不暇，惟杜村近杜康祠者尤佳，酿以为酒，甘于曲蘗”[④]。

同前代一样，岁时节令、祭先祀祖、婚丧嫁娶、生育寿诞人们往往宴饮。乡人宴饮时，往往按年龄排座序，年长者坐上席，但对于“致仕居乡”者，“若筵会则设别席，不得坐于无官者下；如与同致仕官会，则序爵，爵同序齿”[⑤]。

三、清末民国时期的酒文化

（一）传统酿酒业的继续发展

鸦片战争后，中国的大门被西方列强的坚船利炮打开，洋酒也随之输入中国，但中国的传统酿酒业不仅没有被洋酒挤垮，反而有所发展。有的名酒还走出国门，远销世界各地。这主要由于中国传统的酿酒业保持了其独特酿造工艺，酿

① 乾隆《孝义县志·物产民俗》，山西古籍出版社，1996年。
② 乾隆《临晋县志·生活民俗》，成文出版社，1976年。
③ 梁章巨：《浪迹续谈》卷四《绍兴酒》，续四库全书本，上海古籍出版社，2002年。
④ 乾隆《安邑县志·物产》，刻本，1764年。
⑤ 康熙《解州志·礼仪民俗》，刻本，1764年。

造出的酒具有独特口感，并且酒的质量不断提高，使洋酒无法形成同类产品而取而代之。

黄河中游地区传统的酿酒业在清末民国时期的发展是很显著的，山西汾酒的发展更是出类拔萃。汾酒出自山西汾阳，以杏花村生产的为正宗。杏花村在清中期时有酿酒作坊200余家，其中“义泉涌”酒坊最为驰名。清末民初义泉涌酒坊达到全盛。宣统年间（公元1909—1911年），义泉涌酒坊合并了“德厚成”和“崇盛永”两家酒坊，资本更加雄厚。1915年，汾酒走出国门，在巴拿马万国博览会上获得一等金质奖。1919年，义泉涌酒坊的掌柜杨得龄组建了晋裕汾酒有限公司，资本近5000元。杨得龄经营有方，重视提高产品质量，总结出汾酒的“二十四诀”酿制法。晋裕公司汾酒生产蒸蒸日上，其剩余价值率高达250%~600%之间[①]，1927年晋裕公司的资本已达50000元，短短8年，晋裕公司的资本增加了10倍，在山西雄居首位。1933年杨得龄又和著名生物学家方心芳合作，把汾酒的生产工艺科学地总结为“人必得其精，水必得其甘，曲必得其时，秫必得其实，火必得其缓，器必得其洁，缸必得其湿”的七条秘诀[②]，使汾酒的质量进一步稳定化，产量进一步扩大，1936年晋裕公司年产汾酒80000斤。

陕西的柳林酒也有很大发展，清代陕西生产柳林酒的作坊有48家。[③]清末，柳林酒改名为“西凤酒”。在中国当今所有名酒中，第一家登上世界奖台的是西凤酒。清宣统二年（公元1910年），西凤酒代表中国名产参加南洋劝业赛会，获银奖，1915年西凤酒又在巴拿马万国博览会上获国际金奖，更是扬名世界。

河南除杜康酒外，豫东鹿邑“枣子集酒”（今宋河粮液前身）在这一时期也小有名气。太平天国北伐时，李开芳、林凤祥率部路经鹿邑，痛饮枣子集

---

① 季康：《晋裕汾酒有限公司》，山西省政协文史资料研究委员会编：《山西文史资料》第16辑，山西人民出版社，1981年。

② 捷平：《酒香翁杨得龄与老白汾》，山西省政协文史资料研究委员会编：《山西文史资料》第58辑，山西人民出版社，1988年。

③ 中国食品出版社编：《中国酒文化和中国名酒》，中国食品出版社，1989年。

酒，酒后赋诗道："美酒飘香二十里，金戈铁马壮我行。弟兄痛饮枣集酒，定叫天下属太平。"[①]

清末民国时期，传统手工酿酒普遍经营规模较小，资金不足。如山西省有474家重要酿酒作坊，其中资本在10000元以上的仅有7家，10000元至5000元之间的21家，5000元至1000元的216家，1000元至500元的120家，500元至100元的97家，不足百元的9家，资金不详的4家。总资本在5000元以下的共443家，占了94%[②]。造成这种状况的原因是多方面的。从传统酿酒业自身来看，中国传统酿酒业的投资者和经营者多半是由地主、旧式商人和小生产者转化而来的，他们受传统管理方式影响很深，大多乐于采用旧式的独资制或合伙制。例如山西474家重要的酿酒作坊中（其中10家集资方式不详），采用独资方式的253家，占了54%以上，只有杨得龄的晋裕公司采用股份有限公司的方式，其余均为旧式合伙制。这种集资方式，必然使资金筹措缓慢而且有限，从而影响企业的发展和生产规模的扩大。另外，清代的禁酒政策、近代中国的政局不稳、经济凋敝、苛捐杂税等都影响了黄河中游传统酿酒业的发展。

（二）饮酒习俗及酒宴的演变

1. 仍以饮用白酒为主

清末民国时期，黄河中游地区的人们仍以饮白酒（烧酒）为主，如河南鄢陵"酒有烧酒，有蒸酒，有黄酒，若绍兴酒则非宴贵客不用"[③]。个别地方也以饮果酒和黄酒为主，如山西临晋，"酒无佳酿，南乡多饮柿酒，北乡多饮烧酒"[④]。

---

① 转引自关立勋主编：《中国文化杂说》之九，《茶酒文化卷》，北京燕山出版社，1997年。

② 李志英：《近代中国传统酿酒业的发展》，《近代史研究》，1991年。

③ 民国《鄢陵县志·生活民俗》，南开大学出版社，1989年。

④ 民国《临晋县志·生活民俗》，成文出版社，1976年。

2. 婚丧饮宴最受重视

这一时期各地的饮宴活动五花八门，名目繁多。在各类饮宴活动中，婚丧嫁娶饮宴最受人们重视，饮宴的规模往往很大。豫东的永城县举行婚礼时，“亲友会饮，常二三百席。百余席、数十席即为俭约。每席碟十三、碗十，肴馔所费约七八百，仍以酒、馍为大宗”，遇有亲丧，亲朋来吊，“皆供酒食，亦动辄数百席，与婚娶无异。凡赙（fù，拿钱财帮人办理丧事）钱者，既葬仍酬酒食，间有力难供客而不能葬者”。①豫西的汝州，亲丧时“乃有吊者日数十起，起十余人，必须设馔款留，恣意饮啖之，致丧家所费不赀，或有变告贷以应者”②。晋东南的虞乡，“婚、丧、祝寿各席，有十碗、九碗、七碗、五碗之不同，或视客多寡，或称家有无。惟完婚谢冰，祭毕酬客等席，未免过丰”③。

3. 城乡饮宴丰俭有别

城乡差别，古亦有之。酒馆饭店多设在城市，豫东的鄢陵“城市酒馆十数处”，即使是“山珍海错”，也能“咄嗟而办”。④这一时期，城镇居民的饮宴普遍比农村乡民要讲究一些。如黄河谷地的山西临县年节期间举办宴会时，“城镇或四盘、或八碗，肉菜各半”，而“乡村小户，则一凉一热，皆四人一席”⑤。

4. 酒席宴会渐渐趋奢

清末民国时期，许多地区的酒席宴会渐渐趋奢。如河南新乡，“酒席宴会，咸、同之间风尚俭朴，有曰四大冰盘、五碗四盘、八大碗、十大碗，荤素相间，惟肉而已，每席不过一二千文。光、宣以来，稍近侈靡，有八大四小、八大八小、四大件，则鱼翅、海参尚矣，然费不过四五千文。近则参用番菜、洋酒，一

---

① 光绪《永城县志·礼仪民俗》，新华出版社，1991年。
② 道光《汝州全志·礼仪民俗》，刻本，1840年。
③ 民国《虞乡县新志·礼仪民俗》，成本出版社，1968年。
④ 民国《鄢陵县志·生活民俗》，南开大学出版社，1989年。
⑤ 民国《临县志·岁时民俗》，铅印本，1917年。

席之费动至二三十元。固由物价之昂，亦可见习尚之奢”①。

民国期间，河南孟县有人评述道，以往“年节待客，普通备火锅、四盘。嫁娶盛设亦仅十碗席，不用海菜，极富厚者始用海参二味席。今则中人之家多用海参，稍丰即用鱼翅四味。厨役工价则海参向仅每席百文，今则一二千文不等，至由馆中包办海参席，向仅每席一千余文，今则四五圆，亦可以观世变矣”②。山西沁源人也感到了这种世风之变，“在清中叶，农家有以粗粝和面及野菜而食者，近来人渐趋浮，而食糠粝者无矣。县城附近，在昔最俭朴，而近亦趋于奢矣”③。

第四节 别开生面的泡茶文化

明清民国时期是中国茶文化发展的重要时期。茶的制作、饮用、茶器等都发生了根本的变化。唐宋以来形成的文人领导茶文化潮流在这一时期逐渐衰退，代之而起的是茶文化的世俗化，茶与普通百姓的生活、伦理日用紧密结合起来。同时，对茶文化的研究有所加强，大量茶著问世。如明代朱权的《茶谱》、徐献忠的《水品》、钱椿年的《制茶新谱》、田艺蘅的《煮泉小品》、陆树声的《茶寮记》、张源的《茶录》、许次纾的《茶疏》、罗廪（lǐn）的《茶解》、黄龙德的《茶说》、何彬然的《茶约》、夏树芳的《茶董》、屠本畯的《茗笈》、万邦宁的《茗史》、冯正卿的《岕茶笺》、周高起的《阳羡茗壶系》、顾元庆的《茶谱》、闻隆的《茶笺》、熊明遇的《罗岕茶记》等。这些著作多在继承前人成果基础上，结合当时人们的实践活动，在理论上有所创新，在认识上有所升华，对中国茶文化的普及、推广起到了不可磨灭的作用。

① 民国《新乡县续志·生活民俗》，成文出版社，1976年。
② 民国《孟县志·生活民俗》，刻本，1933年。
③ 民国《沁源县志·生活民俗》，海潮出版社，1996年。

就黄河中游地区而言，这一时期的茶文化与前代相比显得暗淡，与同一时期的南方茶文化相比显得苍白。这种状况是由多方面原因造成的。

首先，黄河中游地区的绝大多数地方不是产茶区，所消费的茶叶多是通过市场从南方产茶区输入的。唐代以后，黄河中游地区就丧失了全国经济重心的地位，这一时期黄河中游地区的经济普遍落后于南方诸省，广大人民生活窘迫，有余资买茶者寥寥无几。有的地方就以树叶代替，如河南阳武端午节时，人们往往于日出之前“采树叶作茶”①。

其次，明清民国时期，黄河中游地区丧失了政治中心的地位，降为一般区域。嗜茶的南方文人、官员不再像唐宋那样大量流入该区域，影响该区域的饮茶之风。

最后，政治中心地位的丧失，使得黄河中游地区有闲阶层大大减少。中国古代的有闲阶层，除了一部分为无所事事的流氓无产者外，大多数为社会的精英。他们有一定的政治、经济地位，不愁吃穿，往往具有较高的文化素质，懂诗词歌赋，通琴棋书画，往往是社会时尚的发起者、倡导者。有闲阶层的减少，削弱了黄河中游地区茶文化的社会基础。这一时期黄河中游地区的茶文化虽然显得暗淡、显得苍白，但它仍然没有完全消失在当地人们的生活之外，并不时闪现出其倩影丽姿。

一、炒青、瀹饮的兴起和花茶的普及

1. 炒青、瀹饮的兴起

宋元时期占统治地位的团茶被明太祖朱元璋明令废止，代之而起的是以炒青法（包括揉、炒、焙诸工序）制成的散条形茶叶；在饮茶法上，从唐代开始研

① 民国《阳武县志·岁时民俗》。以树叶制成的假叶，称为“托叶”。黄河中游地区的人们多以杨柳叶制“托叶”。

末而饮的末茶法，变成沸水冲泡茶叶的瀹饮法（亦称泡茶法）。明万历年间的沈德符称这种饮茶法是“开千古茗饮之宗”[①]，明人自诩其炒青制茶法和瀹饮法之高妙，明文震亨《长物志·香茗·品茶》载：“简便异常，天趣悉备，可谓尽茶之真味矣。”

明代还有人倡导把采摘来的茶叶放在太阳下曝晒，认为日晒的茶，色、香、味均超过炒制的茶。如高濂认为，“茶以日晒者佳，其青翠香洁，更胜火炒矣”[②]；田艺衡也认为，“芽茶以火作者为次，生晒者为上，亦更近自然，且断烟火气耳。况作人手器不洁，火候失宜，皆能损其香色也。生晒者瀹之瓯中，则旗枪舒畅，清翠鲜明，尤为可爱”[③]。

2. 花茶的普及

花茶的发明虽在宋代，但其逐渐普及到民间却是在明代。明代以前，花茶仅是文人隐士别出心裁的雅玩。明以后，花茶成为普通人品茶的又一新天地，尤其受到包括黄河中游地区广大北方居民的欢迎。如山西人喜欢饮花茶，他们将花茶叫做“香片”。制作花茶的花品种很多，“木樨、茉莉、玫瑰、蔷薇、兰蕙、橘花、栀子、木香、梅花皆可作茶”[④]，茉莉花茶是其中的佼佼者。人们之所以喜欢茉莉花是由于茉莉花虽不艳美，但其花香异常，很受追求清雅的茶人们的欢迎。

二、茶文化的世俗化

明清民国时期，茶文化的发展出现两种倾向：一是文人化、典雅化。明清的文人士大夫多喜品茶，把品茶看做艺术，非常讲究用水及饮茶的方法，重视饮茶

① 沈德符：《万历野获编·补遗》卷一，中华书局，1959年。
② 高濂：《遵生八笺·饮馔服食笺》，巴蜀书社，1988年。
③ 田艺衡：《煮泉小品·宜茶》，《生活与博物丛书·饮食起居编》，上海古籍出版社，1993年。
④ 顾元庆：《茶谱》，续四库全书本，上海古籍出版社，2002年。

时的环境氛围（包括自然环境、社会环境、品饮者自己的状态等），极力追求与环境的和谐，从品茶中追求旨趣；二是大众化、世俗化。茶与普通百姓的生活、伦理日用紧密结合起来，人们婚丧嫁娶、饮宴待客、岁时祭祀往往都要用到茶。二者相比，后者为重。

由于黄河中游地区在明清民国时期不再是全国的政治、经济、文化重心，茶文化的文人化、典雅化对黄河中游地区影响不深，但茶文化的大众化、世俗化的影响却较深，因此黄河中游地区的茶文化在这一时期表现出明显的世俗化倾向。

1. 以茶待客更为普遍

以茶待客是中国人的普遍习俗。有客来，端上一杯芳香的茶水，是对客人的极大尊重。河南正阳县“旦日”时,“老幼男女皆新衣，设酒果、茶点款贺客”[①]。大户人家，有所谓敬三道茶的习惯。有客来，主人出室，迎入客厅，奴仆或子女献茶。第一道茶，只是表明礼节，讲究的人家，并不真的非要客人喝掉。这是因为主客刚刚接触，洽谈未深，而茶本身精味未发。客人或略品一口，或干脆折盏。第二道茶，便要精品细尝。这时，主客谈兴正浓，情谊交流，茶味正好，边啜边谈，茶助谈兴，水通心曲，所以正是以茶交流感情的时刻。待到第三次将水冲下去，再斟上来，客人便可表示告辞，主人也起身送客了。因为礼仪已尽，话也谈得差不多了，茶味也淡了。当然，若是密友促膝畅谈，终日方休，一壶两壶，尽情饮来，自然没那么多讲究[②]。人们在设席宴客时，酒菜上来之前往往先饮茶。在山西，婚礼宴客讲究以茶相待，常常在菜上完后上茶[③]。

2. 婚礼用茶广为流行

茶用于婚礼，大约自宋代开始，明清民国时期更是广为流行。明代汤显祖

① 民国《重修正阳县志·岁时民俗》，刻本，1936年。
② 王玲：《中国茶文化》，中国书店，1992年。
③ 王森泉、屈殿奎：《黄土地风俗风情录》，山西人民出版社，1992年。

《牡丹亭》中有“我女已亡故三年，不说到纳彩下茶，便是指腹裁襟，一些没有”。清代孔尚任《桃花扇》亦云：“花花彩轿门前挤，不少欠分毫茶礼。”曹雪芹《红楼梦》中，凤姐对黛玉说：“你既吃了我们家的茶，怎么还不给我们家作媳妇！”茶，已经成为婚姻的表征。人们把茶看得比聘金还要重要，山西应州人“临娶前期，乃用茶饼、冠服、衣饰送至女家，不用聘金”①。河南郾城，“将娶，先期男家行聘礼，以绸缎、美酒、茶饼等物”②，送至女家。以茶代币行聘，往往十分严肃、慎重，“非正室不用”③。也有一些人婚娶时不用茶，但定亲的聘礼却称“下茶”，意即此事不可移易、更改。如山西大同县，“迎娶有日，行纳币礼，名曰‘下茶’”④。

3. 重要节日祭祀用茶

岁时祀神祭先，常供之外往往用茶，但并非所有的祭祀都用茶。人们只在重要的节日如除夕、旦日、中秋、祭灶之时才用。如河南信阳，“除夕祀祖……祭品丰俭称家，并陈果实、酒茗、粳米饭”⑤；山西襄垣县，元旦“设香烛、茶果祀神、祭先”⑥；河南汝阳、舞阳、南阳等地在中秋祭月时都要用茶；河南光山在腊月二十三祭灶时，“夕以饴茗斋供”⑦。饴是胶芽糖，用来粘灶王之嘴，免得他到天上有不利言语；茶则是给灶王润口的。既给灶王润口，又要粘住其嘴，这灶王也实在难当，反映出中国人对神既敬奉又捉弄的态度。

4. 以“茶”命名的众多粥汤类饮食

黄河中游地区由于不产茶，普通百姓多买不起茶，所以在日常生活中用茶

---

① 乾隆《应州续志·礼仪民俗·婚礼》，县志办公室，1984年。
② 乾隆《郾城县志·礼仪民俗·婚礼》，刻本，1754年。
③ 福格：《听雨丛谈》卷八，中华书局，1984年。
④ 道光《大同县志·礼仪民俗·婚礼》，山西人民出版社，1992年。
⑤ 民国《重修信阳县志·礼仪民俗·婚礼》，河南省信阳县志总编辑室，1985年。
⑥ 民国《襄垣县志·岁时民俗》，海潮出版社，1998年。
⑦ 光绪《光山县志·岁时民俗》，中州古籍出版社，1991年。

不多。值得一提的是豫西不少州县在上元节和二月二龙抬头节时习惯做“米茶”“面茶”以祭祀、饮用，但它实际上是用米粉杂菜做成的粥，只取茶名而已。河南民间小吃“杏仁茶”和“油茶”也并无茶的成分。“杏仁茶”以河南开封的最为著名，它选用精制杏仁粉为原料，配以杏仁、花生、芝麻等十余种作料，用龙凤铜制大壶烧制的沸水冲制。“油茶”是河南武陟的著名风味小吃，其主料为精制面粉，配以珍珠淀粉、花生、芝麻、小磨香油、怀山药、茴香、花椒等作料。从“杏仁茶”和“油茶”这两味民间小吃中，人们依稀可见唐宋北方民间饮用末茶时，放核桃、芝麻等作料的影子。无论是杏仁茶还是油茶，都可以视为流行于唐宋民间添加各种作料和调料而不加茶粉的“茶汤”。黄河中游地区出现的众多以“茶”命名的粥汤类饮食，从一个侧面反映了这一时期茶文化的大众化和世俗化倾向。

三、返璞归真的陶瓷茶具

茶具发展是艺术化、文人化的过程，大体依照由粗趋精、由大趋小、由简趋繁，再向返璞归真、从简行事的方向发展。唐代茶具以古朴典雅为特点，宋代茶具以富丽堂皇为上品，明清民国时期茶具又返璞归真，推崇陶质、瓷质。

1. 明代新兴的白瓷茶具

茶盏和茶壶是明代最基本的茶具。茶盏主要是瓷质，多为白瓷或青瓷，由于明代“斗”茶已不时兴，宋元时期流行一时的黑釉茶盏已很少使用。明代散茶流行，崇尚莹白如玉的茶盏，认为这样的茶盏“可试茶色，最为要用”[①]，“蓝白者不损茶色，次之”[②]。在茶盏胎质厚度上，明代前期受前代熁盏习俗影响，崇尚“质厚难冷”，后来渐渐崇尚“薄如纸、白如玉、声如磬、明如镜”。故明代的

① 屠隆：《茶说》，《茶书全集》乙种本。

② 张源：《茶录》，《茶书全集》乙种本。

图7-10　明代供春壶（左）和时大彬壶（右）

白瓷茶壶多清新雅致，令人赏心悦目。

2. 明代创制的紫砂茶具

明代的茶具，最为人们称道的不是艺术成就很高的白瓷，而是至今身价未减的江苏宜兴紫砂陶制茶壶、茶盏。宜兴紫砂不仅胎土细腻，而且有较好的可塑性，茶具烧成时收缩率小，不易变形，用紫砂作茶具，“盖既不夺香，又无熟汤气”[①]。

明代的供春、董翰、赵梁（作良）、袁锡、时朋、时大彬、李大仲、徐大友等都是制作紫砂茶具的名家。其中以供春和时大彬成就最大。供春壶“传世者栗色，暗暗然如古金铁，敦庞周正”[②]。供春壶在明代就备受珍视了，据闻龙《茶笺》所记，他的老朋友周文甫藏一供春壶，“摩挲宝爱，不啻掌珠，用之既久，外类紫玉，内如碧云，真奇物也”。时大彬所造的壶，当时人称：“不务研媚而朴雅坚栗，妙不可思。”清人陆绍曾见时大彬所造“六合一家”壶，就是壶身分为四个部分，底盖各一，合之为一壶，离之乃为六，水注其中，滴屑不漏，可谓巧

① 文震亨：《长物志》，重庆出版集团，2008年。
② 周高起：《阳羡茗壶系》，学苑音像出版社，2004年。

夺天工。

紫砂壶多做得体小壁厚，有助于保持茶香。明人以及后人从品茶艺术出发，对紫砂陶壶评价甚高。周高起认为这种壶“宜小不宜大、宜浅不宜深，壶盖宜盎不宜砥”，即紫砂茶壶应该制作得尽量小一点、浅一点，紫砂茶壶的壶盖应做成隆起状的，而不能做成平直状的。这样，可以做到“汤力茗香，俾（bǐ，使）得团结氤氲（yīnyūn）”①。

紫砂壶的兴起影响到品饮方式的变迁。明中叶以后，以凝重的紫砂小壶对嘴自斟自饮成为文人士大夫阶层的时尚。壶饮克服了盏饮时茶水易凉和落尘的缺点。

3. 清代出现的盖碗茶杯

清代，北方出现了盖碗茶杯。这种茶杯一式三件，下有托，中有碗，上置盖。盖碗茶杯的流行与北方冬季天气严寒有关，有盖有托，既可保温，又不至于烫手。盖碗茶杯又称“三才碗”，茶盖在上，谓之“天”；茶托在下，谓之“地”；茶碗居中，是为“人”。一副茶具便寄寓一个小天地、小宇宙，包含古代哲人“天盖之，地载之，人育之”的道理。盖碗受到了黄河中游地区居民的喜爱，从山西人常说的“香片叶子盖碗茶”可见一斑。

第五节　多姿多彩的节日饮食习俗

明清民国时期，在黄河中游地区节日的各种活动中，饮食活动是其中的主要内容之一。每逢佳节，无论是民间祭祀祖先和神灵的“祭食”，抑或互赠亲友的风味食品、家人团聚的宴饮，还是文人雅士的春秋郊游登高望远，赋诗饮酒，都同饮食与烹饪活动有直接的关系。

① 周高起：《阳羡茗壶系》，学苑音像出版社，2004年。

一、春季节日饮食习俗

明清民国时期，黄河中游地区春季的节日较多，重要的节日有元旦、元宵、“龙抬头”、寒食和清明等节，其饮食习俗各异。

1. 元旦饮食习俗

元旦又称旦日，民国后改为“春节”，它是一年中最热闹、最隆重的节日。节前，家家户户酿酒屠牲，多设饼饵，即使穷人也尽力准备，以图喜庆。

元旦这一天，最重要的活动是祭祀。大年初一天亮前后，人们在鞭炮声中摆上各种祭品供神灵、先祖享用。不同地区所用祭品的丰俭程度不同。有的简单，仅供牲醴；有的复杂，不仅祭品丰富，而且对天地、神灵、先祖分别致祭。如民国时期山西翼城县元旦祭祀时，人们“杂陈肴馔、酒、枣、柿饼、胡桃、梨于天地、灶、门、土地各神前，上香奠酒，化纸礼拜，名曰‘接神’。惟祀马王用羊肉，俗以马王系回教故也。次设祖宗木主于寝室，供以牲醴、果品、面食之属”①。祭毕，全家往往合饮椒柏酒或屠苏酒以避凶。

元旦这一天人们所吃食物，都有很吉祥的寓意。元旦的早饭多为饺子（有的地方称为扁食、馄饨）。元旦吃饺子的习俗始于明代，盛行于清代民国时期。最初，人们一般于除夕晚上将饺子包好，待到子时煮食，取交子更新之意，故称其为“交子”。由于它是一种食物，后来就写作“饺子”了。豫西洛阳区域，人们在元旦早上“以豆粉煮汁使凝，切作小方块，和肉羹烹之，名为‘头脑’，意言第一餐也”②。

元旦期间的食物多像饺子、“头脑”一样有深刻的寓意，如豫中一些州县，旦日人们“啖黍糕，曰‘年年糕’，啖马齿菜；借齿音为时，新年好来时也。用

① 民国《翼城县志・岁时民俗》，山西古籍出版社，2004年。
② 民国《洛宁县志・岁时民俗》，生活、读书、新知三联书店，1991年。

新箸啖驴肉，名曰‘嚼鬼’”①；河南郑县“插柏枝于柿饼盛以大橘，谓之‘百事大吉’”②。这些都反映出人们的节日趋吉避凶的心理。河南洛宁县元旦“食柿，谓之‘忍事’”③，提醒人们一年内凡事忍让，少惹是非。

元旦期间，黄河中游地区还普遍流行吃年前备好的熟食的习俗，一般是三日内，米面不得生炊，“连日皆食隔年蒸馒头或米饭，取陈陈相因之意”④。这一习俗除了反映人们的趋吉心理外，还与亲朋好友相互贺岁有密切联系。有了熟食，避免了客到仓促准备饮食的局面，可使主人全心待客。

元旦期间亲朋之间大多要以酒宴相招，该风习在汉唐时已经形成，在民国时期更是如此，旦日邻里间要相互拜贺，有些地方即“各具酒食，比户大脯”⑤。初二日以后更是亲戚朋友之间相互看望拜贺，一般为卑拜尊、甥婿拜尊长，所至皆款以酒食。其中以新婿携妇往岳家拜节最为隆重。新婿拜节，河南多在初二日，山西多在初三日。新婿夫妇携馒头、礼肉、果品等礼物至岳家后，岳家设酒席招待其婿。女之戚族也有请者，如欲请，则先期送帖告知。若主人不欲其婿前往，则回帖辞之，“亦有不辞者，因婿至岳家，以请者愈多愈佳也”⑥。各地的酒宴活动，少则数日，多则一月。

2. 上元节饮食习俗

元宵，是上元节最普遍的节日食品。不同地区的元宵有不同的名称，有称“粉团”的，有称“糯丸”的，亦有称“汤圆”“浮元子”的，多用糯米裹糖、果仁等馅料制成。如山西翼城县“以白糯米面团作球形，中实冰糖、核仁等”⑦，也

---

① 乾隆《祥符县志·岁时民俗》；乾隆《荥阳县志·岁时民俗》，刻本，1739年。
② 民国《郑县志·岁时民俗》，成文出版社，1931年。
③ 民国《洛宁县志·岁时民俗》，生活、读书、新知三联书店，1991年。
④ 嘉靖《尉氏县志·岁时民俗》，中州古籍出版社，1993年。
⑤ 民国《密县志·岁时民俗》，中州古籍出版社，1990年。
⑥ 民国《偃师县风土志略·岁时民俗》，石印本，1934年。
⑦ 民国《翼城县志·岁时民俗》，山西古籍出版社，2004年。

图7-11 明代版画中的贵族家庭庆元宵

有用其他原料做成的，如山西荣河“贫者以软黍面包枣、豆作汤元”[①]。

糕，也是上元节重要的节日食品。如山西盂县“春黍米作糕”；和顺县上元节蒸层糕；河南汲县上元节制作米粉糕；清丰县制作黍糕等[②]。

除了元宵和糕外，一些地方还有一些独特节食。如豫西洛阳地区上元节普遍“吃米茶”（亦称面茶）。米茶是用米磨粉，杂以豆、菜煮制而成的粥。渑池县吃米茶时流行“食不用梜（jiā）”的习俗[③]。豫东襄城县在上元节次日，“吃馄饨汤”，谓之“团圆茶”[④]。

上元佳节，除吃元宵、糕点以外，人们往往宾朋相邀，痛饮狂欢，也有的地方人们醵（jù，凑）钱会饮，“前期计人数，醵银米若干，以供酒肴之费，会长一

① 民国《荣河县志·岁时民俗》，万荣县人民政府，2012年。
② 同治《清丰县志·岁时民俗》，方志出版社，1995年。
③ 嘉庆《渑池县志·岁时民俗》，方志出版社，2006年。
④ 乾隆《襄城县志·岁时民俗》，中州古籍出版社，1993年。

人领之。至日，会长备筵，同类悉至，鸣金击鼓，屡舞酣歌，极三昼夜而罢”[①]。

上元节还有两项重要的活动，一是观灯，二是祭祀。

“上元节”是灯节，上元节制面灯在黄河中游地区很普遍。面灯多用豆面蒸制而成，它有两种功用：一是预卜一年旱涝，捏面灯十二盏（闰年十三盏），各捏其边如十二月数，蒸熟取出，“视何月盏内有水则雨，无水则否”[②]；二是祭祀，人们把面灯“张设户牖间，并送灯先茔（茔）”[③]。上元节的面灯往往在正月二十三日被人们吃掉，故有儿歌曰：“正月二十三，打茶熘灯盏，老幼食之保平安。”

人们在观灯宴饮的同时，也没有忘记祭祀先祖、神灵。河南泌阳祭祀先祖时，“常供之外，复设汤圆、米茶、枣卷（馃）面灯”[④]。养蚕的地区，蚕农上元节还“蒸茧以祀蚕姑，作粘穗以祀谷神”[⑤]，进行祈丰活动。

3. “龙抬头”节饮食习俗

农历二月二日为“龙抬头”节，此节形成时间大大晚于其他汉族传统节日。其他汉族传统节日如元旦、元宵、端午、中秋等节在汉唐时已发展成熟。龙抬头节最早记载是在元末熊梦祥《析津志》，该书《岁纪篇》载：“二月二日，谓之龙抬头。”吉成名先生认为龙抬头节是从惊蛰节和春社日发展而来的，或者说惊蛰节和春社日是龙抬头节的前身[⑥]。

明清民国时期，黄河中游地区大多数州县都有过此节的习俗，但各地节日食品不太一致，主要有煎饼、年糕、馅食、炒豆、油条、面茶、窝窝头等，这些食品多具有很强的象征意义，其义有二：

---

① 康熙《临晋县志·岁时民俗》，成文出版社，1976年。

② 民国《洛宁县志·岁时民俗》，生活、读书、新知三联书店，1991年。

③ 民国《太康县志·岁时民俗》，成文出版社，1976年。

④ 道光《泌阳县志·岁时民俗》，中州古籍出版社，1994年。

⑤ 乾隆《潞安府志·岁时民俗》，刻本，1770年。

⑥ 吉成名：《龙抬头节研究》，《民俗研究》，1998年第4期。

一是龙抬头节吃“龙食”，寓意吉祥。如陕西府谷这天户户“或食豆面，或食菜饼，谓之‘骑龙头’”；山西大同一带“午间，多食面条、粉条，名为‘挑龙尾’”[①]；河南的北部、东部、中部许多州县龙抬头节这天多摊煎饼食之，人们认为食煎饼是助龙翻身。

二是消毒、避狼虫。龙抬头节在惊蛰前后，各种毒虫即将出洞活动，人们在龙抬头节举行各种消毒避虫活动，节日食品也多具有这方面的含义。如山西虞乡，在龙抬头节这天“每人各吃麻糖若干，谓之‘咬蝎尾’，取其形相似也”[②]，人们认为吃了这种像蝎尾的麻糖（油条）就可以避免毒虫的螫咬。河南的许多地方这天多让小孩子吃炒豆，谓“食蝎子毒”。

4. 寒食节和清明节饮食习俗

清明节前一日为寒食节。由于这两个节日相邻，其活动早已你中有我，我中有你，不分彼此了。寒食、清明期间的活动有三：冷食禁火、祭祀先茔、踏青宴饮，三者之间有着密切联系。

寒食节有禁火和冷食的习俗。明清民国时期，黄河中游地区的冷食禁火习俗很不一致。有禁火三日的，有禁火一日的。有的地方，如山西灵石东乡三日不举火，火约禁颇严；有的地方禁火习俗早已被人们淡忘。冷食禁火的不一致，使寒食、清明的节日食品呈现多样性。但冷食的习俗在黄河中游地区都很流行，如山西翼城节前家家预煮黑豆凉粉，清明节这天，“切薄块灌汤而食之，盖取禁火寒食之意”[③]。

“面燕”是寒食节的传统食品，寒食节以面造燕在北宋时已广为流行。明清民国时期，黄河中游地区有些地方仍流行此俗，如晋北的马邑“蒸面为燕，折新

---

① 乾隆《府谷县志·岁时民俗》，陕西人民出版社，1994年；道光《大同县志·岁时民俗》，山西人民出版社，1992年。

② 民国《虞乡县新志·岁时民俗》，成文出版社，1968年。

③ 民国《翼城县志·岁时民俗》，山西古籍出版社，2004年。

柳枝插之，曰‘寒食燕’”[①]。人们认为吃寒食面燕，能治疗食积。

寒食清明造面燕的习俗进一步扩展为制作各种面制象形食品，或用于祭祀，或用于馈送。如山西襄陵清明节这天，“蒸面作鱼、蛇馈送姻娅”；山西荣河县，“蒸面作兜鍪（móu，头盔）状，俗名‘子推’。内装胡桃九枚，外周围胡桃八枚，上插鸡子，持以祭墓。”“岳家亦蒸‘子推’，送女及婿”[②]。人们之所以造这种头盔形的面食，“谓为介子推焚死绵山所遗，肖其形以示不忘”[③]。

清明节有祭祀和踏青的食俗。清明节为一年中的第一个“鬼节”（其他两个为七月十五中元节和十月初一），故清明时祭祀先祖、拜扫坟茔的习俗广为流行。有些地方甚至“客他乡者必归祭”[④]。祭毕，人们往往就食于坟茔之间，甚至同族欢饮，分胙而散。

清明前后正值阳光明媚、草长莺飞之时，人们多携带酒肴，结伴游赏。农民们也准备春耕，清明节这天“农家多煮面饲牛，亦报力耕之意”[⑤]。

二、夏季节日饮食习俗

明清民国时期，黄河中游地区夏季重要的节日较少。最有影响的节日是“端午”，除此之外还有浴佛节、天贶（kuàng，赐赠之意）节等。

1. 浴佛节饮食习俗

农历四月八日为“浴佛节”，各寺院做“浴佛会”。名刹禅院“有以熟大豆贮柈（pàn，圆而浅的筐状盛器）中，听人手拈，谓之‘结缘’”[⑥]。百姓多进寺礼

① 民国《马邑县志·岁时民俗》，成文出版社，1918年。
② 民国《襄陵县志·岁时民俗》，民国《荣河县志·岁时民俗》。
③ 民国《临晋县志·岁时民俗》，成文出版社，1976年。
④ 民国《临晋县志·岁时民俗》，成文出版社，1976年。
⑤ 嘉庆《渑池县志·岁时民俗》，方志出版社，2006年。
⑥ 乾隆《祥符县志·岁时民俗》，刻本，1739年。

佛，人们在礼佛的日子里，也去祭祀孔圣、城隍和关圣帝君。寺庙多在山中，进寺礼佛的活动，在有些地方已演变成人们相约游山的活动。浴佛节时，人们往往摘初生的黄瓜，称之为“进鲜”，亲族之间互相馈送黄瓜以尝鲜。

2. 端午节饮食习俗

农历五月五日为“端午节”。中国古人认为五月为恶月，其原因在于农历五月气温高，多阴雨天，衣物易发霉，食物易腐败，稻田易生虫，毒虫活跃，故该月多有所禁忌，有避恶去毒的风俗。五月又有“修善月”之称，自古就有采草药避瘟疫的习惯。五月初五端午节这天，人们更要举行一系列的除疫活动。

明清民国时期，端午除疫驱毒活动在黄河中游各地仍极为流行。在食俗上主要表现为饮雄黄、菖蒲、朱砂等药酒或食煮蒜以除疫，其中以饮雄黄酒或菖蒲酒最为普遍。对于不适于饮酒的小孩子，则用酒抹他们的耳朵、鼻孔等处。

粽子，是端午节最具代表性的节日食品。明清民国时期由于黄河中游大多数州县不产稻米，因而所制的粽子多与南方米粽不同，人们往往“包黍枣为粽”[①]。

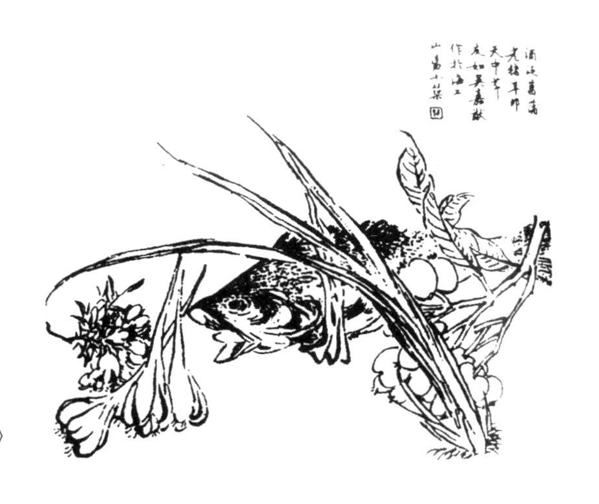

图7-12 《吴友如画册》中的“酒泛菖蒲”图

① 民国《郑县志·岁时民俗》，成文出版社，1931年。

人们把这种以黍枣为原料制成的粽子称为“角黍”。当然，明清民国时期黄河中游地区的粽子也有不少是米粽。除了粽子外，端午节的节日食品还有油馃（油条）、糖糕和菜角等。人们多在节日这天或节前数日，以这些节食互相馈送和祭祀祖先。

有些人家不满足喝几口雄黄、菖蒲酒，吃几个角黍就打发了端午节，往往“烹羊置酒，室家欢聚”①。兴致更高的则“同侪具酒肴携往廓外，会食欢饮”②。

3. 天贶节饮食习俗

农历六月六日为“天贶节”，起源于北宋真宗时期。明清民国时期，黄河中游地区的人们往往在这天黎明汲水用于造酒、醋、酱、曲、豆豉。人们认为这天早晨汲的水不生蛆虫，可以经月不坏。

地处平原的各州县普遍流行“六月六吃炒面”的习俗。这天清晨日未出时，人们“火炙小麦面，微黄色投百沸汤中，入以糖食之”，人们认为六月六食炒面可以去热湿，免目疾。③也有人认为六月六食炒面可以除腹痛及痢。④

地处山区的各州县又把此节称为“牛羊节”，“凡有牛羊者，必以美食犒牧人”⑤。为了让神灵保佑羊群平安，牧羊之家往往在牛羊牧所进行祭祀。

天贶节前后正值盛暑苦渴之时，人们猜想黄泉之下的列祖列宗们或许正口渴难耐，因此在有些地方士民“各赴先茔，奠茶汤”⑥。

三、秋季节日饮食习俗

明清民国时期，黄河中游地区秋季重要的节日有七夕节、中元节、中秋节和

① 乾隆《孝义县志·岁时民俗》，山西古籍出版社，1996年。
② 乾隆《沁州志·岁时民俗》，山西晋东南行政公署，1979年。
③ 乾隆《祥符县志·岁时民俗》，天津图书馆古籍部，1989年。
④ 民国《商水县志·岁时民俗》，河南人民出版社，1990年。
⑤ 乾隆《沁州志·岁时民俗》，山西晋东南行政公署，1979年。
⑥ 乾隆《重修灵宝县志·岁时民俗》。

重阳节。

1. 七夕节饮食习俗

农历七月七日为“七夕节”，又称乞巧节、巧节、女儿节等。明清民国时期，黄河中游地区不少州县在七夕节有陈瓜果于中庭，祭祀织女，进行“乞巧”的风俗。但各地乞巧的具体形式却不尽相同。如河南新乡七夕节时，幼女举办“乞巧会”，“捏饺子，内贮针钱、剪头、葱蒜之类，分得某物，便云得某物之巧”。河南洛阳一带，“夜陈瓜果祀女牛，晨起视有蛛网在上者为‘得巧’”。利用“巧芽”乞巧更为普遍，“巧芽”又称巧针，是节前数日在器内培养的麦谷豆之芽。乞巧时，“置盂水漂芽作针”，“视针影作笔尖形、鞋底形，以为得巧”①。

明清民国时期，黄河中游地区一些地方的七夕乞巧习俗逐渐淡去，而代之以其他活动，如河南襄城县清乾隆年间民间已无乞巧活动，代之“农家采麻谷穗，并瓜枣供献于神，谓之‘荐新’”。河南光山县在七巧节这天，“俗取水作醋，谓之‘七醋’”②。

2. 中元节饮食习俗

农历七月十五日为“中元节”，俗称“鬼节”。拜扫先茔、祭祀鬼神祖先当然是鬼节的重要内容。由于“中元”又是一个重要的佛教节日，受佛教素食的影响，人们祭祀时不用肉荤，只以麻谷瓜果时食为祭品，有的地方也以面制作的假牺牲为祭品。中元前后，秋收在望，人们以麻谷时食祭祀祖先，含有秋报之意，“盖告穑事成也”③。

在山西和豫北各地，中元节普遍流行“送羊”。“送羊”是以面羊或其他面制品馈送给已嫁女儿的习俗。对这种习俗有不同的解释。一说是，“旧俗牧羊家于

---

① 民国《新乡县续志·岁时民俗》，铅印本，1923年。
② 乾隆《襄城县志·岁时民俗》，刻本，1746年。
③ 康熙《解州志·岁时民俗》，抄本，1665年。

是日屠羊赛神，颁胙亲戚，贫无羊者蒸面似羊形代之。今俗已不行，惟造面羊遗女氏"[1]。另一说是，一人长大不孝敬父母，其舅知道后于中元节这天牵母子羊到外甥家，用小羊吃母羊奶的道理说服外甥应孝敬父母。故事传开后，人们纷纷效仿。后来逐渐用面羊代替真羊。中元节人们也用面羊"荐家神及场神、河神"[2]。

在晋北大同一带，中元节普遍有送面人的习俗。面人是以"麦面蒸作孩提状"，馈送给"亲戚之卑幼者"[3]。有的地方面人制作很精美，制成了高尺许的面美人，称之为"美人糕"。晋北中元节为何要送面人给卑幼呢？"俗传，随麻祜食小儿，民间以面作人形代之，故中元节亲戚相酬，有送面人者，至今相沿不改。"[4]

3. 中秋节饮食习俗

农历八月十五日为"中秋节"。明清民国时期黄河中游地区的中秋节是与元旦、端午等节日齐名的主要节日之一。

同前代相比，中秋节更强调家人的团圆。象征团圆的月饼是这一时期黄河中游各地中秋节最具代表性和普及性的节日食品。月饼的消费量很大，如山西大同"八月初城中即有数十百家预为饼具，烙饼之灶，每一铺添至十余，每日卖至千万，累半月不绝"[5]。节前人们多以月饼作为节礼，互相馈送。此时，正值瓜果上市的旺季，各种瓜果和月饼一样成为中秋佳节人们馈送亲友、拜月宴饮不可缺少的食品。

中秋节晚上，黄河中游各地还普遍流行拜月习俗。拜月又称祭月、圆月、愿月等，一般是候月升起时，陈月饼、瓜果于庭，望月而拜。拜月所用的月饼称为"团圆饼"，一般较大，有大至二三尺的。拜月毕，全家分食拜月的祭品，特

---

① 乾隆《长子县志·岁时民俗》，山西人民出版社，2011年。
② 光绪《寿阳县志·岁时民俗》，三晋出版社，2012年。
③ 民国《马邑县志·岁时民俗》，中国文化出版社，2008年。
④ 同治《河曲县志·岁时民俗》，山西人民出版社，1989年。
⑤ 道光《大同县志·岁时民俗》，山西人民出版社，1992年。

别是要分食称为“团圆饼”的月饼。一些人家还要在月光之下设宴欢饮。店铺、学校、公所诸单位也多在中秋节举行公宴。地主们则“招佃户饮宴，以定来年去留”[1]。中秋佳节，女婿在一些地方受到特别优待，有些州县又把中秋节称为“迎婿节”，“以是日招婿饮”[2]。

4. 重阳节饮食习俗

农历九月九日为“重阳节”，明清民国时期黄河中游地区重阳节饮食基本上沿袭了前代形成的饮食习俗。重阳糕为各地通行的节日食品。重阳糕有的地方又称枣糕、花糕或菊糕，多用面粉和大枣制成，也有蒸糯米面或黍米作糕的。人们还往往在糕上插上菊花或纸剪的五色彩旗。除自己食用外，人们还把重阳糕作为节日礼品互相馈送。重阳节祭先祀祖的主要祭品也是糕。重阳节饮菊花酒或茱萸酒在黄河中游地区也很流行。重阳饮酒有一个鲜明的特点：即登高饮酒或赏菊饮酒。文人雅士九九登高，感受重阳气象，头插茱萸，手提菊酒，沐浴在大自然的怀抱，愉悦身心，消灾避祸。这就使重阳饮酒具有更多的浪漫气息，而有此雅兴的多为文人士大夫，因此重阳节在知识阶层中更为流行。广大下层百姓在重阳节这天吃几片糕，喝几口酒就算过了节，所以重阳节在有些地方并不太注重。

四、冬季节日饮食习俗

明清民国时期，黄河中游地区冬季的节日主要有冬至、腊八、小年、除夕等节日。

1. 冬至节饮食习俗

冬至，是中国二十四节气之一，时间在每年农历十一月间。冬至作为节日

① 民国《商水县志·岁时民俗》，河南人民出版社，1990年。
② 乾隆《潞安府志·岁时民俗》，凤凰出版社，2005年。

形成于汉，盛行于唐宋，明清民国时期黄河中游地区的冬至节已明显呈现衰落趋势。虽然有些地方冬至仍谓之“亚岁”，有“肥冬瘦年”之说，但大部分地区的冬至节已是俗不甚重了，人们在这天只是吃顿饺子而已。有些州县除了食饺子外，还吃一些其他节食，如河南西平县吃蒜面[①]，洛宁县食“头脑”[②]，淮宁县“俗煮赤小豆食之，以汤洒地，曰‘避瘟’”[③]。

祭祀祖先是冬至节的一项重要活动。有的地方冬至祭祀很隆重，“酒肴笙簧俱备，与祭者均行三献礼。礼成后，陈胙共食，名曰‘享神余’”[④]。但多数地方的祭祀很简单，只供饺子而已。

冬至还是中国传统的“教师节”，这天“家塾率解馆拜孔子，午膳宴师盛馔”[⑤]。

2. 腊八节饮食习俗

十二月八日为“腊八节”，腊八节最重要的饮食习俗是吃腊八粥。明清民国时期，黄河中游大部分地区所制的腊八粥为素粥。素粥所用原料因地而异，但却有一个共同特点：杂。人们几乎把所有可吃的米豆、干果、薯类、块茎类蔬菜都放入锅内熬制。这是因为腊八节拉开了人们过大年的序幕，人们也开始清理厨房、仓库中的各种粮食口袋。将“空”口袋中的少许余粮汇集在一起熬粥，非常符合中国传统的节俭美德。腊八节时值寒冬，在寒气逼人的早晨喝上一碗滚烫的腊八粥也有助于人们驱寒保暖。

所制素粥多为淡粥，因其中多加干枣、胡萝卜、红薯等而显甜味。但也有一些地方在粥内加入少量的盐制成咸粥。在陕西、晋东南和豫西洛阳一带，人们也用牛、羊、猪肉细切作糜而制成荤粥。无论是素粥还是荤粥，其营养成分都很丰富，具有多种营养保健功能，堪称冬季的滋补佳品。

---

① 民国《西平县志·岁时民俗》，中州古籍出版社，2005年。
② 民国《洛宁县志·岁时民俗》，生活、读书、新知三联书店，1991年。
③ 民国《淮宁县志·岁时民俗》，黄山书社，1996年。
④ 民国《西平县志·礼仪民俗·祭礼》，中州古籍出版社，2005年。
⑤ 民国《长葛县志·岁时民俗》，中州古籍出版社，1987年。

熬粥所需的时间较长，为了让全家老小一早就吃上腊八粥，主妇们往往起得很早，“稍迟则忌之，曰‘犯红眼’”[①]。亲朋邻右之间也往往互相馈送腊八粥以加深情谊。乐善好施之家往往施粥于通衢，让穷人和乞丐们也体会一下节日的温暖。寺僧们在腊八日更是煮粥结缘，进行施舍，以回报一年来人们对他们的施舍。

腊八节除了腊八粥外，有的地方还流行其他一些节日食品。如陕西一些地方用八种蔬菜做成菜汤，浇在面条上食用，称为腊八面。潼关一带，人们喜欢将这种面条浇上辣椒油吃，以驱寒气，称喝腊（辣）八面。河南淮阳县，“是日午餐须食小米饭一顿，同时并须将枣树外皮割破，糊以米饭，以使枣树来年多结果实云”[②]。

人们还往往于腊八这天酿酒、造醋和腌肉，认为腊八这天做的酒醋和腊肉能够经年不坏。

3. 小年饮食习俗

腊月二十三日称为“小年”，民间广泛流传着灶神腊月二十四日将上天朝谒天帝，白人间一岁事。在灶神上天之前，人们要对他祭祀一番。祭品中麦芽糖制成的灶糖是不可少的，用以粘住灶神的嘴巴，免得他上天后胡说八道。

有的地方还要煮豆、剉（cuò，铡碎、切碎）草置于灶旁，以秣灶神之马。还有些地方的人们想得更周到，索性连灶神的坐骑都提供——雄鸡一只。祭祀灶神由男子来祭，祭祀时，“使人夹其两翼陈于灶神前，主祭者灌酒于鸡冠上，鸡如被酒摇首则喜，谓神愿乘此鸡升天，可保一年平安也，否则举家以为大戚”[③]。

祭祀完毕后，有的地方“又将祭糖杂入柿饼保存之，留为来年治小儿误吞

① 民国《马邑县志·岁时民俗》，中国文化出版社，2008年。
② 民国《淮阳乡村风土记·信仰民俗》，铅印本，1934年。
③ 民国《西平县志·岁时民俗》，中州古籍出版社，2005年。

麦芒及口疮、痢疾等症之用”[①]。大多数地方则是全家分食祭灶剩下的糖果。全家人个个香糖满口，喜气洋洋。小孩子多愿意吃糖，这一天更是他们大过糖瘾的好时候。但有的地方禁止幼女进食祭余糖具，认为“啖灶余则食肥时，唇之四际必黑”[②]。

过完小年，过年的气氛越来越浓，人们纷纷备办年货，杀猪宰羊、蒸馒头、炸油食，“或整办柏酒、椒汤、嘉蔬、珍果以俟延款宾客”[③]。族戚之间也往往以鱼肉、酒果相互馈送，共庆新年。

4. 除夕饮食习俗

除夕，为一年的最后一天，亲邻之间往往以鱼肉、酒果、食物等互相馈送，称之为“馈岁”。除夕夜，许多人家都要准备一桌丰盛的酒菜，合家团坐欢饮至深夜，称为“守岁”。也有的人家在除夕邀请乡邻朋友共饮，以加深情谊。

炊“隔年饭”也是除夕的一项重要习俗，“大家小户皆预设熟肴馔，以备新岁数日之用”[④]。有的地方制作的隔年饭比较简单，只是“晚留饭至元日食”[⑤]。因除夕、元日分属两个不同的年份，故把除夕预治的食物称为隔年饭。隔年饭反映了人们希望年年有食，免受饥饿的心理。豫北的一些地方，人们在除夕夜还有吃饺子、馄饨以庆祝新旧两年交替的习俗。

人们在大饱口福时，没有忘记备陈牺牲、粢（cí，糍，年糕等糯米食品）盛、酒醴、香楮，祭先灵于寝，同时祭祀各种神灵，以求他们保佑全家平安，过好新年。

① 民国《太康县志·岁时民俗》，中州古籍出版社，1991年。
② 乾隆《祥符县志·岁时民俗》，刻本，1739年。
③ 民国《阳武县志·岁时民俗》，成文出版社，1936年。
④ 康熙《永宁州志·岁时民俗》，山西古籍出版社，1996年。
⑤ 光绪《平遥县志·岁时民俗》，中华书局，1999年。

第六节 寓意深刻的人生礼仪食俗

人们普遍重视生育、婚庆、丧吊等人生礼仪活动。饮食与这些礼仪活动有着密不可分的联系和不可替代的作用。明清民国时期黄河中游地区的人生礼仪食俗发展已相当成熟，它既有前代人生礼仪食俗的一些传统内容，又有随社会生活的发展变化而出现的新内容。

一、尊重生命的生育食俗

生育在中国人的思想观念中占有非常重要的地位，“不孝有三，无后为大”的观念在明清民国时期早已深入人心。因此，人们普遍重视生育，尤其是新妇的初次生育。新妇生育前后，亲戚朋友纷纷携带各种特定的食品礼物上门道贺。

（一）临产催生饮食习俗

山西翼城在新妇怀孕临产时，母家要馈送“张口馒头”，这种馒头“以酵面为蒸食，剁碎肉或芝麻糖于中，而开其口……盖取夫开怀之义焉”[①]。河南封丘，“妇将生子……书柬报母家，母付以鸡子”[②]。如果说前者在孕妇产前送“张口馒头”，具有浪漫的祝福含义的话，那么后者送鸡子（鸡蛋）则是现实、实用的——为产妇产后补充营养。

（二）生后贺喜饮食习俗

明清民国时期，黄河中游地区的大多数地方在生育之前并不举行祝贺活动，而比较重视小孩子出生后的三日、九日、满月和周岁。在这些时间里，一般都要

① 民国《翼城县志·岁时民俗》，山西古籍出版社，2004年。
② 民国《封丘县续志·礼仪民俗》，铅印本，1937年。

举行一些特定的祝贺活动，而饮食活动是其重要内容。

1. 三日报喜饮食习俗

小孩子初生三日，小孩子的父亲要携带礼物前往岳家报喜，报喜的礼物多是酒肉食物，不同地方丰俭各异，如豫北新乡报喜用米面鸡酒之类，山西平遥报喜只带蒸制的馒头就行了。对于报喜所送的礼物，岳家只留下酒，其他礼物各添少许，仍令抬回。报喜所用的鸡十分讲究，生男用雄，生女用雌。岳家不仅不能留下鸡，而且“鸡之雄者配以雌，雌者配以雄”①。两家为鸡雌雄配对，寓有夫妇相配的含义，祝福新生儿长大成人后能够找到如意伴侣。

2. 九日贺喜饮食习俗

报喜后，亲戚朋友纷纷携带礼物前去祝贺，称为“送粥米”。所送的礼物当然不仅仅是粥米，如山西闻喜，“母家先送烙饼，数如其年。戚友皆馈以火熁。火熁者，面发最虚，水分亦较多，火烤取熟，枚重三四斤以上，俾产妇食之易消化耳。然炉火难具，火色亦难匀，今皆改为笼蒸，而仍名火熁，特扁而虚耳。妇初产男，邻里往贺……主家款以稀米饮及饼，另期酬宴”②。送粥米活动一般定在小孩子出生后第九天举行，因而有些地方又称“做九”。

3. 满月庆贺饮食习俗

小孩子满月时，主人设宴庆祝，同时对亲戚朋友的帮助表示谢意。宴会上往往请客人们吃面，称为“吃喜面”。对于送粥米者，主人一般也要在这天进行回报，如山西闻喜在小孩子满月时，“以油煎餺饦祀神，大如七寸瓷盘，厚四五分，俗名‘油饦’。因以馈其母家，男子九十九，女子一百一。俗云，将来结婚之财礼，男取朒（nǜ，不足，少于），而女取盈也。受人火胁一枚，报以油饦六枚，

---

① 民国《新乡县续志·礼仪民俗》，铅印本，1923年。

② 民国《闻喜县志·礼仪民俗》，中国地图出版社，1993年。

俗名‘散油’”[1]。

4. 周岁周晬饮食习俗

小孩子周岁时，有的人家要举行“周晬（zuì）”（俗名“抓周”）以测将来其志向。周晬时，有的地方亦有特色食品。如山西闻喜小孩子周晬时，戚属馈以“骨嵯”。“骨嵯”是用发面两手抓握成条，经火烤制熟的一种食品。但“周晬所馈，长且壮，不烤而蒸。俗云，为小儿安腿”[2]。小孩子一周岁，正值学步之时，用既长且壮的“骨嵯”作为礼物赠送，祝福小孩子身体健康、学步顺利。

二、喜庆吉祥的婚庆食俗

明清民国时期，在黄河中游地区各地的婚礼程序中，早已形成了一套完整的饮食习俗，寓有丰富的内涵。饮食活动贯穿于整个婚礼前后，有着非常重要的地位和不可替代的作用。

（一）婚前礼仪食俗

1. 订婚饮食习俗

儿女长大成人，家长开始为子女物色对象。一般由媒人或亲属、熟人代为介绍，彼此中意后，定下婚事。订婚的礼物庶民多用钱帛首饰，士大夫多沿用旧礼，用羊、酒。如山西陵川在事谐后，“则由男家送面于女家，女家即以所送之面夹以小米，用油煮作饼子，送诸男家。男家使人分送戚友乡邻，俗谓‘通知’。亦有不煮饼，而代之以他种食物者”[3]。一种食物用两家的米面，寓有两家和好，

---

① 民国《闻喜县志・礼仪民俗》，中国地图出版社，1993年。
② 民国《闻喜县志・礼仪民俗》，中国地图出版社，1993年。
③ 民国《陵川县志・礼仪民俗》，中华书局，2009年。

喜结良缘之意。

有的地方双方订婚很简单，“两家契合，即于酒肆换钟为定”[①]，“钟”音“终”，意为双方结婚后会终身谐好，故在有些地方订婚仪式又称“换钟”。

2. 纳彩、纳币饮食习俗

订婚之后，不少地方还要行纳彩、纳币诸礼。各地礼节不一，多有饮宴活动，食品和羊、酒多是礼物中不可缺少的。婚仪食品花样繁多，如山西闻喜，“男家聘女，喜饼、布帛以外，必有花馍六十枚。俗名‘花儿馍’，用重罗之面，浼亲邻巧妇制之。枚重不及斤，上饰面捏花鸟人物，竞奇斗异，白愈求白。女家回礼，有花馒头十余枚，枚重二三斤，亦饰以花，间有无花者”[②]。

河南偃师，婚娶前男方要送给女方馓子百支，女方接到后分送亲眷，“亲眷旋以喜元、果品等物为女家添箱”[③]。送礼用的羊、酒也颇多讲究，“所用羊、酒，羊忌黑眼、酒必以江南为贵。其馈妇家以果、面、合欢酒也。妇家受之，而易酒以水，又插以箸也”[④]。

3. “请期”饮食习俗

嫁娶前数月，男方家要设盛馔宴请女方家长及媒人，确定婚娶日期，称之为“请期”，俗称“商量酒”。婚前一日，双方为第二日的嫁娶作最后的准备，如果女方陪嫁的财物较多，往往于这天送嫁妆，男方家对送嫁妆的送客款以酒食。男方家在这天往往给女方家送礼，进行“催妆”，如山西大同，“婿家备肉、面纳于女家，俗谓其肉曰‘离娘肉’，面曰‘离娘面’”[⑤]。

---

① 康熙《上蔡县志·礼仪民俗》，上蔡县地方史志编纂委员会，1985年。
② 民国《闻喜县志·礼仪民俗》，中国地图出版社，1993年。
③ 民国《偃师县风土志略·礼仪民俗》，铅印本，1934年。
④ 乾隆《祥符县志·礼仪民俗》，天津图书馆古籍部，1989年。
⑤ 道光《大同县志·礼仪民俗》，山西人民出版社，1992年。

（二）亲迎宴客食俗

1. 亲迎饮食习俗

按儒家礼制规定，婚娶时新婿要到女方家行亲迎礼。明清民国时期，黄河中游地区的一部分州县仍保持着婚娶亲迎习俗，但也有一部分州县抛弃了这一习俗，如山西大同一带即“绝无行亲迎礼者”①。

在行亲迎礼的地方，“亲迎前三日，婿家以羊、酒报婚期”②。有的地方还在“亲迎之前夕，邀邻里会饮，亦略具菜蔬，或有用九碟，四热碗者”③。亲迎时，“普通由男家备轿两乘，用乐工数名，或十余人不等，婿及娶客相偕至女家。女家设席宴之”④。除酒馔之外，有的地方还“饷婿以薄饼，婿必私窍十余饼及箸与酒器，谓之‘得富贵’”⑤。

亲迎时有的地方还保持着行奠雁礼的古风，由于雁得之不易，往往以鸡或鹅代替。婚礼用雁，取其来归有时、上下有序、忠于配偶诸意。鹅是“家雁”，故可代雁。以鸡代雁，则失去了奠雁礼的本意，是取鸡的谐音“吉”之意，寓意婚礼吉祥。奠雁礼中所送的鸡、鹅不允许宰杀，但可以换盐，人们借“盐”“缘”同音，称之为双方有缘。

行完奠雁礼，新郎率领亲迎的队伍抬上新娘回到家中拜堂成亲。家中早已把洞房布置一新，人们还要在洞房中设一马鞍（寓意平安），下面放有粉茧等食品。新娘进入洞房后，妇女争着取马鞍下的食品。

晚上，在洞房设花烛、酒筵为新婚夫妇行合卺（jǐn）礼，新郎的弟妹妯娌多来饮酒，称为“闹房”。闹房时，人们往往强迫新郎新娘传杯饮酒。

---

① 乾隆《大同府志·礼仪民俗》，刻本，1782年。

② 光绪《榆社县志·礼仪民俗》，山西古籍出版社，1999年。

③ 民国《芮城县志·礼仪民俗》，成文出版社，1986年。

④ 民国《沁源县志·礼仪民俗》，海潮出版社，1996年。

⑤ 同治《榆次县志·礼仪民俗》。

2. 婚礼宴客习俗

亲迎次日，婿家设席宴客。也有的地方图方便，把亲迎、宴客合为一日举行，如山西解州，“州迎在午前，以是日宴男女也……其明日，舅姑率婿妇见庙，及妇执枣、栗见舅，腶脩（duànxiū，干肉）见姑”[①]。河南有些州县在亲迎之后，新郎还要到女方家行谢亲礼，“妇翁食以馎饦，两角相抱，谓之‘抄手’，象婿容也”[②]。

不举行亲迎的地方，新娘由女方送客陪同至新郎家成婚。送客的多寡不定。有的地方女方送客很多，如山西闻喜“嫁女，送客最夥（huǒ），男女客有至三十席者，以女家贺客，皆男家款宴”[③]。男方家在婚娶之日，也要设宴会亲友，媒人及舅舅在筵席中格外受到人们的尊重。邻居们也往往携带烧饼、挂面之类的礼物前来祝贺。

婚宴一般很丰盛，如河南永城，“亲友会饮，常二三百席，百余席、数十席即为俭约。每席碟十三、碗十，肴馔所费约七八百，仍以酒馍为大宗”。山西芮城，“肴馔极丰腆者，前以八碟佐酒、中则海碗。大盘各十具、小碗八具，多系海味珍错。酒罢进饭，则用八碗或四碗，肉属居多。次者，中无海碗、大盘，但有小碗四具而已”[④]。筵席的花费自然不菲，以致中人之家不敢轻言婚事。由于举办婚宴极费精力，故也有人家图方便，“家中不结一彩，不悬一灯，一切布置统假城内饭庄行之”[⑤]。

（三）婚后礼仪食俗

明清民国时期，黄河中游地区婚后重要的礼仪活动一般有妇家馎（nuǎn，软）饭、新妇入厨、婿妇回门等。

---

① 康熙《解州志·礼仪民俗》，成文出版社，1968年。
② 乾隆《祥符县志·礼仪民俗》，刻本，1739年。
③ 民国《闻喜县志·礼仪民俗》，中国地图出版社，1993年。
④ 光绪《永城县志·礼仪民俗》，新华出版社，1991年。
⑤ 民国《临汾县志·礼仪民俗》，成文出版社，1933年。

1. 妇家餪饭之礼

餪饭，即妇家父母或族党给新妇送饭之礼。各地餪饭的时间不很一致，多定在婚后次日或三日。也有三日之内妇家送饭，然后行餪饭礼的，如河南新郑，“三日之内，妇家馈饭……至九日，或十二日，或匝月，为女行餪饭礼”[①]。妇家所送的食物一般为脯馔、果品等。有的地方也送一些特色食品，如河南祥符（今属开封）、荥阳一带，送加了油蜜的“张馇（zhānghuáng，一种面食）”，“欲其亲之甘而易入也”[②]，希望新婚夫妇生活甜美如蜜。

2. 新妇入厨之礼

新妇三日入厨是前代流行的习俗。这一时期，黄河中游地区的少数州县仍有此俗。新妇入厨的寓意有三：一是“具餐，以试妇职”[③]；二是“入厨作羹以飨舅姑”[④]，体现孝道；三是表示新妇已成为家庭主妇，“而主中馈矣”[⑤]。

新妇一般是在第三日晚上开始做第一餐饭的，饭的类型有的地方是传统的羹，做好后首先献给公婆品尝。由于羹在明清民国时期已不再流行，故有些地方变易为面条，邻居亲戚都要来品尝新娘所做的面条，称为“喝喜面”。

不过这一时期黄河中游地区的大多数州县三日入厨之礼已废，有的州县仅具有虚名，不再真正实行，“惟女父母家是日以点心、烧饼来看其女，男家备席款待，谓之‘看三日’”[⑥]。以后每遇重要节日，女方父母都要馈送熟食，一般要送两年方止。

3. 婿妇回门宴饮

“回门”即新婚夫妇回娘家。这一时期回门习俗在黄河中游地区很盛行。回

---

① 乾隆《新郑县志·礼仪民俗》，陕西人民出版社，1992年。
② 乾隆《祥符县志·礼仪民俗》，刻本，1739年。
③ 道光《武陟县志·礼仪民俗》，中州古籍出版社，1993年。
④ 民国《荻嘉县志·礼仪民俗》，刻本，1756年。
⑤ 民国《偃师县风土志略·礼仪民俗》，铅印本，1934年。
⑥ 民国《翼城县志·礼仪民俗》，山西古籍出版社，2004年。

门的时间各地不太统一，具体习俗亦有所差异。大多数州县回门的时间定于三日之后，“合欢之三日，新妇父遣轿马车辆迎请新婿夫妇。婿至妇家，设筵款待；婿拜见妇之父母，次拜见妇党诸亲，款留宴饮，越九日送婿归家”①。

三日回门亦有不住下的，如河南偃师婿妇在用完午餐后就早早回去了，因为新妇还要准备晚上的入厨之礼。少数州县在婚之次日的傍午回门。也有的地方回门的时间定在婚后第九天，并且要在妇家住上九天，称“对九”。九天之后，“女家亦备酒脯、果品送夫妇回家，曰‘回包’”②。

三、寄托哀思的丧吊食俗

饮食活动是人们办理丧事不可或缺的重要内容。明清民国时期黄河中游地区的丧吊饮食习俗和饮食风尚因地而异，不尽相同。其中有些是中国传统文化的精华，体现了中国人民尊老、互助精神，但其中也有不少陈规陋习、文化糟粕。

（一）安葬前后的祭祀食俗

一般来说，人死之后，家人移尸草铺上，称为“小殓”（装入棺材称为“大殓”）。尸前设一桌，上供鸡酒，其鸡男用雄、女用雌，名曰“引魂鸡”，作用是引导亡魂上路。然后移尸棺中，殡于中堂。安葬之前，丧家每日三次进馔，如事生礼。

送殡时，沿途撒以饭汤，“谓先人初次入阴，人地生疏，先施路鬼饭汤，以谋其先人入阴顺之利也”③。下葬时，人们也不忘给死者提供饭食，在棺首圹中放入盛有酒饭的瓷罐，以免亡魂饿了肚子。

① 乾隆《广灵县志·礼仪民俗》，刻本，1756年。
② 道光《汝州全志·礼仪民俗》，刻本，1840年。
③ 民国《淮阳乡村风土记·礼仪民俗》，铅印本，1934年。

安葬之后，人们还要多次祭奠死者，如豫西孟县在“葬之第三日……用木桶盛水饺哭奠毕，向坟上周围泼之。又用四大生饺，内包五谷种子，埋坟四角，以能生发为有后福”①。葬后三日有的地方流行复奠于墓，谓之“复三”，届时，“客恒数百人，饮无算爵，最为靡费”②。死者死后，逢七日则奠哭，以七七四十九日为止，谓之“尽七”，富裕人家遇七日往往邀请戚友置酒宴会。

如遇亡者诞期，有的地方还要为死者“祝冥寿”，“是日，穿吉服，致奠柩前，主人设筵款洽，务极丰盛，家非贫乏，未有不行此礼者”③。

安葬前后的这些祭祀食俗，多体现了中国传统的视死如视生的“慎终”孝道思想。

（二）安葬期间的吊丧食俗

1. 吊丧所用食物

吊丧习俗由来已久，这一时期黄河中游地区各地的吊丧习俗很盛行。吊丧者多带赙钱和食物祭品，如豫北安阳，“宾客吊客具馒首、花糕、牲醴、联幛以奠亡者”④；汲县，吊丧者“有送围碟者，有送面果者”⑤。对于吊丧者，丧家要设筵款待。有的地方“奠而不吊，富者用猪首、鸡、鱼，鱼以面代，为之三牲。贫者用面饼二十枚，谓之‘蒸炉食’。……其道里远者，则留酒食，以丰洁为敬。门设鼓吹，以嗷噪喧闹为荣。如此者，或三日，或五日，有至十日者”⑥。

亲友亲疏关系不同，所带奠品亦有差别，疏者轻，亲者重，如山西闻喜“戚友奠品，至少馍二盘，稍厚四盘。每盘原十五枚，后因主家受十璧五，即以十枚

---

① 民国《孟县志·礼仪民俗》，刻本，1933年。
② 乾隆《高平县志·礼仪民俗》，山西人民出版社，2010年。
③《襄陵县志·礼仪民俗》，刻本，1673年。
④ 乾隆《续安阳县志·礼仪民俗》，铅印本，1933年。
⑤ 乾隆《汲县志·礼仪民俗》，刻本，1755年。
⑥ 光绪《平定直隶州志·礼仪民俗》。

为盘。至亲奠品、绫幛、酒筵、猪羊而外，馍自八盘至二十四，或三十盘。各有盘顶一枚，上饰面花。近多以馒头一枚代一盘，然必八盘以上者，省面不少。亦世风趋于薄之一端也”①。

2. 丧葬待客饮食习俗

按照宋代朱熹制定的《家礼》规定，丧礼禁止饮酒茹荤，以示哀戚。明清民国时期黄河中游地区仍有少数州县保持着丧礼不饮酒不食肉的古风，如山西代州“居丧待客及会葬者，只设豆粥、蔬食、不用酒肉”②。有的州县对这一礼制作了变通，“普通丧事，午餐款客，虽亦有肉，但无酒，其菜为十碗，与寻常晏（宴）客者客不同，以表戚意”③。但大部分区域，这一礼制遭到了严重的破坏，以酒肉待客已成为大多数州县的普遍习俗，有些地方甚至“孝子亦饮酒食肉如平时”④。

由于丧礼不用酒肉的礼制破坏已很久远了，普通民众对于居丧饮酒食肉不以为怪，但一些文人士大夫对这种违礼行为感到痛心疾首，“夫坏礼之端非一，而酒席之失滋甚。凡来奠者，皆骨肉之亲也，谊当哀戚与同，而乃纠朋引类，浮白飞觞叫号乎？几席之上，宁知孝子之有亲，而孝子者亦复相与往来乎？深杯大嚼之间，宁复知亲丧之在侧；即不然者，当客之群然而至也，主人方肆筵设席，以延客之不暇，又何暇为吾亲出一涕乎？虽为尽孝之子，亦姑且收泪，而先为款客计矣。害礼伤教，莫此为甚”⑤。多数文人士大夫恪守礼制，“燕客设素馔，不用荤酒，孝子终丧不御酒肉”，为社会作出表率。⑥但在世俗恶风的强大影响之下，也有一些地方的文人士大夫不免失节，与恶俗同流合污，如豫西的汝阳，对于丧葬“无论中人之产，竭厥从事，即荐绅学士亦复尔，尔则俗之渐人深矣”⑦。

---

① 民国《闻喜县志·礼仪民俗》，中国地图出版社，1993年。
② 乾隆《代州志·礼仪民俗》，刻本，1882年。
③ 民国《偃师县风土志略·礼仪民俗》，铅印本，1934年。
④ 民国《商水县志·礼仪民俗》，中州古籍出版社，2010年。
⑤ 康熙《内乡县志·礼仪民俗》，生活、读书、新知三联书店，1994年。
⑥ 民国《项城县志·礼仪民俗》，南开大学出版社，1999年。
⑦ 陈梦雷：《古今图书集成·方舆编·职方典》卷四七四，影印本，中华书局，1934年。

大多数地方人们设筵待客尚能称家有无量力而行。贫则俭，家有余资则丰。但也有部分州县有趁丧吊大吃大喝的恶风，“亲族赙者大嚼纵饮，且以酒馔美恶争长较短。”① “酒肉不丰，里党必诟”②。在有些地方筵席的规模往往很大，“动辄数百席，与婚娶无异。”“间有力难供客而不能葬者”，“或至弃产以应，家以是落”。③ 由于酒食之费往往高于宾客所带赙钱，导致遭丧之家有拒绝赙仪而不敢受者。

（三）值得称道的丧葬饮食美俗

1. 办理丧事的互助组织——天伦会

即使在大吃大喝之风不太盛行的地方，招待吊丧者等项费用也是很大的，往往令丧家难以承受。为预备不测，民间往往自发组成办理丧事的互助组织，如豫西有“天伦会”，“系有父母年老者十人以上组织……每年正月由值年摆会一次，会员齐集值年宅上，随带香资若干，过午不到者有罚，敬神毕，值年设宴款待会员。有遭父母丧者，先报知会长，由会长通知各会员齐往吊唁。葬之前数日……会员各送面粉几十斤，钱几千文”④。

2. 歇主、还助习俗

有一些州县在丧葬食俗上还有不少值得称道的地方。如山西平遥对于来奠的宾客，由“旁亲、朋友代宴，名为‘歇主’”⑤，减轻了丧主的负担。

山西翼城东山一带人们办理丧事极为简单，有丧事互助馒头的美俗，“遇丧葬事，主家不多蒸馍，统向亲朋及邻村富室问求；每家代蒸馒头百个，或百五十

① 光绪《永城县志·礼仪民俗》，新华出版社，1991年。
② 民国《解县志·礼仪民俗》，成文出版社，1968年。
③ 光绪《伊阳县志·礼仪民俗》，三联书店，1996年。
④ 民国《孟县志·礼仪民俗》，成本出版社，1932年。
⑤ 光绪《平遥县志·礼仪民俗》，中华书局，1999年。

之数，作葬期来宾食品及酒席之用，谓之‘问助馍’。后遇人有丧葬事时，不待来问，仍即照数归还，谓之‘还助礼’”[1]。

[1] 民国《翼城县志·礼仪民俗》，山西古籍出版社，2004年。

第八章 中华人民共和国时期

新中国自成立以来，已走过了60多年的风风雨雨。以1978年年底召开的中国共产党第十一届三中全会为界，可分为改革开放之前、之后两个历史阶段。改革开放之前，历次政治运动对人们的饮食文化生活影响较大，黄河中游地区整体上处于物质短缺的时代，大部分地区没有解决好人们的吃饭问题，在饮食思想上人们也普遍以奢为耻、以俭为荣。改革开放后，黄河中游地区的社会生产力得到了极大的解放，恩格尔系数不断下降，人们告别了物质短缺，稳步由温饱向小康、富裕迈进。在膳食结构中，普遍出现了粮食消费量开始下降，肉、蛋、奶、食油、酒、糖的消费量逐步增长的趋势。黄河中游地区的食品工业和餐饮业也得了突飞猛进的发展，酒文化、茶文化和饮食习俗等在继承传统的基础上，增添了新的时代内容。人们的饮食文化思想也发生了巨大变化，不再把讲究吃喝视为“资产阶级生活方式”。多姿多彩的黄河中游地区的饮食文化正徐徐展现在世人面前。

第一节　改革开放前政治运动对饮食生活的影响

改革开放之前，疾风骤雨式的政治运动对黄河中游地区人们的饮食生活产生了较大影响，使人们的生活水平长期停滞不前，相当一部分地区没有解决人们的吃饭问题。

一、土地改革运动促进了饮食生活的初步改善

1949年10月至1952年12月是新中国成立的初期。在这一时期内，中国国民经济所面临的重大任务是医治战争创伤，迅速恢复和发展国民经济。中国共产党领导中国人民在农村实行土地改革，解决了广大农民的土地要求，极大地提高了广大农民的生产积极性与政治热情，促进了农业的恢复和发展，使人们的饮食生活得到了初步改善。

食物原料的生产与土地密切相关，旧中国的封建土地制度极不合理，占乡村人口总数90%的贫、雇农和中农只占20%～30%的土地。为解决农民的土地问题，中国共产党在新中国成立前后领导农民进行土地改革，使广大无地或少地的农民分配到了土地。黄河中游地区土地改革完成的时间较早，这与中国革命的进程有关。黄河中游相当一部分地区（如陕北、山西等地）属解放区，至新中国成立时，早已完成了土地改革。从1949年冬开始，在已具备土地改革条件的华北城市近郊和河南省、陕西省部分新区（约2600万农业人口）进行土地改革，到1950年春胜利完成。随着农业的恢复发展，黄河中游的部分地区也随之告别了饥饿，初步实现了梦寐以求的温饱。

图8-1　土地改革邮票

二、农业合作化运动推动了农民生活水平的初步提升

个体农民的生产在应付突发的天灾人祸面前经常显得软弱。农民在万不得已时会出卖分配到手的土地以渡过难关。1952年山西省对49个村进行调查，在被出卖的10780亩土地中，1949年出卖的占3.95%，1950年占30.99%，1951年占51.15%，1952年占13.09%。其中1951年出卖的比例最高，这与当年的天灾不无关系。如果不采取有力措施，可以预见，或早或晚农村势必会形成新的地主阶级，旧的封建剥削关系将会重新扎根于农村大地。中国共产党采取了让农民组织起来，通过互助合作，走集体化道路来解决这一问题。这条道路经过了社会主义萌芽性质的互助组、半社会主义性质的初级社和社会主义性质的高级社三个发展阶段。1953年到1956年年底，农业合作化在黄河中游地区基本实现，对农业的社会主义改造基本完成。

总的看来，中国共产党领导的农业合作化运动是成功的。但也必须看到，从1955年夏季以后，农业合作化运动存在着要求过急、工作过粗、改变过快、形式过于简单划一的缺点和偏差，以致长期遗留了一些问题。

1953年到1956年年底，随着农业合作化运动的胜利进行，黄河中游地区的社

图8-2　合作社故事连环画——《怎样办合作社》

会生产力进一步解放，国民经济获得了巨大发展。农民的生活水平得到了初步提升，越来越多的人实现了温饱。

但是，包括粮食在内的饮食原料的生产还远远不能满足社会需求。在这一背景下，1955年8月国家出台了《农村粮食统购统销办法》和《市镇粮食定量供应暂行办法》，对粮食开始统购统销，对城镇居民则按人口、年龄、工种的不同，实行定量供应。不久，油料、食糖等食物原料也先后实行了统购统销，这一政策一直实行到改革开放时期。

三、“大跃进”运动酿成了饮食生活的空前灾难

1958年的“大跃进”运动，给中国的国民经济造成了巨大灾难。黄河中游地区是大跃进运动的重灾区之一，这场政治运动使人们的饮食生活严重恶化，一些地方甚至发生了饿死人的事件。

大跃进运动肇始于农业的浮夸风，而农业的浮夸风是从河南小麦的亩产量上刮起来的。20世纪50年代初，河南小麦的平均亩产量大约为200斤。1958年6月12日，《人民日报》发布中国第一个人民公社河南遂平嵖岈山人民公社亩产小麦

图8-3 “大跃进”运动中的宣传画

3530斤的虚假消息。之后，农业浮夸风愈刮愈烈。8月27日，《人民日报》发表《人有多大胆、地有多大产》的文章，宣称：一亩地要产5万斤、10万斤以至几十万斤红薯，一亩地要产1万斤～2万斤玉米、谷子。以毛泽东为首的中共中央认为农业产量已经过关，1958年下半年，从农村抽调大批劳动力去支援大炼钢铁运动，致使秋收时农村因缺乏足够的劳动力，许多地方的农产品烂在地里无人收获。

1958年下半年，人民公社化运动掀起热潮，到10月底基本实现了人民公社化。人民公社实行一切财产统一核算、统一分配的制度，把社员的自留地、家畜、果树等都收归公社所有，引起了农民的不满，纷纷杀猪宰羊、砍伐树木，造成生产力的很大破坏，给农业生产带来了灾难性后果。人民公社内部实行平均主义的管理模式，严重挫伤了广大农民的生产积极性。在农业增产措施上，人民公社大搞深翻土地和高度密植。这种瞎指挥浪费了大量的人力、种子，结果由于深翻土地，耕地表面尽是生土，过于密植不能通风，反而造成大量减产。

人民公社大办公共食堂，提倡吃饭不要钱。1958年10月25日《人民日报》发表题为《办好公共食堂》的社论，指出公共食堂在农村和城市将普遍地建立起来，成为中国人民新的生活方式。在省吃俭用才勉强够吃的情况下，全国大办敞开肚皮吃的公共食堂。而大多数的公共食堂铺张浪费之风盛行。在河南新乡，公共食堂的馒头扔得到处都是。有人问生产队长："这么吃，能吃几个月？"生产队长说："吃三个月。""吃完后咋办哪？""有国家管哩，都有共产主义啦，还能叫饿着吗？"几个月下来，粮食消耗殆尽，公共食堂的伙食质量直线下降。河南遂平嵖岈山人民公社当时的一首童谣反映了人们饮食生活的痛苦："清早的馍二两重，下边有个万人洞；晌午的饭，一勺半，只见菜叶不见面；黑了的汤，照月亮，不喝吧，饿的慌，喝了吧，尿床上，娘打一巴掌，跑到大街上，哭爹叫娘到处藏。"①

造成粮食短缺的原因有二，一是铺张浪费，二是因粮食产量的浮夸而造成的

① 秦闵韬：《走进难以忘却的时代——中国第一个人民公社诞生纪实》，《中州今古》，2004年第1期。

粮食征购率过高。以嵖岈山人民公社所在遂平县为例，1958年账面夏、秋两季粮食产量为100279万斤（实际粮食产量为2440万斤），比去年增长31倍，据此，河南省给该县下达的粮食征购任务是9000万斤。不少地方为了完成粮食征购任务，不得不把大部分口粮上交给政府。由于口粮严重不足，1959年下半年农村的公共食堂已难以维持，只能提供红薯、红薯片汤和野菜汤之类供人们充饥。1959年至1960年年初，公共食堂更是经常三四天或者七八天才开一次伙，吃的东西主要是野菜和野草。由于长期缺乏营养，不少人得了浮肿病。空前规模的饮食灾难发生了！河南遂平嵖岈山人民公社饿死了4000多人，而嵖岈山人民公社所在的信阳地区（包括今天的信阳、驻马店两市所属各县）因饥饿致死的约有100万人，这就是震惊全国的“信阳事件”。

惨痛的教训迫使政府调整政策，采取措施以摆脱困境。1960年9月，中共中央提出要对国民经济实行“调整、巩固、充实、提高”的八字方针，黄河中游地区各级政府照此对国民经济进行重大调整。主要措施有：在食物原料生产上，生产经营权由人民公社下放到生产大队，恢复社员的自留地，允许社员饲养家畜、家禽；在社员的收入分配上，取消过去实行的部分供给制，严格实行评工记分和按工分分配的办法以调动生产积极性，并停办农村公共食堂；在食物原料的收购上，减少征购量，提高收购价格，放宽统购政策，对粮油继续实行统购统销，而对猪、牛、羊、鸡、蛋等实行合同派购，完成任务后可自由销售；在食物原料的销售上，在农村开放集市贸易。城市里在压缩城镇人口的前提下，减少城镇商品粮、生活用煤、蔬菜等的供应量，对粮食等生活必需品实行平价定量供应，对一部分消费品的供应实行高价政策。

到1965年，国民经济已明显好转。人们的饮食生活已度过了最困难的时期。

四、“文化大革命”运动造成了饮食生活的长期徘徊

1966年5月至1976年10月是中国“文化大革命”时期。“文化大革命”对中国

人民来说是一场巨大灾难。十年间，黄河中游地区人们的饮食生活水平一直处于徘徊不前的局面。许多地方的农民甚至连温饱也难以保证，靠国家救济过日子，造成这一局面的原因是多方面的。

首先，人口增长过快，基本抵消了食物原料的增加量。“文革”十年，黄河中游地区的农业生产条件有了一定的改善，水利设施、农田基本建设成绩不小，农业机械、农业用电量、化肥、农药有了显著增长，粮食产量还是保持了比较稳定的增长。如河南省，1970年粮食总产量达1555.5万吨，比1965年增长389.5万吨；1975年粮食总产量达1941.5万吨，又比1970年增长386.0万吨。但是这一时期也是黄河中游地区人口增长最快的时期，如河南省，1975年人口为6758万人，比1965年的5240万人净增1518万人。食物原料的增加量基本上被新增人口消费掉。

其次，国家在农村、农业政策方面的失误，挫伤了农民的生产积极性。长期以来，国家一直认为在不依赖政府大力投资的情况下，仅依靠自身积累农业就能发展，因此国家强调农业的自力更生，而很少投资农业。不仅如此，农业的积累也被用于工业。农业产品与工业产品之间的“剪刀差”逐渐扩大，国家对粮食等农产品掠夺太多，农民不能从增产中获益，不能有效调动他们的生产积极性。“文革”十年间，国家在农村继续沿用人民公社的生产管理体制，实行评工记分和按工分分配的办法，一些农民出勤不出力。一段时间内，有些地

图8-4 “以粮为纲”的标语

方甚至把社员的自留地和家庭养殖业当作“资本主义尾巴”割掉。广大农民对不能使自己获益的集体农业生产普遍不感兴趣。“文革”中，片面强调“以粮为纲”，致使多种经营受到排挤，农业不能给人们提供多样的食物原料，影响了人们饮食生活的改善。

最后，动乱的局势、不断的运动给食物原料的生产和人民生活的改善都造成了巨大影响。

第二节　改革开放后食品工业和餐饮业的快速发展

改革开放后，随着黄河中游地区社会经济的迅速发展，民众日益提高的生活水平和多样化的生活方式，使人们对各种食品的花色品种、营养口感等提出了越来越多的要求，生活节奏的加快也使外出就餐成为人们的一种经常性行为。这就为黄河中游地区的食品工业和餐饮业的快速发展提供了一个契机，这一时期的餐饮业在全国已占据举足轻重的地位。

一、坚强厚实的农业基础

食品工业发展的基础是现代农业。黄河中游地区的河南、陕西、山西三省都是农业大省，出产众多的饮食原料、特产，不少已在国内外享有盛誉。改革开放后，名优饮食原料、特产的生产开始呈现区域化、专业化的趋势，在产量增加的同时，产品质量也有所提高，从而为黄河中游地区食品工业和餐饮业的快速发展奠定了坚实的基础。

1. 名优粮食

小麦是黄河中游地区最主要的粮食作物，河南的大部和陕西的关中平原、山西的汾河河谷都适合小麦的种植，特别是河南的黄淮海平原更是小麦的主产区。

改革开放后，尤其是20世纪90年代中期以来，随着优质小麦品种的大面积推广，黄河中游地区小麦的品质迅速提高，结束了中国高档面粉大量进口的历史。这一时期，河南省已成为中国优质小麦重要的生产基地，形成了豫南低筋小麦、豫中中筋小麦、豫北高筋小麦三个优质小麦种植区。2009年，河南的小麦总产量达到613亿斤，约占全国小麦总产量的四分之一。

黄河中游地区的小米主要产自陕北和山西，比较有名的有米脂小米、沁州黄小米。黄河中游地区的适宜种植水稻的面积较小，主要分布在黄河两岸的灌区和陕南、豫南的亚热带湿润地区。但在黄河中游地区却出产不少优质大米品种，如河南的原阳大米、凤台仙大米、辉县香米，陕西的洋县黑米、寸米和香米，山西的晋祠大米等。在黄河中游地区，其他粮食名品还有尉氏青豆、河津花生、开封花生、汝南芝麻等。

2. 名优畜禽、水产品

改革开放后，黄河中游地区的畜禽、水产品的生产逐渐由单位家庭散养过渡到规模化的基地养殖。在畜禽、水产品产量大大增加的同时，其质量也有了进一步的保证，从而极大地提高了养殖的经营效益。

黄河中游地区的牛多为畜肉兼用的黄牛，著名的品种有秦川牛和南阳黄牛。黄河中游地区所养之羊既有绵羊，也有山羊，比较有名的品种有陕西同羊、陕北滩羊、关中奶山羊、陕南白山羊、周口槐山羊、豫西脂尾羊等。黄河中游地区还是中国生猪和猪肉的重要生产基地，比较有名的生猪品种有淮南猪。驴是与牛羊相类的牲畜，驴肉也是黄河中游地区的名产之一，陕西的关中驴、佳米驴和河南的泌阳驴皆称优良。

黄河中游地区多鸡，著名的有陕西画鸡、洛阳乌鸡，河南的正阳三黄鸡。在黄河中游地区，鸭不如鸡那么普遍，主要分布在河南省，比较有名的鸭子品种有淮南麻鸭，名品鸭蛋有唐河鸭蛋、鹤壁缠丝鸭蛋、郸城火虾鸭蛋等。

黄河中游地区比较有名的水产品主要分布在河南省，比较有名的有黄河鲤鱼、淇河鲫鱼、淮南元鱼、卫源白鳝、罗山黄鳝、伊河鲂鱼、沈丘鲈鱼等。

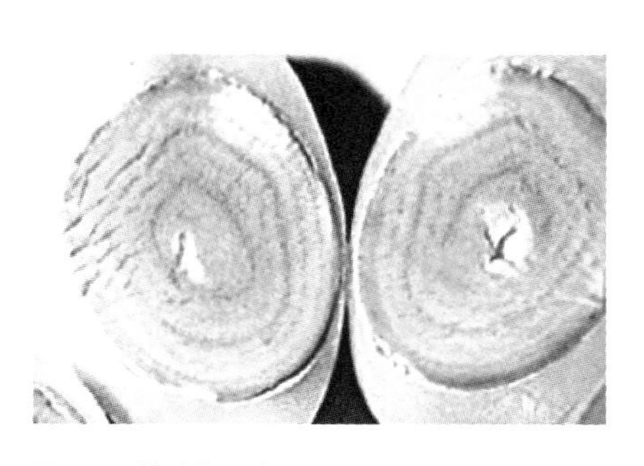

图8-5　鹤壁缠丝鸭蛋

图8-6　怀山药

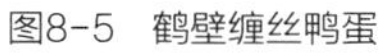

3. 名优蔬菜

长期以来，中国农村蔬菜供应主要靠农民自种自食；城镇蔬菜供应靠在郊区建立生产基地和从农民手中收购来解决。改革开放后，建立了很多蔬菜生产基地，利用塑料大棚技术大规模生产时鲜蔬菜和反季节蔬菜，逐渐取代了传统菜农的小规模生产，从而使黄河中游地区名优蔬菜的生产步入现代化。

黄河中游地区的非菌类蔬菜名品众多，如陕西大荔沙苑、山西高平的白萝卜，山西大同、河南淮阳、永城等地的黄花菜，河南封丘的芹菜，河南灵宝的莲藕，河南焦作的怀山药，河南开封、陕西临潼的韭黄，河南扶沟的莴苣，河南焦作的香椿，河南孟县的蔓菁，山西运城、河南郾城、西华的芦笋等。

黄河中游地区的人们喜用葱、姜、蒜、辣椒调味，故主要作为烹饪辅料的各种调味蔬菜的种植面积较广。比较有名的大葱品种有山西晋城的巴公大葱和河南焦作的修武大葱，大蒜有河南中牟的宋城大蒜、陕西关中的白皮大蒜和山西应县的紫皮蒜等，辣椒有陕西的秦椒、河南的永城辣椒、南阳小辣椒、淅川辣椒等。

黄河中游地区比较有名的食用菌主要有河南卢氏的“猴头”、羊肚菌、黑木耳，河南兰考的香菇等。

4. 名优瓜果

黄河中游地区的大部分地区属于暖温带半湿润地区，盛产苹果、梨、杏、樱桃、山楂、石榴、柿、葡萄、猕猴桃等水果，比较有名的水果有河南的灵宝苹果，陕西的潼关梨、山西的晋蜜梨、河南的孟津梨、宁陵金顶谢花酥梨、夏邑酥梨、济源马村梨，陕西的华县大杏、河南的灵宝贵妃杏、原阳大杏和仰韶黄杏，河南的洛阳樱桃，河南济源、辉县的山楂，陕西的临潼石榴、山西的临猗石榴、河南的河阴石榴、封丘石榴，陕西的临潼火晶柿、山西的永济蒲柿、河南的荥阳柿子、渑池牛心柿、镇平仙柿，山西的清徐葡萄、河南的民权葡萄。猕猴桃为黄河中游地区的特产，河南和陇南是两大猕猴桃产区。其中，河南猕猴桃主要产自豫西的卢氏和豫西南的西峡、内乡、南召、镇平、方城、桐柏等县。

黄河中游地区盛产大枣、板栗、核桃等干果，比较有名的品种有河南灵宝大枣、新郑大枣，山西运城相枣、稷山板枣，陕西绥德“黄河滩枣”；河南的信阳板栗、平顶山板栗、驻马店确山板栗，陕南的纸皮核桃、山西临汾的薄皮核桃、河南济源的坡头镇核桃。

二、迅速发展的食品工业

改革开放以来，黄河中游地区的食品工业有了长足的发展，已具有相当的规模和水平，成为该地区带动经济发展的龙头支柱产业之一。以河南省为例，在20世纪90年代的十年中，食品工业产值翻了两番。进入21世纪后，河南食品工业继续保持快速发展的势头，年均增长率在30%以上。目前，食品工业已成为河南省规模最大的支柱产业。

陕西省也采取积极扶持食品工业发展的战略，形成了果业、乳品、烟草、肉制品、红枣制品、方便食品和烘焙业七大产业集群，在陕西省获得的10个国家名牌产品中，食品行业就占了6个。为加快食品加工业的发展，西安、宝鸡、安康、咸阳等市及部分食品强县相继出台了发展食品工业的优惠政策和办法，为食品工业加快发展创造了良好的政策环境。

山西省也将食品工业确立为七大优势产业之一。2009年，山西省制定《食品工业产业调整和振兴规划》又将食品工业确定为山西省重点培育的新型支柱产业。

由于食品工业进入门槛较低，竞争激烈，使得食品工业较早地进入了市场，以市场为导向进行结构调整，配置资源和组织生产，企业经营机制普遍得到了转变，竞争力不断提高。长时间市场化的激烈竞争淘汰了一些食品企业，也使一大批优秀食品企业和人才脱颖而出，他们结合本区域食品原料、消费习惯、技术特长，充分发挥本地区的各种优势，积极树立品牌产品，开拓国内外市场，使黄河中游地区形成了自己的食品工业特色。在食品工业内部，已有相当一部分行业具有相当大的比较优势，处于全国领先地位。

1. 面粉加工业

黄河中游地区特别是河南省是全国冬小麦的重要产区，面粉加工工业素来发达，是全国最大的面粉生产基地，面粉产量、外运量均居全国首位。2005年10月河南永城被中国食品工业协会授予“中国面粉城”称号。河南省的面粉总产量占全国总产量的37%，河南面粉销往全国各地，如北京市近二分之一、天津市近三分之一的面粉及面制品均来自河南。

2. 畜禽加工业

黄河中游地区是我国重要的家畜家禽产地。河南和陕西关中平原的肉猪、河南的肉牛、山西和陕北的羊、河南的鸡鸭产量都比较大，为该区域的畜禽加工业提供了充足的原料。近十几年来在黄河中游地区出现了一些规模巨大的畜禽肉制品加工企业。如河南漯河的双汇实业集团有限公司，2001年就已成为亚洲最大的肉制品加工基地，又如河南潢川“华英”禽业股份有限公司从1993年投产，企业实力不断壮大，至今已发展成为世界最大的鸭产品加工基地。始建于1995年的山西粟海集团是中西部最大的肉鸡加工企业。

3. 调味品制造业

随着人们生活水平由温饱型向小康、富裕型转变，人们由追求吃得饱转变为吃得好，更加追求食物菜肴的味道。不仅食盐、酱油、醋等传统调味品被人们广为使用，味精、鸡精等新兴调味品也成为普通百姓饮食生活不可缺少的内容。

山西人嗜食酸，山西老陈醋质量素为人们称道，清徐老陈醋号称"醋中之王"。山西充分开发这一传统优势产品，以老陈醋为代表的酿造类调味品畅销国内市场。2008年"醋都"清徐举办了"中国清徐醋业博览会暨醋文化节"。在《山西省食品工业产业调整和振兴规划》中，提出以清徐、榆次为中心，提高产业集中度，把老陈醋打造成具有国际知名度的食醋品牌。除山西醋外，陕北的高粱醋、河南正阳的伏陈醋、河南南阳的米醋等也都十分有名。

河南的味精、鸡精等新兴调味品生产发展迅速。河南周口莲花味精企业集团，是目前国内最大的味精生产厂家，产品不仅占据大部分国内味精市场，还远销世界各地，出口量占全国味精出口量的80%左右。河南驻马店十三香调味品集团有限公司生产的"王守義"牌十三香在国内同类产品中也享有盛名。

4. 乳品加工业

乳品加工业是黄河中游地区的优势产业。2008年，河南省的奶类产量已居全国第四位，乳品加工业被确定为主导优势产业进行重点发展，建立了郑州、焦作、洛阳、南阳、商丘、漯河、平顶山等乳品加工业基地。陕西是全国三大最佳奶牛养殖区之一，奶牛存栏和奶类产量双居全国同行业第六位。乳品加工业也是山西省的发展重点，已确立了以雁门关生态畜牧区为中心，以古城乳业集团有限公司为主导的乳品加工业的发展思路。

5. 果汁加工业

黄河中游地区是苹果的主产区，以苹果为原料的果汁加工是该地区各省重要发展的行业。目前，陕西浓缩苹果汁加工业雄居世界和中国果汁市场“霸主”的地位。陕西果汁已出口到欧、美、亚、非各大洲47个国家和地区。山西、河南两省的果汁加工量也位居全国前列。

然而，与鲁粤苏京等全国食品工业先进区域相比，黄河中游地区的食品工业普遍存在着发展水平低、市场份额小、经济效益差等问题。而且食品安全问题不容乐观。山西白酒、河南食用油、大米等产品先后出现了不同程度的问题，食品厂家痛定思痛，下决心重新建立食品的安全系统，建立市场的诚信品牌。

三、餐饮业发展的新特色

改革开放后，黄河中游地区的餐饮业发展迅速，多层次、多种经济成分的餐饮业格局已经形成。餐饮业的发展呈现以下新特色。

1. 厨师综合素质普遍提高

改革开放后，黄河中游地区厨师的综合素质得到了普遍提高，其原因有三：

首先，九年制义务教育的普及极大地提高了厨师队伍整体的文化素质。改革开放之前，厨师接受文化教育的年限普遍较短，文盲、半文盲厨师大有人在。改革开放后，随着小学义务教育和初中义务教育的实施，新一代厨师接受文化教育的年限普遍延长至九年以上，其中不乏接受过高中及大学教育者。厨师队伍整体文化素质的提高，为提升菜肴、菜点制作的文化内涵，研究开发新的菜点打下坚实的文化基础。

其次，烹饪学校、职业学校烹饪班等正规厨艺培训机构的广泛设立，培养了一支数量庞大、拥有高水平烹饪技艺的厨师队伍。改革开放后，随着餐饮业的迅速发展，社会上对厨师岗位的需求越来越大，厨师培训开始成为一种长盛不衰的行业。除专门的烹饪学校外，各地的职业中专、职业高中也广设烹饪专业（班）。大学专科层次的烹饪专业、烹饪学院在黄河中游地区也开始创办，如1994年陕西省创办了陕西烹饪专修学院，2010年河南创办了长垣烹饪职业技术学院等。正规厨艺培训机构的广泛设立，改变了传统师徒口传心授的原始方法。一方面，使厨师的大量培养成为可能，满足了改革开放后对厨师的大量需要；另一方面，使厨师的培养更为科学化，受训人员可以在一个较短的时间内掌握更多更高水平的烹饪技术。

第三，社会地位的提高也吸引到不少人才从事烹饪行业。厨师工作虽然辛苦，但收入水平普遍较高，厨师职业也逐渐赢得社会的尊重。从过去的“厨子”到今日的“大师傅”“烹饪师”“面点师”等，从人们对厨师称呼的这一改变上可以反映出厨师社会地位的提高，从而吸引了越来越多的高素质人才加入厨师队伍，使研究型厨师逐渐增多，他们积极从事菜点创新和饮食文化研究，成为新时期厨师的中坚力量。

2. 消费者的要求标准日益提高

在改革开放前的短缺经济时代，消费者普遍关心的是如何吃得饱。改革开放后，消费者开始关心如何吃得好、吃得安全、吃得健康。其原因有二：一是家庭经济条件好了，生活水平提高了，人们对菜肴的色、香、味、形等有了高水平的追求，如对菜肴的保健养生、食疗价值的关注等；二是环境污染问题日益突出，食品安全问题突显。如化肥、农药的滥用使农产品的农药、重金属等有害物质残留过多。不法分子用激素育肥畜禽，用“地沟油”炒菜，用甲醛浸泡海鲜，往食品中添加吊白块、苏丹红、三聚氰胺等有害物质，这些行为极大地危害了人们的身心健康。食品安全开始成为人们关注的焦点问题。

近年来，无污染、无残留的绿色食品普遍受到消费者的欢迎。绿色食品涉及饮料、蔬菜、果品和蛋奶四大类，除人工生产的各种绿色食品外，还包括野生的各种蔬果。后者更是成为广大食客追求的对象。有一则现代笑话对此有着深刻的反映：一男子携农村的妻子进城赴宴，上一道菜，妻子说一句“这菜，过去是喂猪的。”在上了十几道菜后，妻子对最后一道菜终于没有说“喂猪”，丈夫以为妻子对此道菜还算满意，却不料妻子评价道：“这菜，过去连猪都不吃！”可见，很多过去农村“喂猪”的蔬果已成为城市人喜爱的健康食品。

3. 创新菜肴面点层出不穷

黄河中游地区的饮食文化虽具有深厚的历史根基，但进入近代由于重视不够、观念陈旧，缺乏创新，其发展相对缓慢。改革开放后，随着物资短缺计划经济时代的结束，大众对菜肴面点的品种、花色、口味等的需求也越来越多，创新开发新的菜肴面点势在必行。一批研究型厨师积极适应餐饮业的这种新需求，以菜肴面点的创新为己任，不断推出新成果，推动了黄河中游餐饮业的健康发展。

陕西餐饮业在新秦菜的创新上颇下了一番工夫，成果显著。陕西省的省会西安曾是大唐帝国的都城，唐代饮食遗风处处可觅，陕西餐饮业也以仿唐菜的研发为己任，挖掘研制出“箸头春”等30多款仿唐菜，基本反映了唐代饮食文化的特有风韵。还开发出异彩纷呈的“饺子宴”。饺子宴共有108种不同馅料，风味、形状、制法各异，分为百花宴、牡丹宴、龙凤宴、宫廷宴、八珍宴五个档次。被宾客誉为“饺子大王”。

豫菜，鲜香清淡、四季分明、色形典雅、别具一格。但由于缺乏创新，20世纪80年代豫菜的影响持续下滑，中原大地上粤菜、川菜等外地菜馆如雨后春笋，豫菜却节节败退，几乎被粤菜、川菜挤出河南市场。20世纪90年代中期以来，河南餐饮业逐渐认识到创新豫菜的重要性，成立了豫菜文化研究会，大力推进豫菜研发，推出了一大批为普通百姓所喜闻乐见的新豫菜。在新豫菜的创新中，开封仿宋菜的研发取得了较大成果，展现了北宋都城东京汴梁（今开封）的历史风韵。开封市还把仿宋菜列入“宋都”特色饮食文化旅游开发项目。为弘扬中原传统饮食文化，郑州市还开办了首家烹饪书店。为厨师及广大家庭提供了阅读之便。

4. 各地饮食文化交流频繁

黄河中游地区位于中国的中部，是东西南北的交通要冲。改革开放后，该地区内部的饮食文化交流非常活跃，与外地的饮食文化交流也极其频繁。粤菜、川菜等外地菜馆如雨后春笋般纷纷落户，如河南郑州，仅2001年前4个月就有来自北京、广东、四川、上海、湖北等10多个省市的40多家餐饮机构落户该市。[1]从低价位的火锅、面食到大众化的家常菜，都成为这个地区的居民餐饮消费的好去处。

西安鼓楼夜市、开封鼓楼夜市等都以其独具特色的风味小吃驰名全国。在这些风味小吃中，有不少是外地的小吃，如新疆烤羊肉、北京切糕、天津凉团、山西刀削面、兰州拉面、浙江鸡丝馄饨、四川麻辣面等。为吸引外地风味小吃来开封落户，开封有关管理部门给予了许多方便和优惠政策，从而吸引来更多的各地美食。如新疆拉条子、天津煎饼果子、东北多味炒梅子等30多个地方风味小吃，使开封鼓楼夜市小吃的品种增加到1100余个。

黄河中游地区的饮食文化也积极谋求向外发展，如陕西名厨赴日本参加“大中国展”，进行饺子宴操作技术表演。在日本逗留的6天中，他们接待了32个国家和地区的食客，在东京掀起了一股中国饺子宴热。[2]以山西刀削面、西安羊肉泡馍等为代表的山、陕名食更是在全国遍地开花，使人们领略了中原面食文化的魅力。

图8-7 开封鼓楼夜市

①《河南日报》，2001年7月21日。

②薛麦喜主编：《黄河文化丛书·民食卷》，山西人民出版社，2001年。

5. 各种饮食文化节纷纷举办

改革开放后，特别近十几年来，各地纷纷举办名目繁多的饮食（美食）文化节。这些饮食文化节的旨趣和主题各异，有的以弘扬当地饮食文化为旨趣，如2007年西安举办的“大唐美食文化节”，2008年河南新郑举办的“饮食文化节”，2008年在山西太原举办的“中国·山西国际面食文化节”，2010年陕西临潼举办的“美食文化节”；有的是为了促进中外饮食文化交流，如2007年在陕西西安举办的“马来西亚美食文化节”，2009年在西安举办的首届“东南亚美食节”；有的以宣传某种特色食品为目的，如山西忻州市从2005年至2009年连续举办了五届“月饼文化节”；有的以展示烹饪技艺为主题，如2004年河南长垣举办的“中国（长垣）烹饪之乡国际美食节”，同年，陕西烹饪之乡蓝田也举办了“中国·西安蓝田美食美玉文化节”，在蓝田体育场隆重举办了烹饪技艺表演。还有为促进当地旅游经济的开发而举办的美食节，如少林寺所在的河南嵩县于2010年举办的“首届旅游饮食文化节”。

近年来，饮食文化节也开始走进大学校园，成为校园文化的一个组成部分。如2004年河南商业高等专科学校举办了“首届饮食文化节”，2005年河南师范大学举办了“首届大学生饮食文化节”，2006年郑州大学升达经贸管理学院举办了“第一届饮食文化节”，2007年洛阳工业高等专科学校举办了“首届大学生饮食文化节”，2009年洛阳理工学院举办了“首届饮食文化节”，2010年山西农业大学举办了“首届校园美食文化节”，使中国灿烂的饮食文化走到了莘莘学子的身边。

6. 节假日餐饮消费迅猛攀升

近代著名文人梁实秋先生说过，要想一天有事干，那你就请客。此话点出了在家宴请使主人不胜繁忙的缺陷。如今，经济条件较好的家庭过节假日，或亲朋好友聚会时多会选择到饭店、酒店消费，这已成为一种时尚。节假日成为活跃餐饮业的推动器。

以河南郑州市为例，1997年就有3家饭店推出了让市民到饭店过大年的家庭宴。为满足不同层次的消费者需求，郑州各大酒店还增加了娱乐功能，使消费者进餐娱乐兼得。有的饭店为客人推出了以友情、亲情、爱情为主题的爱心三部曲，包括“年年有余宴”“合家团圆宴”“和气生财宴”“甜甜蜜蜜宴”等，顾客可根据自己的不同需求选用适合自己的宴席。[1]这些节日家宴的主旨，高度契合了中国饮食文化中重亲情、尚和睦、求富足的核心思想，深得消费者的认可。

假日餐饮消费以家庭消费为主，饭店、酒楼收入的80%以上来自家庭消费。正是基于这种消费特点，不少饭店采取薄利多销的经营策略，推出价格在300~1000元的家庭套餐，较平时菜价下调了30%左右。菜价下调，收益并未减少，饭店、酒楼普遍可以在假日期间得到丰厚的回报。近年来，假日餐饮呈现出更为迅猛的发展势头，许多大中城市的年夜饭需提前一两月才能预订到。

7. 中、西快餐方兴未艾

随着人们生活节奏的加快，中、西快餐食品走入人们的生活。改革开放后，西式快餐店如肯德基、麦当劳、德克士、必胜客等纷纷进军中国餐饮市场。这些快餐店多分布在东部沿海及经济较发达的大中城市，它们规模大、资本雄厚、经营方式先进，以其味道独特的炸鸡、汉堡包等快餐食品、饮料以及较舒适的就餐环境吸引着众多善于接受新事物的年青一代。

这些西式快餐店也很快地进入了黄河中游地区，如1999年肯德基在河南开张了第一家快餐店，2001年麦当劳在陕西开张了第一家快餐店，至今晋、陕、豫各省的西式快餐店都已达到二三十家。

在西式快餐店的影响下，数量众多的中式快餐店纷纷开张，他们以经营传统小吃、日常食品为主，更能满足生活节奏较快的普通百姓的需求。目前，黄河中游地区的中式快餐店大多规模较小，多是传统饭馆吸收了西式快餐店的一些经营方式而成。这些中式快餐店不仅在中小城市广为经营，而且在一些生活节奏较快

---

①《河南日报》，2001年1月23日。

的农村也可觅见其踪迹。据报道，河南罗山县龙店乡的李湾村，发展了大小拱棚共2200个，供种植蔬菜，广大农民由于太忙不能按时吃饭，大人、小孩多以开水泡方便面充饥，且饥一顿饱一顿。一对村民夫妇在地头开了家快餐店。很快又有5家快餐店开业，生意红火。[①]农村的快餐业已初现曙光。

第三节　白酒领衔的酒文化

新中国时期，黄河中游地区的酒文化仍保持较高的水平。该地区酒类的生产和消费仍以白酒为主，是中国白酒的重要生产地区之一；不仅名酒众多，而且白酒的消费总量和人均消费量都居全国前列。与中国其他区域相比，黄河中游地区的人们仍然很重视饮酒礼仪，酒令文化长盛不衰，内容丰富多彩。

一、以白酒为主的生产、消费格局

新中国时期，黄河中游地区的酒类可分四大类：白酒、啤酒、果酒、黄酒。其中，白酒的生产和消费量都很大，啤酒、果酒的生产和消费呈上升状态，黄酒的生产、消费量一直较小。

1. 具有传统优势的白酒

在黄河中游地区，白酒的生产和消费量都很大，但各地的白酒生产和消费具体情况却不尽相同。

河南人口众多，人们又多喜饮白酒，是中国第一大白酒市场。河南本土的白酒品牌也不少，1989年中国第五次名酒评选中，宝丰酒、宋河粮液、张弓酒、仰

①《河南日报》，2001年1月7日。

韶酒进入17种国家名酒之列。20世纪90年代末期，河南白酒企业的发展遭到一些挫折，经过不懈努力，河南又恢复了白酒生产大省的地位，但与四川、贵州、山东等其他白酒强省相比，河南白酒在全国市场的影响力还较弱，基本上还没有形成品牌优势。

与河南白酒的群雄争霸不同，山西白酒基本上是“汾酒”一枝独秀。1949年6月，人民政府于以8000元的价格购买了原“晋裕汾酒公司”的全部资产，成立了“国营杏花村汾酒厂”。同年9月，第一批汾酒已作为首届中国人民政治协商会议的会议用酒。现已发展成为中国规模最大的白酒企业之一。在新中国成立后的历届中国名酒评选中，山西汾酒都名列其中。汾酒厂之外的山西其他白酒生产企业，产品销售多集中在当地的低端市场，总的来说，山西白酒在走出本省方面建树不多，但在当地却有较强的市场优势。

陕西有着深厚的酒文化底蕴，在改革开放之前，陕西就是中国白酒业比较发达的省份之一。尤其是“西凤酒”名列中国四大名酒之列（中国四大名酒为茅台

图8-8 “杏花村”古井文化园

酒、五粮液、汾酒和西凤酒），在全国享有很高声誉。改革开放之前陕西人基本上不喝外地酒，无论是城市，还是农村。改革开放后，尤其是近几年，陕西白酒生产逐渐落伍，所产白酒不是以供本省消费，于是外来酒迅速抢占了陕西市场。与山西白酒大多在省内销售相仿，除西凤酒、太白酒和杜康酒外，其他陕西白酒很少能够走出秦川大地。

2. 飞速发展的啤酒业

改革开放之前，黄河中游地区的啤酒生产尚处于空白状态，也很少有人消费啤酒。改革开放之后，人们逐渐认识并接受了啤酒，啤酒消费呈直线上升状态，近年来啤酒消费量以每年20%以上的速度增长。在炎热的夏季，啤酒已成为人们佐餐的主要酒类。但农村的啤酒消费水平仍然偏低，农村人口年均消费量不到6升，啤酒消费尚有巨大的提升空间。

黄河中游地区巨大的啤酒消费市场潜力，不仅吸引了诸多外地啤酒前来销售，也促进了本地区啤酒生产的迅速发展，但各省啤酒的生产状况不尽相同。

河南省的啤酒生产相对发达。几乎每个地级市都有一家以上的啤酒生家企业。但在产品结构等方面与发达地区比还有很大的差距，大多数啤酒产品仍以中低端市场为主，利润回报率低，缺少有核心的竞争力品牌。

陕西省的啤酒生产呈现“汉斯啤酒”一枝独秀的局面。汉斯啤酒在陕西的西安、安康、汉中、宝鸡、榆林设有5家工厂。在陕西市场，汉斯啤酒平均占有率为82%左右。

山西的啤酒生产较为落后，据山西省酿酒行业协会统计，山西全省年均消费啤酒超过50万吨，而全省啤酒年产、销售还不足15万吨，市场占有率不足三成，缺口甚大。山西的啤酒市场呈现外地啤酒咄咄逼人、本地啤酒节节萎缩的局面。

3. 发展潜力巨大的果酒

黄河中游地区的果酒生产历史悠久，但由于长期以来人们生活比较贫困，严重阻碍了果酒的生产与消费。改革开放后，尤其是20世纪90年代以来，随着人们物质生活水平的不断提高，果酒消费逐渐成为一种时尚，极大地促进了黄河中游地区的果酒生产，例如近年来陕西果酒的产量以每年40%～50%的速度在迅速增长。

在各类果酒中，葡萄酒的产量和消费量都居首位。黄河中游地区的葡萄酒主要产自晋中太原附近和豫东黄河故道的民权、兰考等地，比较有名的传统葡萄酒有山西清徐露酒厂生产的“锦林牌”白葡萄酒和河南民权葡萄酒厂生产的白葡萄酒、红葡萄酒。除葡萄外，黄河中游地区的人们还利用猕猴桃、柑柿、山楂、枣、桃、青梅、雪梨等酿酒。最有名者当属陕西的猕猴桃酒，年产量达5000吨以上，是全球最大的猕猴桃酒产地。

但黄河中游地区的果酒生产仍然面临着诸多问题。首先是缺乏在全国知名的品牌。其次是市场占有率低。在黄河中游地区果酒市场上，售卖的多是外地名酒。以陕西省会西安为例，张裕、王朝、长城三个外地品牌的葡萄酒占据了西安近90%的果酒市场。第三，受生产能力限制，经济前景不容乐观。以葡萄酒生产为例，以前大部分葡萄酒厂以生产低端的半汁葡萄酒为主。2003年在国家有关部门废止了半汁葡萄酒行业标准后，大多数葡萄酒生产厂家没有能力转产为市场前景较好的全汁葡萄酒面临尴尬的局面。有能力生产全汁葡萄酒的只是少数几家。

4. 黄酒产量较小

中国传统的黄酒酒精度数较低，酒性温和，香味浓郁醇厚，但在酒风甚烈的黄河中游地区，多数饮酒之人并不饮用黄酒，黄酒的消费对象主要是不善饮酒的妇孺老少。与江浙等南方省市相比较，黄河中游地区的黄酒生产并不发达，生产量较小，只有少数地方还保留有黄酒的生产工艺，特别是在一些乡村的乡民中还在使用古老的传统工艺酿造普通黄酒。乡民们多在每年的立冬之时取黍米、糯米浸透蒸熟，放入酒瓮中，添加凉开水，拌入红曲发酵，用酒耙上下搅动，一个月之后即可酿成。陕甘豫等地都有酿造。

陕西关中一带人们善酿“稠酒”。稠酒即古之“醪醴”，是陕西八大传统名贵

图8-9 镇平黄酒

特产之一，它状如牛奶，色白如玉，汁稠醇香，绵甜适口，是用糯米和小曲酿成的甜酒，酒精含量仅为15%左右。因其配有芳香的黄桂又称之为“黄桂稠酒”，也有称之为西安稠酒、陕西稠酒、贵妃稠酒的。陕南安康生产的“五里稠酒”很有名。

二、酒礼文化的传承

黄河中游地区是中华文明的发源地，一向重视饮酒礼仪。新中国成立后，这些酒俗、酒礼传统得到继承和发扬。

1. 饮酒重视席位

在黄河中游地区，饮酒首重席位，上座一定要让给长者或最尊贵的客人坐。上座的客人未到，酒宴一般是不会开始的。酒宴未开始之前，主人或其他的客人可以在座位上叙话闲谈。当上座的客人到时，都要站起表示欢迎。待上座的客人就座后，其他人方可就座。

在农村中，一般是在座北朝南的堂屋里宴客，宴客的桌子多为八仙方桌，每桌可坐八人。北方即为上座，东方为次座，其余为末座。也有的看厨房坐向，以厨房门所对的右侧为上座。还有看椅子距墙的远近，近的为上，远的为下。在城市，由于门的朝向各异，便以正好面对门的座位为上座。城市宴客多用圆桌，一般上座左侧为次座，右侧为三座，以此类推。

若酒宴为多席，则设有首席，农村的首席一般设在屋子的中央。城市的首席，一是安排在餐厅上方，面向众席，背向厅壁；二是将首席安排在众席中间。首席的上座必是最尊贵者，例如在陕北高原的婚宴中，首席设三个上座，左上右次，是介绍人和男女舅父的座位。一般每席八个人，首席坐不下的，再安排次席。

2. 酒过三巡的遗风

“三巡”饮酒礼仪在黄河中游地区仍然有其遗风。不过，现代的“三巡”实际上是人们共饮三杯，而不是传统的从小到大、由幼及长、从卑至尊的依次饮三杯。

现代饮酒流行的开始程序一般是：待所有客人入座，下酒的凉菜基本上齐之后，酒席的主持者或主人首先要说上几句祝酒词，说明请诸位饮酒的原因，然后提议大家共饮第一杯酒。同时大家一般要离席站起，互相碰杯，感谢主人的盛情邀请，然后坐下品尝菜肴，接着共饮第二杯酒。再次品尝菜肴后，共饮第三杯酒。

一般来说，第三杯酒一定要饮尽。因为饮尽第三杯酒，即意味着酒宴的开始阶段即将结束。所谓“酒过三巡、菜过五味”，酒宴将切入正题，进入敬酒阶段了。

3. 流行民间的敬酒礼俗

黄河中游地区的敬酒也多按“巡”进行，一般先由主人给座中最尊者敬酒。与南方长江流域的敬酒规矩不同，在黄河中游地区敬酒人并不喝酒，而是让被敬者饮酒。

敬第一杯酒之前，客人站起，把杯中酒的饮少许，称为“腾酒杯”。腾完酒杯，敬酒人说出敬酒的原因，或是欢迎，或是感谢，然后给被敬者斟上第一杯酒，一般要劝对方饮尽全杯，劝酒词也是丰富多彩、五花八门。饮完第一杯酒，敬酒人接着会说“好事成双”，再次给被敬者斟酒。饮尽第二杯酒后，敬酒人一般会让被敬者再饮一杯。若被拒，则会提议自己陪对方喝完第三杯酒。也有被敬酒者主动提议同饮第三杯酒的。

给第一位客人倒完酒后，依次再给第二位客人斟酒，直到给座中所有的人斟完为止。

4. 对“鱼头酒”的重视

在酒宴中，黄河中游地区的人们非常重视“鱼头酒”，它往往成为一次酒宴的高潮。

一般的情况是，在人们喝到酒酣之时，作为压桌大菜的红烧鲤鱼（或其他鱼肴）被服务人员恰如其时地献了上来了。训练有素的服务人员把盛有红烧鲤鱼的盘子放在桌面上，转动桌面使鱼头恰好对准席中最尊者。若桌面不能转动，则将盛有鱼的盘子直接放在最尊者的面前，鱼头对准最尊者。此时，谁也不准再转动桌面，正在进行敬酒或行酒令的也须暂停。

主人一般会按照“头三尾四”喝鱼头酒的规矩，先让鱼头对着的客人喝三杯酒，鱼尾对着的则陪客人喝四杯酒。由于鱼尾是分叉的，有时会对着两个人，这时喝鱼尾酒的将会是两个人。

如此下来，客人可能不胜酒力，故有些地区采取变通的方式，鱼头对着的客人只喝一杯鱼头酒，鱼尾对着的则陪喝一杯鱼尾酒。喝完鱼头、鱼尾酒，喝过鱼头酒的尊者往往夹取少许葱丝、芫荽等盖住鱼的眼睛，一边说“一盖不喝”，一边请人们共同品尝，遂不再强劝饮酒。

黄河中游地区的人们之所以如此重视喝鱼头酒，与当地的鲤鱼文化不无关系。鲤鱼是黄河中游地区的特产，肉质鲜美。在民间，鲤鱼跳龙门的故事广为流传，在人们的心目中，鲤鱼就是龙的化身。在婚庆喜宴等正式宴席上，压桌菜往往缺少不了红烧整条大鲤鱼。喝鱼头酒，寓有对鲤鱼格外看重的含义。在喝鱼头酒的过程中，又体现出对客人、尊者、长者的敬重。

三、长盛不衰的酒令习俗

敬酒完毕，若仍有酒兴，则进入酒令助酒阶段。如果说在“敬酒”阶段人们还尽量保持着拘谨的礼节的话，在酒令助酒阶段人们则可尽情痛饮。行酒令时，人们往往呼幺喝六，热闹非凡。热闹的饮酒场面，不免会影响到其他桌客人饮酒。为避免互相干扰，人们多喜欢在雅间内饮酒，这正是包括黄河中游地区在内的广大北方的饭店酒楼雅间众多的真正原因。在众多的酒令中，当属划拳最为流行。

划拳，又称猜枚、划枚、猜拳、拇战等。划拳是黄河中游流域的多数地区最为流行的酒令，娱乐性和技巧性均较高，划拳容易使人兴奋，非常有利于使宴饮气氛热烈，使宾主尽欢。

对于划拳所出的指头，不少地区也颇有讲究。如出一指时，要出大拇指，表示敬重对方。若出小拇指，则必须将小拇指竖着朝下。忌讳出食指表示一；出二指时，一般出大拇指及食指。若出大拇指及小指表示二时，则将大拇指朝上或指向对方。忌讳出食指和中指表示二。出三指、四指、五指或空拳时则不太讲究。

划拳中的酒令大多蕴含着丰富的民族文化心理，如“点子圆”寓意着事事圆满，“一心敬”表示敬重对方，“哥俩好”表现双方如兄弟般友好，“三星照”祝福对方吉星高照，“四季财”希望双方四季发财，“五魁首”祝福对方高中榜首，“六六顺”希望双方万事皆顺，“七个巧”寓意聪明巧慧，“八大仙”表达了对天界仙灵的心仪，“全来到”表现了对十全十美的生活向往。

第四节　文明高雅的茶文化

黄河中游地区并非中国茶叶的主要生产区，茶叶的消费量亦不甚大，但饮茶习俗早已深入到人们社会生活的各个方面，具有较深刻的文化内涵。

一、豫南、陕南的茶叶生产

黄河中游地区的产茶区面积较小，主要分布在豫南和陕南的亚热带地区。

豫南的信阳地区属大别山区，气候温暖湿润，适合茶树的生长。当地生产的毛尖茶，素以原料细嫩、制作精巧、色绿香高、味甘形美而闻名。“信阳毛尖”在中国国内声名遐迩，多次被评为中国“十大名茶”之一。信阳毛尖又以河南信阳县境内大别山区西部的“五山二潭”（即车云、集云、天云、云雾、云阳五山和黑龙潭、白龙潭）所产为佳。这里群山连绵，溪流密布，云雾缭绕，空气湿润，温度适宜，利于茶树生长。所出产的茶叶叶片鲜嫩肥厚，色泽碧绿，外形光圆细直，味道香醇，且有清心明目等作用。2009年《河南省食品工业调整振兴规划》提出，要重点发展茶饮料生产技术，提升信阳茶产业的发展水平，积极开发茶饮料。为信阳茶叶的进一步发展指明了道路。

陕南的紫阳、镇巴、西乡、平利、岚皋诸县亦产毛尖茶，以紫阳县所产为佳，称“紫阳毛尖”。它以品质优良的肥壮芽头为原料，外形美观，色泽碧绿，饮之鲜爽浓醇。

在黄河中游地区的广大暖温带地区不适合茶树的生长。民间多用树叶制作各种“粗茶”，如竹叶茶、柳叶茶、柿叶茶、艾叶茶等；也有用冬凌草、菊花、玫瑰花等制作“茶”的，如河南的鹤壁、济源，有加工“冬凌草茶”的习惯。鹤壁的冬凌草茶还被誉为“淇河三珍”之一，有抗菌消炎，清热解毒的功效。河南的焦作历来盛产菊花，是驰名中外的四大怀药之一（焦作元代时属怀庆路，明清时怀庆路改为怀庆府。四大怀药为山药、牛膝、地黄、菊花）。河南的开封更有“菊花之都”的美誉。焦作、开封等地的人们常把菊花晒干制作“菊花茶”，具有清热解毒、平肝明目的功效。

二、饮茶方式的嬗变

黄河中游地区的人们经常饮用的茶叶品种有绿茶、红茶和茉莉花茶。

20世纪80年代之前，“大碗茶”是人们喜爱的一种饮茶方式。茶摊比较灵活，一般没有固定的店铺，多设在人流集中的地方，如城市的车船码头、公园门前、乡间的大道两旁。每当盛夏，在树荫之下高搭凉棚，再放上几条凳子，专供路人小憩。中间桌上放一摞大海碗（也有放小饭碗、玻璃杯、罐头瓶的），上盖纱布，在大茶壶或茶桶里盛着消暑茶水，茶客可根据需要随喝随倒。不过，不少地方的大碗茶并不放茶叶，只是白开水或加入糖精的白开水而已。

20世纪80年代之后，随着人们工作节奏的加快，生活水平的提高，黄河中游地区的茶叶消费量开始增加，并且日趋高档化、方便化。人们不再只靠大碗茶解渴，速溶茶、袋泡茶已占有一定市场，瓶装的各种冰红茶、冰绿茶、茉莉蜜茶等茶饮料更是得到人们的青睐。

三、饮茶习俗的传承

黄河中游地区的人们有客来敬茶、以茶会友、以茶联谊的习俗，各地的饮茶习俗略有差异。客人来访，常以盖碗茶招待。其茶具又称“三炮台”，由茶碗、茶托、茶盖三件组成。泡好茶后须双手捧送给客人。客人饮茶时，常用碗盖刮去表层浮沫，边刮边喝边添沸水，故民间称“刮碗子”。如果客人想继续喝茶，则要保留杯中的残茶，主人将继续倒水，如果客人不想再喝，就将杯中残茶泼掉，主人就不再倒水了。

在黄河中游地区的不少乡间，招待客人的“茶”并不是真正的茶叶，而是只取“茶”名的饮料。如“鸡蛋茶”即是荷包蛋汤，一碗中一般要打三个或五个荷包蛋。忌讳碗中放两个荷包蛋，因为有骂人“二蛋”之嫌。在河南中北部的许多地方，请客人喝的“茶”普遍只是白开水而已。如果是贵客，或是自家的经济条件许可，则给客人喝红糖水或白糖水，称为“糖茶”。

把并不是茶的待客饮料称为“茶”，是黄河中游地区不少地方普遍的民俗现象，它是饮茶习俗的普遍化在茶原料的匮乏背景下产生出来的，它从一个侧面也反映出茶文化在该地区广大民间的深远影响。

待客之“茶”尚不是真茶叶，自饮之“茶”更多非真茶叶了。在黄河中游地区的不少乡间，农民尚有喝“粗茶”的习惯。制作“粗茶”的原料为各种树叶。农妇们把采集到的一些树叶用开水焯熟，置阴凉处晾干，一年四季用它泡水饮用。

农家喜喝“粗茶”的原因，一是受经济条件的限制，农民一般无力购买价格昂贵的茶叶；二是喝“粗茶”可以强体健身。农家“粗茶”的形式多种多样，人们根据粗茶原料的不同，给茶水冠以不同的名称，粗茶的来源多是常见的食物和植物叶子，人们利用它们的药性达到防病治病的目的，体现了中华民族自古以来“医食同源”的思想。如柳叶、竹叶茶可败火去毒；枣叶、苹果叶茶可养肝安神、敛汗化淤；柿叶茶含丰富的维生素C，可以治疗高血压；用菊花泡茶可以疏风清热，健脑安神；艾叶茶可温胃散寒，疏理气血；伤风感冒时，以姜茶祛风发汗；咳嗽时将白萝卜切成片熬水喝，可以止咳化痰，所以当地有“萝卜上了市，药铺关了门”的民谚；小孩出麻疹高烧不退，有经验的老人会煮上一碗芫荽（香菜）茶，利于孩子退烧去热，解表发汗；槐豆也是人们常喝的一种“粗茶”，每到秋天，槐树叶发黄飘落，树枝上只剩下一团团一簇簇的槐豆荚，人们把它采摘下来，上笼蒸熟，然后晒干，此茶可以凉血止血；夏天，农民下地干活，在烧开水时往锅里撒一把绿豆，叫做绿豆茶，喝它可以防暑降温，祛热败火。①

四、茶文化的现代化

1. 传统茶馆与现代茶艺馆

茶馆的多少亦能反映出一个地区茶文化的发达程度。在黄河中游地区的大小

① 刘晓航：《中原饭场与茶俗》，《农业考古》，2002年第2期。

城市，甚至部分乡村里，仍能见到传统茶馆的身影，城市老城区传统茶馆的数量可能更多一些。这些传统茶馆的名称不尽相同，除称茶馆外，有称茶社的，有称茶室的，还有称茶亭的。除饮茶这一基本职能外，传统茶馆还是人们娱乐消遣和信息交流的中心。在茶馆里，茶客们可以无所不谈，讲点人间善恶、打听市场行情等，纵论家事国事。

除传统茶馆外，近年来黄河中游地区的不少城市还开设了茶艺馆。茶艺馆布置得洁静优雅，无传统茶馆的大声喧哗，是会客商谈的良好场所。多数茶艺馆不仅售卖各种名茶，还提供多种茶艺表演，为宣扬博大精深的中国茶文化做出了贡献。

2. 茶话会与音乐茶座

现代人经常举行的“茶话会”和“音乐茶座”，也反映了茶文化已渗透到普通民众的意识深处。茶话会是一种简朴无华的社交性集会，它一般是指不提供餐饮的座谈会。在茶话会上，除提供茶水外，往往提供水果、零食点心，借以增添气氛。在提倡物质文明和精神文明的今天，喜庆佳节，以茶代酒，共祝良辰，互表心愿，意义是深远的。

音乐茶座是一种以品茶为主的文艺娱乐场所。其形式多种多样，内容丰富多彩，大都选择幽雅的场所，配以柔和多彩的灯光，以饮茶品点、欣赏音乐和舞蹈为主要内容。因为有了茶，使得音乐茶座更富魅力。①

第五节 影响广泛的饮食习俗

中国是一个古老的农耕大国，历史上并非始终丰衣足食，历朝历代常遇灾

① 薛麦喜主编：《黄河文化丛书·民食卷》，山西人民出版社，2001年。

荒，民间百姓饥馑度日，因此人们格外珍惜粮食、珍爱食物，也愿意用食物来表达心中的一切美好愿望。因此，在民间风俗中，“食俗”是最有特色的部分，贯穿在人们日常生活的方方面面。

新中国时期，黄河中游地区在传统的宴客、人生礼仪、宗教等方面的饮食习俗大多得到了传承，随着时代的发展和人们生活水平的提高，这些传统的饮食习俗也发生着变化，增添了不少新的时代内容。

一、尊老尚和的日常宴客食俗

黄河中游地区的民风古朴，人们多十分好客。由于位于中国传统文化的核心区，因此人们十分讲究尊老尚和的传统礼仪。宴客的上席（即首席）或上座，一定要给长者或最尊贵的客人坐。在陕南，年长者不仅要坐上座，第一杯酒也要先敬长者。全鸡菜或全鱼菜上桌，必须由长者先动筷子。这些习俗都是黄河中游地区人们尊老思想在饮食生活中的具体体现。在豫南一带的喜宴上，人们多以红色粉丝点缀，头道菜必须上鱼，以示吉祥如意；丧宴头碗菜必须上鸡，以示哀思。豫中地区的喜宴头道面点是油炸糖包，以示生活甜蜜，压桌菜是鸡汤。在豫南地区，当宾客用完饭后，要双手将筷子横平托起，环视席间并说“诸位请慢吃”，尔后将筷子放在左手一侧，以示吃好。

河南人凡遇红白喜事大多要宴请亲朋，其宴席的丰简须根据具体的经济条件而定，可分为“燕席”（“燕席”有的地方又称“参席”。一般而言，以燕窝菜领头者称“燕席”，以海参菜领头者称“参席”）和“水席”两种。“燕席”的酒菜、饭菜较丰。酒菜一般要有六荤六素，饭菜要多至十几道或二十几道。与“燕席”相比，“水席”较简，酒菜多是四荤四素，饭菜多为十大碗，一碗一碗陆续上。十大碗又称“十大件”，一般由鱼、鸡、牛肉、羊肉、猪肉等料做成。酒菜、饭菜的数目六、四、十等，有“六六大顺”“四平八稳”“十全十美”等含义，体现了人们追求顺利、平安、完美的心理。在河南各地还流行着“鸡不献头、鸭不献掌、鱼不献脊”之说，即整鸡菜肴在摆菜时，鸡头不要朝着主宾；上整鸭菜时，鸭掌不要朝着主宾；上整鱼时，鱼脊不要朝着主宾，要鱼头朝左，鱼腹朝向客人。菜肴中最宜观赏的部分要朝向主宾，如鸡、鸭等，其丰满的腹部为看面。有“寿”“喜”字样的造型菜，其字样正面为看面。

二、寓意深刻的人生礼仪食俗

1. 喜庆吉祥的婚嫁食俗

黄河中游地区的婚嫁食俗丰富多彩，但各地差异较大。

黄河中游地区普遍重视订婚。陕西武功流行“盒酒定亲”，即定亲时男方要送给女方两壶酒、八样菜，以示成双成对。酒、菜的倍数正好是十六，寓意二八女子已经到了出嫁的年龄。山西介休人订婚时，丈母娘一般以“猫耳朵”招待女婿，其意是让未来的姑爷（女婿）听话。定了亲的儿女亲家，逢年过节要携带礼物相互看望。对于前来看望的未来女婿或媳妇，对方一般要设宴款待。

陕西巴山人，在迎娶的前一天，新郎提前到女方去。新郎、新娘要一同入厨房做饭烧菜，让女方母亲休息。晚上设宴请女方母亲上坐，行跪拜礼后唱“感恩歌”，女方母亲在歌声中祝愿新人互敬互爱的同时，要饮下这杯情深意长的“离娘酒”。山西河曲人则以猪、羊各一，去碰女家大门，女家才送女过门。如果收不到“碰门猪羊”，女方可拒绝迎娶。

在整个婚礼中，枣、栗子、花生、桂圆等被广泛使用，多寓有“早立子”“早生贵子”“儿女双全”等意。在河南乡间，男子娶亲时，要准备猪肉、鲤鱼、莲藕、粉丝四样菜用礼盒（食盒）给女方送去，其中各有民俗含义。猪肉称为“礼肉”或“离娘肉”，肉的选择很有讲究，一般多为新鲜的生猪肋条肉和猪后腿。农户人家讲究数字吉利，送肋条肉时，肉块的大小以有6根肋骨为最好，取“六六大顺”立意。若是送猪后腿，必须是整腿赠送，不能切开。意即“有腿去有腿回”，表示两家以后将常来常往。鲤鱼最好送金色大鲤鱼，一般是作为三日后女方宴请媒人用的压桌菜。莲藕需送整挂的，不能有破损。由于“莲”通“联”字，故莲藕寓意两家联姻。同时，莲藕出淤泥而不染，具有君子之德，莲藕也寓意双方品性高洁。莲叶田田并生，祝福新婚夫妇琴瑟和鸣，比翼双飞。粉丝要送洁白的细粉丝，洁白象征着双方婚姻的洁白无瑕，长长的粉丝寓意婚姻久长。

陕西安康人在娶回新娘来到男方家门前时，两人各喝一杯酒后方能入门，入洞房进行“合卺”后要喝“和气伴汤”，意味着他们能和美生活一辈子。横山人则以“蒸儿女馍馍”，寓意早抱孙子。

农村婚宴尚多保持有传统古风，如男女分席而食等。城市婚宴则和全国其他区域大致相同，主婚人宣布新郎、新娘结为夫妇，婚宴即告开始，新郎、新娘在众宾客面前一般要喝交杯酒。在婚宴进行过程中，新郎、新娘要向众宾客逐一敬酒。

关中地区在婚礼的第二天还要让新娘当众擀面，要求“擀成一张纸，切成一条线”，之后客人还要品尝并予以评价，这样便形成“擀面看把式”的习惯。

结婚三日，新娘要携夫婿回娘家，称为“回门”。河南周口一带，新娘三日回门并不带新郎，而是娘家人专门派家族的叔叔、兄弟们到夫家去接，一般是六位。娘家的客人一到，即举行宴会。娘家人坐北面的主位，夫家陪客者一般也是六位，坐南面的末位。双方喝到酒酣，娘家客人始和新娘归去。

2. 尊重生命的催生、育儿食俗

在黄河中游地区的各种催生、育儿习俗中，饮食都有祝福孕妇顺产、婴儿健康成长的特定含义。在陕西安康地区，当妇女怀孕三个月时，人们要给她送“定胎蛋”。定胎蛋是8个煮熟的染红新鸡蛋。鸡蛋要装入木升中，用红纸封严，上写“贵”字。送定胎蛋时，还要给怀孕妇女说些祝愿话，希望胎儿健康成长。

在陕西长武等地，在女儿临产前，其母便带两个大烙饼、红裹肚来看她，祝愿女儿顺利分娩。在晋陕交界的韩城、河津等地，要送40~60个包馅的“角子”。因“角子”与“脚止”谐音，告诫女儿适当止住脚步安养胎气。还有娘家用手帕包的红包礼物，在包肉、菜的包中，由婆婆取出并切块分给邻居，并告诉街坊四邻自家的媳妇即将临产了。如不见临盆，便用枣和稠面制成油炸的“枣疙瘩”来催生。若是还不见动静，则要再送一次“蒸菜”。①

婴儿出生以后，婴儿的父亲会迫不及待地将喜讯告诉孩子的姥姥，称为“报喜”。报喜时要带上礼品，在开封一带，报喜时常带红鸡蛋。如果是男孩，要送六个或八个，还要在红鸡蛋的一头用墨点一个黑点，表示“大喜”。男孩送双数，预示孩子长大以后好找媳妇，和媳妇成双成对。若是生女孩，则红鸡蛋上不点黑点。送五个或七个等单数，表示“小喜”。也预示着女孩长大以后好找婆家。

在山西西部，流行让婴儿“尝五味”的风俗。人们让新生的婴儿舔食醋、盐、黄连、糖等味道强烈的食料，希望孩子知道以后人生道路曲折，就像这些味道一样酸甜苦咸俱全。

新生儿满月时，黄河中游地区的多数地方都有“瞧月子”的习俗，以庆贺新生儿满月。“瞧月子”所用的食品更具有象征意义。如陕西潼关一带，人们用面粉制成菊花、梅花、海棠、菱角、葫芦、蝴蝶、白兔、小猫、小狗等状的馍，当地人称“扎牙馍”，成为满月后婴儿的礼品，并戴在孩子脖子上祝愿婴儿早长牙齿。在陕西凤翔，有母亲给初为人母的女儿送“奶馍”的风俗。“奶馍”实为一个蒸馍，让女儿揣在怀里，祝愿她奶汁丰盈。娘家人还要送用圆竹笼装的100个油饽饽馍、2斤红糖、20个鸡蛋等食品。孩子满月，主人要招待来宾两顿饭，还要回赠25个蒸馍、25根麻糖（油条）庆贺孩子满月，很是隆重。②

为了保佑婴儿健康成长，河南民间有给孩子吃“百家饭”的风俗。意在为孩子广求保护、无病无灾。农历正月初一那天，爷爷要抱着未满周岁的孙子挨户“讨饭”。以乞讨到100家为宜，将讨来的馍、菜、米等烩煮成稀饭给孩子吃。吃过百家饭后，孩子的奶奶要蒸100个铜钱大小的麦面馍，用篮子挎上，沿村庄或街道送给遇到的小孩吃，此俗称为“嚼灾”。祈盼自家的孩子得到大家的帮助，把孩子日后一生中所遇到灾难都嚼完，使孩子平安健康地长大成人。这种习惯在

① 薛麦喜主编：《黄河文化丛书·民食卷》，山西人民出版社，2001年。
② 薛麦喜主编：《黄河文化丛书·民食卷》，山西人民出版社，2001年。

民间具有一定的广泛性，所以不管认识与否，凡是遇上“讨饭”的祖孙，人们都会慷慨相送，凡遇上发馍的老太太，人们也都乐意收下。

3. 延年益寿的祝寿食俗

黄河中游地区的人们习惯把六十岁作为祝寿的起点，故民间有“不到花甲不庆寿”的说法。人们把六十岁以后的每十年称为“大寿”，六十岁以后的每五年称作“小寿”。祝寿这天的早餐，寿星老人一定要吃鸡蛋。鸡蛋煮熟后用凉水冰过，老人拿在手里双手对揉。这种举动，称为“骨碌运气”，据说吃了滚过运气的鸡蛋可除百病，去晦气，交好运。祝寿时都要吃长寿面，出嫁的女儿要给父母送寿糕、寿桃。在黄河中游地区，不少地方的长寿面长三尺，一百根一束，并盘成塔形，表面用镂花的红绿纸束裹。在山西霍州一带，流行“抢寿馍”的习俗。抢馍的人大多是十七八岁的年轻人，据说抢得多的人就能像“寿星”一样长寿。

当父母到了六十六、七十三、八十四的年龄，女儿给父母的寿礼就特殊了。

六十六，是寿俗中最为隆重的一次。因为这个年龄占了两个六字，按中国的风俗习惯，象征着“六六大顺”。河南汉族中流行着“六十六，娘吃闺女一块肉”的说法。父母六十六岁生日那天，出嫁的闺女要回娘家给父母拜寿，寿礼必须是一块猪肉。这块肉，象征着女儿是父母身上的一块肉。女儿长大了，在父母六六大顺之时要报答父母的养育之恩。这一天买的肉，必须是一刀割下来，有多少是多少，不许再添减，更不能讨价还价，之后全部送给父母，以表示闺女对老人的敬意。

七十三、八十四是老人的忌年，豫北称它为“循头年”。因为圣人孔子活了七十三岁，亚圣孟子活了八十四岁。人们认为自己的年龄是不应超过孔孟的，故民间有“七十三，八十四，阎王不叫自己去”的说法。每当老人到了这两个年龄，心情都非常紧张。当父母到这个年龄的时候，做儿女的要帮助老人渡过难关。父母生日时，子女们要买一条大活鲤鱼让老人吃。人们认为鲤鱼善“窜”（向上跳），鲤鱼一“窜”，老人就算过了这一关，之后就会太平无事了。在豫南有些地方，要把寿鱼放在锅里整个炖，炖鱼时不能翻动，待鱼汤煮成白色、鱼肉全煮化时，将鱼汤盛出让老人喝掉，然后小心翼翼地把鱼骨架放在村中的河里顺水漂走，认为这样老人的灾祸就可免除了。在豫北，女儿要在父母“循头年”的时候，选择农历立春的早晨天色未亮时，以满怀祝愿的心情，将亲手煮的两个熟鸡蛋拿到麦场上，骨碌上几圈后，再让父亲或母亲悄悄吃掉。预示父母在神不知鬼不觉的时候，就会像鸡蛋滚麦场一样，顺顺当当度过“循头年”。

4. 寄托哀思的丧吊食俗

在丧吊活动中，饮食多含有丰富的寓意。在山西晋中一带，家中若是有人故去，马上就要蒸“下气馒头”献于灵前，以免故人空腹上路。在晋中、晋东南地区，则做“米面洞洞”并装上五谷做祭品，表示亡人有粮仓可享用。在山西的多数地方，献于灵前的祭品为空心大馒头。这些大馒头多以碗背为“托模”塑形蒸制。馒头上层还要用染好的五色面做成各种花卉、动物装饰。在陕西澄城，祭奠的人家要蒸一个30斤重的桃子形大馒头，上面插有各色纸、面花等饰物，还有“二十四孝”的人物造型，当地称“插花大奠馍”。这些都是为表达生者对死者及家族的深切悼念和关怀安慰。[1]

家中有老人故去时，或停三日、五日，或停七日，接受亲朋吊唁，民间称之为“吊孝”。在黄河中游的一些地区仍保留有吊孝者赞助丧家食物的美俗。如陕西扶风等地，如遇有亲朋好友家办丧事，都要做六碗、九碗的荤素菜肴装入木箱中抬送，以此来表示对死者生前的怀念及对亲人的安慰。而安康一带的“提汤”则是邻里乡亲把一些熟食送丧主，以劝慰主人进食和款待来客。晋中一带有分吃馒头的习俗，是在丧家回赠亲朋时以小馒头和切片的馒头为礼，人们认为如果亡者是高寿人，吃了丧家的馒头可长寿。

而在黄河中游的多数地区，主人对吊孝者多留饭款待，其饮食各地有异，如河南林县多吃大锅烩菜、大米或馒头。在河南周口，人们多在出殡（下葬）当日的上午来吊孝，主家以八人一桌的“流水席”招待，男女不同席。主食为馒头，

---

① 薛麦喜主编：《黄河文化丛书·民食卷》，山西人民出版社，2001年。

菜肴中亦有肉，多数地方不许饮酒。也有少数地方，每桌提供一壶酒，但只许“闷喝”，不许敬酒，不许行酒令。

也有些地方对吊孝者并不在当日款待，而是待安葬之后数日专门安排“谢孝”宴进行款待。在谢孝宴上，主家要对客人在丧葬期间的帮忙表示感谢。如今，多数“谢孝”宴已允许客人喝酒，但不许敬酒和行酒令。

三、特色独具的宗教信仰食俗

在黄河中游地区比较有特色、影响较大的宗教信仰食俗有吃斋的佛教食俗和崇尚“清真”的穆斯林食俗。

1. 吃斋的佛教食俗

佛教对黄河中游地区的饮食文化影响很深，直到今天黄河中游地区的人们仍有不少吃斋信佛者，在山区的农村吃斋信佛更为普遍。

佛教的吃斋，不仅要禁食各种肉食，而且也要禁食葱、姜、蒜等有刺激性气味的蔬菜。但民间的信佛“吃斋”，多仅局限于禁食各种肉食。也有吃“花斋”的，即每个月固定几日不吃肉食。由于吃肉的日子和不吃肉的日子相互间隔，故称为“花斋”。吃花斋者，多为乡间初信佛教的居士（在家信佛不出家者）。

居士的吃花斋行为并不能简单地从宗教信仰的虔诚度来考察，因为一个家庭可能有人信佛，有人并不信佛。一个家庭成员由于信佛不吃肉食，可能会影响到全家的饮食。由于信佛者往往又是家庭中的老人，这种情况对全家人的饮食影响可能就更大一些。吃花斋在汉传佛教中是被允许的，可以说它是一种宗教与世俗相互妥协的产物，既照顾了信佛人的宗教信仰，又照顾了不信佛人的肉食需求。

当然，吃花斋居士的吃肉行为属于借光吃肉性质，吃的肉是“三净肉”，即不是自己宰杀的，不是自己让别人宰杀的，不是自己亲见或亲闻宰杀的。

2. 崇尚“清真”的穆斯林食俗

在黄河中游地区，特别是沿黄河一线的城市乡村，有不少信奉伊斯兰教的回族穆斯林。在回族人口比较集中的城市设有专区，如河南洛阳的瀍（chán）河回族区、郑州的管城回族区、开封的顺河回族区等。

黄河中游地区穆斯林的饮食习俗与全国其他地区穆斯林的饮食习俗差异不大，崇尚“清真”（洁净而不杂）。主食以米、面、杂粮为主，基本上和当地汉族群众相同。不同之处主要是在对肉食的选择上，穆斯林只食牛羊肉和鸡、鸭、有鳞鱼等，禁食猪肉，禁酒。对于牛、羊、鸡、鸭等可食家畜、家禽，又认为非阿訇（hōng，伊斯兰教教职人员）念经而亲手屠宰者为不洁，亦不食。牛羊与家禽的脑和血液亦为不洁之物，也要禁食。

黄河中游地区穆斯林的传统食品有油香、三角、馓子等。油香有大小、甜咸之分。三角分肉馅、素馅、糖馅等多种。油香与宗教活动有关，不能亵渎。家里若有祭祀等重大活动，常以油香分赠亲友邻里。

“阿舒拉节”（又称阿木拉节，回历元月十日）时，各清真寺往往用各种杂粮和牛羊肉熬成粥——阿舒拉饭，免费赠送穆斯林。清真寺也常举办“烧卖会”，由穆斯林分期集资，预订所需烧卖的份数，定期一次领取。

河南开封一带的回民，有在宴会后“捎包”的习俗。参加宴会的人，当端上比较好的肉菜时，要掰开几个馒头，夹进几块肉，用手巾等物包起来，待宴会散后捎回家，给家里的老人或没参加宴会的人吃。

参考文献※

一、古籍文献

[1] 论语. 十三经注疏本. 北京：中华书局，1980.

[2] 礼记. 十三经注疏本. 北京：中华书局，1980.

[3] 左传. 十三经注疏本. 北京：中华书局，1980.

[4] 韩非子. 诸子集成本. 北京：中华书局，1980.

[5] 不著撰人. 重广补注黄帝内经素问. 王冰，注. 四部丛刊本. 上海：上海书店，1989.

[6] 战国策. 上海：上海古籍出版社，1985.

[7] 吕不韦. 吕氏春秋. 诸子集成本. 北京：中华书局，1986.

[8] 刘熙. 释名. 四部丛刊本. 上海：上海书店，1985.

[9] 史游. 急就篇. 四部丛刊本. 上海：上海书店，1985.

[10] 司马迁. 史记. 北京：中华书局，1982.

[11] 氾胜之. 氾胜之书辑释. 万国鼎，辑释. 北京：中华书局，1957.

[12] 班固. 汉书. 北京：中华书局，1962.

[13] 世本八种. 宋衷，注. 秦嘉谟，等，辑. 北京：中华书局，2008.

[14] 许慎. 说文解字. 北京：中华书局，1963.

[15] 三辅黄图校释. 何清谷，校释. 北京：中华书局，2005.

[16] 陈寿. 三国志. 北京：中华书局，1959.

[17] 葛洪. 抱朴子. 诸子集成本. 北京：中华书局，1986.

[18] 范晔. 后汉书. 北京：中华书局，1965.

[19] 刘义庆. 世说新语. 北京：中华书局，2004.

[20] 萧统. 文选. 北京：中华书局，1977.

[21] 贾思勰. 齐民要术校释. 缪启愉，校释. 北京：农业出版社，1982.

[22] 郦道元. 水经注校正. 陈桥驿，校正. 北京：中华书局，2007.

※ 编者注：本书“参考文献”，主要参照中华人民共和国国家标准GB/T 7714-2005《文后参考文献著录规则》著录。

[23] 杨衒之．洛阳伽蓝记校笺．杨勇，校笺．北京：中华书局，2006.
[24] 魏收．魏书．北京：中华书局，1974.
[25] 李百药．北齐书．北京：中华书局，1972.
[26] 白居易．白氏长庆集．上海：上海古籍出版社，1994.
[27] 段成式．酉阳杂俎．四部丛刊本．上海：上海书店，1985.
[28] 房玄龄．晋书．北京：中华书局，1974.
[29] 李吉甫．元和郡县图志．北京：中华书局，1983.
[30] 李延寿．北史．北京：中华书局，1974.
[31] 李肇．唐国史补．上海：上海古籍出版社，1979.
[32] 令狐德棻．周书．北京：中华书局，1971.
[33] 刘禹锡．刘禹锡集．上海：上海人民出版社，1975.
[34] 陆羽．茶经．丛书集成初编本．北京：中华书局，2010.
[35] 孟诜，张鼎．食疗本草．谢海洲，等辑．北京：人民卫生出版社，1984.
[36] 欧阳询．艺文类聚．上海：上海古籍出版社，1982.
[37] 孙思邈．备急千金要方．北京：人民卫生出版社，1955.
[38] 王谠．唐语林．上海：上海古籍出版社，1978.
[39] 王定保．唐摭言．上海：上海古籍出版社，1978.
[40] 姚思廉．梁书．北京：中华书局，1973.
[41] 刘昫，等．旧唐书．北京：中华书局，1975.
[42] 蔡絛．铁围山丛谈．北京：中华书局，1983.
[43] 陈岩肖．庚溪诗话．四库全书本．北京：商务印书馆，2005.
[44] 陈直．养老奉亲书．四库全书本．北京：商务印书馆，2005.
[45] 丁传靖．宋人轶事汇编．北京：中华书局，2003.
[46] 窦苹．酒谱．四库全书本．北京：商务印书馆，2005.
[47] 范仲淹．范文正公集．四库全书本．北京：商务印书馆，2005.
[48] 方勺．泊宅编．北京：中华书局，1983.
[49] 费衮．梁溪漫志．四库全书本．北京：商务印书馆，2005.
[50] 高承．事物纪原．四库全书本．北京：商务印书馆，2005.
[51] 韩琦．安阳集编年笺注．李之亮，徐正英，笺注．成都：巴蜀书社，2000.
[52] 洪皓．松漠纪闻．四库全书本．北京：商务印书馆，2005.

[53] 黄朝英. 靖康缃素杂记. 四库全书本. 北京：商务印书馆，2005.
[54] 李焘. 续资治通鉴长编. 上海：上海古籍出版社，1986.
[55] 李昉. 太平广记. 北京：中华书局，1961.
[56] 李昉. 太平御览. 北京：中华书局，1960.
[57] 李纲. 济南集. 四库全书本. 北京：商务印书馆，2005.
[58] 李纲. 梁溪集. 四库全书本. 北京：商务印书馆，2005.
[59] 林洪. 山家清供. 丛书集成初编本. 北京：中华书局，2010.
[60] 陆游. 老学庵笔记. 北京：中华书局，1979.
[61] 吕南公. 灌园集. 四库全书本. 北京：商务印书馆，2005.
[62] 吕希哲. 吕氏杂记. 四库全书本. 北京：商务印书馆，2005.
[63] 罗大经. 鹤林玉露. 北京：中华书局，1983.
[64] 梅尧臣. 梅尧臣集编年校注. 朱东润，校注. 上海：上海古籍出版社，2006.
[65] 孟元老. 东京梦华录. 北京：文化艺术出版社，1998.
[66] 欧阳修. 文忠集. 四库全书本. 北京：商务印书馆，2005.
[67] 确庵，耐庵. 靖康稗史笺证. 北京：中华书局，1988.
[68] 邵伯温. 邵氏闻见录. 北京：中华书局，1983.
[69] 沈括. 梦溪笔谈. 上海：上海出版公司，1956.
[70] 释晓莹. 罗湖野录. 四库全书本. 北京：商务印书馆，2005.
[71] 司马光. 温国文正司马公文集. 四部丛刊本. 上海：上海书店，1985.
[72] 苏轼. 东坡全集. 四库全书本. 北京：商务印书馆，2005.
[73] 苏轼. 东坡志林. 北京：中华书局，1981.
[74] 苏轼. 苏轼集. 北京：国际文化出版公司，1997.
[75] 苏辙. 栾城集. 四库全书本. 北京：商务印书馆，2005.
[76] 唐慎微. 重修政和证类备用本草. 四部丛刊本. 上海：上海书店，1985.
[77] 陶穀. 清异录：饮食部分. 北京：中国商业出版社，1985.
[78] 王安石. 临川集. 四库全书本. 北京：商务印书馆，2005.
[79] 王怀隐. 太平圣惠方. 北京：人民卫生出版社，1958.
[80] 王明清. 挥麈后录余话. 上海：上海书店出版社，2001.
[81] 王应麟. 玉海. 扬州：广陵书局，1997.
[82] 吴自牧. 梦粱录. 北京：文化艺术出版社，1998.

[83] 姚宽. 西溪丛语. 北京：中华书局，1993.
[84] 王禹偁. 东都事略. 四库全书本. 北京：商务印书馆，2005.
[85] 曾敏行. 独醒杂志. 四库全书本. 北京：商务印书馆，2005.
[86] 张端义. 贵耳集. 四库全书本. 北京：商务印书馆，2005.
[87] 张杲. 医说. 四库全书本. 北京：商务印书馆，2005.
[88] 张耒. 柯山集. 四库全书本. 北京：商务印书馆，2005.
[89] 张舜民. 画墁录. 四库全书本. 北京：商务印书馆，2005.
[90] 赵佶. 大观茶论. 四库全书本. 北京：商务印书馆，2005.
[91] 郑獬. 郧溪集续补. 四库全书本. 北京：商务印书馆，2005.
[92] 周辉. 清波别志. 四库全书本. 北京：商务印书馆，2005.
[93] 周辉. 清波杂志. 北京：中华书局，1994.
[94] 朱熹. 四书章句集注. 上海：上海古籍出版社. 安徽：安徽教育出版社，2001.
[95] 朱熹. 五朝名臣言行录. 四部丛刊本. 上海：上海书店，1985.
[96] 庄绰. 鸡肋编. 北京：中华书局，1983.
[97] 刘祁. 归潜志. 四库全书本. 北京：商务印书馆，2005.
[98] 宇文懋昭. 大金国志校正. 北京：中华书局，1986.
[99] 官修. 元典章. 影印元刻本. 台北：台湾“故宫博物院”，1972.
[100] 忽思慧. 饮膳正要. 四部丛刊本. 上海：上海书店，1985.
[101] 陶宗仪. 南村辍耕录. 北京：中华书局，1997.
[102] 陶宗仪. 说郛. 上海：上海古籍出版社，1988.
[103] 脱脱，等. 金史. 北京：中华书局，1975.
[104] 脱脱，等. 宋史. 北京：中华书局，1985.
[105] 王祯. 农书. 四库全书本. 北京：商务印书馆，2005.
[106] 佚名. 居家必用事类全集. 京都：京都株式会社中文出版社，1984.
[107] 元好问. 续夷坚志. 北京：北京出版社，中华书局，1986.
[108] 高濂. 遵生八笺. 成都：巴蜀书社，1988.
[109] 顾起元. 客座赘语. 北京：中华书局，1997.
[110] 顾元庆. 茶谱. 续四库全书本. 上海：上海古籍出版社，2002.
[111] 郭勋辑. 雍熙乐府. 上海：上海出版社. 上海：上海书店，1985.
[112] 何良俊. 四友斋丛说. 北京：中华书局，1959.

[113] 江瓘. 名医类案. 四库全书本. 北京：商务印书馆，2005.
[114] 李时珍. 本草纲目. 北京：人民卫生出版社，2004.
[115] 刘基. 多能鄙事. 上海：上海古籍出版社，1995.
[116] 沈德符. 万历野获编. 北京：中华书局，1959.
[117] 宋濂，等. 元史. 北京：中华书局，1976.
[118] 田艺衡. 煮泉小品. 生活与博物丛书：饮食起居编. 上海：上海古籍出版社，1993.
[119] 屠隆. 茶说. 茶书全集：乙种本.
[120] 文震亨. 长物志. 重庆：重庆出版集团，2008.
[121] 徐光启. 农政全书. 四库全书本. 北京：商务印书馆，2005.
[122] 薛冈. 天爵堂文集笔余. 明史研究论丛：第5辑. 南京：江苏古籍出版社，1991.
[123] 佚名. 如梦录. 郑州：中州古籍出版社，1984.
[124] 张源. 茶录. 茶书全集：乙种本.
[125] 周高起. 阳羡茗壶系. 北京：学苑音像出版社，2004.
[126] 曹寅，等. 全唐诗. 北京：中华书局，1960.
[127] 陈梦雷. 古今图书集成. 北京：中华书局. 成都：巴蜀书店，1985.
[128] 陈世元. 金薯传习录. 北京：农业出版社，1982.
[129] 陈元龙. 格致镜原. 四库全书本. 北京：商务印书馆，2005.
[130] 福格. 听雨丛谈. 北京：中华书局，1984.
[131] 黄宗羲. 思旧录. 刻本，1910（清宣统二年）.
[132] 李鸿章. 光绪畿辅通志. 石家庄：河北人民出版社，1985.
[133] 梁章巨. 浪迹续谈. 续四库全书本. 上海：上海古籍出版社，2002.
[134] 刘锷. 铁云藏龟. 续四库全书本. 上海：上海古籍出版社，2002.
[135] 罗振玉. 殷墟书契前编. 影印本. 上虞：罗氏永慕园，1912（民国元年）.
[136] 王先谦. 东华续录. 上海：上海古籍出版社，2008.
[137] 吴其浚. 植物名实图考. 北京：商务印书馆，1957.
[138] 徐珂. 清稗类钞. 北京：中华书局，1984.
[139] 徐松辑. 宋会要辑稿. 影印本. 北京：国立北平图书馆，1936（民国二十五年）.
[140] 薛宝辰. 素食说略. 北京：中国商业出版社，1984.
[141] 杨屾. 豳风广义. 北京：农业出版社，1962.

[142] 袁枚. 随园食单. 扬州：广陵书社，1998.

[143] 张履祥. 补农书. 续四库全书本. 上海：上海古籍出版社，2002.

[144] 张宗法. 三农记//任继愈. 中国科学技术典籍通汇：农学卷四. 郑州：河南教育出版社，1993.

[145] 隋树森. 元曲选外编. 北京：中华书局，1980.

[146] 丁世良，赵放. 中国地方志民俗资料汇编：华北卷. 北京：书目文献出版社，1989.

[147] 丁世良，赵放. 中国地方志民俗资料汇编：中南卷. 北京：书目文献出版社，1991.

二、现当代著作

[1] 宿白. 白沙宋墓. 北京：文物出版社，1957.

[2] 中国农业科学院南京农学院中国农业遗产研究室. 中国农学史初稿：上册. 北京：科学出版社，1959.

[3] 梁思永. 梁思永考古论文集. 北京：科学出版社，1959.

[4] 马克思，恩格斯. 马克思恩格斯全集：第20集. 第2版. 北京：人民出版社，1962.

[5] 郭宝钧. 中国青铜器时代. 北京：三联书店，1963.

[6] 陕西省考古研究所. 陕西出土商周青铜器：一. 北京：文物出版社，1979.

[7] 郭沫若. 甲骨文合集. 北京：中华书局，1979.

[8] 闪修山，等. 南阳汉代画像石刻. 上海：上海人民美术出版社，1981.

[9] 郭宝钧. 商周铜器群综合研究. 北京：文物出版社，1981.

[10] 季康. 晋裕汾酒有限公司//山西省政协文史资料研究委员会. 山西文史资料：第16辑. 太原：山西人民出版社，1981.

[11] 张光直. 中国古代饮食和饮食具//中国青铜器时代. 北京：三联书店，1983.

[12] 张舜徽. 说文解字约注. 郑州：中州书画社出版社，1983.

[13] 郭宝钧. 青铜器时代人们的生活//中国青铜器时代. 北京：三联书店，1983.

[14] 彭松. 中国舞蹈史：秦汉魏晋南北朝部分. 北京：文化艺术出版社，1984.

[15] 吕思勉. 中国制度史. 上海：上海教育出版社，1985.

[16] 林剑鸣. 秦汉社会文明. 西安：西北大学出版社，1985.

[17] 周到，等. 河南汉代画像砖. 上海：上海人民美术出版社，1985.

[18] 高炜. 陶寺龙山文化木器的初步研究——兼论北方漆器起源问题//中国考古学研究：第二集. 北京：科学出版社，1986.

[19] 王仁兴. 中国年节食俗. 北京：旅游出版社，1987.

[20] 胡山源. 古今酒事. 上海：上海书店，1987.

[21] 捷平. 酒香翁杨得龄与老白汾//山西省政协文史资料研究委员会. 山西文史资料：第58辑. 太原：山西人民出版社，1988.

[22] 中国食品出版社. 中国酒文化和中国名酒. 北京：中国食品出版社，1989.

[23] 姚伟钧. 中国饮食文化探源. 南宁：广西人民出版社，1989.

[24] 赵荣光. 中国饮食史论. 哈尔滨：黑龙江科技出版社，1990.

[25] 王力. 劝菜//韦君. 学人谈吃. 北京：中国商业出版社，1991.

[26] 夏丏尊. 谈吃//韦君. 学人谈吃. 北京：中国商业出版社，1991.

[27] 王玲. 中国茶文化. 北京：中国书店，1992.

[28] 王森泉，屈殿奎. 黄土地风俗风情录. 太原：山西人民出版社，1992.

[29] 王仁湘. 饮食与中国文化. 北京：人民出版社，1993.

[30] 王学泰. 华夏饮食文化. 北京：中华书局，1993.

[31] 陈伟明. 唐宋饮食文化初探. 北京：中国商业出版社，1993.

[32] 杜金鹏，等. 中国古代酒具. 上海：上海文化出版社，1995.

[33] 宋镇豪. 夏商社会生活史. 北京：中国社会科学出版社，1995.

[34] 谢弗. 唐代的外来文明. 吴玉贵，译. 北京：中国社会科学出版社，1995.

[35] 王子辉. 中国饮食文化研究. 西安：陕西人民出版社，1997.

[36] 关立勋. 中国文化杂说. 北京：北京燕山出版社，1997.

[37] 黎虎. 汉唐饮食文化史. 北京：北京师范大学出版社，1998.

[38] 王崇熹. 乡风食俗. 西安：陕西人民教育出版社，1999.

[39] 姚伟钧. 中国传统饮食礼俗研究. 武汉：华中师范大学出版社，1999.

[40] 李肖. 论唐宋饮食文化的嬗变. 首都师范大学1999届中国古代史博士学位论文.

[41] 王利华. 中古华北饮食文化的变迁. 北京：中国社会科学出版社，2000.

[42] 陈诏. 中国馔食文化. 上海：上海古籍出版社，2001.

[43] 姚伟钧，等. 国食. 武汉：长江文艺出版社，2001.

[44] 薛麦喜. 黄河文化丛书：民食卷. 太原：山西人民出版社，2001.

[45] 王赛时. 唐代饮食. 济南：齐鲁书社，2003.
[46] 郭孟良. 中国茶史. 太原：山西古籍出版社，2003.

三、期刊、报纸

[1] 陈梦家. 殷代铜器. 考古学报，1954（7）.
[2] 黄士斌. 洛阳金谷园汉墓中出土有文字的陶器. 考古通讯，1958（1）.
[3] 河南省文化局文物工作队一队. 郑州南关外北宋砖室墓. 文物考古资料，1958（5）.
[4] 山西省文管会，山西考古所. 山西文水北峪口的一座古墓. 考古，1961（3）.
[5] 段仲熙. 说醻. 文史，1963（3）.
[6] 河南省文化局文物队. 郑州二里岗的一座汉代小砖墓. 考古，1964（4）.
[7] 贺宝官. 洛阳老城西北郊81号汉墓. 考古，1964（8）.
[8] 秀生. 山西长治李村沟壁画墓清理. 考古，1965（7）.
[9] 竺可桢. 中国近五千年来气候变迁的初步研究. 考古学报，1972（1）.
[10] 陕西省博物馆，陕西省文管会. 米脂东汉画像石墓发掘简报. 文物，1972（3）.
[11] 咸阳市博物馆. 陕西咸阳马泉西汉墓. 考古，1979（2）.
[12] 王仁湘. 新石器时代葬猪的意义. 文物，1981（2）.
[13] 中国社科院考古研究所，临汾地区文化局. 1978—1980年山西襄汾陶寺墓地发掘简报. 考古，1983（1）.
[14] 洛阳市文物工作队. 洛阳金谷园车站11号汉墓发掘简报. 文物，1983（4）.
[15] 李春棠. 从宋代酒店茶坊看商品经济发展. 湖南师院学报，1984（3）.
[16] 马世之. 王子婴次炉为炊器说. 中国烹饪，1984（4）.
[17] 周荔. 宋代的茶叶生产. 历史研究，1985（6）.
[18] 王慎行. 试论周代的饮食观. 人文杂志，1986（5）.
[19] 夔明. 饆饠考. 中国烹饪，1988（7）.
[20] 王仁湘. 中国古代进食具匕箸叉研究·匕篇. 考古学报，1990（3）.
[21] 李华瑞，张景芝. 宋代榷曲、特许酒户和万户酒制度简论. 河北大学学报，1990（3）.
[22] 闵宗殿. 海外农作物的传入和对我国农业生产的影响. 古今农业，1991（1）.
[23] 李志英. 近代中国传统酿酒业的发展. 近代史研究，1991（6）.
[24] 徐建青. 清代前期的酿酒业. 清史研究，1994（3）.

[25] 洛阳市第二文物工作队. 洛阳邮电局372号西汉墓. 文物，1994（7）.

[26] 吉成名. 龙抬头节研究. 民俗研究，1998（4）.

[27] 刘晓航. 中原饭场与茶俗. 农业考古，2002（2）.

[28] 王占华. 魏晋南北朝时期士族与饮食. 饮食文化研究，2004（1）.

[29] 秦闳韬. 走进难以忘却的时代——中国第一个人民公诞生纪实. 中州今古，2004（1）.

[30] 刘朴兵. 中国杂碎史略. 中国饮食文化基金会会讯：台北，2004（3）.

[31] 刘朴兵. “乳腐”考. 中国历史文物，2005（5）.

[32] 刘朴兵. 佛教与素菜. 中国宗教，2005（8）.

[33] 李炅娥，等. 华北地区新石器时代早期至商代的植物和人类. 南方文物，2008（1）.

[34] 华鑫. 陕西食品工业：突破瓶颈谋跨越. 中国糖酒周刊，2009-11-16（12）.

索　　引※

※　编者注：本书“索引”，主要参照中华人民共和国国家标准GB/T 22466-2008《索引编制规则（总则）》编制。

J

L

M

N

P

Q

S

T

W

X

Y

Z

后记

中国轻工业出版社出版的这套《中国饮食文化史》（十卷本），是对中国饮食文化进行的一次全面梳理，开拓了中国饮食文化史与中国社会生活史研究的新领域，是一项具有重大意义的文化工程。因而受到国家的重视，被列入国家“十二五”重点出版图书。我们承担其中《黄河中游地区卷》的写作，感到非常高兴！

这些年，中国饮食文化的研究十分活跃，它由过去一个不受人关注的学科，成为今天中国文化史、社会史研究的显学。中国饮食文化史是血肉丰满、内涵丰富的历史，中国饮食文化史研究的勃兴，改变了以往史学研究苍白、干瘪的形象，使它更加生动和鲜活。正是基于这种认识，许多学者投身于这一研究领域，大家互相学习，互相切磋，形成了一支实力雄厚的研究队伍，不断将这一领域的研究推向深入，本书的写作就是在这一历史背景下完成的。

本书力图展示中国黄河中游地区饮食文化发展变化的轨迹、内在的规律以及其社会政治、经济与文化间的互动关系，力图使黄河中游地区的饮食文化生活能够清晰地呈现在人们的面前。这一愿望能否实现我们不敢说，但我们是朝这个方向努力的。

本书由姚伟钧、刘朴兵二人合作完成。姚伟钧设计了本书的写作提纲和撰写思路，并具体负责本书二至五章的撰写，刘朴兵具体负责本书第一章和六至八章的撰写。初稿完成后，为统一全书的写作风格，由刘朴兵负责统稿，对有关章节进行修改，最后由姚伟钧定稿。研究生王德昭、武守磊等人协助本书作者进行了文字校对和图片收集工作，在此书完稿之际，特向他们表示深切的谢意。

本书的付梓出版，应特别感谢中国轻工业出版社的马静、方程等编辑，他们为这套书的出版花费了许多心力，从组稿到出版，已二十余年，这种出精品好书、为读者负责的精神令人感动；原中华书局编审、古籍专家刘尚慈先生不辞辛劳核对了本书的大部分引文，并为本书的修改提出了许多有价值的意见。对于以上各位的帮助，我们表示衷心的感谢。

姚伟钧　刘朴兵

2011年元旦

编辑手记

为了心中的文化坚守
——记《中国饮食文化史》（十卷本）的出版

《中国饮食文化史》（十卷本）终于出版了。我们迎来了迟到的喜悦，为了这一天，我们整整守候了二十年！因此，这一份喜悦来得深沉，来得艰辛！

（一）

谈到这套丛书的缘起，应该说是缘于一次重大的历史机遇。

1991年，“首届中国饮食文化国际学术研讨会”在北京召开。挂帅的是北京市副市长张建民先生，大会的总组织者是北京市人民政府食品办公室主任李士靖先生。来自世界各地及国内的学者济济一堂，共叙“食”事。中国轻工业出版社的编辑马静有幸被大会组委会聘请为论文组的成员，负责审读、编辑来自世界各地的大会论文，也有机缘与来自国内外的专家学者见了面。

这是一次高规格、高水准的大型国际学术研讨会，自此拉开了中国食文化研究的热幕，成为一个具有里程碑意义的会议。这次盛大的学术会议激活了中国久已蕴藏的学术活力，点燃了中国饮食文化建立学科继而成为显学的希望。

在这次大会上，与会专家议论到了一个严肃的学术话题——泱泱中国，有着五千年灿烂的食文化，其丰厚与绚丽令世界瞩目——早在170万年前元谋（云南）人即已发现并利用了火，自此开始了具有划时代意义的熟食生活；古代先民早已普遍知晓三点决定一个平面的几何原理，制造出了鼎、鬲等饮食容器；先民发明了二十四节气的农历，在夏代就已初具雏形，由此创造了中华民族最早的农耕文明；中国是世界上最早栽培水稻的国家，也是世界上最早使用蒸汽烹饪的国家；中国有着令世界倾倒的美食；有着制作精美的最早的青铜器酒具，有着世界最早的茶学著作《茶经》……为世界饮食文化建起了一座又一座的丰碑。然而，不容回避的现实是，至今没有人来系统地彰显中华民族这些了不起的人类文明，因为我们至今都没有一部自己的饮食文化史，饮食文化研究的学术制高点始终掌握在国外学者的手里，这已成为中国学者心中的一个痛，一个郁郁待解的沉重心结。

这次盛大的学术集会激发了国内专家奋起直追的勇气，大家发出了共同的心声：全方位地占领该领域学术研究的制高点时不我待！作为共同参加这次大会的出版工作者，马静和与会专家有着共同的强烈心愿，立志要出版一部由国内专家学者撰写的中华民族饮食文化史。赵荣光先生是中国饮食文化研究领域建树颇丰的学者，此后由他担任主编，开始了作者队伍的组建，东西南北中，八方求贤，最终形成了一支覆盖全国各个地区的饮食文化专家队伍，可谓学界最强阵容。并商定由中国轻工业出版社承接这套学术著作的出版，由马静担任责任编辑。

此为这部书稿的发端，自此也踏上了二十年漫长的坎坷之路。

（二）

撰稿是极为艰辛的。这是一部填补学术空白与出版空白的大型学术著作，因此没有太多的资料可资借鉴，多年来，专家们像在沙里淘金，爬梳探微于浩瀚古籍间，又像春蚕吐丝，丝丝缕缕倾吐出历史长河的乾坤经纶。冬来暑往，饱尝运笔滞涩时之苦闷，也饱享柳暗花明时的愉悦。杀青之后，大家一心期待着本书的出版。

然而，现实是严酷的，这部严肃的学术著作面临着商品市场大潮的冲击，面临着生与死的博弈，一个绕不开的话题就是经费问题，没有经费将寸步难行！我们深感，在没有经济支撑的情况下，文化将没有任何尊严可言！这是苦苦困扰了我们多年的一个苦涩的原因。

一部学术著作如果不能靠市场赚得效益，那么，出还是不出？这是每个出版社都必须要权衡的问题，不是一个责任编辑想做就能做决定的事情。1999年本书责任编辑马静生病住院期间，有关领导出于多方面的考虑，探病期间明确表示，该工程必须下马。作为编辑部的一件未尽事宜，我们一方面八方求助资金以期救活这套书，另一方面也在以万分不舍的心情为其寻找一个“好人家”“过继”出去。由于没有出版补贴，遂被多家出版社婉拒。在走投无路之时，马静求助于出版同仁、老朋友——上海人民出版社的李伟国总编辑。李总编学历史出身，深谙我们的窘境，慷慨出手相助，他希望能削减一些字数，并答应补贴10万元出版这套书，令我们万分感动！

但自“孩子过继”之后，我们心中出现的竟然是在感动之后的难过，是“过继”后的难以割舍，是“一步三回头”的牵挂！“我的孩子安在？”时时袭上心头，遂“长使英雄泪满襟”——它毕竟是我们已经看护了十来年的孩子。此时心中涌起的是对自己无钱而又无能的自责，是时时想“赎回”的强烈愿望！至今写到这里仍是眼睛湿润唏嘘不已……

经由责任编辑提议，由主编撰写了一封情辞恳切的“请愿信”，说明该套丛书出版的重大意义，以及出版经费无着的困窘，希冀得到饮食文化学界的一位重量级前辈——李士靖先生的帮助。这封信由马静自北京发出，一站一站地飞向了全国，意欲传到十卷丛书的每一位专家作者手中签名。于是这封信从东北飞至西北，从东南飞至西南，从黄河飞至长江……历时一个月，这封满载着全国专家学者殷切希望的滚烫的联名信件，最终传到了“北京中国饮食文化研究会”会长、北京市人民政府食品办公室主任李士靖先生手中。李士靖先生接此信后，如双肩荷石，沉吟许久，遂发出军令一般的誓言：我一定想办法帮助解决经费，否则，我就对不起全国的专家学者！在此之后，便有了知名企业家——北京稻香村食品有限责任公司董事长、总经理毕国才先生慷慨解囊、义举资助本套丛书经费的感人故事。毕老总出身书香门第，大学读的是医学专业，对中国饮食文化有着天然的情愫，他深知这套学术著作出版的重大价值。这笔资助，使得这套丛书得以复苏——此时，我们的深切体会是，只有饿了许久的人，才知道粮食的可贵！……

在我们获得了活命的口粮之后，就又从上海接回了自己的“孩子”。在这里我们要由衷感谢李伟国总编辑的大度，他心无半点芥蒂，无条件奉还书稿，至今令我们心存歉意！

有如感动了上苍，在我们一路跌跌撞撞泣血奔走之时，国赐良机从天而降——国家出版基金出台了！它旨在扶助具有重要出版价值的原创学术精品力作。经严格筛选审批，本书获得了国家出版基金的资助。此时就像大旱中之云霓，又像病困之人输进了新鲜血液，由此全面盘活了这套丛书。这笔资金使我们得以全面铺开精品图书制作的质量保障系统工程。后续四十多道工序的工艺流程有了可靠的资金保证，从此结束了我们捉襟见肘、寅吃卯粮的日子，从而使我们恢复了文化的自信，感受到了文化的尊严！

（三）

我们之所以做苦行僧般的坚守，二十年来不离不弃，是因为这套丛书所具有的出版价值——中国饮食文化是中华文明的核心元素之一，是中国五千年灿烂的农耕文化和畜牧渔猎文化的思想结晶，是世界先进文化和人类文明的重要组成部分，它反映了中国传统文化中的优秀思想精髓。作为出版人，弘扬民族优秀文化，使其走出国门走向世界，是我们义不容辞的责任，尽管文化坚守如此之艰难。

季羡林先生说，世界文化由四大文化体系组成，中国文化是其中的重要组成部分（其他三个文化体系是古印度文化、阿拉伯-波斯文化和欧洲古希腊-古罗马文化）。中国是世界上唯一没有中断文明史的国家。中国自古是农业大国，有着古老而璀璨的农业文明，它是中国饮食文化的根基所在，就连代表国家名字的专用词“社稷”，都是由“土神”和“谷神”组成。中国饮食文化反映了中华民族这不朽的农业文明。

中华民族自古以来就有着“五谷为养，五果为助，五畜为益，五菜为充”的优良饮食结构。这个观点自两千多年前的《黄帝内经》时就已提出，在两千多年后的今天来看，这种饮食结构仍是全世界推崇的科学饮食结构，也是当代中国大力倡导的健康饮食结构。这是来自中华民族先民的智慧和骄傲。

中华民族信守“天人合一”的理念，在年复一年的劳作中，先民们敬畏自然，尊重生命，守天时，重时令，拜天祭地，守护山河大海，守护森林草原。先民发明的农历二十四个节气，开启了四季的农时轮回，他们既重“春日”的生发，又重“秋日”的收获，他们颂春，爱春，喜秋，敬秋，创造出无数的民俗、农谚。“吃春饼”“打春牛”“庆丰登”……然而，他们节俭、自律，没有掠夺式的索取，他们深深懂得人和自然是休戚与共的一体，爱护自然就是爱护自己的生命，从不竭泽而渔。早在周代，君王就已经认识到生态环境安全与否关乎社稷的安危。在生态环境严重恶化的今天，在掠夺式开采资源的当代，对照先民们信守千年的优秀品质，不值得当代人反思吗？

中华民族笃信“医食同源”的功用，在现代西方医学传入中国以前，几千年来“医食同源”的思想护佑着中华民族的繁衍生息。中国的历史并非长久的风调雨顺、丰衣足食，而是灾荒不断，迫使人们不断寻找、扩大食物的来源。先民们既有“神农尝百草，日遇七十二毒”的艰险，又有“得茶而解”的收获，一代又一代先民，用生命的代价换来了既可果腹又可疗疾的食物。所以，在中华大地上，可用来作食物的资源特别多，它是中华先民数千年戮力开拓的丰硕成果，是先民们留下的宝贵财富；“医食同源”也是中国饮食文化最杰出的思想，至今食疗食养长盛不衰。

中华民族有着“尊老”的优良传统，在食俗中体现尤著。居家吃饭时第一碗饭要先奉给老人，最好吃的也要留给老人，这也是农耕文化使然。在古老的农耕时代，老人是农耕技术的传承者，是新一代劳动力的培养者，因此使老者具有了权威的地位。尊老，是农耕生产发展的需要，祖祖辈辈代代相传，形成了中华民族尊老的风习，至今视为美德。

中国饮食文化的一个核心思想是“尚和”，主张五味调和，而不是各味单一，强调“鼎中之变”而形成了各种复合口味，从而构成了中国烹饪丰富多彩的味型，构建了中国烹饪独立的文化体系，久而升华为一种哲学思想——尚和。《中庸》载“和也者，天下之达道”，这种“尚和”的思想体现到人文层面的各个角落。中华民族自古崇尚和谐、和睦、和平、和顺，世界上没有哪一个国家能把“饮食”的社会功能发挥到如此极致，人们以食求和体现在方方面面：以食尊师敬老，以食飨友待客，以宴贺婚、生子以及升迁高就，以食致歉求和，以食表达谢意致敬……“尚和”是中华民族一以贯之的饮食文化思想。

“一方水土养一方人”。这十卷本以地域为序，记述了在中国这片广袤的土地上有如万花筒一般绚丽多彩的饮食文化大千世界，记录着中华民族的伟大创造，也记述了各地专家学者的最新科研成果——旧石器时代的中晚期，长江下游地区的原始人类已经学会捕鱼，使人类的食源出现了革命性的扩大，从而完成了从蒙昧到文明的转折；早在商周之际，长江下游地区就已出现了原始瓷；春秋时期筷子已经出现；长江中游是世界上最早栽培稻类作物的地区。《吕氏春秋·本味》述于2300年前，是中国历史上最早的烹饪“理论”著作；中国最早的古代农业科技著作是北魏高阳（今山东寿光）太守贾思勰的《齐民要术》；明代科学家宋应星早在几百年前，就已经精辟论述了盐与人体生命的关系，可谓学界的最先声；新疆人民开凿修筑了坎儿井用于农业灌溉，是农业文化的一大创举；孔雀河出土的小麦标本，把小麦在新疆地区的栽培历史提早到了近四千年前；青海喇家面条的发现把我国食用面条最早记录的东汉时期前提了两千多年；豆腐的发明是中国人民对世界的重大贡献；有的卷本述及古代先民的“食育”理念；有的卷本还以大开大阖的笔力，勾勒了中国几万年不同时期的气候与人类生活兴衰的关系等等，真是处处珠玑，美不胜收！

这些宝贵的文化财富，有如一颗颗散落的珍珠，在没有串成美丽的项链之前，便彰显不出它的耀眼之处。如今我们完成了这一项工作，雕琢出了一串光彩夺目的珍珠，即将放射出耀眼的光芒！

（四）

编辑部全体工作人员视稿件质量为生命，不敢有些许懈怠，我们深知这是全国专家学者20年的心血，是一项极具开创性而又十分艰辛的工作。我们肩负着填补国家学术空白、出版空白的重托。这个大型文化工程，并非三朝两夕即可一蹴而就，必须长年倾心投入。因此多年来我们一直保持着饱满的工作激情与高度的工作张力。为了保证图书的精品质量并尽早付梓，我们无年无节、终年加班而无怨无悔，个人得失早已置之度外。

全体编辑从大处着眼，力求全稿观点精辟，原创鲜明。各位编辑极尽自身多年的专业积累，倾情奉献：修正书稿的框架结构，爬梳提炼学术观点，补充遗漏的一些重要史实，匡正学术观点的一些讹误之处，并诚恳与各卷专家作者切磋沟通，务求各卷写出学术亮点，其拳拳之心殷殷之情青天可鉴。编稿之时，为求证一个字、一句话，广查典籍，数度披阅增删。青黄灯下，蹙眉凝思，不觉经年久月，眉间“川”字如刻。我们常为书稿中的精辟之处而喜不自胜，更为瑕疵之笔而扼腕叹息！于是孜孜矻矻、秉笔躬耕，一句句、一字字吟安铺稳，力求语言圆通，精炼可读。尤其进入后期阶段，每天下班时，长安街上已是灯火阑珊，我们却刚刚送走一个紧张工作的夜晚，又在迎接着一个奋力拼搏的黎明。

为了不懈地追求精品书的品质，本套丛书每卷本要经过40多道工序。我们延请了国内顶级专家为本书的质量把脉，中华书局的古籍专家刘尚慈编审已是七旬高龄，她以古籍善本为据，为我们的每卷书稿逐字逐句地核对了古籍原文，帮我们纠正了数以千计的舛误，从她那里我们学到了非常多的古籍专业知识。有时已是晚九时，老人家还没吃饭在为我们核查书稿。看到原稿不尽如人意时，老人家会动情地对我们喊起来，此时，我们感动！我们折服！这是一位学者一种全身心地忘我投入！为了这套书，她甚至放下了自己的个人著述及其他重要邀请。

中国社会科学院历史研究所李世愉研究员，为我们审查了全部书稿的史学内容，匡正和完善了书稿中的许多漏误之处，使我们受益匪浅。在我们图片组稿遇到困难之时，李老师凭借深广的人脉，给了我们以莫大的帮助。他是我们的好师长。

本书中涉及各地区少数民族及宗教问题较多，是我们最担心出错的地方。为此我们把书稿报送了国家宗教局、国家民委、中国藏学研究中心等权威机构精心审查了书稿，并得到了他们的充分肯定，使我们大受鼓舞！

我们还要感谢北京观复博物馆、大连理工大学出版社帮我们提供了许多有价值的历史图片。

为了严把书稿质量，我们把做辞书时使用的有效方法用于这部学术精品专著，即对本书稿进行了二十项“专项检查”以及后期的五十三项专项检查，诸如，各卷中的人名、地名、国名、版图、疆域、公元纪年、谥号、庙号、少数民族名称、现当代港澳台地名的表述等，由专人做了逐项审核。为使高端学术著作科普化，我们对书稿中的生僻字加了注音或简释。

其间，国家新闻出版总署贯彻执行“学术著作规范化”，我们闻风而动，请各卷作者添加或补充了书后的参考文献、索引，并逐一完善了书稿中的注释，严格执行了总署的文件规定不走样。

我们还要感谢各卷的专家作者对编辑部非常“给力”的支持与配合，为了提高书稿质量，我们请作者做了多次修改及图片补充，不时地去“电话轰炸”各位专家，一头卡定时间，一头卡定质量，真是难为了他们！然而，无论是时处酷暑还是严冬，都基本得到了作者们的高度配合，特别是和我们一起“摽”了二十年的那些老作者，真是同呼吸共命运，他们对此书稿的感情溢于言表。这是一种无言的默契，是一种心灵的感应，这是一支二十年也打不散的队伍！凭着中国学者对传承优秀传统文化的责任感，靠着一份不懈的信念和期待，苦苦支撑了二十年。在此，我们向此书的全体作者深深地鞠上一躬！致以二十年来的由衷谢意与敬意！

由于本书命运多蹇迁延多年，作者中不可避免地发生了一些变化，主要是由于身体原因不能再把书稿撰写或修改工作坚持下去，由此形成了一些卷本的作者缺位。正是我们作者团队中的集体意识及合作精神此时彰显了威力——当一些卷本的作者缺位之时，便有其他卷本的专家伸出援助之手，像接力棒一样传下去，使全套丛书得以正常运行。华中师范大学的博士生导师姚伟钧教授便是其中最出力的一位。今天全书得以付梓而没有出现缺位现象，姚老师功不可没！

“西藏”“新疆”原本是两个独立的部分，组稿之初，赵荣光先生殚精竭虑多方奔走物色作者，由于难度很大，终而未果，这已成为全书一个未了的心结。后期我们倾力进行了接续性的推动，在相关专家的不懈努力下，终至弥补了地区缺位的重大遗憾，并获得了有关审稿权威机构的好评。

最令我们难过的是本书“东南卷”作者、暨南大学硕士生导师、冼剑民教授没能见到本书的出版。当我们得知先生患重病时即赶赴探望，那时先生已骨瘦如柴，在酷热的广州夏季，却还身着毛衣及马甲，接受着第八次化疗。此情此景令人动容！后得知冼先生化疗期间还在坚持修改书稿，使我们感动不已。在得知冼先生病故时，我们数度哽咽！由此催发我们更加发愤加快工作的步伐。在本书出版之际，我们向冼剑民先生致以深深的哀悼！

在我们申报国家项目和有关基金之时，中国农大著名学者李里特教授为我们多次撰写审读推荐意见，如今他竟然英年早逝离我们而去，令我们万分悲痛！

在此期间，李汉昌先生也不幸遭遇重大车祸，严重影响了身心健康，在此我们致以由衷的慰问！

（五）

中国饮食文化学是一门新兴的综合学科，涉及历史学、民族学、民俗学、人类学、文化学、烹饪学、考古学、文献学、地理经济学、食品科技史、中国农业史、中国文化交流史、边疆史地、经济与商业史等诸多学科，现正处在学科建设的爬升期，目前已得到越来越多领域的关注，也有越来越多的有志学者投身到这个领域里来，应该说，现在已经进入了最好的时期，从发展趋势看，最终会成为显学。

早在1998年于大连召开的“世界华人饮食科技与文化国际学术研讨会”，即是以“建立中国饮食文化学”为中心议题的。这是继1991年之后又一次重大的国际学术会议，是1991年国际学术会议成果的继承与接续。建立“中国饮食文化学”这个新的学科，已是国内诸多专家学者的共识。在本丛书中，就有专家明确提出，中国饮食文化应该纳入“文化人类学”的学科，在其之下建立“饮食人类学”的分支学科。

为学科理论建设搭建了开创性的构架。

这套丛书的出版，是学科建设的重要组成部分，它完成了一个带有统领性的课题，它将成为中国饮食文化理论研究的扛鼎之作。本书的内容覆盖了全国的广大地区及广阔的历史空间，本书从史前开始，一直叙述到当代的21世纪，贯通时间百万年，从此结束了中国饮食文化无史和由外国人写中国饮食文化史的局面。这是一项具有里程碑意义的历史文化工程，是中国对世界文明的一种国际担当。

二十年的风风雨雨、坎坎坷坷我们终于走过来了。在拜金至上的浮躁喧嚣中，我们为心中的那份文化坚守经过了炼狱般的洗礼，我们坐了二十年的冷板凳但无怨无悔！因为由此换来的是一项重大学术空白、出版空白的填补，是中国五千年厚重文化积淀的梳理与总结，是中国优秀传统文化的彰显。我们完成了一项重大的历史使命，我们完成了老一辈学人对我们的重托和当代学人的夙愿。这二十年的泣血之作，字里行间流淌着中华文明的血脉，呈献给世人的是祖先留给我们的那份精神财富。

我们笃信，中国饮食文化学的崛起是历史的必然，它就像那冉冉升起的朝阳，将无比灿烂辉煌！

《中国饮食文化史》编辑部

二〇一三年九月